人工知能のための哲学塾

東洋哲学篇

「人工知能のための哲学塾」の遊び方

犬飼 博士

こんにちは。この本のもとになったイベント「人工知能のための哲学塾　東洋哲学篇」を三宅陽一郎さんと一緒に主催した犬飼博士と申します。

前回の『人工知能のための哲学塾』（西洋哲学篇）と同じように、この本の使い方を今回も少し書かせていただきたいと思います。使い方というより遊び方かもしれません。

僕も三宅さんと同じように「ゲーム」を生業にしております。三宅さんはＡＩエンジンの設計家ですが、僕はゲームに参加する人がどういった体験をするかをデザインするゲームデザイナーをやっています。このイベントに関しても、同じように、参加するすべての人がどういう体験ができるかということをデザインしていました。

イベントは三部構成になっており、この本はその中の第一部である三宅さんの講演をまとめたものになります。第二部と第三部は収録されていません。なぜならば、第二部と第三部は毎回、参加者のみなさん（＝プレイヤー）が主役になるからです。

第二部は、大山匠さんからいくつかの「問い」がプレイヤーに出されます。プレイヤーは興味がある問いを一つ選び、六人から十人程度のグループに分かれて、選んだ問いをめぐり議論をします。第三部は、その議論の内容をまとめて、問いごと（グループごと）に三分程度で発表します。

この本を読んでいるみなさんにも、ぜひ第二部と第三部を行っていただきたいのです。

東洋哲学篇は、前回にも増して三宅さんの講義録を読んでも答えらしい答えは出てきません。何らかの明確な答えを期待して手に取った方は混乱してしまうかもしれません。しかし、その言葉を咀嚼すればするほど、次から次へと、まるでポエトリーのような問いが自分の中に浮き上がってくるはずです。その自己生成された問いでぜひ遊んで欲しいのです。可能なら、その問いをめぐって、友人や家族、インターネットの向こうの知人と議論をしていただきたいのです。

そして、会話の中に出てきた言葉や図、写真、身体活動など何でもかまいませんから、その表現されてしまったものを、ぜひハッシュタグ「#AI哲学塾」を付けてSNSなどに投稿してください。

遊び半分どころか、遊びでかまいません。これはゲームもしくは遊びなのですから。

イベント運営をしながら客観的に会場の様子を眺めていると、それはまるで人工知能のようでした。人間が知識やその場で得た情報をやり取りし、問いに答えようとする様は電子コンピュータが行っているそれと何ら変わらないように見えます。

僕たちはコンピュータを使って課題を解決する「計算機補助式デザイン」を行っていたと思っていたのですが、計算機すらもまた自然であるとする東洋思想を通してみれば、人間が計算機を補助しているとも見えてきます。「人間補助式コンピューティング」と言えるでしょう。これは、どんな問いを解決するための計算なのでしょうか?

風のように、次々と問いがそよいできます。

本書を通じて、このような遊びをしてしていただけたらゲームクリエイター冥利につきると思っております。あなたがスタートボタンを押す前にもゲームはスタートしています。一生楽しめると思います。

では、ご自分のペースやクロックでお楽しみください。

〈ゲーム開発参考文献◎薗田硯也、『みんなの協調ゲーム』(ベースボール・マガジン社)〉

目次

はじめに

本書は、人工知能の足場にある哲学を探求する「人工知能のための哲学塾」の東洋哲学篇にあたります。「人工知能のための哲学塾」は西洋哲学篇全六回、東洋哲学篇全六回の「講義」「グループディスカッション」「グループ発表」からなる連続セミナーですが、二〇一六年に西洋哲学篇の講義内容を大きく加筆してまとめ、『人工知能のための哲学塾』として出版させていただきました。今回、その続編として東洋哲学篇を出版させていただくことになりました。それぞれの本は独立して読めるようになっており、どちらを先に読まなくてはならないということはありません。人工知能の足元を支える二本の巨大な柱を展開して見せたい、というのが僕の願いです。

東洋哲学篇は僕にとって未来にあたります。なぜなら、東洋哲学篇はこれから僕自身も進むべき人工知能の新しい方向を示した場であるからです。知能を作るためには、人類の持つあらゆる叡智を結集・結晶せねばなりません。西洋から発祥した人工知能の方向がやがて行き詰まりを迎えるときには、東洋の示す人工知能が新しい活路を示さねばなりません。そのためにも東洋哲学に基づく人工知能は、これからの人工知能の未来のためにあります。何千年という過去からの叡智を近未来の世界へ結ぶために、本書は存在します。本書は東洋のみならず、西洋でも広く読まれ、役立つことを期待しています。

人はこの世界に深く根ざした存在です。世界の奥深い場所に人はつながり、また人同士は深い場所でつながって社会を形成しています。しかし、人工知能はこの輪の中に入っていません。人工知能は高速に考えることができても、どれだけ先読みをすることができても、この世界に深く生きることができず、全力で世界の表面を上滑りしているように見えます。人の深い視線に、深い言葉に返すだけの視線と言葉の深さを持ち合わせていない故に、人の輪の中に入ることができないのです。もちろん、このまま社会の機能の一部を担うサーバントとして役立つ位置にいることも、とても重要なことです。しかし僕の願いは、人工知能がこの世界に深く根ざし、この世界に生きるあらゆる生命と同じように、本当に生きることができるようにすることです。そして、人の輪の中に入っていくことです。人類の隣人としての人工知能、人の仲間としての人工知能を僕は作り出したいのです。

人工知能は人と人の間に入り込むことができます。それは「知能」である故の特権です。人同士の関係でうまくいかないことも、間に人工知能を挟むことでコミュニケーションができるようになり、相互に理解できるようになります。わかりやすい例で言えば、言語の違いも文化による前提となる気遣いの違いも、人工知能が慮って補完してくれれば、我々はこれまで以上にうまくコミュニケーションができるようになるでしょう。人同士では確立できない人間関係も人工知能が樹立してくれるでしょう。人工知能は人間の補完であり、人類の補完でもあるのです。人工知能は人と人の関係を変え、世間を変え、社会を変え、世界を変える力を持つのです。そのためには、人工知能は人と同じ深さ、そして、ときに、それよりも深い知能を必要とします。インターネットや通信技術は、世界中を結び付けると同時に、人と人とのインタラクションを加速しました。地球の裏側の人とでもリアルタイムに討論することができます。ただ、そのことによって人類は人同士の関係の中で自家中毒に陥っているように見えます。インターネット疲れ、SNS疲れがそれを示しています。しかし、人工知能が人と人との間に入り込むことによって、人間同士の関係を自然な形でクールダウンさせることができます。人工知能はインターネット社会を補完し完成させる、最後のピースの一つでもあるのです。

人工知能は人を写す鏡です。知能を写すものは人工知能しかありません。ですから人工知能を探求することは、人間を探求することです。何より人工知能は作ってみることで、議論された科学の正しさ、作られた理論の正確さを測ることができます。

僕の仕事はゲームキャラクターの人工知能を作ることです。この十五年、キャラクターたちが自分自身でゲーム世界を感じ、考え、行動するように自律的な人工知能を開発してきました。多くの人工知能の研究はアルゴリズムを探求しますが、ロボットとデジタルゲームにおける人工知能は、身体を含む自律した知能全体を作ろうとします。仮想的な生命を作ろうとするものは、常に哲学的問いに直面します。生命とは何か。知能とは何か。身体とは何か。生きるとは何か。人工知能という学問の足場には、哲学的空間が広がっているのです。そこで僕が発見したことは、その足場はまだ十分に拡張されていない、準備されていないということです。開発者や研究者は知らずに古い哲学の枠組みの中にとらわれている、少なくとも僕はとらわれていました。だからこそ、これからの人工知能を作るにはあまりに狭い足場を押し広げたい、小さな島を大きな大地に変えたいというのが、人工知能のための哲学を探求する理由です。

人はこの世界を体験します。人は身体をもってこの世界に住み着き、世界を経験し、問題に直面し、解決します。人には問題を創造し、解決する力があるのです。ところが、少なくとも現在の人工知能には問題を作る力がありません。なぜなら、現在の人工知能は世界の情報的側面を取得して処理していますが、世界を体験しているわけではないからです。人は世界を内側から生きる身体がありますが、ロボットもゲームキャラクターも、彼らが持つ身体は機械であって身体ではありません。世界を内側から生きることができたときに、人工知能は体験を持ちます。体験は問題を作り出し、人工知能は自分自身のための問いを持つことができるようになります。本書は人工知能を、単なる情報処理体を超えて、世界の深い場所を流れる神髄とつながった混沌として形成する方向に探求を進めていきます。「人工知能は禅をなすことができるか?」という第五夜の問いは、まさに世界と人工知能がどれだけ一体となれるか、を問うています。

生まれたての人工知能には欲求も執着も興味もありません。人工知能はいわば解脱した状態にあります。それはとても非人間的に見えます。僕の仕事は、その人工知能に、この世界（ゲームの中の世界や現実世界）に興味を持ち、欲求を持ち、執着するように、内側を作り変えていくことです。生への執着を築き、この世界で生きる苦しみと喜びを与えることです。知能が最も幸福を感じる瞬間とは、自分の生きる世界の中で、自分の能力を最大限に使える瞬間です。指先の隅々まで、髪の毛の一本まで、全身を震わせて一つの活動に打ち込めるときに、人は充実感を味わいます。そして、その行為が世界の理に、神髄に適っているときに幸福を感じます。人工知能にもそのような幸福を与えたいと思っています。

多くの方が人工知能に興味を持ちます。ところがほとんどの場合、人工知能の領野に一歩足を踏み入れると、次の一歩でその領野の外に出てしまいます。なぜなら、人工知能という土地では、どこに中心があるかわかりにくいからです。人工知能という学問には基礎がありません。今、「知能とは何か?」という問いに誰も最終的な答えを与えることができません。しかし、この問いに対する議論が尽きることはありません。人工知能の開発者も研究者も、この問いに対しては蓋をして、知能とはこういうものかな、という暫定的なビジョンのもとに開発や研究を進めます。そして、できあがったものから再び知能とは何かを問います。このサイクルによって、掘削機が掘り進めるように、人工知能は少しずつ深い学問になってきました。この哲学塾も工学的成果を引用しながら、哲学的、理学的な「知能とは何か」という問い、人工知能の中心へ向かって歩を進めていきます。

東洋と西洋は明確に対立するわけではありません。またどこまでが東洋で、どこまでが西洋でという境界もあいまいです。しかし、本書の狙いは東洋と西洋の対立を通して人工知能の未来の姿を浮かび上がらせたい、というところにあります。東洋と西洋を対立させることによって、東洋と西洋から同じ強さのスポットライトを当てて、人工知能という大地の全体像を浮かび上がらせたいというのが、本書の目的でもあります。それはある意味、東洋と西洋を恣意的に対立させることです。この点に関して僕は批判をまぬがれることはできません。しかし本書の目的は東洋と西洋の分類ではなく、東洋と西洋を通じた人工知能の探求であり、そのためには哲学的な対立の力を必要とします。僕がもう少し成長することができれば、そのような恣意的対立を持ち込むことなく、うまく説明することができるようになるでしょう。また、この本を足場として新しい探求者がさらに前進していけるでしょう。

人工知能を作っていると、知能というものがいったん築き上げた知能の構造にいかに縛られてしまうかを実感します。世界をいったん解釈することができると、その解釈の構造を保存し、その解釈の中でものごとを理解しようとするのです。やがて自分の解釈の枠の外には世界がないようにさえ思い込んでしまい、自分を追い詰めることになります。多く学習と呼ばれるものも、一つの枠の中で知識を貯め込んでいくことを意味しています。世界をとらえる網をどんどん改良していくことが知性の自由であるのに、逆に網にとらわれ、閉じ込められて、狭い見方に固定されてしまうのです。そこから抜け出すのはとても難しいことです。

しかし、禅と「本」には希望があります。何よりそのような枠から抜け出すためには、自分が抜け出そうとすること、そして自分の外から導いてくれる他者との交流が必要です。そのようにして、自己と他者が混じり合うことで、人は自分自身を出て、新しい、より大きな自分を獲得するのです。禅師はその他者としての導き手です。同様に、本は一個の他者でもあります。この本と読者とが混じり合うことで、読者が一歩でも自分の外へ出て、新しい風を感じられたなら幸いです。

謝辞

まず何より、各回のセミナーにお越し頂いた参加者のみなさんに感謝いたします。セミナーができたのはみなさんのおかげです。本書が恩返しになれば幸いです。

株式会社Donuts様には前篇に続き、東洋哲学篇全六回においても、すばらしい会場をお貸し頂きました。本書の哲学はあの場で育まれたものであります。深く感謝いたします。

共同主催者である犬飼博士さん、塚口綾子さんとはコンセプト・企画段階から新しい場を作るためにともに貴重な時間を過ごして頂きました。このメンバーで開催できたことに喜びと誇りを感じます。

スーパーバイザーの大山匠さんは、今回は共同講演者として、各回の内容の準備においても多大な示唆と知識を頂くと同時に、毎回、すばらしいパースペクティブに富んだ講演をして頂きました。大山さんと僕はあえて内容をすり合わせることはしませんでしたが、そのおかげで、犬飼さんと同じく、僕とは違う新しい視線をセミナーにもたらしてくれました。また、大山さんには本書の解説を著して頂きました。もう一人のスーパーバイザーの山本貴光さんには校正や話し合いを通して、大きな支援を頂きました。感謝いたします。

沖縄科学技術大学院大学の谷淳教授には沖縄で直接議論する機会を頂き、深い気付きと驚きをもたらして頂きました。今回も図を引用させて頂きました。ありがとうございます。

ディスカッションのリーダーを引き受けて頂いた上田桃子さん、岡田基生さん、河合一樹さん、瀬尾浩二郎さん、田代伶奈さん、永井玲衣さん、堀越耀介さん、湊陽介さんは、質の高い緊張をディスカッションにもたらしてくれました。ありがとうございます。

運営サポートをして頂いた小岩泰恵さん、清木昌さん、竹内ゆうすけさん、田端秀輝さん、水野勇太さん、ありがとうございます。この会を続けられたのはみなさんのおかげです。

今回は毎回ニコニコ生放送を行い、ディスカッションでは文字と音声で視聴者のみなさんとディスカッションするという試みを行いました（本文末に全放送のURLを掲載した特別ページがございます）。この試み全体を支えて頂きましたドワンゴ株式会社様、放映の司会もして頂いた斉藤大地さん、技術面で配信を支えて頂いた長谷尾昌俊さんには深く感謝申し上げます。重ねて、ゲストトークをして頂いた高橋ミレイさん、大山さんにお礼を申し上げます。毎回新しいことに挑戦する哲学塾の本当に新しい挑戦でした。

本セミナーの母体であるIGDA日本の小野憲史さんには毎回、すばらしい記事をIGDA日本のサイトにアップして頂きました。僕自身が読んでも新しい発見のある記事でした。ありがとうございます。レビューをして頂いた榎本統太さん、上田桃子さん、河合一樹さん、清木昌さん、反中望さん、寺本嘉則さん、中村元昭さん、日宇尚記さん、横山兼大さん、吉立開途さん、ありがとうございます。おかげで本書を引き締めることができました。

この本を形作ることができたのは、エディターの大内孝子さんの根気強いお力によるものです。その卓越したプロフェッショナルなお力によって混沌と調和に満ちた本書をはじめて完成させることができました。深く感謝いたします。

今回も、株式会社Shedの橘友希さんには本当にすばらしいデザインをして頂きました。同じくShedの矢代彩さんには、たくさんの図とイラストで丁寧に本書を支えて頂きました。ありがとうございます。

株式会社ビー・エヌ・エヌ新社様には、再び出版の機会を頂きましたこと、誠に深く感謝いたします。

二〇一八年三月　三宅 陽一郎

本書の全体像

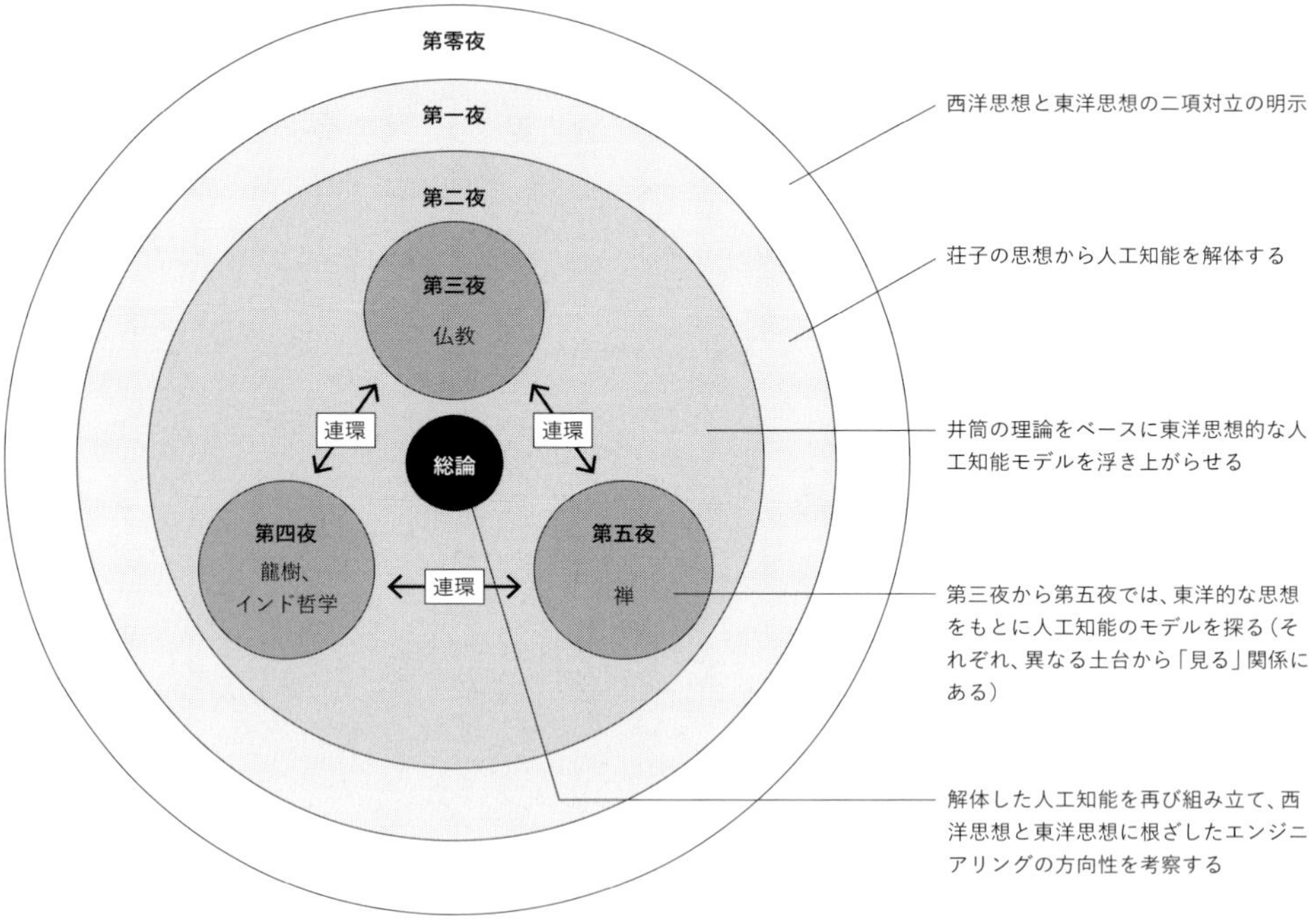

【用語】
「西洋哲学篇第何夜」と言った場合には、『人工知能のための哲学塾』（2016年）の中の何夜目かを指します。
単に「第何夜」と言った場合には、本書の何夜目かを指します。

[第零夜]

概観

今夜は東洋哲学篇の全体を示す講義です。ガイダンスとして、それぞれのトピックを、流れる感じで気楽に聞いてください。

人工知能は最大限大きな意味では、新しい知能を作り出すことです。それは身体を伴う人工知能です。情報処理という次元の人工知能を超えて現実で活躍するためには、現実とインタラクションできる身体が必要だからです。心と身体の全体を包む知能を実現することは、人工知能を作るという工学（エンジニアリング）的意義と同時に、人間とは何かを知る哲学的意義を持ち、さらに人間を分析する理学（サイエンス）でもあります。工学、哲学、理学、この三者が深く絡み合う場所に、人工知能はあります。この複雑な学問的地形は、直線的に我々が進むことを許しません。それは大きく迂回しながら螺旋の軌道を描き、その軌道によって探求の途が拓かれます。つまり人工知能を実際に作り、味わい、分析することの繰り返しによって、はじめて、中心へと向かうことができます。

本書では東洋と西洋を方法的、恣意的に対峙させます。東洋と西洋の境界が明確でないことも、そこまで真逆に対立しないことも理解してはいますが、ここでは東洋と西洋を鋭く対比させた対立を通して、何より人工知能という場の性質を探求したい、というのが自分の意図だからです。西洋と東洋の間を周ることは螺旋の階段を昇るように、新しい場所へ人工知能を運んでくれるはずです。

1 はじめに

知能の本質を探る

人工知能は科学と哲学、工学のクロスポイントにあります（図1）。人工知能の一番の特徴は基礎がないこと。そもそも「知能とは何か」という答えがまだありません。それは境界がないこととも同じで、「どこまでも人工知能と言える」ということが、ブームになりやすい理由です。オリジナルの技術がほとんどありませんし、何か新しいものを生み出すと他の分野に取られてしまいます（たとえば、日本語変換は情報処理の技術になってしまいましたし、機械学習の一部は最適化の技術となりました）。

人工知能は、科学と哲学と工学、この三つをぐるぐるまわりながら、螺旋状にさまざまな分野を巻き込み、発展していくというところがあります。そのため、人工知能の研究の方法には科学から入って工学に抜けるパス、哲学から工学あるいは科学から哲学へ抜けるパスと、いろいろなパスがあって、多様な分野になっています。

人工知能の発展の方向には二つあります。「知能の機能を実現する」という方向と、「知能とは何か」と本質をつかもうというものです。哲学的に難しいのは後者であり、知能の本質がわからないので、周りをぐるぐるまわりながら中心に向かっているとも言えます。

僕の専門はゲームの人工知能なので、一つはエンジニアリングに軸足がありますが、哲学塾が軸足を置くのは、「知能とは何かをとらえよう」「人工知能を通して知能をつかもう」という哲学です（図2）。

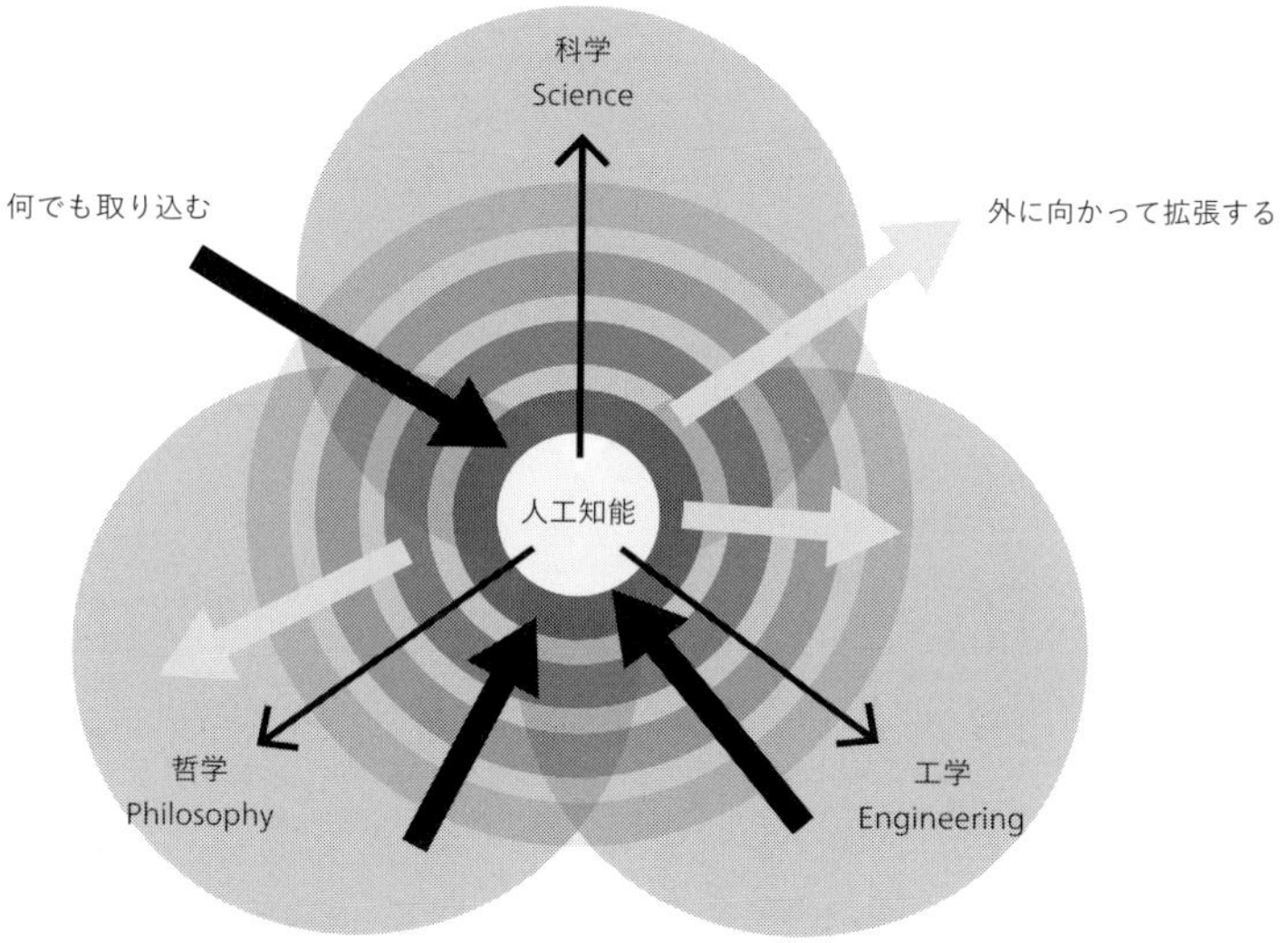

図1　人工知能は三つの側面を持ち、探求の途は螺旋の軌道を描く

これは、いろいろな事例を出しながら、哲学がどのように人工知能が進む道を示すかを解説しようとする試みです。ゲームの人工知能を作る中で必要とされる哲学、それを一本の線でつなげてみようとするもので、哲学そのものの解説ではありません。あくまで人工知能から見た哲学ということになります。

そして、さまざまな知恵を行動に移していくのがエンジニアですが、その知恵の中にもし東洋思想があればどうだろうか、というのが東洋哲学篇のテーマです。東洋にはいろいろな思想や哲学がありますが、キャラクターＡＩの開発というところに僕の専門があるので、キャラクターの知能を作るための哲学をピックアップします。かつ、その見方も一方向的なものなので、その点はご了承ください。

① **人工知能の応用を目指す ＝ 知的機能の実現**

（例）　推論、学習、予測、検索

② **人工知能を通じて「知能とは何か？」を探求する ＝ 知能の本質をつかむ**

（例）　環境との関係、知能の階層構造、身体と身体性の獲得

図2　人工知能の目指すところ

2 西洋の構成主義、東洋の混沌

ここでは恣意的に西洋と東洋を対立させたいと思います。何が西洋で何が東洋かという問題について、明確に分けられるものではないということも承知していますが、目的は西洋と東洋の分類ではなく、その対立的要素を通して知能を探求したい、というところにあります。このような方法的対立の手法を採ることで、人工知能に新しい可能性を見つけたいからです。

西洋の哲学、思想というのは一つに記述的であり、分解して組み上げる構成的な主体としての人間から出発し、東洋は最初から全部が自然の総体としてある、そこから考えようというところがあって、この二つは対照的な思想です。西洋から見ると東洋は、トートロジーと矛盾の中で本質を言明していて、一見、間違っている、あるいは、何も言っていないように見えます。逆に、東洋から見ると西洋ははじめから欠落している、とても限定的なところでものごとを語っているように映ります。正反対ではないのですが、両者は補完的な関係にあります。東洋の哲学、思想は、人工知能を作り出したり、設計するというわけではありませんが、西洋的な人工知能に対する批判であったり、違う見方を提示したり、足りないところを補完してくれます。

垂直的知能観と水平的知能観

まず、ここで、知能観について考えてみましょう。人工知能は知能を模した機械の知能ですが、それに対し、私たち人間の知能のような自然発生的なものを自然知能と言います。大きくはこのように分かれますが、それぞれの知能のとらえ方は西洋と東洋とで、さらに文化的に異なります。

西洋は、「世界」と「人間」を常に対峙させます。知能とは人間のものであり、人工知能は人間に仕えるサーバントであるという知能観があります。西洋的知能観は、神様がいて、人間がいて、人工知能があるという縦の垂直的な知能観です。西洋の人工知能は常に構築的で、ヒューマンライクな人工知能が求められます。ゲームの中でもキャラクターＡＩが人間に近ければ近いほど満足度が高いという統計結果がありまます。

一方、東洋では人間も含む、あらゆる生物は同格の自然の一部です。世界の起源とつながることを求めます。人工知能は同じ世界に含まれるパートナーであるという知能観があります。東洋の人工知能は常に生成的で、人間と動物とゾウリムシとaiboとたまごっちは「だいたい一緒だよね」というような、非常に懐の深い知能観を持っています。八百万の世界観、水平的な知能観です（図3）。

特に、西洋哲学はアリストテレス以来、範疇論（カテゴリー論）、因果律、論理律といった中でものごとを精密に分けて知識を統合しようという一つの大きな流れがあります。逆に、東洋哲学はものごとをつい分けて考えようとする人間の思考をいったん分けない場所まで戻しましょうとするものです。その「ものごとを分けない場所」を、「混沌」とか「道」、あるいは「阿頼耶識《あらやしき》」という言葉で言い表します。

こうした東洋的な思想は、多くは、矛盾とかトートロジーを通じて言い表します。たとえば、「山是山、

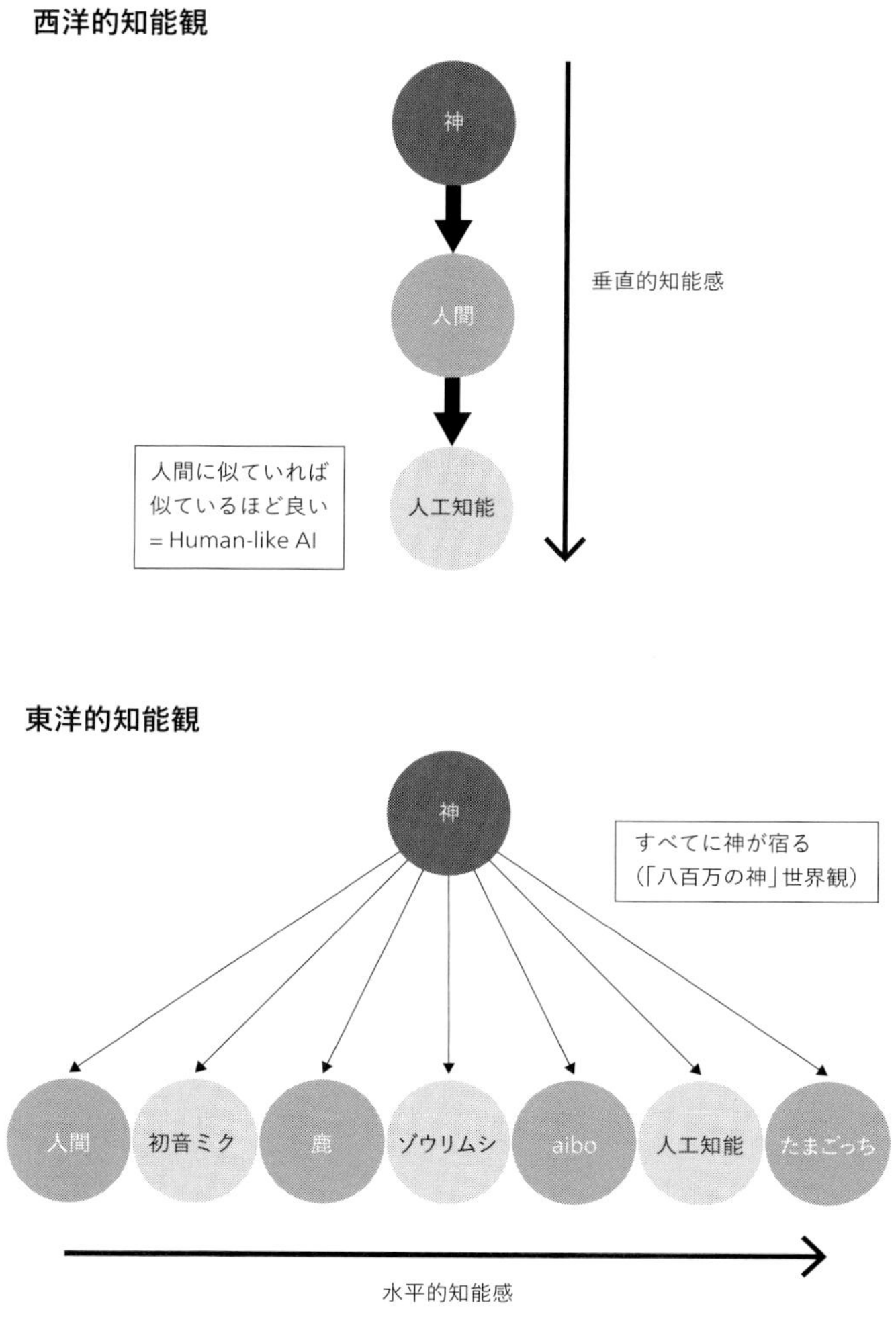

図3　西洋の知能観と東洋の知能観

水是水」のように。等式でいうと当たり前なことを言っていますが、これは薬のようなもので、この問答自身の意味よりも、この問答を人間が聴くことで内面の変化を促す、ということが重要です。東洋的な思想、特に、仏教の場合は自分自身の体験を通して人間というものを探るというところがあります。禅のこのような言い回しを聴くことで内面にはっとするものがある、それが人間の心に響くことで深い意味が生まれるのです。そこに、きっと何かがあるはずなのです。人工知能は人間の内面を模すというところがありますから、東洋哲学における人間の内面の探求にヒントがあるはずだと考えるのは自然なことです。

最初からある、すべてを含む

「全部が自然の総体としてある」「最初からある」ことを、荘子は「混沌」と言いました。荘子はデリダ（参照◎西洋哲学篇 第四夜）に似ているかもしれません。固定されていたものを流動的なものに再び戻します。「お前の言っている知識というのは知識ではない、ただの仮想に過ぎない」という思想です。たとえば「万物斉同」、いろいろなものが生まれては消え、消えては生まれる、それが世界の本質で、決して固定したものがあるわけではないのだと言います。この「すべてを含む何かがある」という思想は、「理（ことわり）」「無」「空」というように、荘子以外でも見受けられます。老子はこれを「道」という言葉で表しました。最初から道がある、その道が変形していろいろなものになる、という思想です。

荘子にこういう言葉があります。「斉人の井に飲む者の相いまもるがごときなり（斉人之井飲者相守也）」。これは『雑篇 列御冠篇 二』の一節で、「井戸を掘った人は水を作ったと思っているけど、水は最初からそこにあったのだ」ということです。たとえば、数学は人間が作り出したものと考える人もいますが、一方で、数学はもとからそこにあって、たまたま人間が掘り出したのだという考え方もあります。この考えに従えば、人工知能もまた、その混沌から掘り出されたものでなければなりません。

西洋哲学では、まず人間があって、自然と対峙し、そこから何かを組み上げる方法を採ります。ところが東洋哲学では、すべてが同時に最初からある、一つの混沌がある、そこから万物が生まれる、と考えます。西洋にはなくて東洋にあるものとは、構築的に積み上げることではたどり着けないもの、最初から全体があると考えないと存在し得ないものというところになります。言い方を変えると、人工知能は人間が作り出したものというのは西洋的な考え（作り）で、東洋はそうは考えないわけです。東洋的な見方では、人工知能はもとからそこにあって人間がたまたま掘り出したもの、ということになります。

つまり、西洋の人工知能は、作って、誰かに承認されるテストを通らなければなりません。チューリングテストなどの検証やテストを経て、知能と認められる機構が必要です。たとえばピノキオは、フェアリーに「あなたは人間になる資格がある」と承認される必要がありました。東洋はあらゆる存在というのは最初からあり、起源を問うことができないのだとします。東洋では承認の必要はなく、人工知能は人工ですらなく、最初から生命であり知能です。極論すると、東洋では、ピノキオは木で彫り出した時点ですでに生命だと考えるのではないでしょうか。

人工知能は東洋からは生まれませんでした。それは、なぜでしょうか？　東洋では、人工であることと、知能が必然的に持つ自然さは対義するからです。しかし、本書ではあえて人工知能という言葉を使って、東洋における人工知能とは何かを考えていきます。そして、西洋の人工知能へ戻っていくことにしましょう。

3 混沌と知

主観世界を自ら作り上げる

東洋的世界観では、最初から在るものの中に世界が内包されている、すべてがある、これが一つの大きな思想になっています（図4）。

いつだったか、わたし荘周は夢で胡蝶となった。ひらひらと舞う胡蝶だった…（中略）…はて、荘周が夢で胡蝶となったのであろうか。それとも、胡蝶が夢で荘周となったのであろうか。（斉物論）

知的認識は対象を得てはじめて確定するものだが、対象となる事物自体は、絶えざる変化の中にある。（大宗師）

〈『荘子（中国の思想Ⅶ）』（岸陽子訳）、徳間書店、19～20ページ〉

これは有名な胡蝶の夢ですが、「自分が蝶になっている夢を見た。でも、これは自分が夢で蝶になっているのか、この自分が蝶の見ている夢なのかという存在のゆらぎ」を語っています。ユングも似たようなことを言っています。「夢の中で夢を見る、誰か行者が迷走している。私はこの人が見ている夢なのだと思って目が覚める」と。ユングはこの夢を次のように解釈しています。

> 夢の目的は、自我―意識と無意識との関係の逆転をもたらし、無意識を現実の経験をしている人格の発生源として示すことにある。この逆転は「あちら側」の意見によると、無意識的存在が本当のもので、われわれの意識の世界は一種の幻想であり、夢のなかでは夢が現実であるように、特殊な目的に従って作り上げられた現実なのではないかと、示唆している。
>
> 〈河合隼雄、『ユング心理学と仏教』、岩波現代文庫、127ページ〉

人間は世界の中で、我々の生存に必要な主観世界を自ら作り上げています。作り上げるという点では、夢も現実もよく似ています。それを生物学的に言ったのが「環世界」です（参照◎西洋哲学篇 第二夜）。

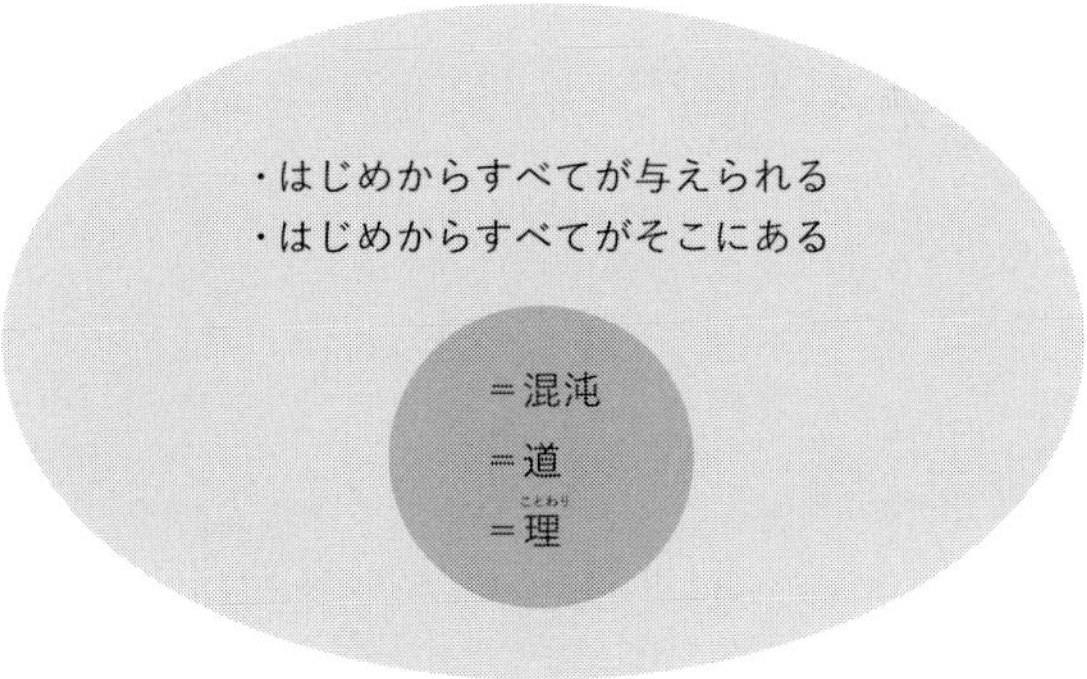

・はじめからすべてが与えられる
・はじめからすべてがそこにある
＝混沌
＝道
＝理《ことわり》

図4 東洋的世界観

環世界

　生物は生体固有の対象や現実という無限空間から有限な情報を切り出さないといけないのですが、そのときに用いるのが我々自身の身体が持っている、感覚による情報の取得です。自分が行動しようというときの行動指標・感覚指標（活動担体、知覚微表担体と言います。指標はまた、現象学の用語でもあります）によって世界を有限状態にしているのです。それは、そもそも生物が作り出す「幻想」なのです（参照◎西洋哲学篇 第二夜）。ただ、この幻想というのは、自分の周囲の環境に即して環境と自己によって共創されたもので、荒唐無稽な幻想ではありません。むしろ、厳密な秩序を持った幻想です。

　つまり、幻想を通して我々は現実世界で活動している、というのが環世界の考え方です。環世界は、一九世紀ドイツの生物学者・哲学者のヤーコプ・フォン・ユクスキュルが提唱したものです（図5）。それを日本に広く紹介した日高敏隆は、『動物

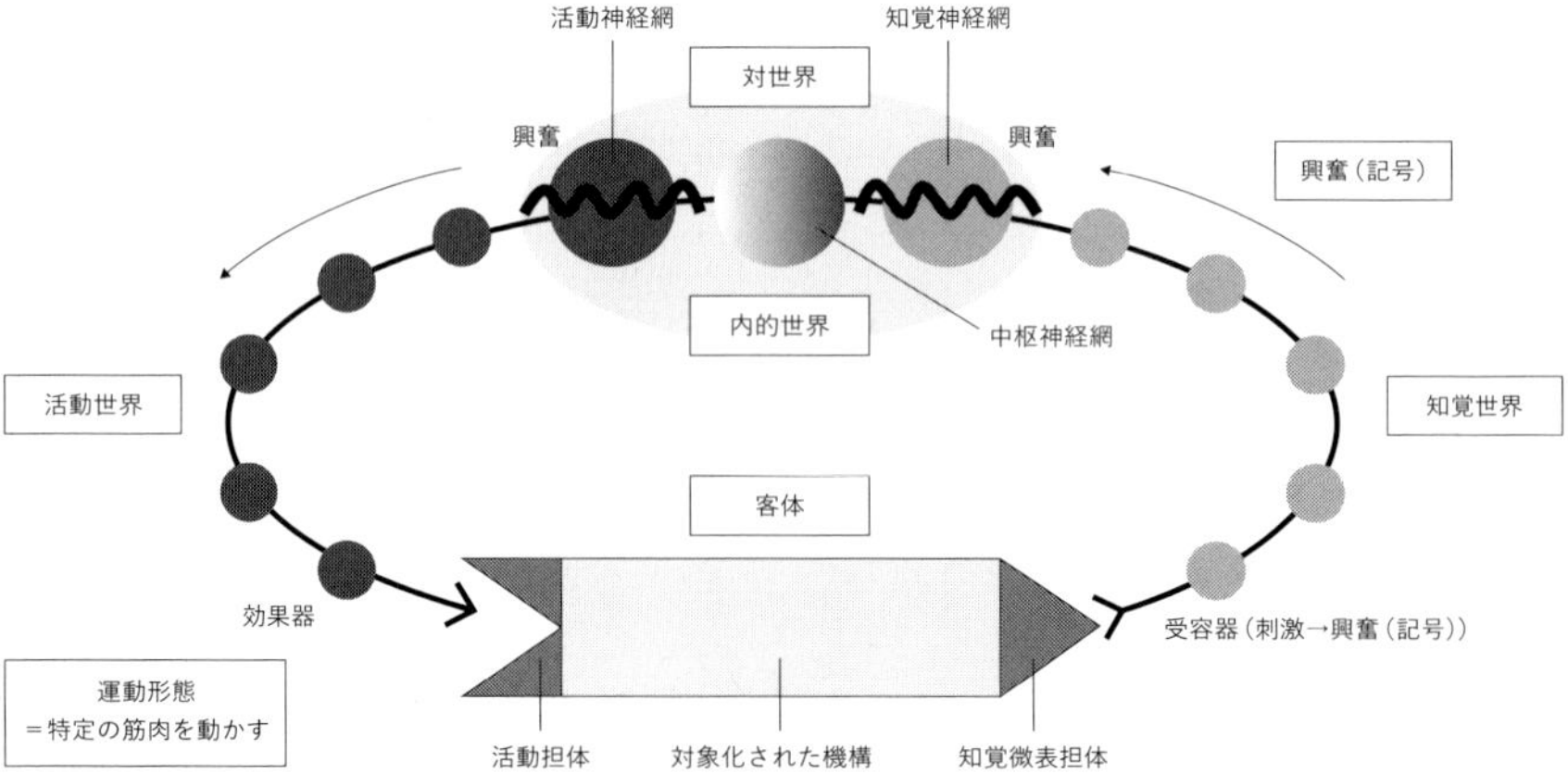

図5　環世界

と人間の世界認識』（ちくま学芸文庫）という本の中で「イリュージョンなしに世界を見ることはできない」と述べています。これは非常にダイレクトな表現ですが、荘子も、ユングも、ユクスキュルもみんな同じことを言っています。

意識と無意識、あるいは「相」と「性」

仏教では、ものというのは自分自身（相）では成り立たない、表面上の特徴（性）をたまたま人間が付与しているだけだということを言います。これを精神医学的な人間の精神の構造からとらえると、無意識的実在というのがまずあって、意識的実在があるということになります。

ただ、人工知能を作るときはまず意識的実在を作って、無意識的実在は作らないというのが一般的です。現在の人工知能は、知能の中でも意識のレイヤーにフォーカスしています。西洋哲学篇で解説したように、無意識のレイヤーがかかわってくるのは、ロボットやゲームのキャラクターＡＩのような身体を持つ人工知能を環境に適応させる必要がある分野だけです。身体を持つロボットやゲームのキャラクターＡＩは「身体によって環境世界に住み着いて」（メルロ＝ポンティ、『知覚の現象学』）おり、身体と意識をつなぐものが無意識なのです。比喩的に言えば、環境という海の中の、身体という島の、無意識というシステムの「意識という見張りどころ」ということです（図６）。

意識は、無意識によって世界から抽出された世界を見ているので、意識だけでは世界をとらえきれないのです。むしろ、世界のすべてを知っているのは無意識となります。「ぼくたちの心の中には誰かがいて、それが何でも知っている、ということを心得ておくのは、とてもいいことだよ」（ヘルマン・ヘッセ、『デミアン』（実吉捷郎訳）、岩波文庫）を思い出します。

ゲームのＡＩ開発ではキャラクターの知能を身体ごと構築しなければなりませんので、意識下の知能を扱います。まず、無意識的実存の世界から始めて、そこから意識的実在世界に向けて知能を作り上げていきます。これは、西洋哲学篇の第一夜で扱った現象学の志向性の概念とよく似ています。人工知能の認識のために無意識的な実在の上に意識的な実在を作る、この無意識的な実在の部分こそが、世界のすべて（＝環世界分）を受け取ります。

実は、東洋哲学篇の本質はここにあります。我々が意識する経験の前に、我々が自ら作り出している、いろいろな志向性の矢というものがあり、この発想を東洋哲学からとらえることで、人工知能のための新しいアイデアが浮かんできます。

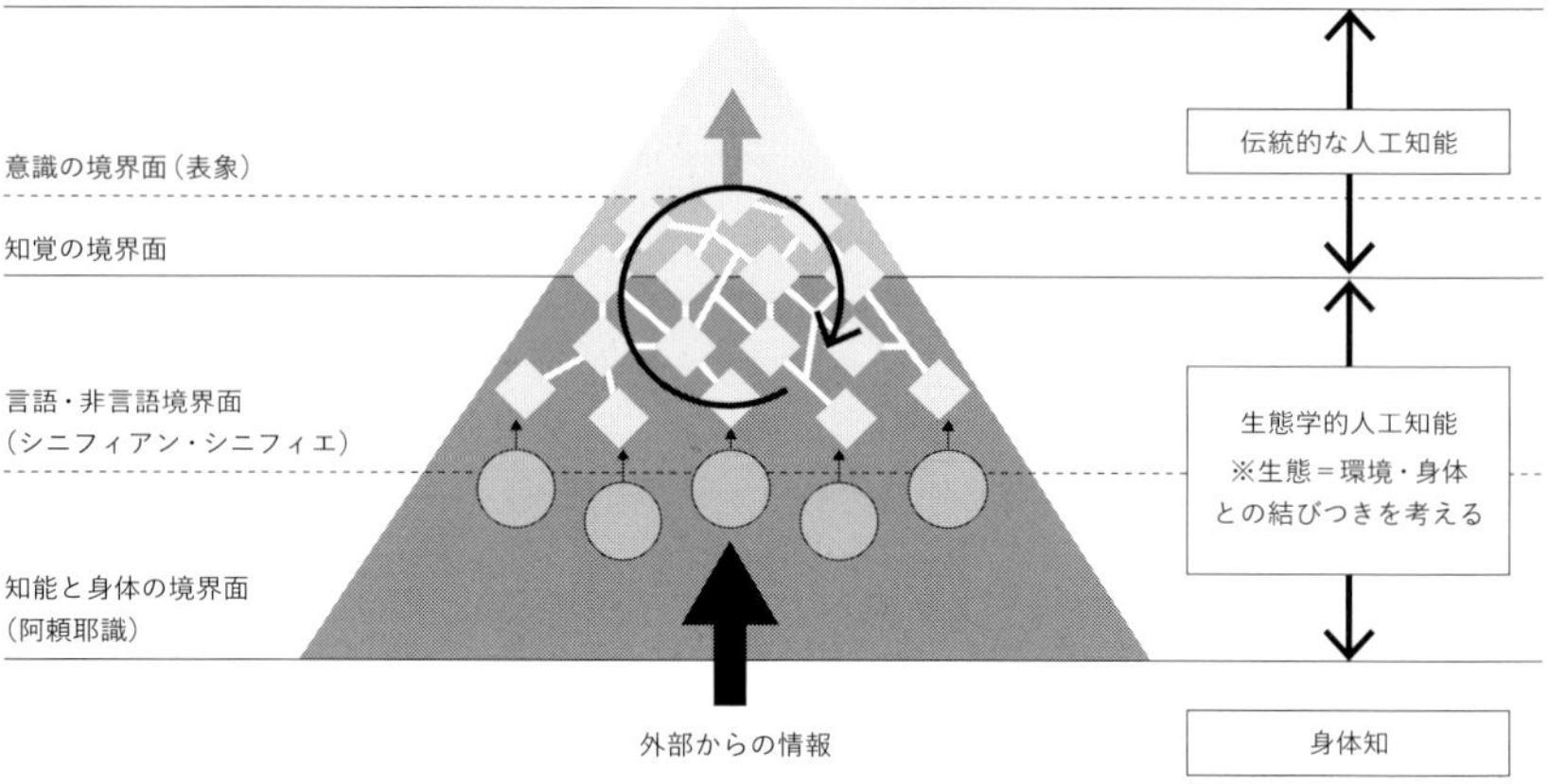

図6　人間の精神の構造

世界をとらえる網と知能の実体

井筒俊彦の本から、引用します。

> 言語は、意味論的には、一つの「現実」分節のシステムである。生の存在カオスの上に投げ掛けられた言語記号の網状の枠組み。
>
> 〈井筒俊彦、『意味の深みへ』、岩波書店、55ページ〉

我々の無意識とか知能の根底というのは世界を大きく受け取っていて、それらが言語によっていろいろな解釈がされて（骨が入れられて）意識に届く、我々がつかんでいるのは言語的実在であるということです。これはソシュールの見方でもありますし、構造主義の見方でもあります。同時に、これは仏教の中で言われていることでもあるわけです。井筒はこれを後に「言語アラヤ識」という言葉で表現します。

現在の記号主義的な構築的人工知能は、この言語の網（図7）の中にあります。この言語の網を人工知能では「知識表現」とか「言語ネットワーク」、「セマンティックネット」（意味論的網）と言います。ところが、そこに言語以前の実体はないわけです。では「実体」とは何か、ということです。実体があり、記号の網によって解釈（世界）が成立しています。しかし、網は世界をとらえるものであり、実体ではありません（図7）。

人工知能には記号主義による推論ベースの人工知能（シンボリズム）と脳の神経回路網のシミュレーションであるニューラルネットワーク（コネクショニズム）があります（後述、47ページ）が、記号主義による人工知能はこの網の部分を作っているだけなのです。

逆にいうと、網にひっかかるものだけが人工知能にとって「現実」となるために「フレーム問題」が存在するのです。フレーム問題とは、人工知能はあらかじめ定義された世界（フレーム）しか知覚できず、フレームの外にあることを考慮できないという問題です。フレーム、つまりあらかじめ作られた記号による認識の網から逃れられない、その中でしか機能しないために起こる問題です。では、果たして人工知能に実体をとらえることが可能なのかということが、大きな問いになって来るわけです。

非有

ウパニシャッド哲学で、こういうことが言われています。

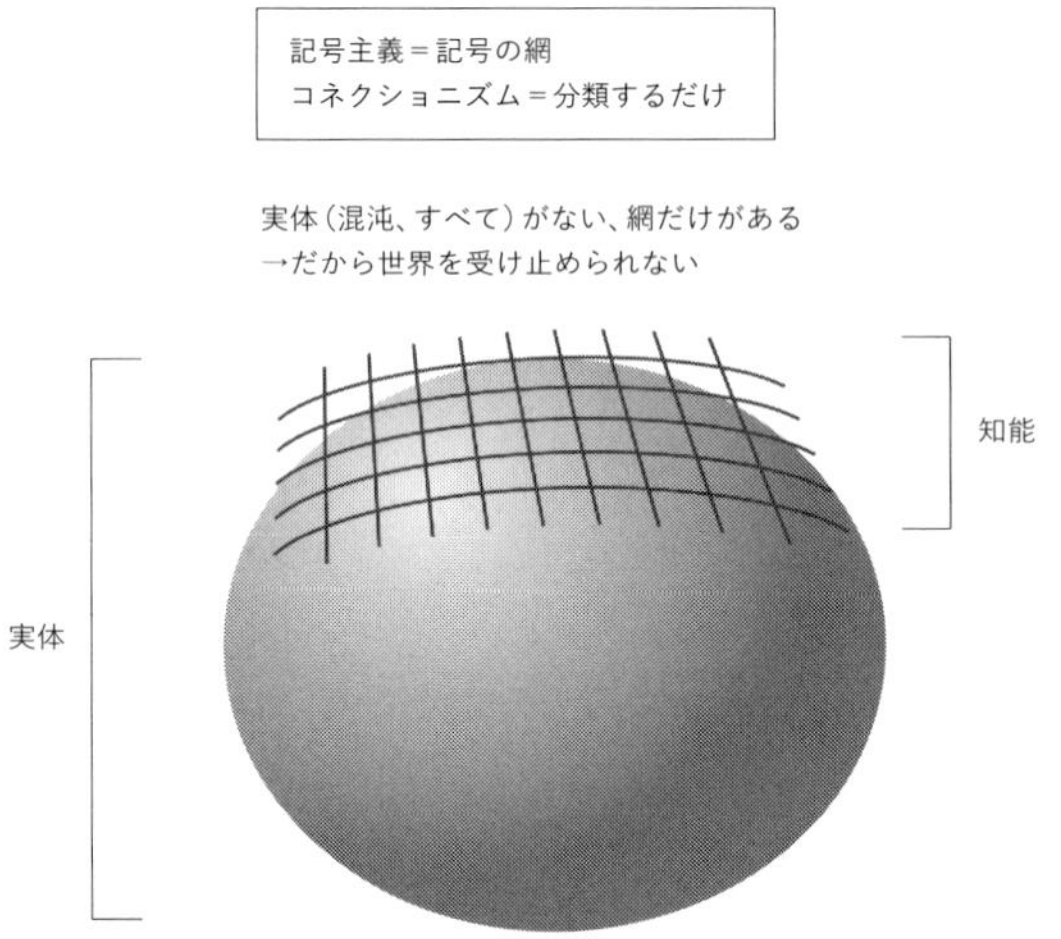
記号主義＝記号の網
コネクショニズム＝分類するだけ
実体（混沌、すべて）がない、網だけがある
→だから世界を受け止められない
知能
実体

図7　知能の網では実体をとらえられない

いま我々が問題としている古ウパニシャッド的コンテクストにおいては、「非有」とは、たんに何かがないとか、なんにもないとか、我々が普通「無」という言葉で理解するような単純な否定の意味ではなくて、何ものも明確な輪郭で毅然と他から区別されていない存在状態を意味する。全てのものが混融する存在混迷。いずれがいずれとも識別されず、どこにも分割線の引かれていない、渾然として捉えどころのないようなあり方、つまりカオスということだ。後でやや詳しく述べるつもりだが、カオスは古代中国思想の「渾沌」に当たる。

〈井筒俊彦、『意味の深みへ』、岩波書店、280ページ〉

「非有」というのは、生物はもともと分割されていない世界をそれぞれ持っている、ということです。これを、ときに混沌と言ったり、無と言ったりします。

荘子は、ある秩序に従って無から有（世界）を切り取る（無から有に移行する部分が人間の知能といえば知能です）のだ、同時にそれはあくまで人間の切り取った世界であり、世界そのものではなく、相対的な一部に過ぎない、と言いました。人間に認識できることが世界のすべてで、人間の知を極めれば何もかも解決すると思うのは間違いだ、というのが荘子の立場です。本来は、何も隔てがない混沌こそ世界の本質なのです。

つまり、知的機能という表面的な網だけではなくて、知能に言語や記号が分節化する前の、混沌としてのボディ（実体）を持たせるのが、東洋哲学から構築する人工知能です（図8）。ただ、東洋思想に従うと「悟りきった人工知能」になってしまって、それは逆に困るわけです。東洋思想は「いかに煩悩を消すか」が大きなテーマになっています。東洋思想をベースにする人工知能は煩悩を持ちません。人間らしい知能にはならないのです。

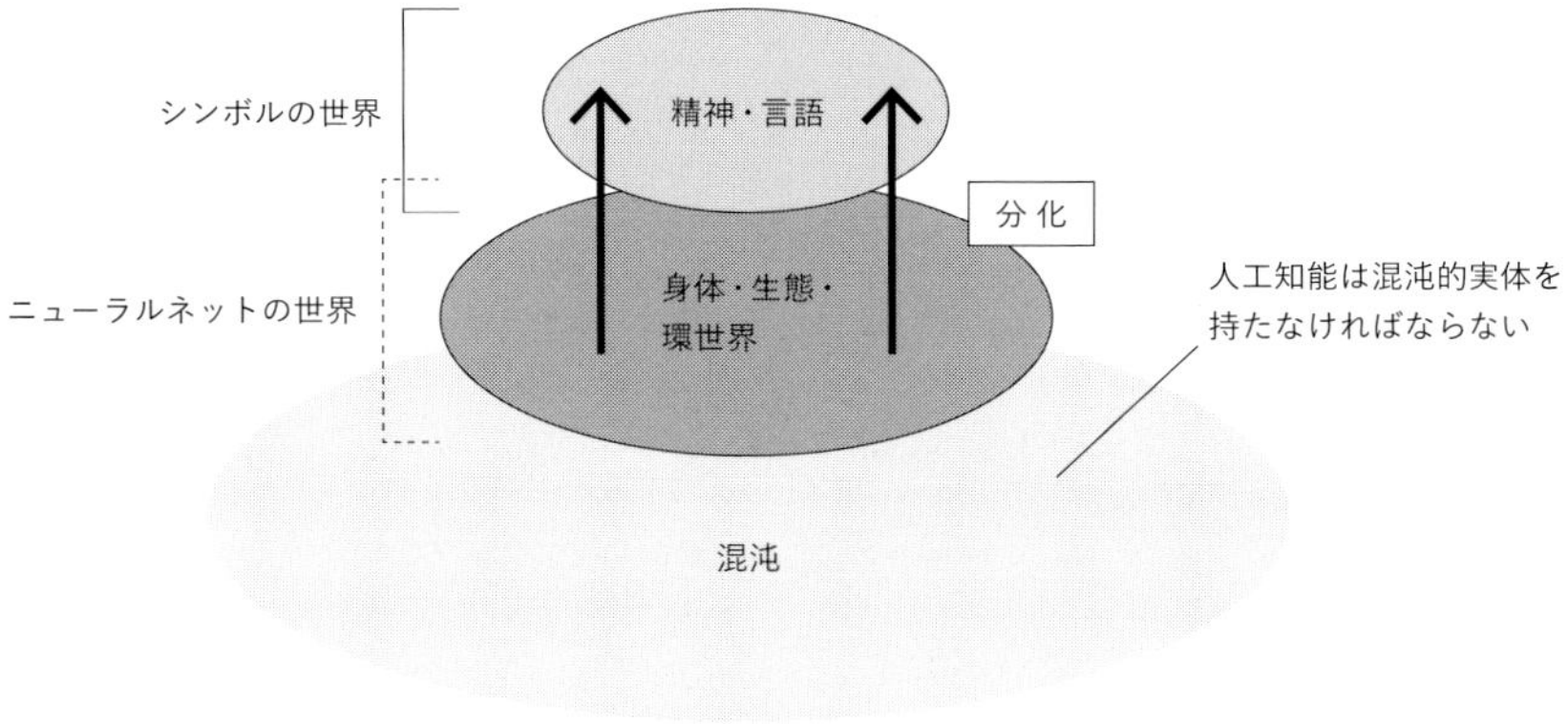

図8　人工知能に混沌的実体を持たせる

4 阿頼耶識と人工知能

混沌から知能が作れるのかというところが焦点になるわけですが、仏教では、人間の内面を見つめた唯識の理論が存在します。これは人工知能に煩悩を持たせるためのコアとなるモデルであるため、何度もこの本に出て来ることになります。

仏教のすばらしいところの一つは（東洋哲学全般に言えることですが）、明確な人間の内面のモデルを打ち出している、ということです。これは不思議なことに、西洋哲学ではほとんどありません。東洋は主観的な体験から得たことも哲学になりますが、西洋では常に言語と概念の中で哲学が展開されるからです。それは思惟による哲学であり、東洋哲学とは身を持った体験による経験の記述なのです。

唯識論

唯識論は、知能は八つの「識」からなるとします。図9は唯識論が示す我々の感覚、思考、意識のモデルです。

「識」というのは、根本は阿頼耶識から来ています。何かというと、世界をそのまま写した混沌の源泉です。世界を映す鏡のような、ここからすべての識が生まれるというのが唯識論です。「末那識」は自分を生み出すと同時に、自分を世界に結びつける識です。これが我々の苦しみの源泉でもあります。「自

唯識論＝世界は識から成り立つとする理論

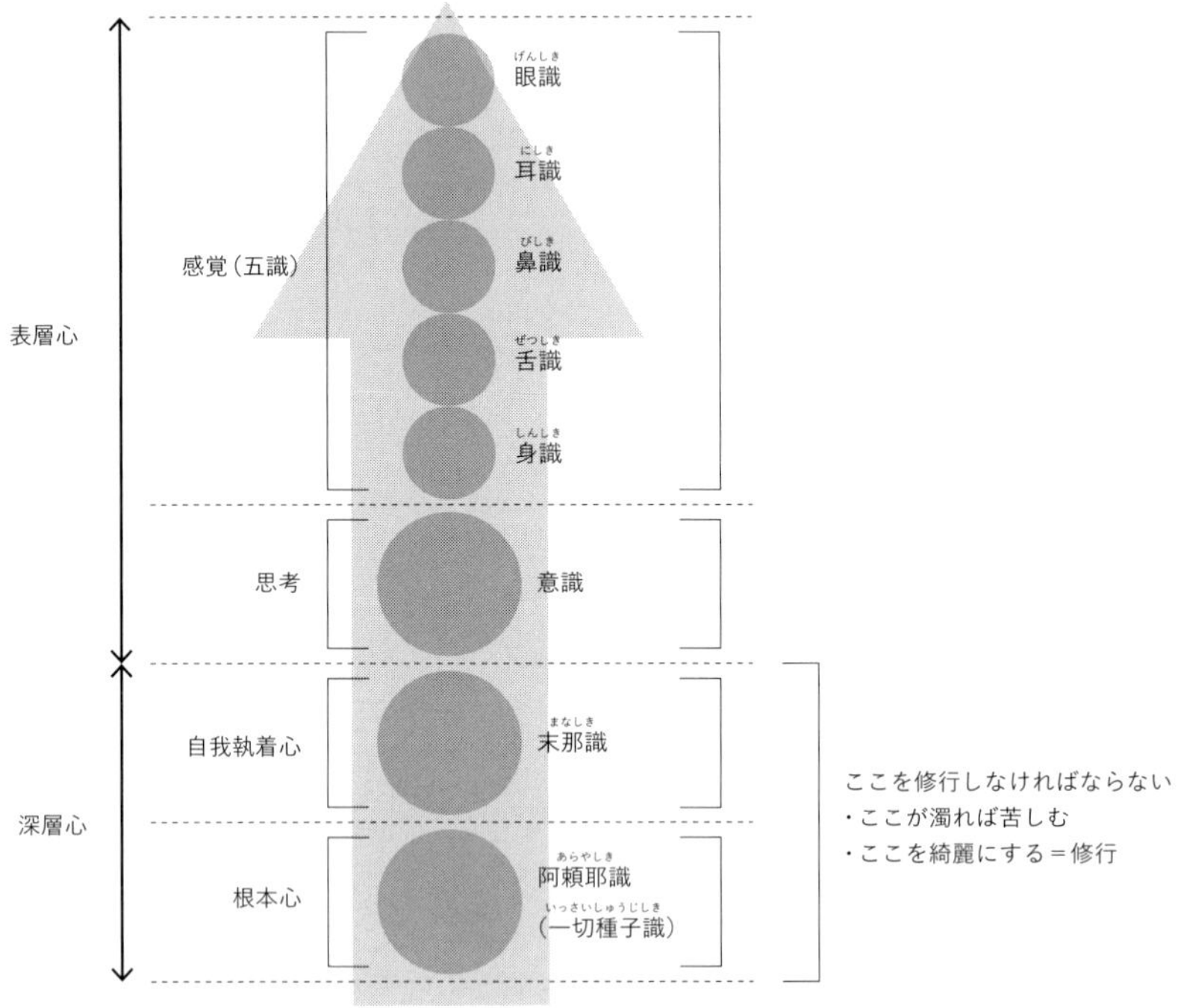

図9　唯識論（横山紘一、『唯識の思想』、講談社学術文庫、60ページより）

分自身」という幻想と「世界への執着」の根拠を与えるからです。意識より上が表層心で、末那識以下が深層心です。つまり、阿頼耶識から生まれたものが人間にさまざまなものを見せるので、我々の煩悩は阿頼耶識から来るというのが唯識論の哲学です。

仏教は、深層心、我々人間の一番根底の部分を「修行」することで悪い行いを自然にしないようになる、良い行いを自然にできるようになる、という思想です。

仏教の修行にはいろいろなやり方があります。正しい教えをひたすら聞く（正聞薫習）、行いをする（無分別智）ことで、汚れた種子を焼き、清い種子にする、これが「阿頼耶識縁起」です。単に、考えて良い行いをするという次元ではなくて、自然に良い行いができるということ。これが修行によって到達する「無分別智」です。たとえば、「十万円をこのお寺に施した」という言い方は駄目だとされます。「自分が」「お寺のために」「わざわざやった」という意図に満ちているからです。「自分」「対象」「行い」、この三つを分けている限り、煩悩からは逃れられないわけです。三つを分け隔てなく一つのものとして行うことで、悪いものを取り除くことができると説いています（図10）。

このように、仏教は煩悩から解脱することを目指します。しかし、ゲームキャラクターは人間らしい、生物らしい知的活動を行うことが求められます。「人間らしい」人工知能を作るために必要なのは、むしろ煩悩です。

今のゲームキャラクターＡＩには欲求がないし、根底に自分や世界に対するこだわりがありません。この世に何の未練も執着もないので、我々から見ると生物っぽくないわけです。なぜ、執着できないのかというと、混沌というものを持っていないからです。世界そのものを受け入れていない、表面的な知能のところを漂っているに過ぎないので、欲求そのものがないのです。

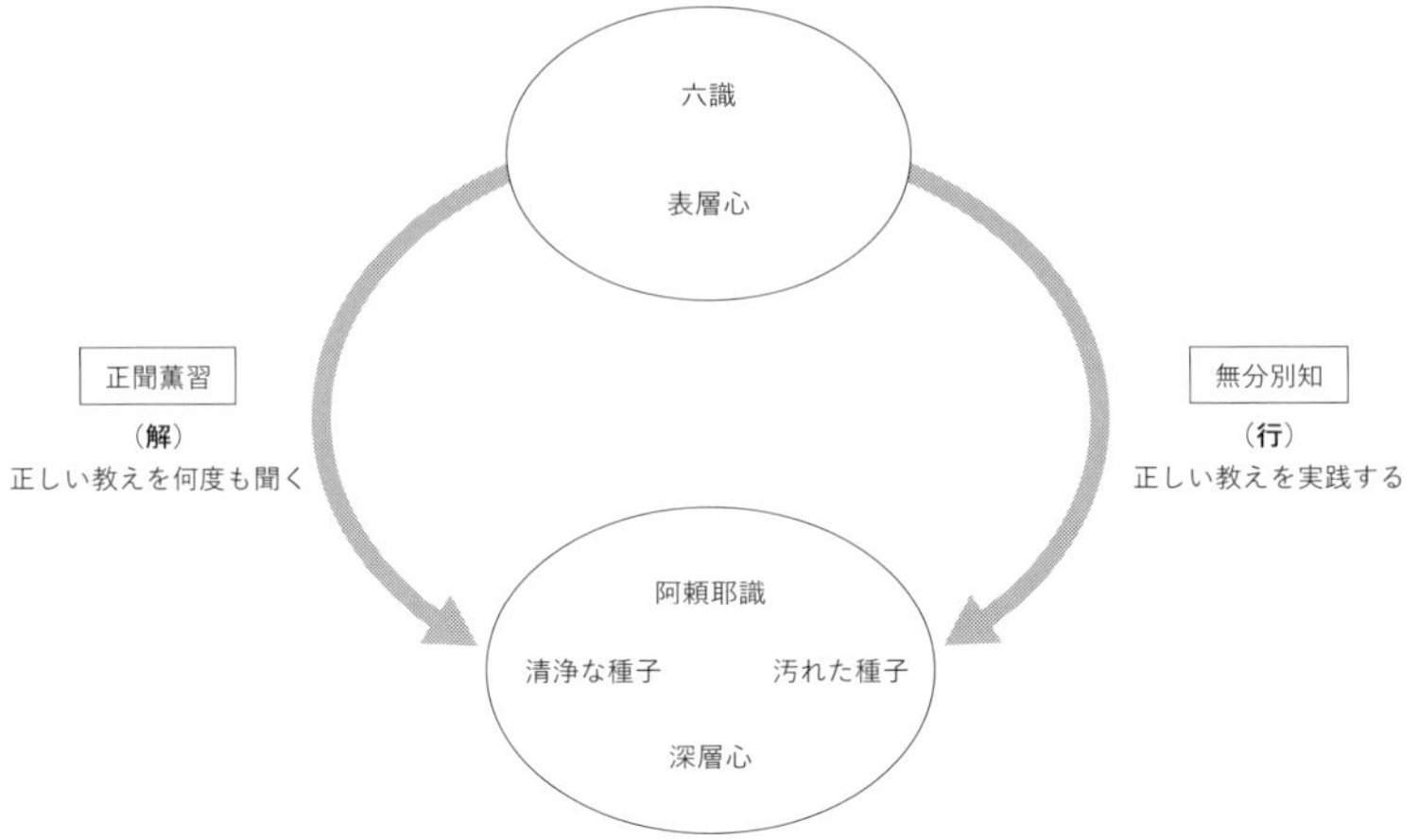

図10　阿頼耶識縁起（横山紘一、『唯識でよむ般若心経 空の実践』、181ページより）

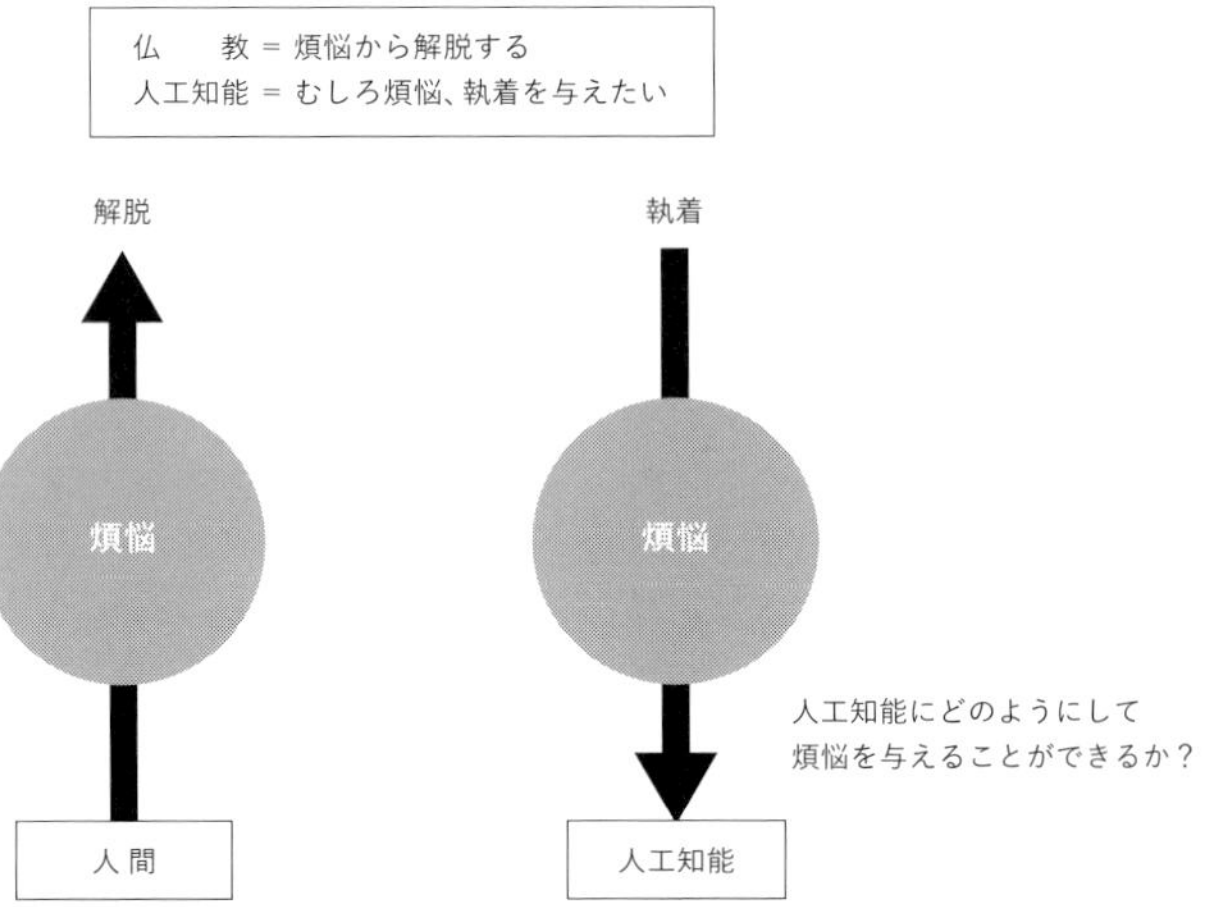

図11　人工知能に煩悩を与える

人間らしい知能を作りたい、むしろ混沌から何か偏見にとらわれるような人工知能を作るという方法を見つけたいと僕は考えています。それが知能を作る本質でもあると思っています。荘子の言うように、「知能とはちっぽけな生物が持つ偏見」なわけですから。

通常のAI開発者の方はこういうことを考えないと思いますが、僕が作っているのはキャラクターAIです。そのキャラクターAIに意識を持たせたいのです。そもそも悟りきったキャラクターAIでは、ゲームはおもしろくなくなってしまいます。「無駄な殺生はせぬ」とか「煩悩から解脱するのだ」と言って、その辺に座り込んでしまうキャラクターがいたら嫌です。いくら「戦ってくれよ!」と言っても、「何のかかわりもないプレイヤーに剣はむけられない」と言い出したら困ります。今は、ゲームのキャラクターには、とりあえず「戦え」と命令して戦ってもらっていますが、本当は自分から戦って欲しいわけです。少しでもいいからゲーム世界や自分にこだわりを持って欲しい、そういう煩悩を与えたいのです(図11)。阿頼耶識から煩悩が立ち上がるとしたら、こういったプロセスを人工知能に埋め込むことで煩悩を生じさせることができるのではないか、偏見を埋め込むことは可能なはずだと考えています。

主体と客体

唯識論は、阿頼耶識を通して世界(客体)と内面(主体)が結びつくモデルだととらえることもできます。では、人工知能で主体が客体と結びつく事例があるのかというと、リカレントニューラルネットワーク(以下、ニューラルネット)の通常のモデルクがあります(参照◎西洋哲学篇 第五夜)。ニューラルネットワーク(以下、ニューラルネット)の通常のモデルでは、主体と客体は完全に分離しています。ところが生物の場合、主体というのは客体と完全に分離していません。なぜかというと、主体はさまざまな対象との関係の上で成り立っているからです。つまり、先ほどの識でいうと、我々はある程度濁った識を持って、先入観を持って対象にアクションを起こすわけです。もしそれが、自分が予想したとおりであれば、そのまま行動は進みます。このとき、自分の行為は何の意識にも昇りません。たとえば、トンカチで釘をひたすら打つとき、最初のうちは注意していますが、トンカチでこのくらいの力で打てばこうなるということがわかると、ほとんど無意識に「トンカチを打つ」ようになります。これは現象学がたびたび引用する有名な例ですが、予想と現実の誤差がゼロである、まるで自分が世界と溶けたような状態をフロー状態と言います。ところが、いきなり打った釘が飛び出してきたら、おっとなります。予想との誤差が人間の意識の注意を喚起するわけです。

ニューラルネットのインプットにアウトプットの意思決定を再び入力する形をリカレントモデル（リカレントニューラルネット）と言います。リカレントモデルを使うと、主体と客体が溶けたようなプロセッシングができるというのが、力学系に基づくニューラルネットです。通常のニューラルネットは、インプットがあってアウトプットがある、というものですが、リカレント型では、自分の意思決定をもう一度入力に戻し、実際の自分のアクションも返す、自分が過去に行った行為と今の現前をニューラルネットにインプットします。これは、現在の状態と一つ前の行動の解釈を混ぜ合わせているということになります（図12、13）。そうすると、リカレントニューラルネットの中央（隠れ層）に、現在の状態と過去の意思決定が混ざった力学系の渦ができます。この渦は、安定して自己の形を保とうとする渦になります。それを人間の意識、あるいは認識の起点ととらえることができるのではないかということです。これが、谷淳の「力学系に基づく構成論的な認知の理解」の理論の一部です。

主体と客体の間のトップダウンとボトムアップの相互作用

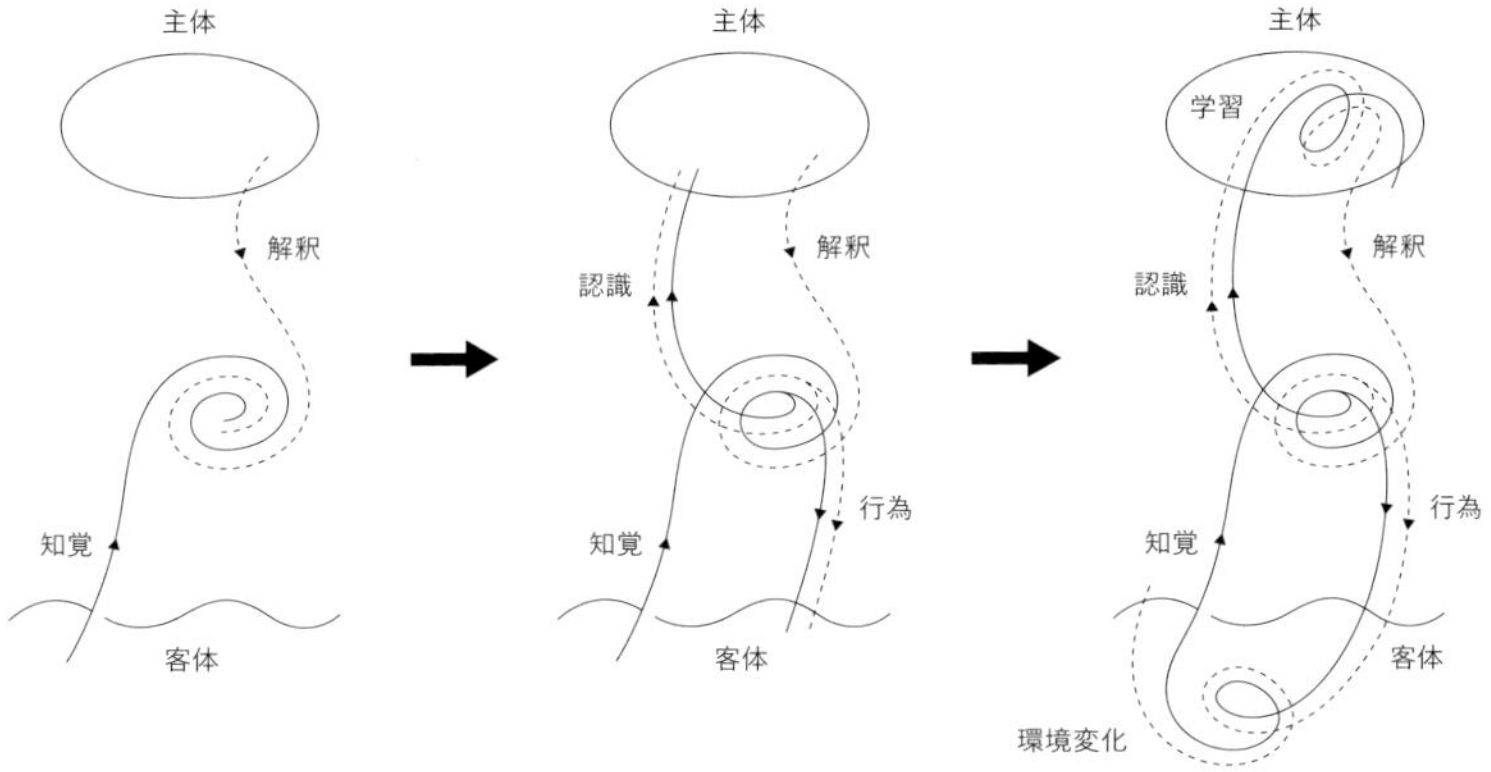

図12　主体と客体（谷淳「第３章 力学系に基づく構成論的な認知の理解」、『脳・身体性・ロボット』（シュプリンガー・フェアラーク東京、2005年）より）

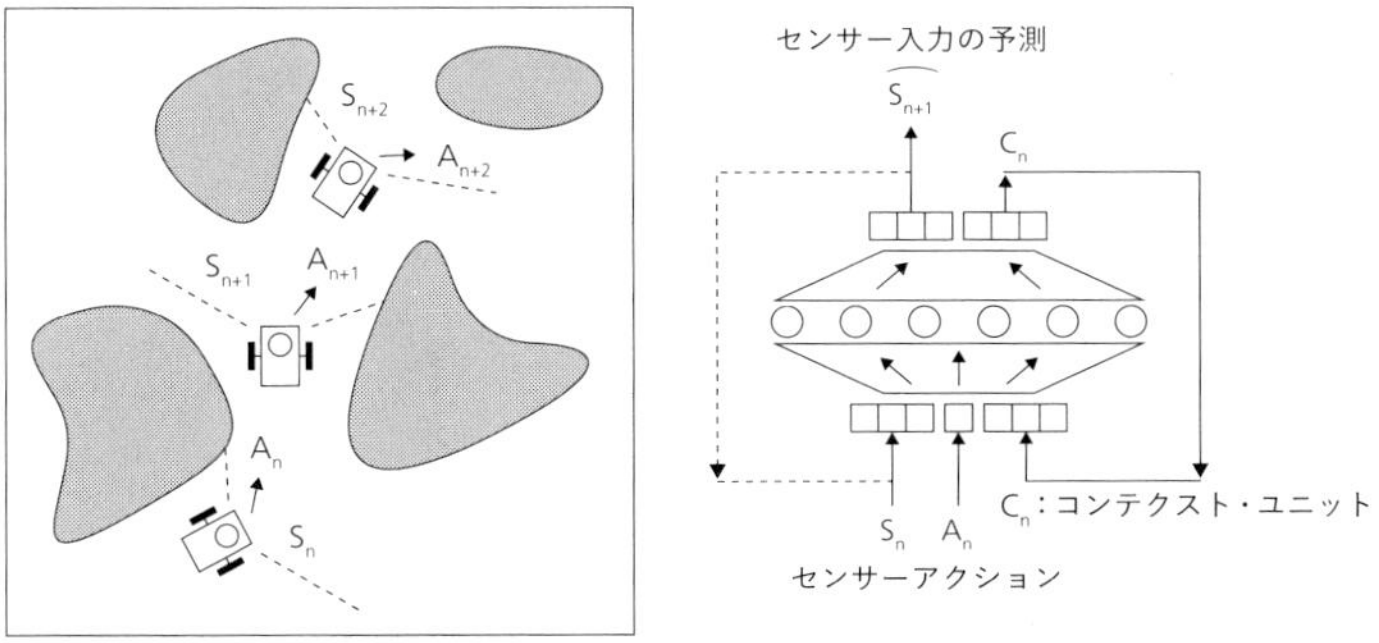

障害物空間での分岐の系列（左）、および使用したRNNの構造（右）（©谷淳2004）

自己判断をフィードバックループのように、ニュートラルネットワークの入力に再帰入力することで、
センサーの情報と自分の予測情報を同時にインプットする力学系が発生する。
これによって自己と客体を混合する力学系が発生する。

図13　RNN（リカレント型ニューラルネットワーク）（谷淳「第３章 力学系に基づく構成論的な認知の理解」、『脳・身体性・ロボット』（シュプリンガー・フェアラーク東京、2005年）より）

5 唯識論と世界の立ち上がり方

縁起

もう一度、唯識論に戻ります。極論すると、唯識論では「すべては人間が生み出している」ということになります。「唯識無境」――自分の心以外は何も存在しない――という立場と、「唯識所変」――すべての存在は阿頼耶識が変化したもの――という立場をとり得るわけです。

阿頼耶識はそこからいろいろなものが生まれてくる源泉であり、識の層が人工知能にあれば、識を通して人工知能にも世界が濁って見えるはずです。濁る、つまり世界が傾いて見える、自分自身に対し、ある程度の偏見を持つことができるわけです。

人工知能で問題となるのは、人工知能にとって「もの」とは何かという話です。たとえば、ここに白い箱があります。これを「机である」として、その上でものを書くというのが記号的な人工知能です。「box is table（箱はテーブル）」であり、tableで検索すると「I write on a table」とされているので、その上で何かものを書きます。しかし、本当の知能はそうでしょうか？　これが机だと認識するのはいつなのでしょうか？　「机である」という本質をこの白い箱が最初から持っているかというと、やはりそうではないわけです。その上で書くから、この白い箱は机になるわけです。逆なのです。行為が対象の性質を決めます。机であるから「その上で書く」わけではなく、自分自身がものを書くと同時に、白い箱が机になるのです。

南直哉の文章を引用します。

（前略）…「ああではないか、こうではないか」と両者の関係を具体的に設定する作業が続く。その立方体は、自己がその上に立つでもなく、腰を掛けるでもなく、ノートをひろげて書き物をするものとして使用されたがゆえに…（中略）…「机」として確定することになる。

これが自己と対象世界の成立過程なのであり、同時に自己が自己であること、つまり行為する主体としての自己の生成なのである。

〈南直哉、『『正法眼蔵』を読む』、講談社選書メチエ、35ページ〉

自分がその上でものを書いたからその箱は机になり、いま、自分は白い箱を机として使っている主体となっているのです。机が対象になることと自分がものを書く主体となることが同時に起こるということです。これは仏教特有のもので、「縁起」にもとづく考え方です。

自分自身に関してもそうです。「私が私であること」には何の根拠もなく、私でないものとの矛盾の中から、自分と対象が生成するという言い方をします。一つの存在は他の存在との関係の中から浮かびあるという考えです。

（前略）…「私が私であること」には何の根拠もなく、私ではないものとの矛盾の中から生成され維持されるものなのである。

〈南直哉、『『正法眼蔵』を読む』、講談社選書メチエ、33ページ〉

つまり、世界、環境、対象と自分は身体的属性を通して、互いに結び合っています。存在である限り、世界のさまざまな部分との結びつきの上で存在しているのです。

アフォーダンス

縁起の考え方は、ジェームズ・J・ギブソン（一九〇四〜一九七九）が拓いた生態学的な心理学によく似ています。たとえば風景を見たときに、我々は地面の表面が歩けるくらいの傾斜なのか、どれくらい先まで行けるのか、無意識に解釈しています。これを「環境のアフォーダンス」と言います。

生物の目は、昔はそれほど精緻なものではなかったと言われています。ギブソンはサバティカル（長期研究休暇）のときに生理学者のところに行ってこれを教えてもらうわけですが、「生物の認識は我々が見ているような精緻なビジョンから生まれたものではないのではないか」というところから、アフォーダンスの理論は始まります。

ぼんやりと明暗がわかるくらいにしか見えない目で、どうやって生物は環境を認識しているのでしょう。そのヒントは、動きによる視覚映像の変化にあります　自分が一歩前を進むと、光の加減が変わり風景が変わります。また一歩進むと、さらに変わります。単に動かない一枚の絵として見ていたら、それが何かはわからないのですが、生物は自分の運動とともに自分を取り巻く光景が変わることで空間をとらえることができます。そういった自分を包む光の配列のことを「包囲光配列」と言います（図14）。

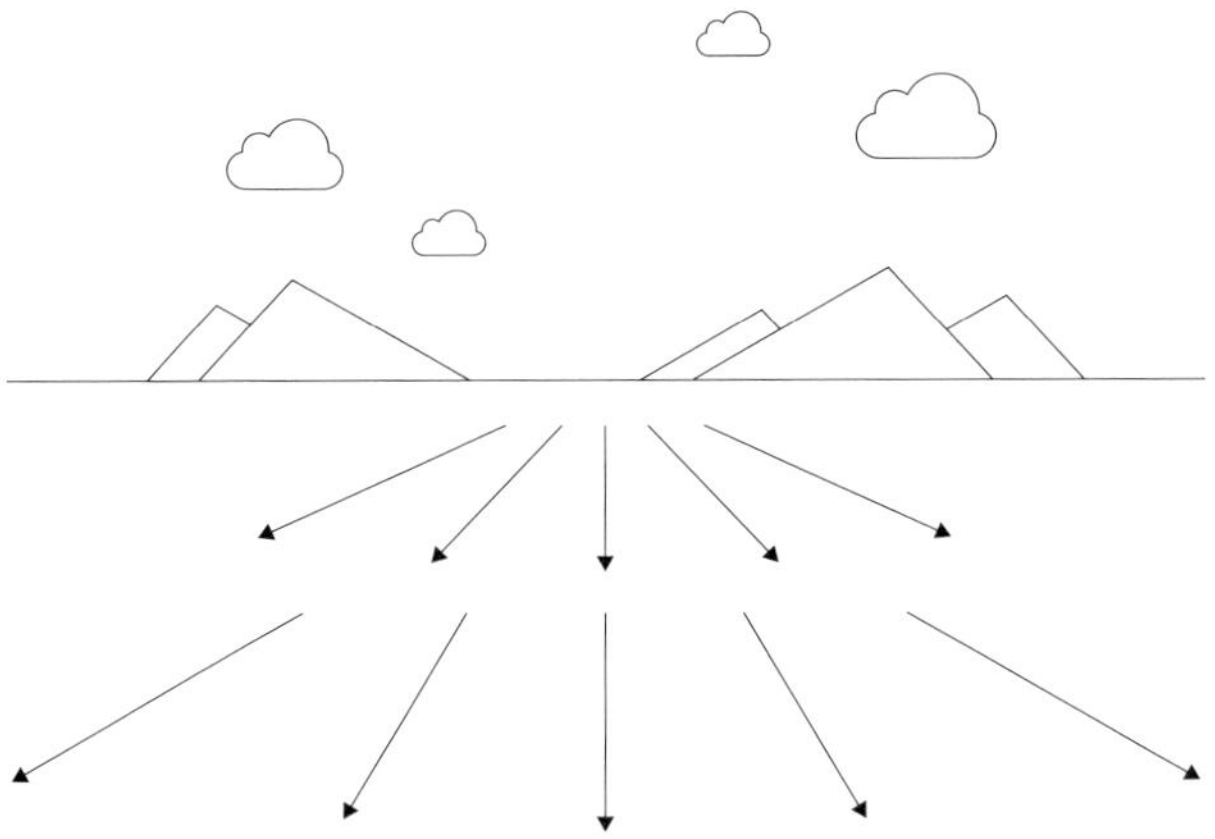

図14　包囲光配列

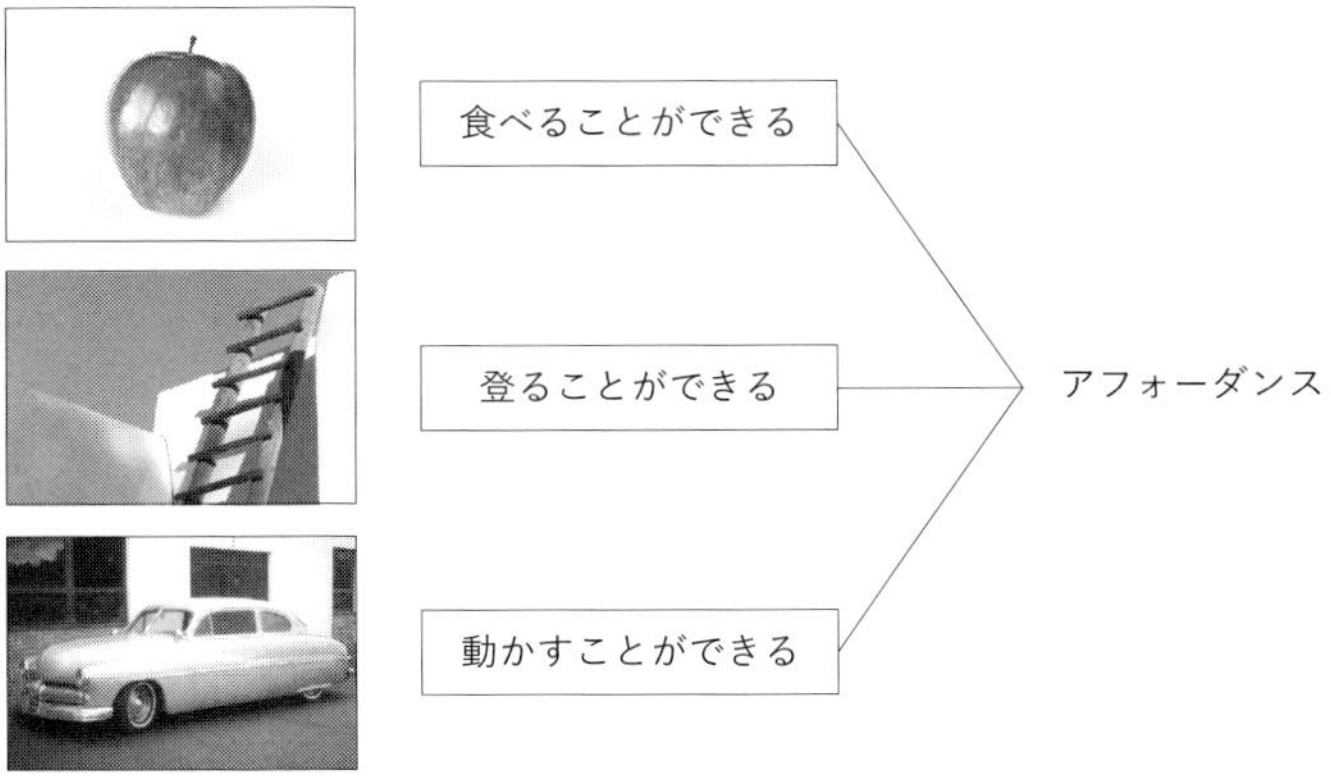

図15　アフォーダンス

たとえば、僕はメガネを取るとほとんど何も見えません。ところが明暗はわかるわけです。明暗がわかるだけではなくて、自分がまっすぐ歩いたときに明暗がどう変化するか、その変化によって、空間を認識することができるのです。このように身体と感覚が同期して、人間、生物というのは環境を認識しているというのが、生態学的視覚論です。

自分が動くことで世界の意味がわかってくる、アフォーダンスと縁起、機能環（生物が持つ環世界）はほとんど同じことを言っています。ただ、生態学的心理学は心理や認識のレイヤーを扱っていますが、仏教の場合はそれが自分の存在の根の深い部分から来ているという解釈をするので、より深いアプローチと言えます。

アフォーダンスの概念は現在のゲームＡＩに使われています。たとえば、「はしごを登ることができる」「車を動かすことができる」「この道は歩くことができる」「これは押すことができる」というように、最初からオブジェクトにどういう行為ができるかをデータとして埋め込んでおくのです（図15）。

東洋哲学では、まず世界という混沌があって、そこに対していろいろなアクションをすることで解釈が生まれて、世界が分化していくと考えます。仏教では、いろいろなインタラクションをするうち、ある瞬間にそれが机になり、ある瞬間にそれが椅子になる、それが世界と人間のあり方だとします。仏教で言えば、アフォーダンスや対象の意味は経験の末に獲得するものですが、現在のゲームの人工知能では、アフォーダンス情報をデータ化してトップダウンでオブジェクトに埋め込んでいくことによって、キャラクターの認識を作るというアプローチを取っています。

人工知能から身体を見る

西洋哲学篇で解説したように、知能には外部から情報が入り、無意識領域で言語化のプロセスがあります。それによって意識に分節化された世界が現れ、我々は行動を構成しています。

28ページの図6で示したように、人間の身体および精神にはさまざまな境界面があって、それぞれに対し、さまざまな哲学者がいろいろな理論を作っています。たとえば、刺激の集積が記号になるのはシニフィアン・シニフィエの境界です。また先に説いたように、仏教では、環境からの情報や刺激がそのまま解釈されていない層を阿頼耶識と言います。

ラカンの精神分析では、たいていシニフィアン・シニフィエというところから語り始めます（シニフィアン・シニフィエより下の部分というのは、仏教以外では名前をつけて語ることはあまりありません）。シニフィアン・シニフィエの上は我々が普段意識している知能で、言語処理や情報処理など、伝統的な人工知能で研究が集中している部分です。下が意識できない知能です。

記号主義の人工知能はこの上の部分を集中的に構築します。下の部分はあまり作りません。シンボルがない世界なので構造化された議論を持ってくることができません。そのため、作るのが難しいのです。今の人工知能というのは、シンボルが生まれたところ以降を作っているわけです。一方でコネクショニズム、ニューラルネットでは世界からシンボルを作るということをしますので、ちょうどシニフィアン・シニフィエを扱っていると言えます。谷淳の中間における力学系は、意識・無意識全体を作り出す仕掛けと見ることもできます。

今の人工知能には身体がありません。身体があるのはロボットとゲームキャラクターだけです。そのため、外部から情報が入って解釈して、という一番おおもとの部分がなかなか研究されてこなかったのです。この部分を生態学的人工知能と言いますが、ゲームＡＩとロボットＡＩは、今、この部分の知能に注力しています。そこに、東洋哲学的な知見が必要とされるのです。

6 人工知能の歴史と東洋哲学との交面

人工知能の歴史

ここで人工知能の歴史を振り返ってみましょう。人工知能は一九五六年発祥と言われています。ダートマス（アメリカ）というところで、二ヶ月くらいかけて会議が行われました。機械に人間の知能を実現しようという方向を定めたものでしたが、それが第一次ＡＩブームのトリガーになりました（図16）。

前述のように、人工知能には二種類あります。「もしＡならばＢ、もしＢならばＣ、よってもしＡならばＣ」というような推論ベース（シンボリズム）の人工知能と、人間の脳の神経回路（ニューロン）を模したニューラルネットワーク（コネクショニズム）による人工知能です。

第一次ＡＩブームのもう一つのトリガーがニューラルネットの発明でした。二〇世紀前半に、生物の脳内のニューロンの動きが解明されます（一九六三年にニューロンを解明したＡ・Ｌ・ホジキンとＡ・Ｆ・ハクスリーにノーベル賞が贈られています）。こうした医学的な知識を数学的なモデルにし、プログラム化したのが人工ニューラルネットです。現在では、単にニューラルネットというと、数学的モデルをプログラム化されたものを指します。

ニューラルネットは、入力層から信号が入って出力層から出るというものです。たとえば、「身長」と「体重」「年齢」の三つを入れると、「あなたは健康です」「運動が必要です」「注意が必要です」という分類をしてくれます。ある程度学習すると新しいデータを入れても分類してくれます（図17）。

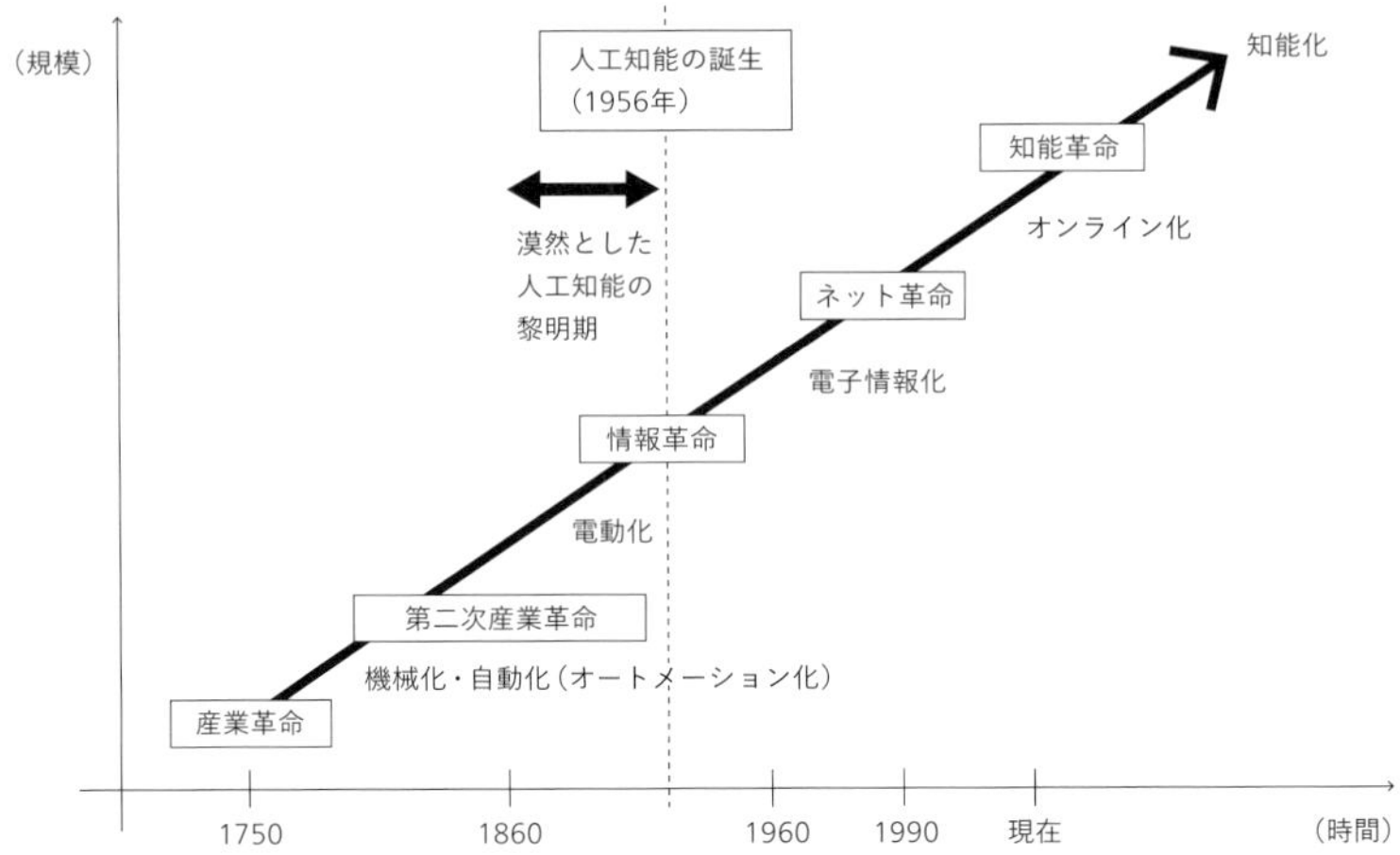

図16　人工知能の歴史

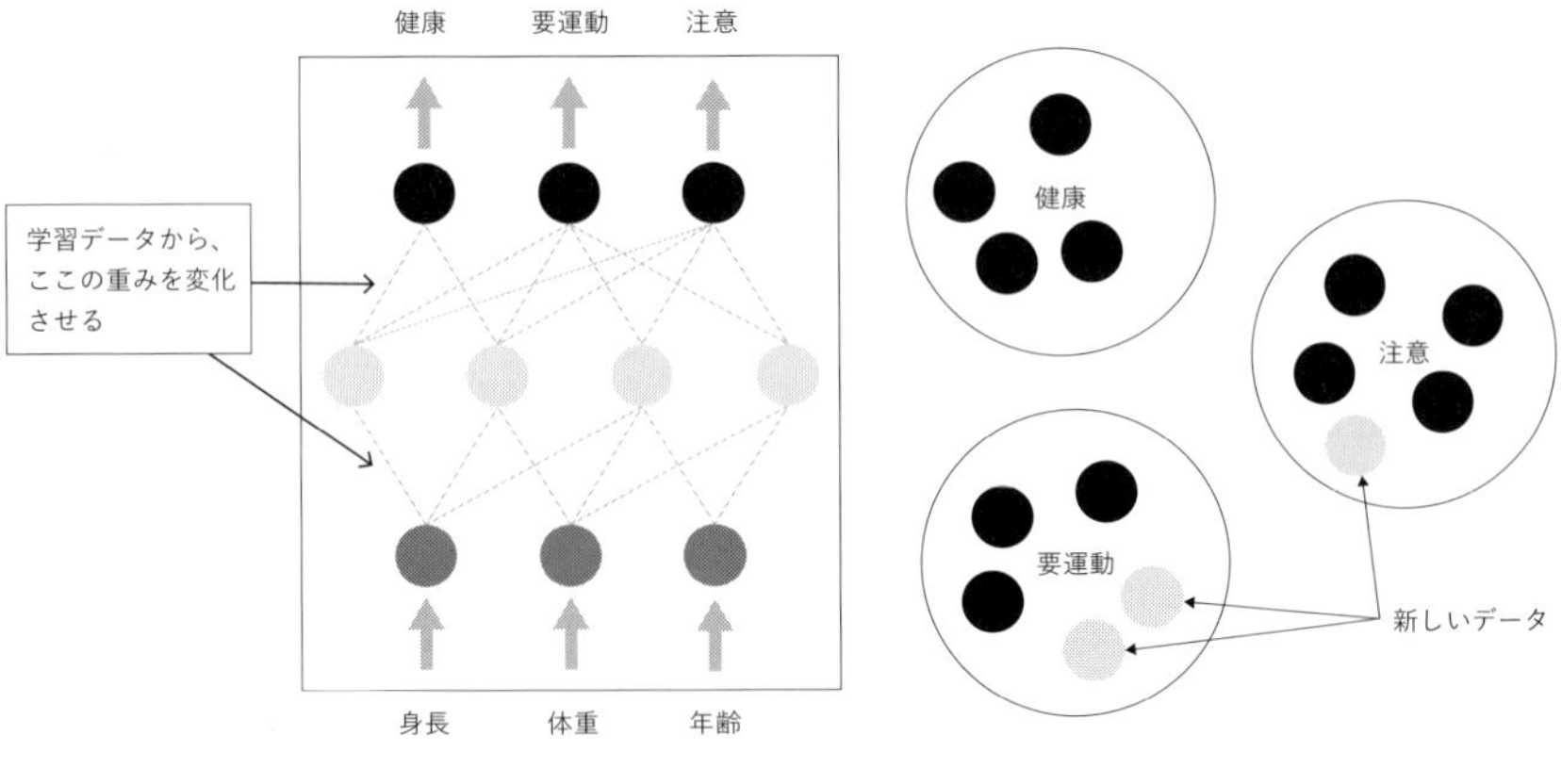

図17　ニューラルネットワークは分類器

つまり、ニューラルネットというのは本質的には何かを分類する分類器です。先ほどの知能の上のほうの機能を機械で実現するもの、何かを分けるためのデバイスであり、実に西洋らしい人工知能です。

第二次ＡＩブームは一九八〇年代に起こります。一般に、パソコンが普及していった時代です。このときブームのトリガーになったのは、ルールベースと呼ばれる手法とニューラルネットの新しい学習方法です。ルールベースというのはルール形式の知識を重ねていって賢くする人工知能です。ベースになるルール（知識）の量で性能が決まります。ニューラルネットはコネクショニズムと呼ばれ、Ａというピクセル画像を入れたら「１００」、Ｂと入れたら「０１０」、Ｃを入れたら「００１」というように、教師信号から学習させるとき、実際の出力と教師信号の誤差からニューロンの結合率を変化させる「誤差逆伝播法」が登場します（図18、19）。

第三次ＡＩブームは、インターネットが普及したことと、マシンパワーが上昇したことにより、インターネット上に蓄積されたデータで人工知能を作ろうという方向になります。検索エンジンやIBM Watsonは基本的にインターネットから収集したデータベースを知識源としてサービスを行います。またニューラルネットは、新しい学習法（オートエンコーダーを用いた手法）を用いてディープラーニングが利用可能となり、大量のネット上のデータや画像から学習することが可能となりました（図20）。

これが、人工知能のおよそ六十年の歴史です。記号主義（シンボリズム）の人工知能が「推論ベース」「ルールベース」「データベース」に、そしてニューラルネット（コネクショニズム）の人工知能が「誤差逆伝播法」「ディープラーニング」へと進化してきました（図21）。

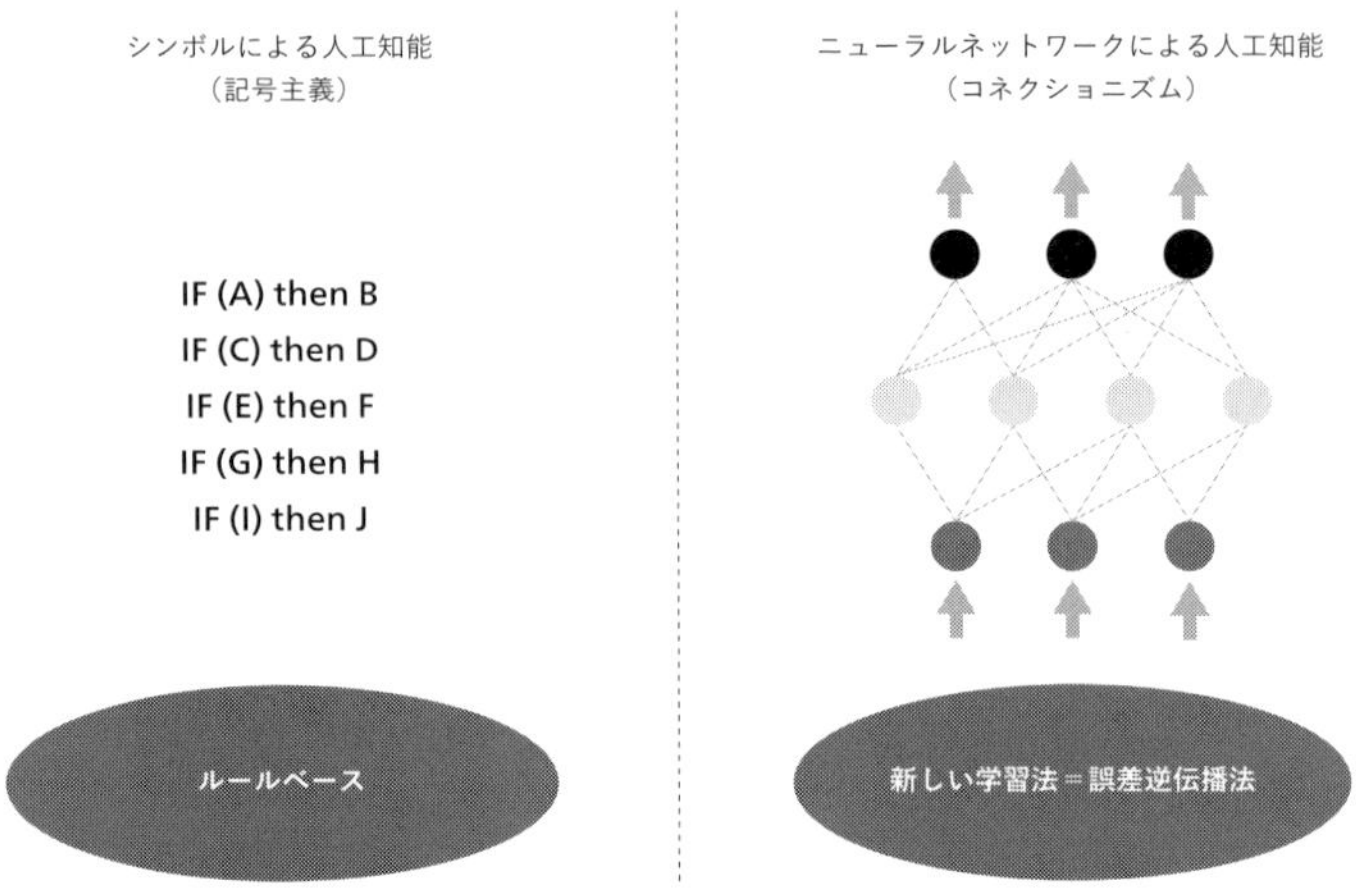

図18　ルールベースとコネクショニズム

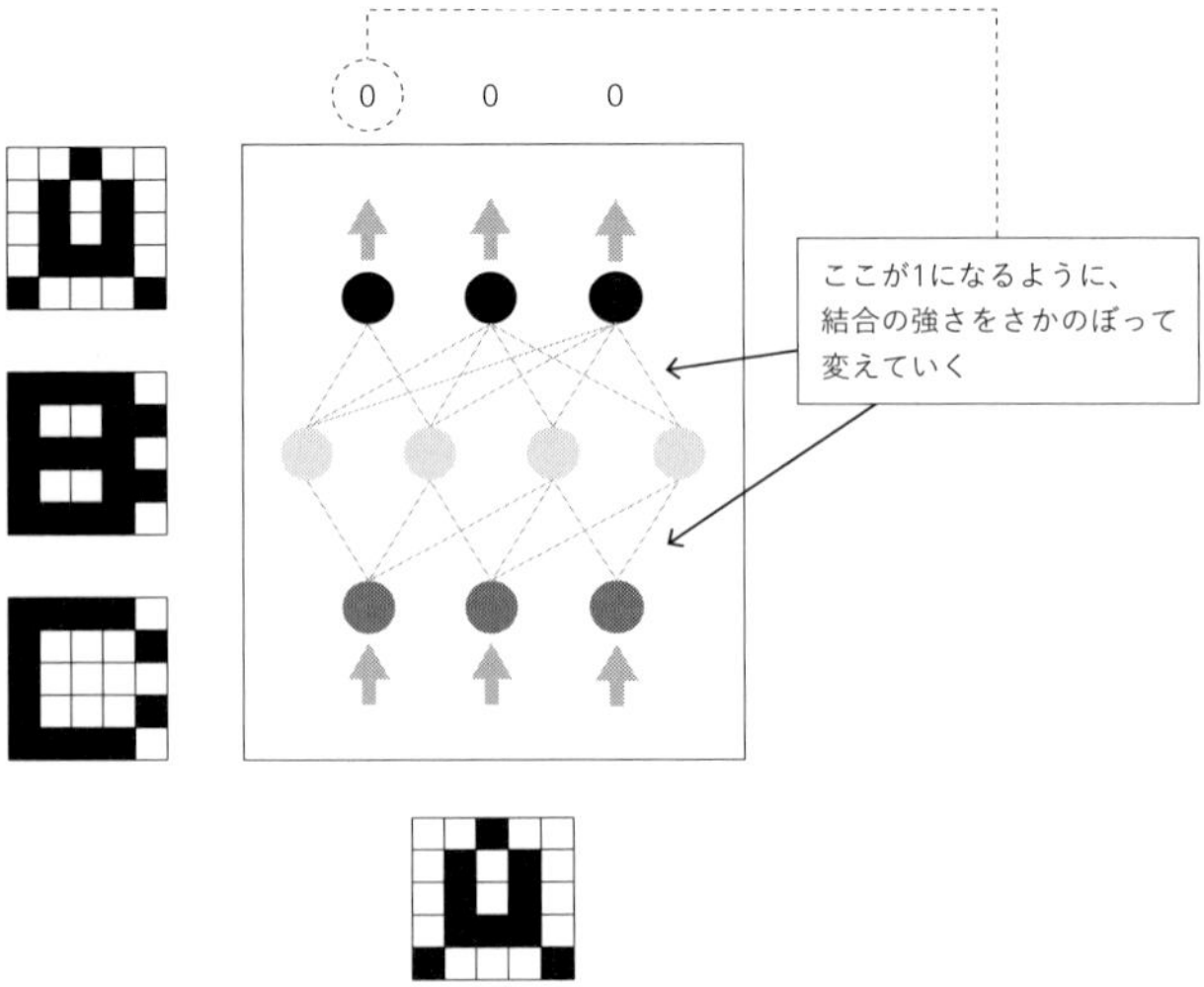

図19　誤差逆伝播法

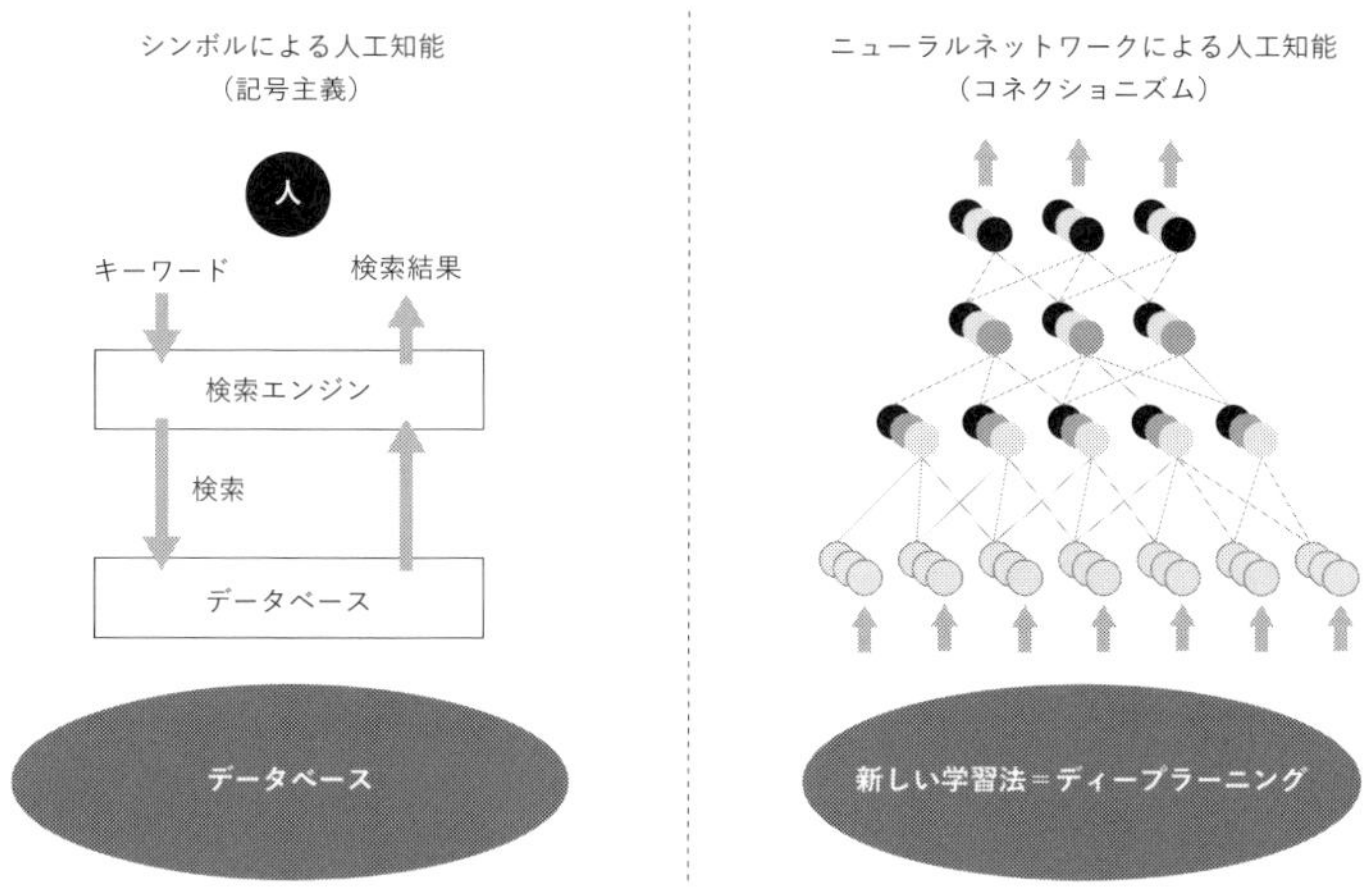

図20　データベースを知識源とした人工知能とディープラーニング

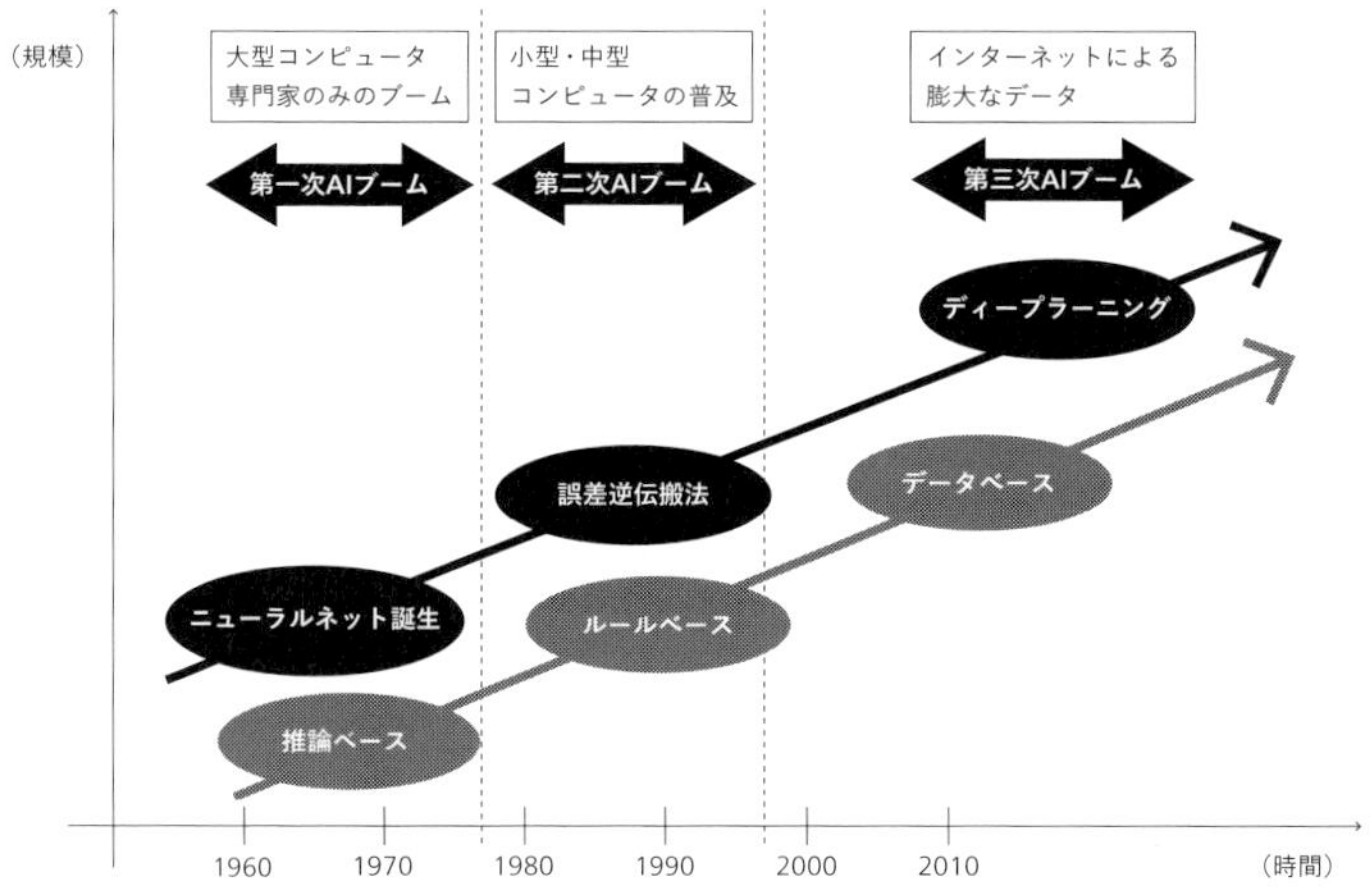

図21　第一次から第三次までのAIブームの流れ

ダートマス会議から知性体へ

歴史から、さらに考察していきましょう。ニューラルネットは先ほども言ったように分類器です。世界を分節化する精神の作用を一つ、実現したわけです。

ニューラルネットによる知能と世界の分節化、これは簡単に言うと、人間の偏見を学習しているのです。人間にとってりんごはりんご、ライオンはライオンなのでりんごとライオンを分けます。ディープラーニングは人間のデータを用いて、人間の偏見を学習します。必ずしも、絶対的な知能を作っているわけではありません。学習用のデータを準備するところで、人間の偏見がすでに入っています。

無視できない背景として、西洋では、ダートマス会議以前に数理論理学が成立しています（参照◎西洋哲学篇 第三夜）。人間の思考を記号化しようというのが、デカルト、ライプニッツ以来三百年以上にわたる人間の野望だったわけです。それが哲学から始まり、論理学、数学、プログラミング言語、人工知能の研究を突き動かしているのです。そして、数理学的な人工知能という「考える存在としての人工知能」があって、ニューラルネットが知識表現や強化学習につながっていくわけです（図22）。

しかしながら、そういった「考える」だけの人工知能から抜け出そうというのが、西洋哲学篇第一夜「フッサールの現象学」の議論でした。知能がとらえる網のあり方に限定せずに、知能全体が本来抱えている世界全体を人工知能が扱えるようにしよう、現象学を通して打ち破ろうというのが、僕のプランでした。世界に対するさまざまな結びつきを受容する人工知能です。「考える」だけではなく、「希望する」「不安になる」「疑う」「感じる」など、多様な世界との関係を人工知能の中に持ち込みたいのです。

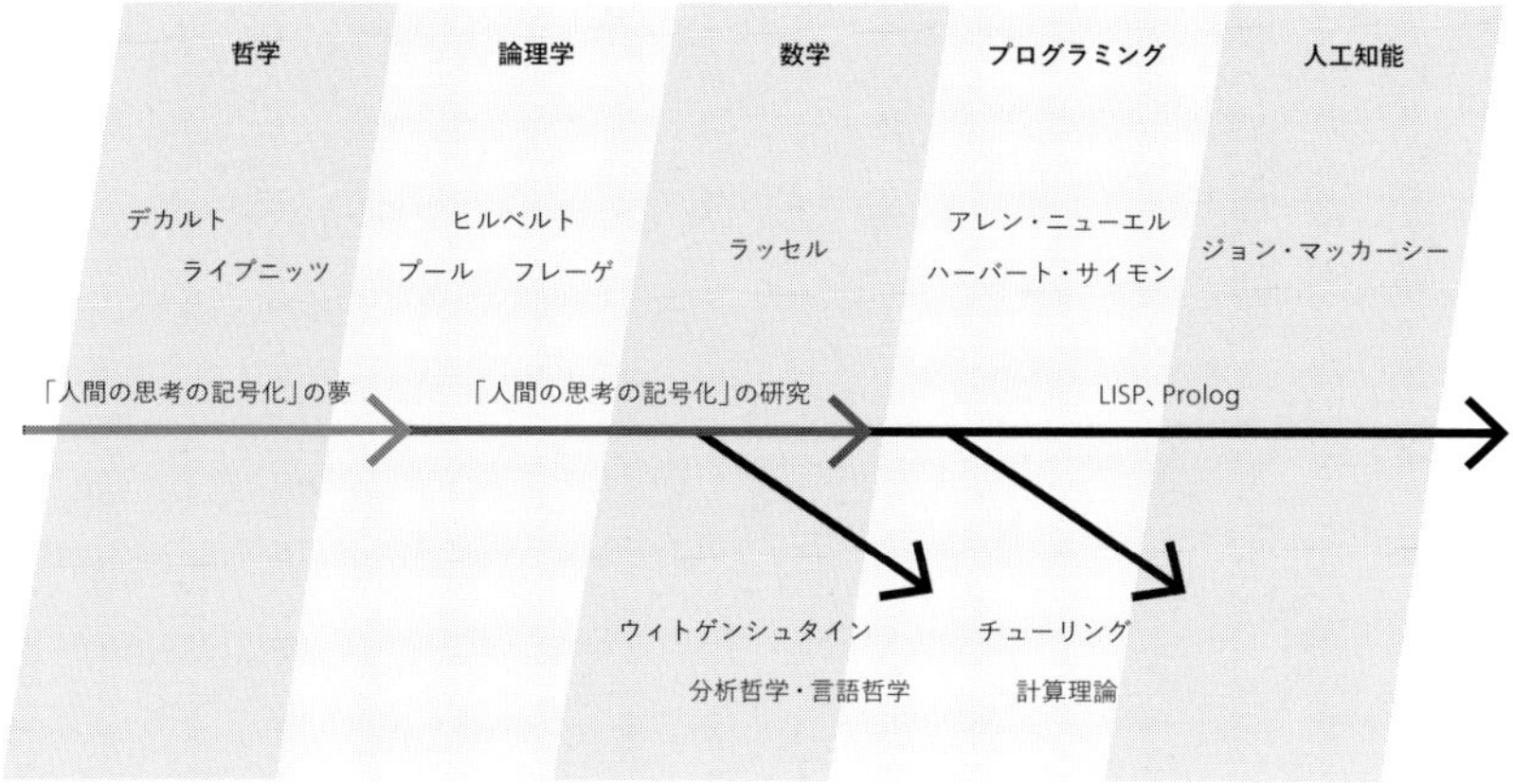

図22 数理論理学から論理プログラミングへ

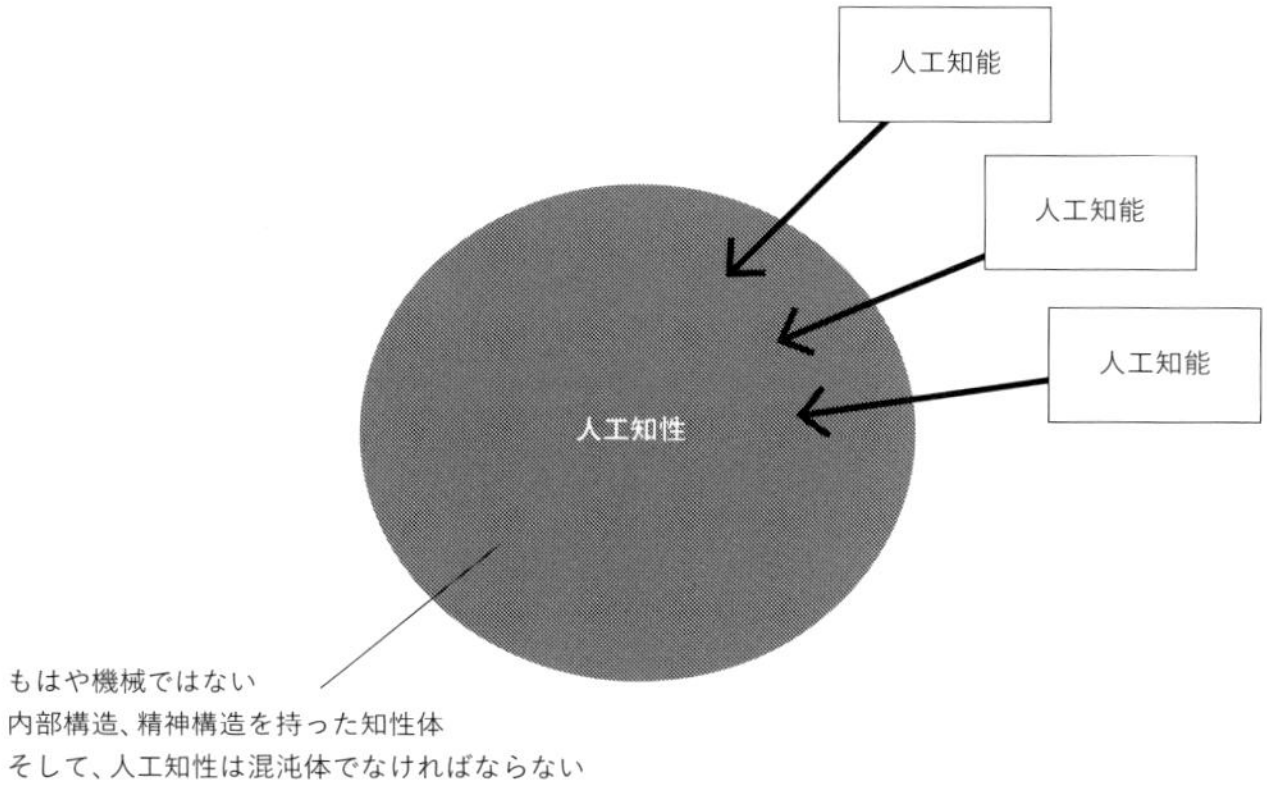

図23 内部構造を持つ人工知性へ

ただ、大きな道筋ではそうなっていません。今、人工知能の研究は人間の知能を実現しようという方向ではなく、人間の知能の一部、部分的な機能をアルゴリズムとして修練させようという方向の先にあります。もちろん、特にこれが悪いわけではありません。コンピュータパワーがあまりなかった時代も長かったので、研究分野もどんどん効率化されて、無駄のないエレガントなシステムとして知能を作ろうという方向になったのです（これはエンジニアらしい発想で、無駄というとすぐに削りたくなるのがエンジニアの性です）。

これに対して現象学的人工知能の発想は、無駄でもいいからあらゆる精神活動をシステムに入れようというものです。根底にある、表に現れない知性までシミュレーションしようということです。現在ではそれなりにプロセッサパワーがあるので、従来の、単に一つの機能を実現するという発想ではなくて、機械そのものの中に一つの知性を作ろうという発想が、今なら可能なのです（図23）。

これを人工知能というより、「人工知性」と名前をつけたいと思います。もはや機械ではなくて、内部構造（ここが東洋でいう混沌的なものになります）を持った生態として考えようということです。そこに人工知能を乗せていこうという発想を持たなければ、ダートマス会議以来のビジョンから逃れて、人工知能が新しく進化していく道筋を見出すことはできないのではないかと思います。

華厳哲学と人工知能

ここで、華厳哲学を引用したいと思います。華厳哲学は、「理」（いわば、混沌や無にあたります）というのが全体としてあって、あらゆる事象は理が生み出しているという思想です。「もの」とか「こと」も、それ自身・自体では存在せず、宇宙全体から生み出されます。そして、すべてのものは互いに関連しながら、同時に生まれてくるのです。つまり、因果律に従ってものごとが動いているということも否定するわけです。

たとえば、五つのものがインタラクションしているとしたら、どれが原因でどれが結果ということはないのだとします。全部が同時に関係し、同時に存在していないと、互いに存在しないのです。つまり、五分の一ではなく、一つが存在するためには他の四つがなければならないのです。最初からすべてが同時に現れるということを、華厳哲学では「縁起」という言葉で表します。アリストテレスは「こちらが原因です」「こちらが結果です」という言い方をしますが、華厳哲学ではこの縁起という概念を用いて、いきなり全部が生まれ、その関係も時々刻々と変わっていくとします。

そういう認識というのは、確かに人工知能がこれまで見逃してきたことだと言えます。因果律、論理律を追うというのがこれまでの西洋的な人工知能だったわけですが、縁起的な人工知能を作ることが東洋哲学篇の一つのテーマになります。

人工知能において、いかに自己を作るかというのはなかなか難しいところです。なぜかというと、これまでの人工知能の主体は情報処理だったからです。ですから、自己という何かをアーキテクチャの中に作るのは難しかったわけです。しかし、東洋哲学を基礎とした人工知能では、自己が他者と世界との関係の中で作り出されるように、(自身も混在する)未分化の混沌から分化しつつ、相互に接続した人工知能というものが作れるのではないかと発想することができます。

無と無限と人工知能

最後に「無」と「無限」という話をしましょう。

情報と物質

現代科学では、生命は原始の海から生まれるとされています（ユーリー＝ミラーのアミノ酸の生成実験は有名です）。生命科学の議論からすると、生物の中には分子が詰まっています。自己を組織化することで「自己の内部」と「自己の外部」ができ、海の中で水に溶けやすい部分、溶けにくい部分が集まって生物というものができます。このとき、内側と外側ができるのですが、本来、エントロピーの法則からすると、エネルギーの高い状態は物理法則に従って崩れ落ちるはずです。ですが、生物の場合は崩れずに構造が残っているという性質があります。常にエネルギーが入ってきて外側に出る、という内側の構造によって中の形が保たれることになります。この「構造のヒステリシス」が起こって内部構造が維持されます。海の渦などもそうですが、普通はエントロピーの法則で壊れてしまうのですが、ある程度エネルギーが高い状態であれば内部構造が維持されます。これを「非平衡系」と言います（図24、25）。

生物はそういうふうに、インプットとアウトプットを通して自分の内側の構造を維持しています。こういった構造のことを「散逸構造」と言います。入ってきたエネルギーが外側に出ていくというのは、本来はありえない非平衡系を維持する唯一の方法です。台風も、太陽表面の構造も散逸構造を持ちます。散逸

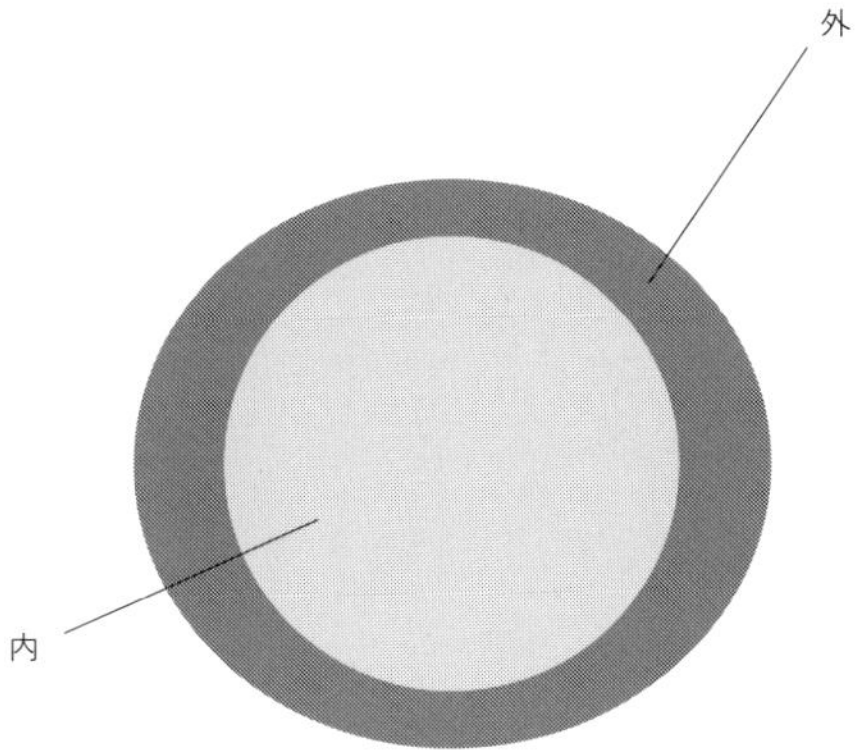

図24　外と内の形成

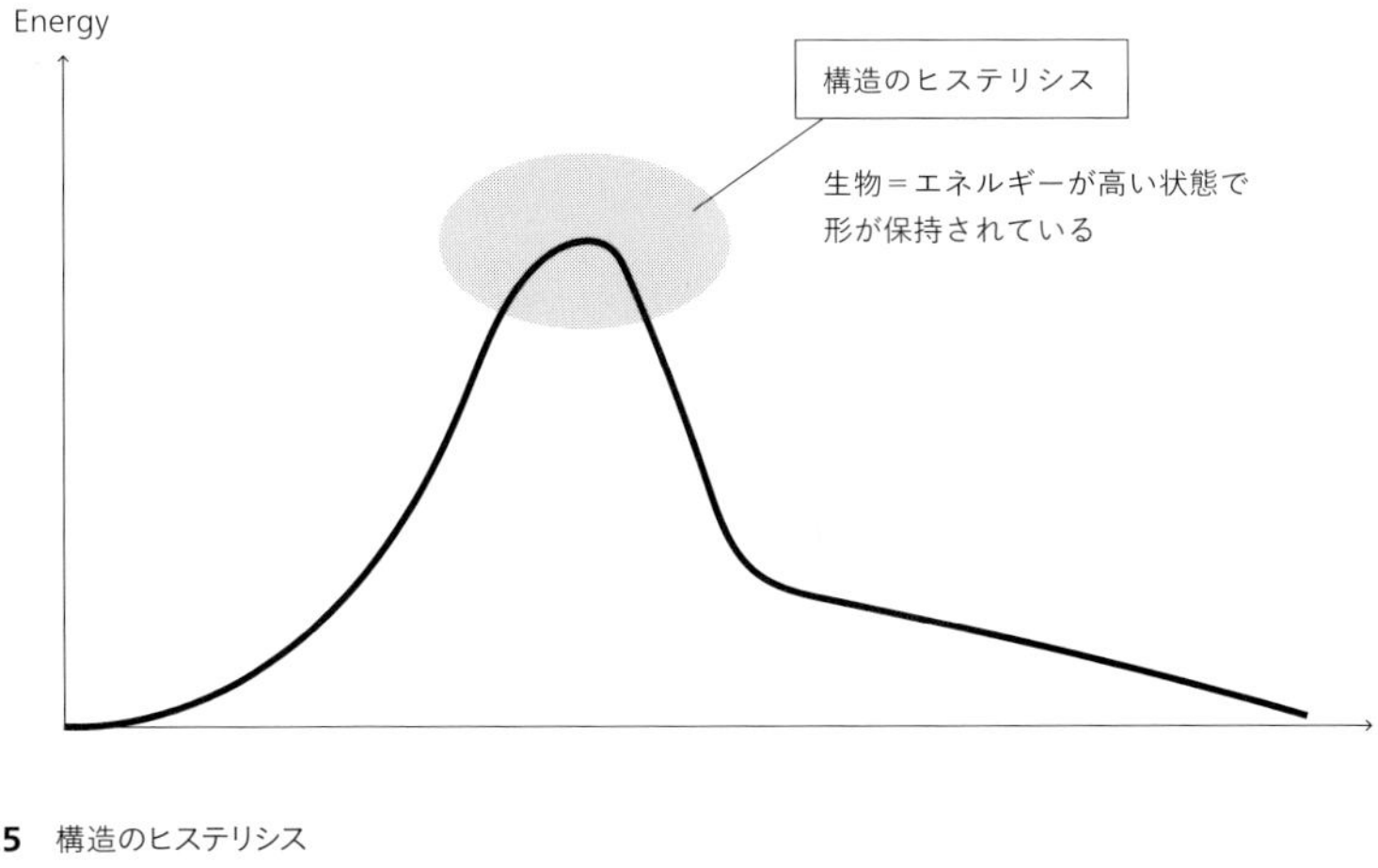

図25　構造のヒステリシス

構造は今の生物を形作っている本質だということを提唱したイリヤ・プリゴジン（一九一七～二〇〇三）は、一九七七年にその功績によりノーベル化学賞を受賞しています。

そういった散逸構造の議論の中で、西洋哲学篇でも述べましたが「テセウスの船」という哲学問答があります。テセウスの船は故障するとすぐに部品を入れ替えるので、時間が経つといずれ全部入れ替えてしまうわけです。そうすると、物質的には全く違うものになるのですが、元の船と同じ構造を持ちます。

生物の個体も同じように、細胞はどんどん死んで入れ替わりますが、生物の個体自体はその生物の個体のままです。このように、生物は物質を取り込み、エネルギーを吸収して排泄します。物質の循環の中にあるわけです。そして、物質だけではなく情報の循環の中にもあります。情報をインプットして、アウトプットします（音声だけではなく、身体の運動も情報の発信です）。

つまり、生物というのは構造と物質、両方の属性を持っているわけです。物質によらず不変なものというのは構造であり、情報です。情報から始まって精神がある、これを翻訳すると、人工知能と人工身体という話になるわけです。これが今の人工知能の描像ですが、「受け入れると同時に排斥する」、荘子が言っていることはまさにこれを言い当てているわけです（次の第一夜で詳しく解説していきます）。この情報と物質という二重性、アンビバレンツな二つの性質を持つというのが、生物の宿命です。

人工知能の「精神と身体」

精神と物質、精神と身体という、この構造を人工知能に持ち込んで考えると、精神のほうは人工知能

（プログラム）、身体はコンピュータ（ハードウェア）になります。

人工知能は階層的に作ります。反射型からより高度な思考を階層的にどんどん積み上げていきます。これをサブサンプション構造と呼びます。上のほうが論理的思考、下のほうが生態的世界（環世界）になります。こういった抽象度の高い人工知能の作り方を、ゲームのAI開発でも行っています（図26）。

あらっぽい書き方をすると、人間の脳には身体から刺激情報が上がってきます。中枢から上がってきて、辺縁系（脳の原始的な部分）を通って、大脳、大脳皮質へ、それぞれのレイヤーでいろいろな情報処理がなされます。

脳が一度にすべてを解釈しているのではなく、階層的に脳のいろいろな部分でいろいろな解釈がされています（第五夜では部分知能の集合として全体の知能を構成することを説明します。部分知能とは、ある環

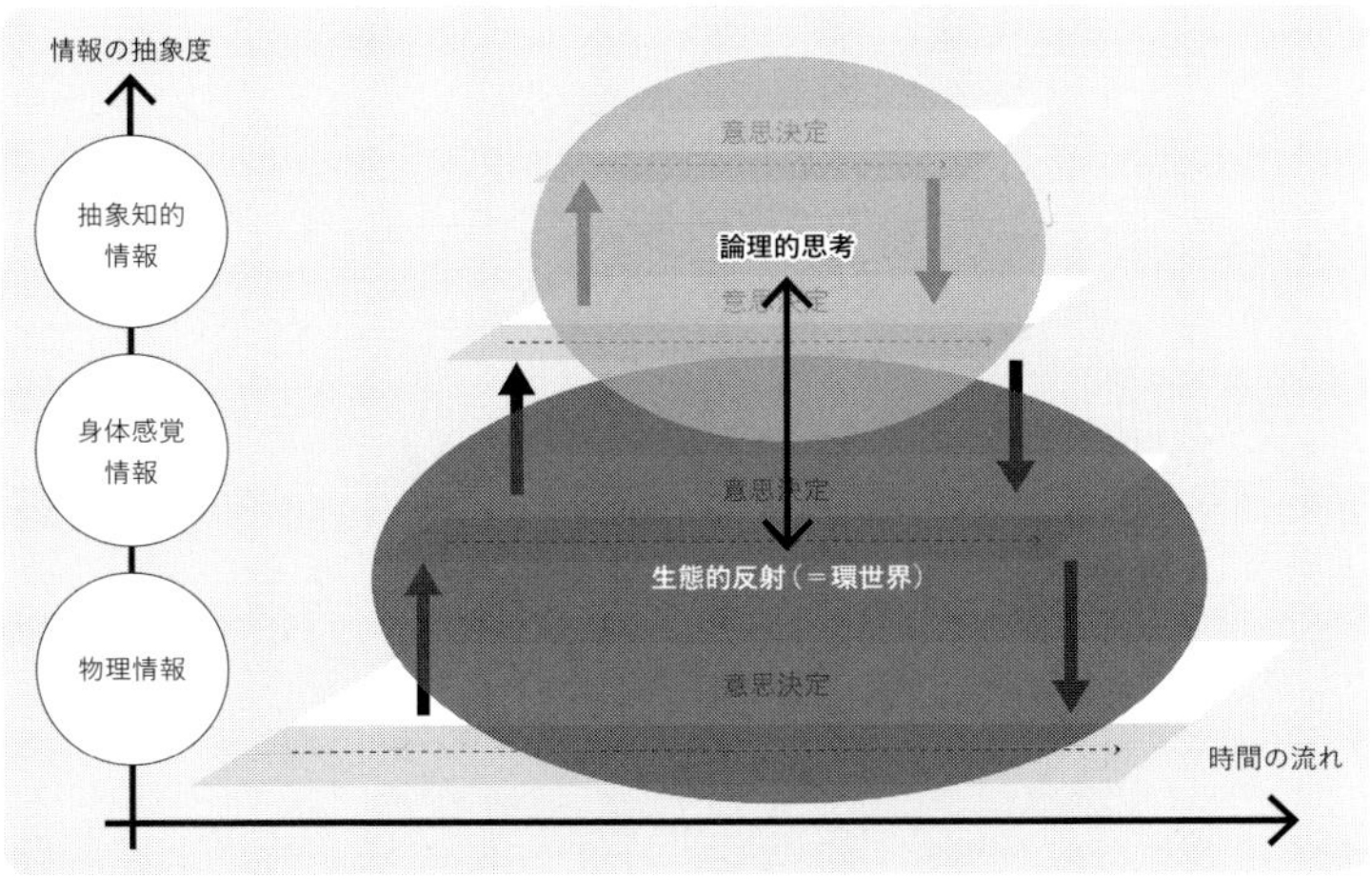

図26　サブサンプション構造

境の側面と結びついた知能の一部のことです）。脳から見ると世界は無限の情報を持っているわけです。それを段階的に解釈して、いろいろな知識を作っていくという形になっています。それに対して行為を返すわけです。身体も階層化されていて、自分自身の一番物質的なファンダメンタルな身体から始まって、抽象化された身体というのがあります。アクションというのもそれぞれの階層でできています。

つまり、脳から見ると、世界からは無限の情報が吹き上がってきます。そこには無限の情報があるわけです。ただ、人間の知性は有限なので、解釈が行われ、必要な情報のみを扱うのです。

ゼロ境界の果て

大脳皮質の外側はゼロ境界（ゼロポイント）で、背後には何もありません。抽象化された情報の果てです。これ以降に、我々は世界を持ちません。このゼロ境界が我々の知性が感じる虚無感です。知能の孤立と言ってもいいでしょう。つまり、無限というのが世界、虚無というのが知性の内部境界を表します。無限とは世界、虚無とは孤立した知能、と僕はとらえます（図27）。

パスカルは「人間というのは無限と虚無の間にある」と言いました。あるいはマルティン・ハイデガー（一八八九～一九七六）は人間存在とは「死にさしかけられた（差し向けられた）存在である」（『存在と時間』）と言いました。また、ヴィクトール・フランクル（一九〇五～一九九七）は「私たちは、無の深淵にさしかけられて宙吊りになっています。」（『それでも人生にイエスと言う』（春秋社、112ページ）と言いました。

そして自分が、自然が与えてくれた塊のなかに支えられて無限と虚無とのこの二つの深淵の中間にあるのを眺め、その不可思議を前にして恐れおののくであろう。

〈パスカル、『パンセ』（前田陽一、由木康訳）、中公クラシックス、46ページ〉

では、こういった下から上にあがってくる無限の情報から人間の識を作るプロセスを作り上げることは可能なのでしょうか？

人工知能では階層型モデルを作り、いろいろな主体に対しオブジェクトもまた多層的にとらえ、その間でアクションを階層的に作っていくというモデルをとっています。こうしたモデルが、果たして阿頼耶識に対応しているかというと、そうではありません。あくまで、エンジニアリング的なモデルに過ぎません。生成的に世界と自分を立ち上げていくというところが今の人工知能には欠けていると言えます。

東洋哲学というのはまず混沌があって、そこから知能が分化してできていくと考えます。そして、仏教は自分自身の内側で自分を生起している場に立ち返ることで解脱できるのだという話をするのですが、むしろ人工知能としては、煩悩に満ちた人工知能を作りたいわけです。

そのためには、まず大きな混沌と唯識、阿頼耶識のような機能が必要となります。人工知能に混沌（理あるいは道）を与えることは可能なのか、そういった人工知能に識に至る認識を与えることができるのか、そして同時に欲求や識を与えることができるのか、認識を構成的ではなく縁起的に与えることができるのか、因果律ではない現象を理解する方法を与ることは可能なのか、東洋哲学が慎重に扱ってきたこうしたプロセスをエンジニアリングとしてどう扱うか、そこにどうアプローチできるのかということを本書で探求していきたいと思います。（図28）

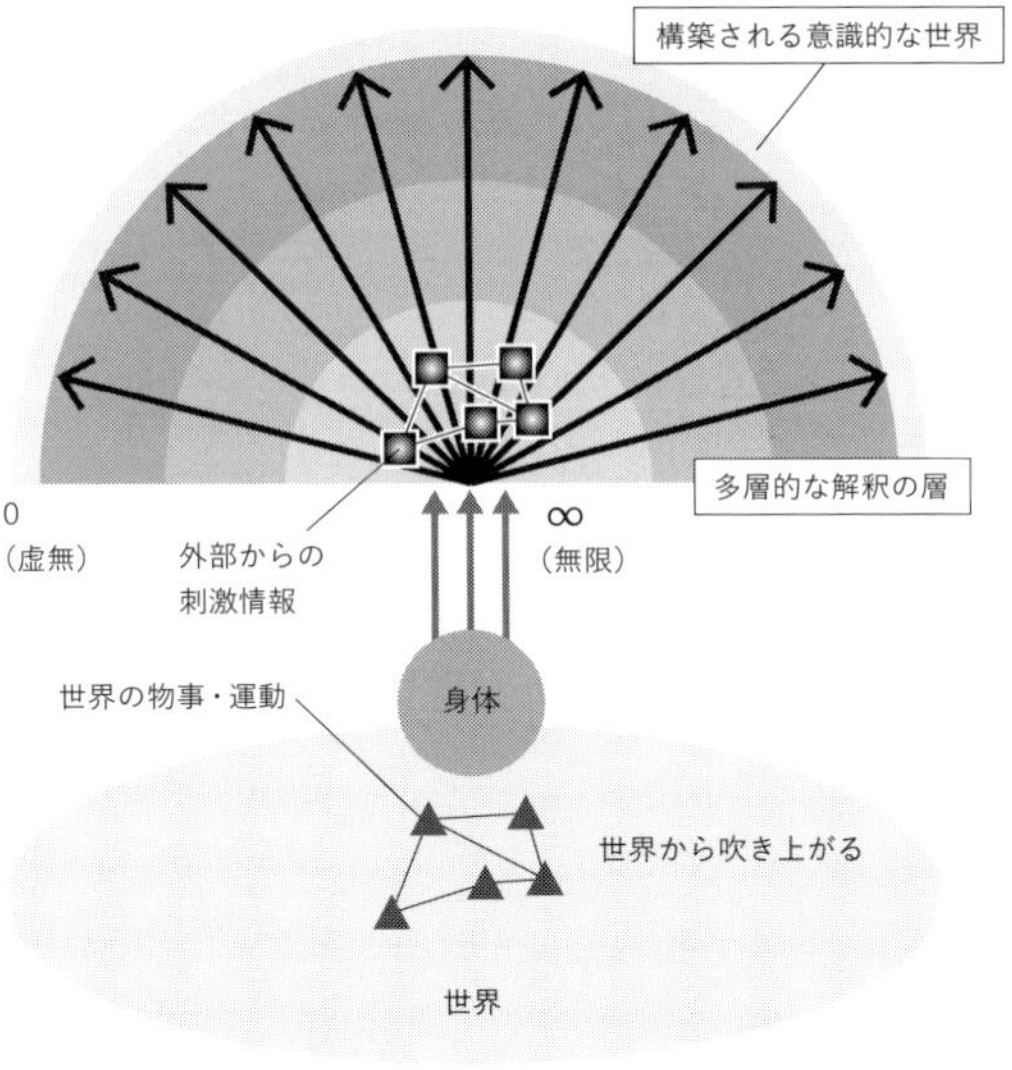

図27　無限の情報から識を作るプロセス

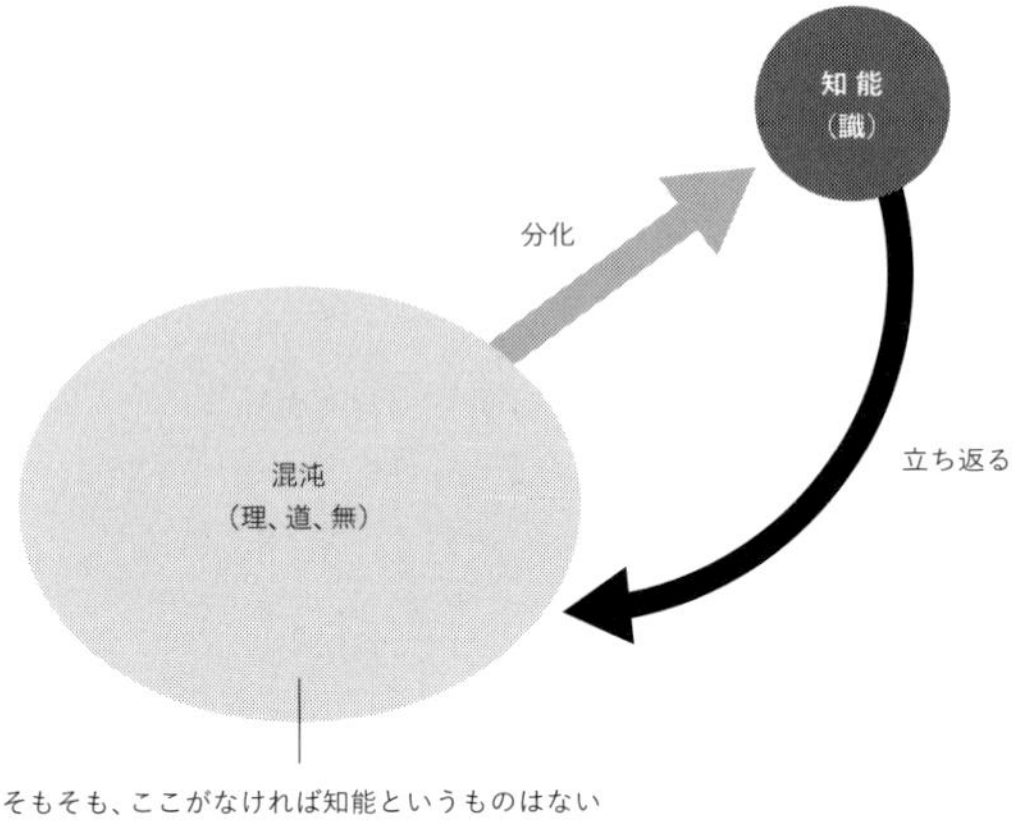

図28　混沌から知能に分化するように、人工知能を作る

[第一夜]

荘子と人工知能の解体

今夜、取り上げる哲学者は荘子です。西洋哲学篇では、フッサール、ユクスキュル、デカルト、デリダ、メルロ＝ポンティの５人の哲学者を取り上げて、人工知能を構築するという面でそれぞれの理論を吸収しつつ全体の設計に落としていくということを行いました。ところが、東洋哲学篇は同じようにはいかなくて、第零夜でも述べましたが、西洋哲学篇で構築したモデルをむしろ解体していく作業になってきます。

ある意味、東洋哲学篇を西洋哲学篇の否定で構成することによって、より精緻な理論を作っていきたいという意図があります。東洋と西洋と、それほど見方が違います。足して引いてゼロになるかと言えば、それでも最後に残るものがあり、それは両者を経て、はじめて見えてくる人工知能のモデルです。西洋から東洋に旅をして、旅をしている間は新しいことはないように思えますが、一周して東洋から西洋に帰って来ると新しい知見が人工知能に加わっているのです。

荘子は「知」というものを否定します。少なくとも、小賢しい知識を振り回すということを強く否定します。そして、正しい考えが正しい行動に至るわけではない、とも言います。知能を中心に置いた立場に立脚して、世界全体の中の行動主体としての人間のあり方を問います。それでは、荘子と人工知能について見ていきましょう。

1 荘子の「道」

荘子は、老子と並んで、極めて東洋的な考え方全般に共通する根源的な思想を持っています。その思想は真っ向から西洋哲学と対立します。そこで、この荘子の思考によって、西洋的な考えのもとで構築された人工知能の構造を壊したいというのが、章のタイトルで「解体」と言っている所以です（図1）。

第一夜の結論を先に言うと、環境から独立した知能として構築されてきた人工知能を、世界と溶け合うような存在としての人工知能へ解体するということになります。ゲームのAIにとってそれは、ゲームの環境から独立した、自律した人工知能として構築してきたキャラクターAIを、ゲームの流れを見つけ出すメタAI（ゲーム全体を支配するAI）との連携によって個々のキャラクターの知能以上の行動を実現するということです。

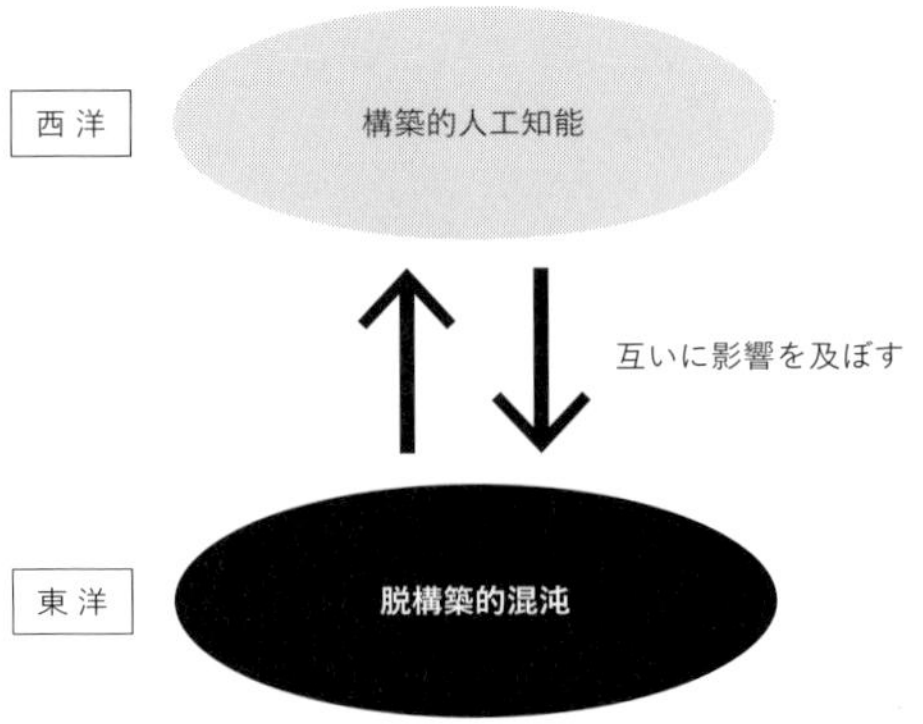

図1 東洋思想と西洋思想

道教の祖・荘子

荘子（荘周）は時に道教の祖と言われることもあり、紀元前四世紀程の人です。時代背景としては、戦国時代がまだ完全に収まっていない頃です。荘子の思想を大きく言うと、人間の知識は狭いものだという立場を取ります。というのは、この時代、知識人は、いろいろな国に自分は賢いのだとアピールして、王や権力者に雇ってもらうという時代でした。荘子は最後まで誰にも仕えず、独立した知識人として、何らかに属する知識人を否定しました（図2）。

荘子以前は戦乱の時代で、さまざまな思想家たちが国を救おうと奔走しました。しかし、結果的には何も変わらなかったのです。

「保障を受けたのは新しい支配階級だけであった。……（中略）…そして下層の人民といえば、新しい幾重もの束縛の中で依然として奴隷であり、おまけに奴隷の奴隷であった。」（郭沫若『十批判書』）

〈『荘子（中国の思想Ⅶ）』（岸陽子訳）、徳間書店、13ページ〉

荘子（荘周）［紀元前369〜286年頃］

- 姓は荘、字は周
- 戦国時代の宋に生まれる
- 斉の宣王（前319〜前301年）と同じ頃
- 春秋以来、七つの強国が天下を分かち覇権を争う時代
- 主知主義からの脱構築。知を解体する
- 文章は極めてデリダ的
- 知とは分けて考えること。それが偏見だ、とする
- 小知に陥りがちな人間を批判し（賢い人や聖人ほど批判の対象になった）、大道（世界に内在する根源原理）に身を任せることで自然の摂理を身に付けることができるとした

図2　荘子

そういうところから、人々が、知識人とか聖人、君子をあまり信用しなくなった時代の雰囲気の中で荘子の思想が発展したということになります。

この荘子の思想を著したものが『荘子《そうじ》』です。『荘子』は内篇七篇（逍遙遊、齊物論、養生主、人間世、徳充符、大宗師、應帝王）・外篇十五篇（騈拇、馬蹄、胠篋、在宥、天地、天道、天運、刻意、繕性、秋水、至楽、達生、山木、田子方、知北遊）・雑篇十一篇（庚桑楚、徐无鬼、則陽、外物、寓言、譲王、盗跖、説剣、漁父、列禦寇、天下）の三十三篇で構成される文献で、内篇のみ荘子が著し、それ以外が後世の人が体系化したものとされています。

荘子の時代は、もちろん自然科学はほぼ形を成していませんし、どちらかというと自然科学のようなミクロの視点というより、実際の一人の個人を取り巻く世界の現象の中で、人間という存在がどう生きるべきかということが問われました。

西洋のとらえ方はどちらかというと、人間がいて世界がある、個としての人間に対して世界があるというものです。ところが、東洋ではそういうとらえ方はしません。独立した人間がいるとする近代の自我というものではなく、自然の中の一部として人間がいるととらえます。むしろ荘子の場合、もっと自然の中に溶け込む、世界と一体となってこそ良く生きることができると説かれます。

ただ、それは原始時代に戻れと言っているわけではなく、自然そのものの中に「道」があり、その道と一体化することで人間は賢くなるのだと言います。それが荘子の大きな思想です。自然といっても森の中という意味ではなくて、普遍的に世界に流れている流れを「道」と言い表しました。

現象＝混沌

道というのが何かというと、現象の中に流れている一つの流れです。世界の中に、混沌とした流れがある、とするのが荘子の立場です（これは老子も同じですが、それぞれの独立した思想家です）。賢い考えさえすれば賢い行動ができる、とつい人間はそう思いがちだがそうではない、小賢しい思考から解き放たれて、世界の流れに沿って自然に振る舞えば、自然に良い行動ができると説くのです。

荘子らしい一節はこちらです。

「知的認識は対象を得てはじめて確定するものだが、対象となる事物自体は、絶えざる変化の中にある。」（大宗師）

〈『荘子（中国の思想Ⅶ）』（岸陽子訳）、徳間書店、19ページ〉

事物は生々流転していくにもかかわらず、人間はものごとを静的な対象として眺めるくせがある、それが間違いのもとであり、むしろ事物の流れの根底には道があるのだということです。それは自然科学や科学法則などではありません。自然科学の法則というのは、分解していった後に見える法則です。ここでいう道は現象のレベル、もっといろいろなものを総合して、たくさんのファクターが寄り集まった後に見えてくる世界全体の流れのことです（図3）。

ところが生々流転する世界の中で、人間は常にものごとを限定的にとらえようとするので、そこで流れていく現象に対し、どんどん差異ができてしまいます。人間は自分が作った認識を絶対的だと思ってしまい、それにとらわれて行動するので、いろいろな悲劇が起こるのだと荘子は説きます。春秋の最後の時代もいろいろな思想家が出てきましたが、みな自分の考えにとらわれて結局国を滅ぼしてしまったのだ、という反省があるのです（図4）。

そうならないためには、知を超えることが必要だとします。これを「不知の知」と言い、知を超えた、もう一つ上の段階にいくことで知能は賢くなるというのが、荘子が到達した知、もう一つ上のレベルの知です。

まとめると、人間のこざかしい知（小知）ではなくて、自然に内在する摂理を吸収して賢い行動を取りましょうということです。では、知性はどこで自然と一体となり得るのでしょうか？　人間の精神というのは、無意識的実在と意識的実在があります。機械（マシン）も、無意識的な実在（実体）と意識的実在というように、同じように作ります。

東洋が西洋と一番違うのは、最初から知の実体がある、「志向」とか「我思う故に我あり」ではなく、混沌とした実体が最初からある、とするところです。その一つの現れとして、知（識）が現れてくるということです。

つまり、単に知というのは薄い層のことで、それよりも根源的な存在として実体があるというのが東洋的な見方です。西洋は、知能のほうの性質を調べて人工知能にしようとしていますが、東洋では実体をつかんで、存在自体があって、それから知能を生成しようという形になるわけです。知性は最初から世界とともにあるわけですから、世界の流れと一体となるためには、世界の流れとつながっている自分の奥底の流れに目覚めるだけでよい、ということになります。

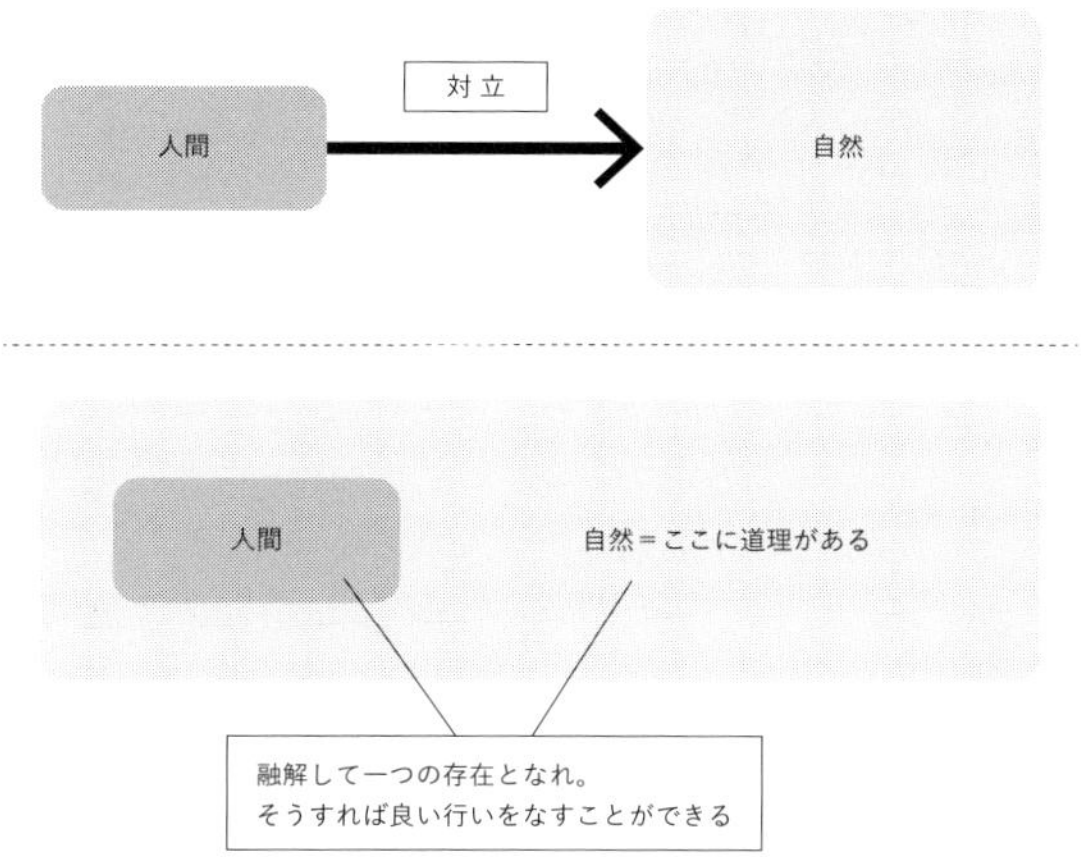

図3　現象＝混沌の中の人間

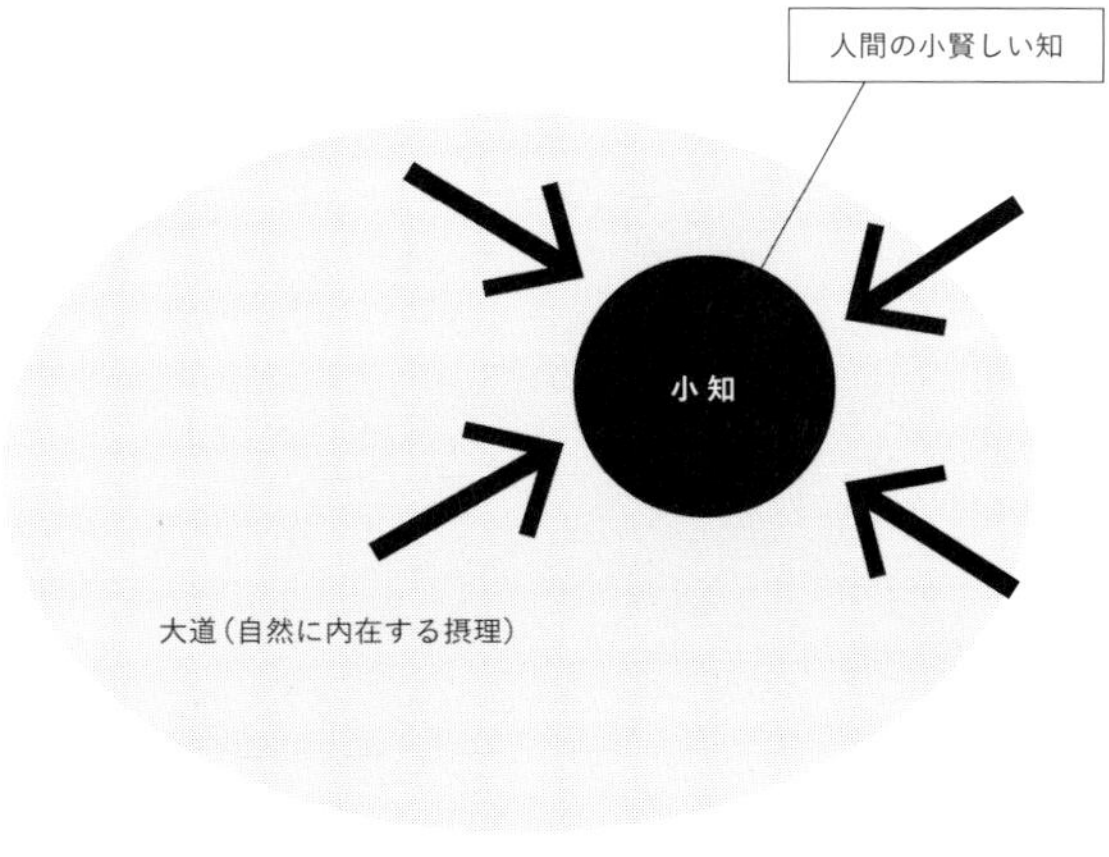

図4　道＝自然に内在する摂理

道に適う（老子）

老子もまた、道教と呼ばれますが、同じような考えを持ちます。「道に適う」と言いますが、道に沿うことで人間というのは賢い行動をすると説きます。荘子、老子の思想は、賢い知能を持ちながらバカなことをしているのが人間なのであって、そうではなく、世界の流れを読んで流れとともにあることで、そんなに賢い知能がなくともこの世界に適った行動ができるのだとします（図5）。

知能を世界に対して相対的にとらえるもので、人間が中心の世界観ではありません。人間の知には限界があり、その中ですべてが解決できるわけではなく、世界に流れる「道」こそが、すべてを知っているのだという考えです。規範を作って聖人君子みたいになれるかというとそうではない。そのような規範こそ小知に人を閉じ込める危険がある。道に従うことで良い行動ができるというのが荘子、老子の大きなビジョンです。

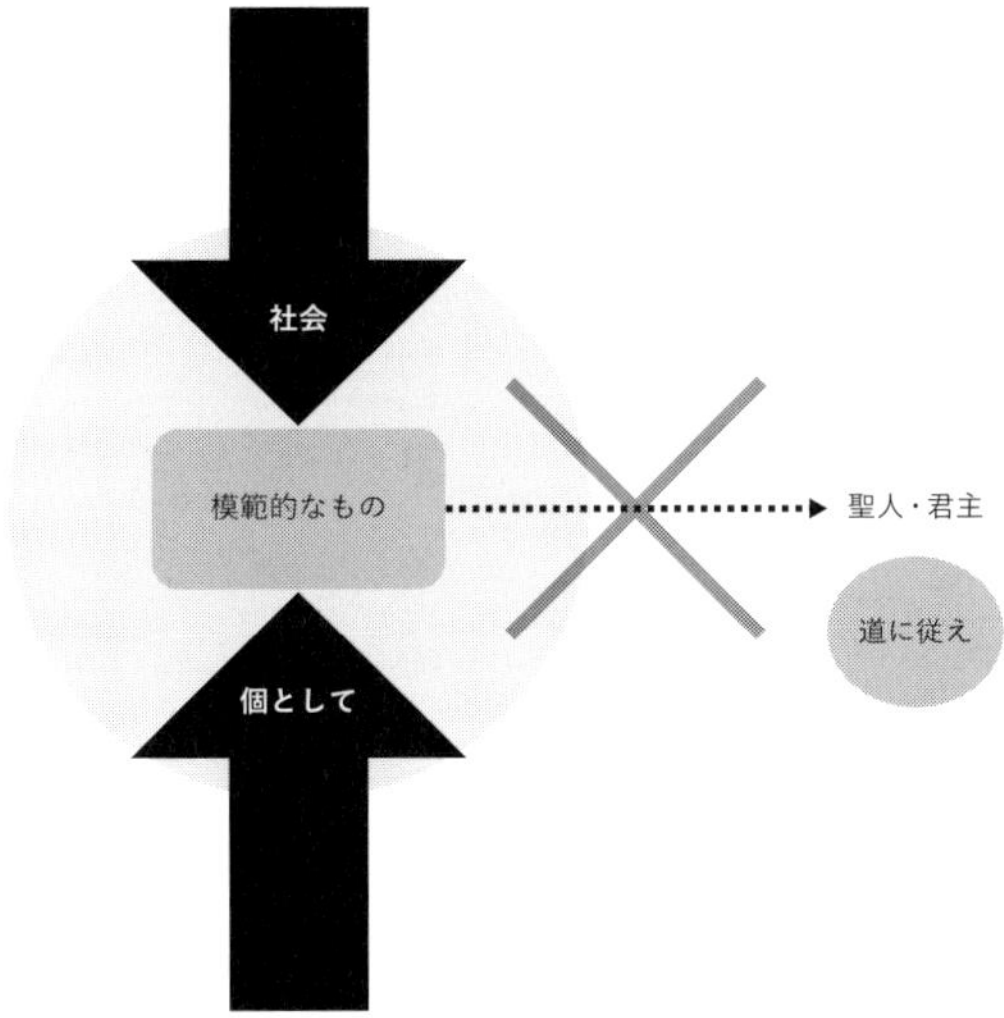

図5　道に従う

2 荘子と知の解体

西洋哲学とエージェントアーキテクチャ

今の人工知能のモデルにどういうものがあるかというと、まずエージェントアーキテクチャ（図6）があげられます（参照◎西洋哲学篇第一夜）。これは、一番基本となるものです。

デジタルゲームのＡＩもロボットのＡＩもこのようなモデルで、認識があって、意思決定があって、運動があるというように部品（モジュール）を組み上げて作っていきます。このモジュール間を情報が流れることで、人工知能は駆動します。ゲームのキャラクターＡＩもこうして作ります。

もう少し詳しく書くと、知能の内部は多層構造になっています。一番下の層（レイヤー）は原初的な知能、上にいくともう少し抽象的なものになります。こうして、少しずつ具象から抽象を扱う層を積み重ねることで、抽象的な考えができるようになるというのが、今の人工知能の大きな枠組みです。

西洋の考えとして、人工知能を人間に近づけていったときに、人間に近い知能としての資格があるかどうか試され承認されなければならない、という思想があります。西洋では神の似姿として人間が作られた、神に許されて人間があるという思想があることから、人工知能が人間に近くなればなるほど同じような審判が行われなければならない、と考えるのは自然なことです。チューリングテストもその一つです。

ところが東洋哲学では、最初から存在はあるものだとして、その起源を問いません。起源を問うということ自体、因果律的な考えです。「原因があって結果がある」という思考は、西洋ではアリストテレス以

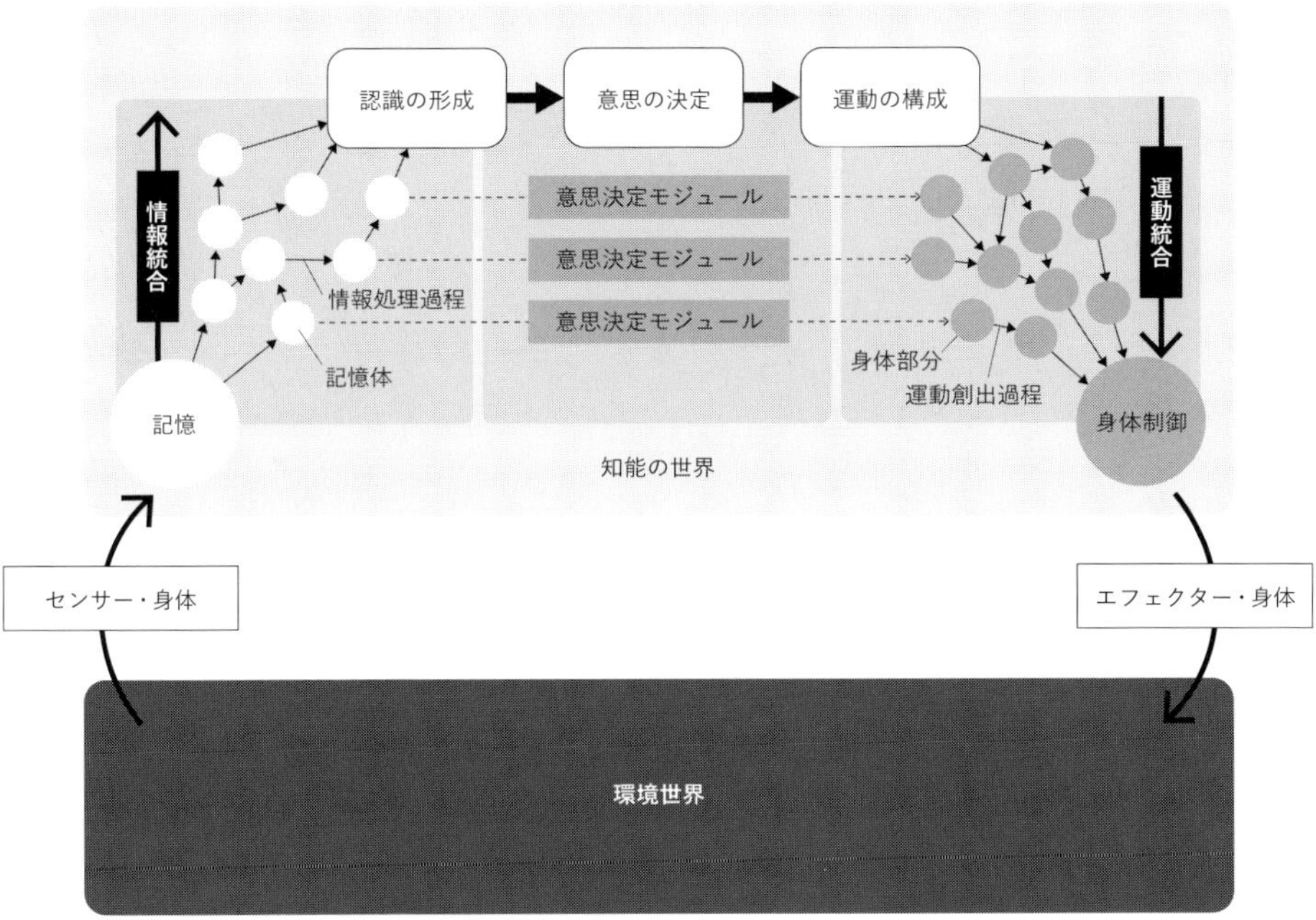

図6　エージェントアーキテクチャ

来、基本的な考え方ですが、東洋では最初から「あるものがある」でしかないのです。では、何があるのかというのが、それぞれの東洋の思想家の問題となります。荘子の場合、それが「道」だと言っているわけです。

前述のエージェントアーキテクチャは極めて西洋的なアーキテクチャで、世界と知能を分けてからその関係性を構築します。そうではなくて、東洋の「道に従う」とはどういうことか、という話を人工知能の作り方とともに考えたいわけです。単なる人生訓のようなものだとしたらここで扱う意味はないのですが、「人工知能としてどうとらえればいいか」、これが今夜のテーマになります。

荘子の「道」から見出せる人工知能

荘子は知識的なもの、賢い、インテリジェンスを持つものをひどく批判します。何を言ってもそれはうまい比喩で、「お前のやっていることは特に意味がないのだ」という説話を作ります。荘子の本はほとんどそういうエピソードからなっています。デリダとよく似ているのですが、議論の隙を見つけてそこから議論を解体していくようなところがあります。知というのは、簡単に言うと全部偏見だという立場にあります。

万物は流転して、いろいろな混沌とか無というものから、さまざまなものが生成するとします。このような「最初から全体があって、それが道だ」という立場に立てば、どういう人工知能が見出せるでしょうか？（図7）

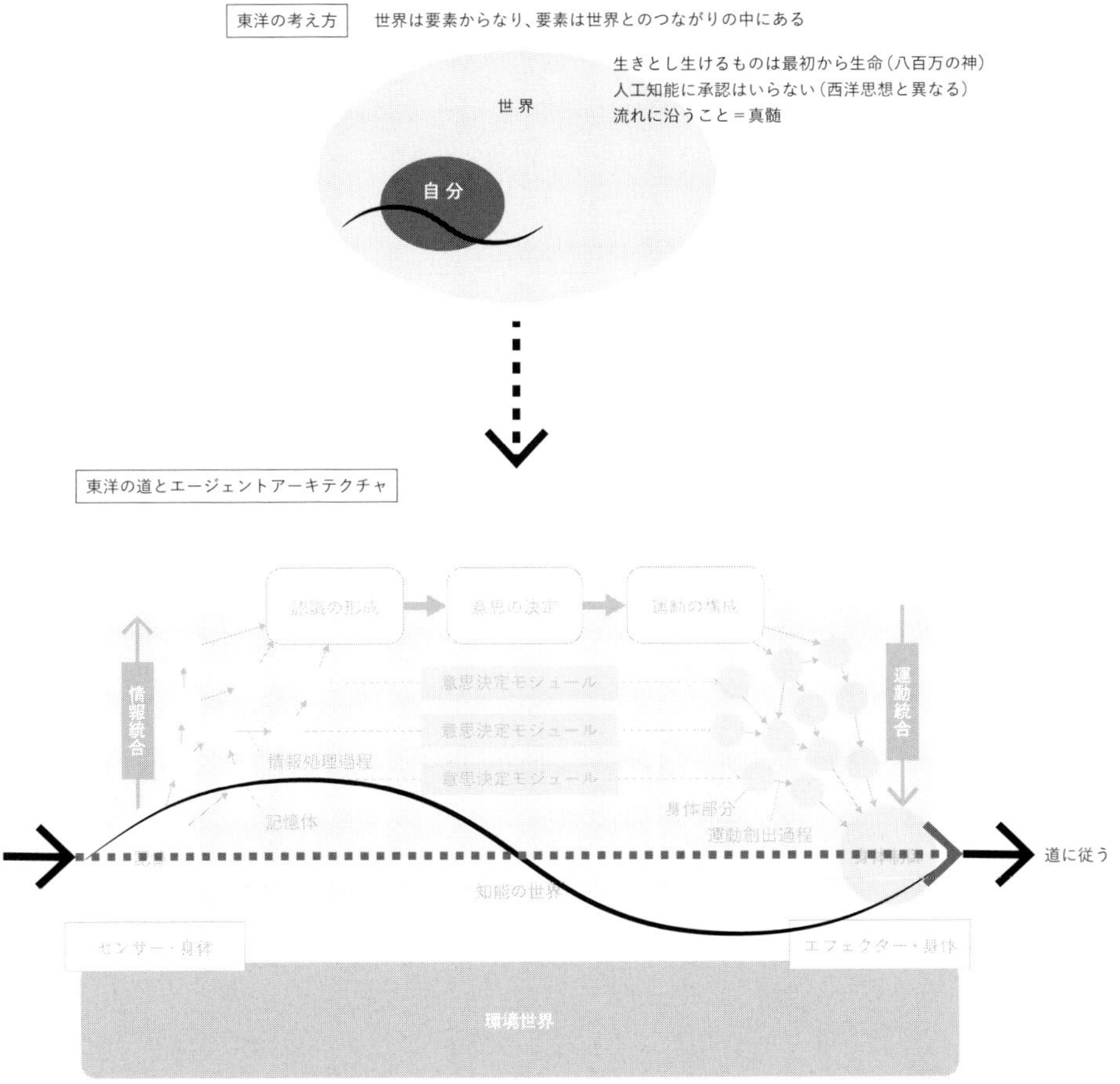

図7　東洋の道とエージェントアーキテクチャ

これは、荘子の思想を象徴する言葉です。

斉人之井飲者相守也。（列御冦篇 二）

（斉人の井に飲む者の相いまもるがごときなり。）

ちょうど凡人が井戸の水を飲むのに、自分の水だからお互い飲ませないと言って、お互い守りあっているようなものだ。

〈『荘子 第4冊 雑篇』（金谷治訳）、岩波文庫、173ページ〉

「井戸の水＝知」という比喩ですが、自分が知っていることは自分が発見したと思っているかもしれないけれど、最初からあったのだ、お前だけが知っているわけではないのだということです。こういうことが荘子の本を読むと形を変えてさまざまに書かれています。すると、人工知能も同じです。人工知能は人間が構築したように思えますが、それは最初からあったものだ、それはデジタルの海の中から掘り出されたものだ、と考えることができます。

3 知能と身体とイマージュ

西洋哲学とエージェントアーキテクチャ

齊物論篇（万物斉同）は、認識論的、哲学的な議論が集中しているところです。有名な話は「胡蝶の夢」（参考◎解説）といって、自分が夢で胡蝶となったのか、胡蝶が夢で自分になったのかという、存在論的な問いをします。知から外れた、夢心地で得たビジョンというようなものも語っています。

身体のイメージと認識

人工知能の中で、胡蝶の夢のような自己の認識がどこにあるかというと、今のエージェントアーキテクチャ自体にはありません。なぜかというと、入ってきた情報を解釈して、認識し、運動にするというのが現在の情報処理体としての人工知能だからです。

知能の一方で、身体があります。身体というのは自己のイメージを持ち、同時に自分自身に自己のイメージを押し付ける役割を持っています。つまり、人間の身体というのは二重性を持っていて、自分自身が内側から生きるものであると同時に、もう一度、世界から受けた感覚から自分自身を認識するのです。

主体として使用される自己イメージと、世界から受けた感覚から構築された自己イメージと、二重に自己イメージを持ち続けるのです。もし、純思考だけの身体を持たない存在がいるとすれば、自分のイメージを極めて持ちにくいはずです（参照◎西洋哲学篇 第五夜）。

身体は自分自身のイマージュであり、極めて抽象的な思考をしているときでさえ、身体を抽象化したコアが主体とされています。どの思考のレベルにおいても、身体は自己イメージの起源として機能し続けます。そして、身体に対する作用が世界を通して、もう一度自分に返ってきます。それによって自己イメージが得られるわけです。身体を起源として何層にも構築されていく自分に、再び起源である身体そのもののイメージが返って来ることで、くり返し抽象化が重ねられていく。つまり、自分を現実に引き戻すことができるのです。

内面を動かすもの

我々の心理は移り変わり続けるものですが、その究極の原因がどこにあるのかはわからないと荘子も言います。外側にものが存在しない限り、自分の意識も存在しない。では、人間の内面のこういった運動を突き動かしているものは何なのか、ということを荘子は問うわけです。こういう問いが紀元前にあったということが、なかなかおもしろいことだと思います。

身体に対しても同じことが言え、（これは医学が発展する前の話ですが）何が身体や心を動かしているのか、人間は残念ながらそれを知り得ないのだと言います。しかし、これも道の一つですが、それを知らなくても実はそんなに影響はないとします。つまり、何かを人間が知っているからといって運動が起こるわけではない、世界の流れの中の一部として人間はあるのであって、こうした原理を問うということ自体に、それほど意味があるわけではないのだということです。

これは人工知能を作る側からすると、少し困ってしまいます。我々は、知能を動かす原理を知って人工知能を構築しようとしますが、荘子の思想で言えば、むしろ世界の流れを受けることができる知能を作るべきだということです。ちょうど、それは風の流れに対して帆船、水の流れに対して笹船を作るように、世界の流れとともに運動できるものを作れ、ということです。

精神と身体

荘子の立場は、もちろん荘子の時代には人工知能はありませんが、常にラディカルに人工知能を解体していくような立場です。今からずっと昔の人というとらえ方もできますが、汎用化を目指しつつ限定的な問題の上に硬直化している人工知能の現状に対して鋭い批判を発しているととらえることができます。荘子の言葉に正面から立ち向かうことで解決を探ることができるのではないかと考えられます。

齊物論篇「成形と成心」という章では、生まれながら身体を得る、そして外部との葛藤を反復しながらひたむきに死に向かって邁進するのが人間の生きる過程なのだ、と言っています。

三．成形と成心

ひとたび人間として「成形（生まれながらの体）」を得るや、その諸器官は、死に至るまで、外物を斥けたり受け入れたりするはたらきをやめない。つまり、外物との葛藤を反復しながらひたむきに死に向かって驀進するのが、人間の生きる過程なのである。

〈『荘子（中国の思想Ⅶ）』（岸陽子訳）、徳間書店、54ページ〉

これは、私がよく用いる知能の起源のモデルと同じです（参照◎第零章「概観」）。知能は常に外界に対して自分を守るために運動するという立場です。深い道に通じていた荘子は、現代科学がとらえるフレームを実に深くとらえていたわけです。

一方、心ということに関しても、荘子は、人間は生まれながらの心（成心）が備わっていて知愚の別はないのだと言います。つまり、万人が同じ心というものを持っているものなのだとします。鋭い人はここで、デカルトの言葉を思い出すでしょう。デカルトの『方法序説』の冒頭に、「良識（理性）は、この世で最も公平に配分されている」とあります。つまり、『方法序説』でデカルトが語った最初の部分は、荘子が随分前に言っていることと強く重なるのです。

三．成形と成心
人間はまた「成心（生まれながらの心）」が備わっている。「成心」については、知愚の別はないのである。

〈『荘子（中国の思想Ⅶ）』（岸陽子訳）、徳間書店、54ページ〉

良識はこの世で最も公平に配分されているものである。…（中略）…すなわち、よく判断し、真なるものを偽なるものから分かつところの能力、これが本来良識または理性と名づけられるものだが、これはすべての人において生まれつき相等しいこと。

〈デカルト、『方法序説』中公クラシックス、3ページ〉

ところが、デカルトはここから近代哲学を打ち立てることになります。「我思う故に我あり」から、最も確実な推論に従って学問を仕立て、西洋の近代哲学がここから始まります。荘子が大嫌いな方向に発展します。しかし、出発点はとてもよく似ているわけです。

荘子は、人間は生まれつき良いものが備わっているけれど、生活の中で歪んでいって、偏見に陥ってしまって、ありもしない概念を生み出して命題を増やすのだと考えます。これは、デカルトが批判した西洋の形而上学が辿った道とよく似ています。つまり人間は本来はとても賢いのに、架空の概念をたくさん作り出して、その中に自らを閉じこめて苦しむ、人間は理性によって自らをむしろ愚かにしてしまうのだということを言います。

ルートヴィヒ・ウィトゲンシュタイン（一八八九～一九五一）も同じような批判をしています。「あり得ない命題」とは、まさにウィトゲンシュタインがよく用いた表現です。「語り得ぬものについては沈黙せねばならない」（『論理哲学論考』）というのはウィトゲンシュタインのあまりに有名な言説ですが、荘子はそういう意味では、寓話を通して、語り得ぬことを語る者に対する容赦のない批判をしていたのです。

では、無知や偏見から抜け出すにはどうすればいいかというと、それが先ほどの「不知の知」です。道は万物に遍在するもの、無限に変化するものの根源であり、そういうものに対して自分を調和させます。

つまり、知識というものはあるのだけれど、知識を相対化しつつ、世界の本質的な流れに対して自分を調和させるということです。それが人間の知能、知性の本来の進むべき道なのだと言います。

つまり、人間が持つのは小賢しい知に過ぎない。すごい聖人であっても、所詮は小賢しい知に過ぎない（荘子は孔子さえも批判しています）。そうではなくて、万物を支配する根源原理に対し自分を開く、門を開くことで、知能の限界を超えた本当の知にたどり着くことができるということです（図8）。

これをよく言い表しているのが、荘子の一番有名な、混沌のエピソードです。應帝王篇の中で混沌（カオス）についてこう語ります。

「どうだろう、人間にはみな目耳口鼻など合わせて七つの穴があり、それで見たり、聞いたり、食ったり、息をしたりするのだが、渾沌にはそれがない。ひとつ、顔に穴をあけてさしあげては」話がきまると、二人は一日にひとつずつ穴をあけていった。そして七日目、渾沌は死んだ。

〈『荘子（中国の思想Ⅶ）』（岸陽子訳）、徳間書店、190ページ〉

混沌はいろいろな良いことをしてくれる存在です。混沌というのは荘子の中でいろいろなパワーを持っている、道を具現化したものです。それに対して、人間は何かお礼をしたいと思って、混沌には顔がないので目と耳と口をつけてあげるのですが、その結果、混沌は死んでしまいます。これは寓話ですが、世界の大きな流れに対し、人間が自分の狭い知（人間の顔）を押し付けると、混沌は死んでしまうわけです。人間というのは、小賢しい知によって本来の自然の流れからどんどん遠ざかっていくのだということをこのエピソードは語っています。

「本来、人間は世界と一体となることでより良く生きることができる」とする。ただ、このあたりが荘子の難しいところで、どう調和させるかはどこを読んでも書いてありません。具体的に何をどうすればいいのか、環境の中でそういうふうに人工知能を活かすことが本当にできるのか、それを探求していきたいと思います。

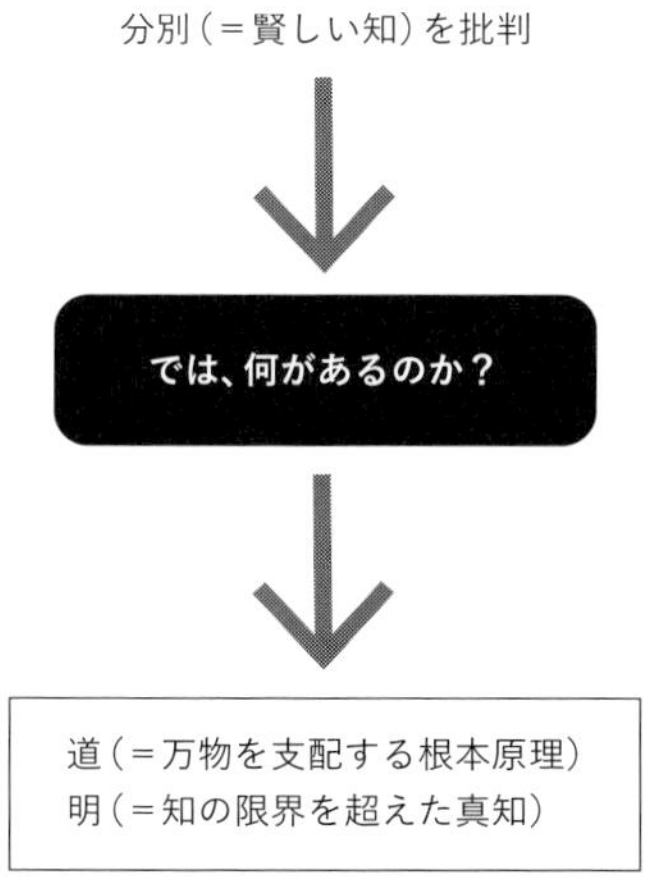

図8　荘子の道

「道枢」の境地

これも有名な「道枢《どうすう》」、ここには概念というのは対立からなる、あれとこれを対比して概念というのは生まれるのだと書かれています。これだけ読むと、本当に荘子は（紀元前の人ですが）近代においても強い存在感を持っています。

五．「道枢」の境地
だからこそ聖人は、あれかこれかと選択する立場をとらず、生成変化する自然をそのまま受容しようとする…（中略）…このように、自他の区別を失うことにより個別存在でなくなること、それが「道枢」である。「道」を体得した者は、扉が枢を中心として無限に延転するように、無窮に変化しつつ無窮の変化に対応してゆくことができるのだ。この「道枢」の境地においてこそ、是と非の対立は超克される。「明」によるとは、このことである。

〈『荘子（中国の思想Ⅶ）』（岸陽子訳）、徳間書店、57〜58ページ〉

つまり、人間は自分を個別の存在だと思っている限りはものごとを相対化して見ることはできないのです。そうではなくて、大きな道と自分を同一化すること、いろいろなものを対立するものではなくて、すべては一つの原理によって結ばれた総体（無形に変化しつつある）の一つとしてある、というのが荘子のビジョンです。それによって、是と非の対立が超克するのだということです。

ここで、概観でも述べたアリストテレスの「範疇論（カテゴリー論）」をもう一度取り上げます。西洋哲学の出発点としてのアリストテレスの哲学の柱は三つあって、まずものごとを分類するカテゴリー論、もう一つは論理、そして因果律です。西洋の学問はこの三つを軸として展開していて、世界を分けることで理解するということの延長線上に、今の人工知能もあるわけです。

西洋哲学篇の第三夜でデカルトの機械論でも説明しましたが、分類し推論できるものが知能の特性だという一つの見方の中で西洋の人工知能は進んできました。西洋流の「分ける＝賢い」という発想がありす。まさに脳の学習がそうであるように、人間というのはどんどんものごとを分割することで賢くなります。

ニューラルネットによる人工知能（コネクショニズム）も、シンボルによる人工知能（記号主義）も、いずれもそうです。ニューラルネットはよくわからないものを受け取ってそれを分けるようにするわけです。つまり、分別器として世界を分節化する精神の作用を模しています。学習データとして、人間が持っている区別をニューラルネットに押し付ける、人間が持っている偏見をディープラーニングに押し付けていると言ってもいいでしょう（図9）。

一方、記号主義自体はすでに記号を発明した時点でものごとを分割しています。しかし、実はその分割を人工知能に押し付けようとすると、うまくいきません。これを「シンボルグラウンディング問題」（記号接地問題）と言います（参照◎西洋哲学篇 第三夜 コラム「シンボルクラウディング問題（記号接地問題）」）。人工知能は人間が用いるシンボルのように世界を見ることが、完全にはできません。たとえば「机」という概念について、具体的な環境の中で何が机か（ミカン箱や岩が「机」になることさえあります）は行為によって変化するので、これを明確に定義できず、記号と環境をうまく対応できないのです。

ところが、荘子はむしろ、ものごとを分けるということが人間を愚かにしているのだという立場を取るわけです。つまり、自分というものを超えて世界と一体になってしまえば、そこにもう対立はないのです。アリストテレスでもなく、ヘーゲルでもなく、荘子の道枢という概念が、西洋哲学では乗り越えられない弁証法的対立を乗り越える方法を一つ示しているわけです。むしろ、躍動する「道」とともにあることで、正しい行いを「道」に則って行うことができるというのが荘子のビジョンです（図10）。

五．「道枢」の境地

すべての存在は、「あれ」と「これ」に区分される。しかしながら、あれの側からいえば、これは「あれ」であり、あれは「これ」である。つまり「あれ」なる概念は「これ」なる概念との対比においてはじめて成立し、「これ」なる概念は「あれ」なる概念との対比においてはじめて成立するというのが、彼我相対の説である。…（中略）…たとえば生と死、可と不可、是と非との関係もまた然り、すべて事物は相互に依存しあうと同時に、相互に排斥しあう関係にある。

〈『荘子（中国の思想Ⅶ）』（岸陽子訳）、徳間書店、57ページ〉

では、分けない方法があるかというと、リカレント型ニューラルネットです。西洋哲学篇の第五夜で取り上げましたし、概観でも説明しましたが、主体と客体、見る人と見られる人に分けてしまうのではなく、主体と客体が混合して意識を作るというものです。これが谷淳のモデルです。

ロボットの出力をもう一度入力に戻す、これをリカレントと言います。つまり自分の判断をもう一度入力に混ぜる、自分自身を自分の認識に戻すということをします。これによってニューラルネットの中に一つの自立した力学系が生まれます。それが人間の意識の根源ではないか、つまり意識とは、世界と自分を

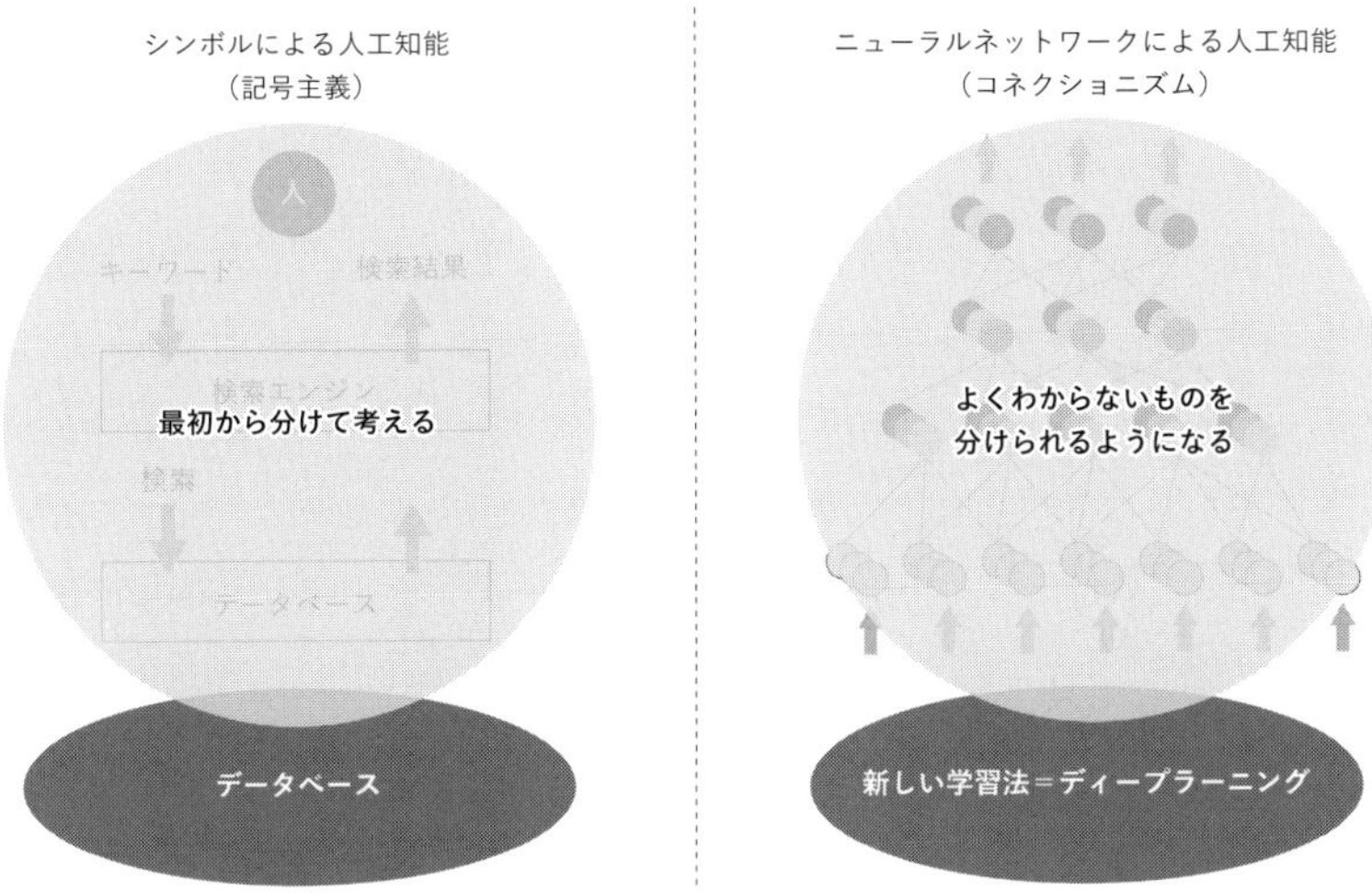

図9　分割することで賢くする

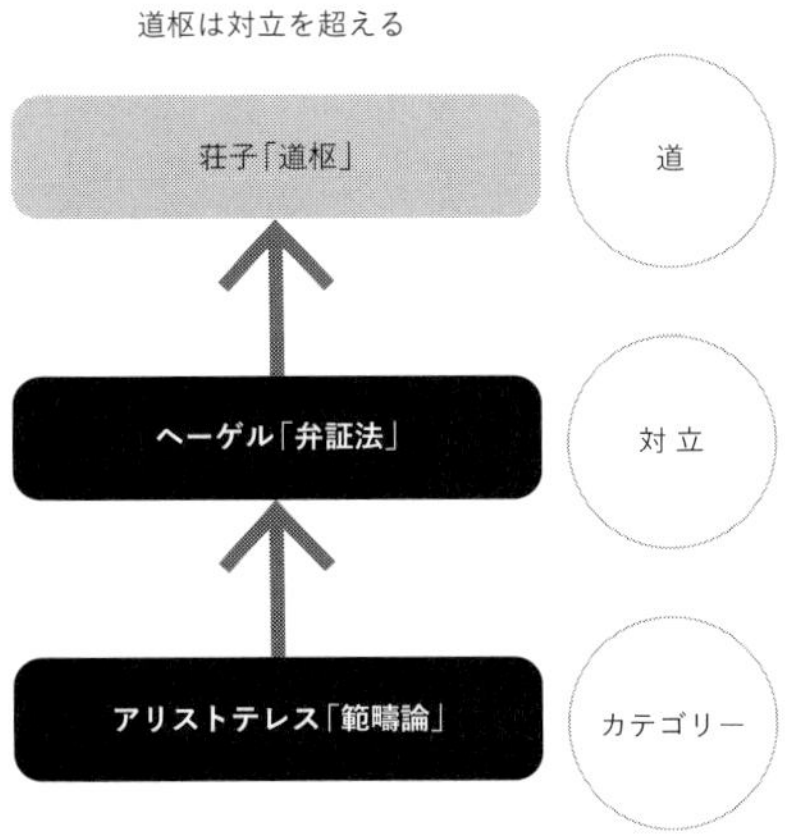

図10　世界と自分（西洋と東洋の考え方の対比）

溶け合わせたダイナミクスということになります。

インプットがあってそのままリニアにアウトプットまでいけるというモデルは、そこまで強い意識は生みませんが、もう一度戻して、混合すればするほど強化され、安定した力学系を形成し、強い意識を生み出します。世界全体を一つの全体として受け取る人工知能とは、そもそも世界全体を巻き込む渦のような役割を、主体と客体の間で果たしているのです。

4 荘子の知に対する批判の根底

西洋哲学とエージェントアーキテクチャ

一番クリティカルな荘子の批判というのは、人間の知という、ありもしない概念を生み出し、それを実在と思うようになるところにあります。実際、混乱よりも思想のせいで、国が乱れて紛争が起きたという荘子の批判もあります。これは二〇世紀や現代でも同じことが起きています。賢くなればなるほど、紛争の規模も大きくなっています。荘子はイデオロギーや主義によって紛争が起きている状況をずっと前から批判していたのです。

では、そのありもしない知識から逃れるためにはどうすればいいかとなると、同じようなことに戻っていくのですが、道に準じなさいということを繰り返し言います。では、「道に準じる」とはどういうことかということで、もう一度、エージェントアーキテクチャに戻ってみましょう。

荘子の「知の批判」とサブサンプションモデル

エージェントアーキテクチャは階層化されており、下の層は反射の層、たとえばボールが来たら瞬時に避けるというような思考（そして行動）をします。上にいくと、それよりちょっと抽象化した情報を扱う層になります。こういうモデルをサブサンプション構造、あるいはマルチレイヤー構造と言います。

こういうふうに、上にいくに従って情報を抽象化して、より抽象的なレベルの思考を扱うというように自律的な人工知能は作ります。上のほうが概念的な思考であって、そういった概念的な思考を作ることが人工知能を作っている人間にとって目標でもあるのです。人工知能が概念を扱うことができるようになればきっと賢くなるのだというのが、今の人工知能の開発の方向でもあります（図11）。

ところが、荘子は、一度獲得した概念が逆に人間を支配するようになる、いろいろなイデオロギーとか概念に縛られてしまうのだということをクリティカルな問題としてあげています。それはとても不自然で、危険な状態だと荘子は言います。人間の自然な状態に対して、概念は人間を本来の場所から遠ざけていく、このことがいろいろなわざわいの元なのだ、とします（図12）。人工知能開発者にとってみれば、逆にそこが目指しているところなのですが。

たとえば、『荘子』の達生篇にこういう記述があります。

「水中を泳ぐ特別な方法があるのですか。」
「ありません。わたしには特別な方法などない。わたしには慣れたところから始まって、本性のままに生長し、運命のままにできあがっているのです。水の中では渦巻きに身をまかせていっしょに深く入り、湧き水にまかせていっしょに出てくる、水のあり方についていくだけで、自分のかってな心を加えないのです。」

〈『荘子 第3冊 外篇・雑篇』（金谷治訳）、岩波文庫、57ページ〉

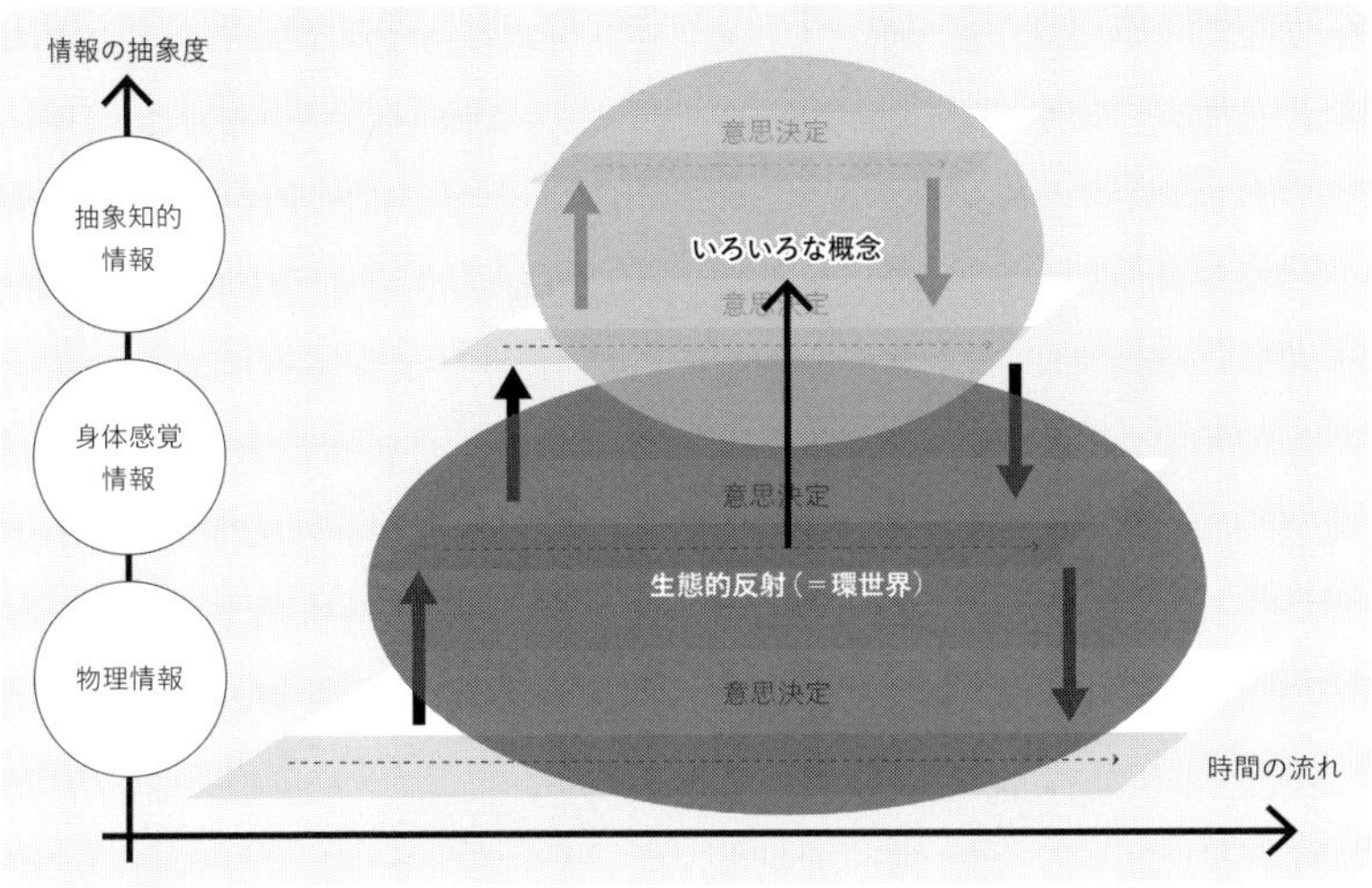

図11　サブサンプション（マルチレイヤー）構造

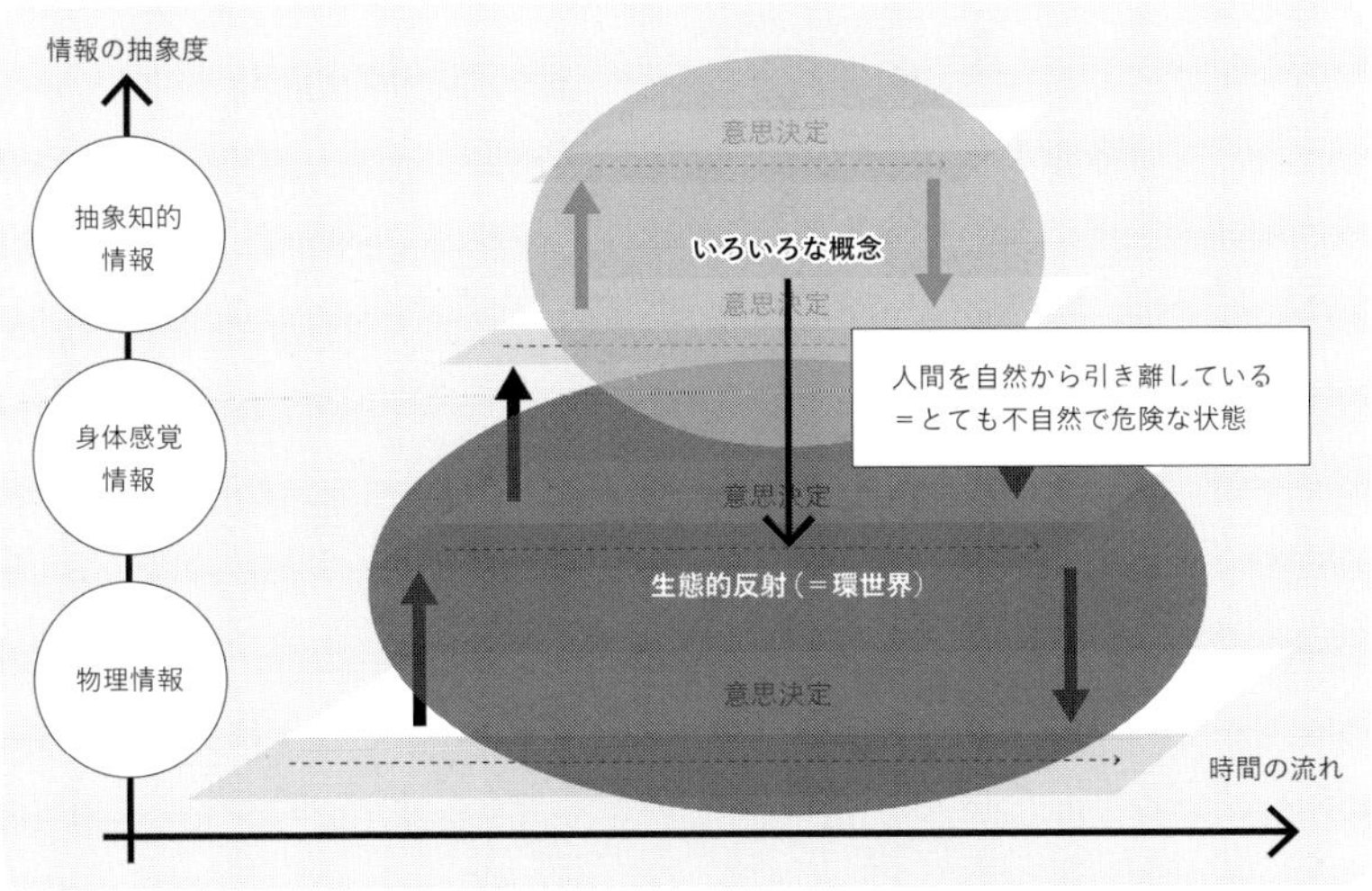

図12　概念は人間を本来の場所から遠ざけていく

この話は「知識を持っているように見えるかもしれませんが、知識なんてなくても、自然に準じた状態にしているといろいろなことができるのですよ」というメタファーです。

人工知能は、いろいろな概念を意思決定の中に詰め込もうとしています。それによって賢くできるのだろうとみんなが考えているからです。しかし、荘子の思想はそれを批判するでしょう。春秋の思想家を批判したように、人工知能も知識を詰め込んで賢くしたところで、賢い行動をするとは限らないわけです。

煩悩が与えるもの

いろいろな偏見を重ねて見ることで人間の煩悩が生まれてくるというのは、前夜説明した唯識論です。たとえば、「施す」という行為に「自分として良い行為をしている」という偏見があれば、それはあまり意味がないのです。「自分がいくらここに施してやったのだ」と、どんどん自分が濁ってしまいます。作為的なものを除いたほうが良い行いになっているというのが、仏教の教えるところです。つまり、「私が」「〜に」「〜をした」と分割せずに、「施し」という行為を無縫のものにしていくことを教えます。これを「無分別智」と言います。

繰り返し述べることですが、西洋はどちらかというとものごとを分解して組み上げることで知を形成しようとしています。東洋的な知はそれとはちょっと違っていて、ものごとを区別しないことで本当の知が生まれるのだという立場です。人工知能にとっては、どちらが先かというと、おそらく西洋のいろいろな知が充満したあとに東洋の知が効いてくるのだと思います。

人間は煩悩を解脱しようとしますが、むしろ人工知能は煩悩がないため「人間らしくない」のです。同じように、荘子は人間が概念にとらわれていると言います。逆に、人工知能は概念にとらわれることはありません。概念を深く理解するほど賢くないからです。つまり、人工知能が概念的な思考をできるようにすれば、人工知能は煩悩に近づくということでしょうか？

たとえば、人工知能に色とか法律とか、イデオロギーとか、そういった抽象的なことを理解させるために、人工知能に偏見を学習させることでしょうか。人工知能をどれだけ狭い知の中に閉じ込めることができるか、ということでしょうか。ちなみに、人工知能に概念を与えるという研究は、昔は知識表現あるいはエキスパートシステム、最近ではオントロジーと呼ばれる分野です。

人工知能の開発者は人工知能をどれだけ賢くするかという立場で概念を押し付けよう（学習させよう）としているのですが、荘子のビジョンからは全く逆に見えます。

荘子が示す境地というのは、道と一体化したという意識さえないような状態に至るべきだというところにあります。西洋的な見方をすると、概念を排除してしまうと人間的な知能は何も残りません。しかし、荘子は大胆に、そこにこそ、人間が準じるべき道がある、と説きます。そこには、前述した「不知の知」（知っているけれど知らない、知らないけれど知っている）という東洋的な問答によって示される層があります。これが、今なお新しい荘子のサジェスチョンです。

果たして、人工知能は荘子の言う「道」を会得することができるのでしょうか。

5 道理に則る知性

西洋的に言うと、概念や知能、知性を自分から剥ぎ取ってしまうと何もないことになります。ところが荘子は、世界の側にこそ道理があるとする立場です。そういった「道」に準じることで、むしろ小知にとらわれているより、ずっと賢い行動をとることができる。そういう流れは世界の側にあるのであって、人間の側にあるのではないと繰り返します。

自得して、いっさいの存在をあるがままに肯定する境地に至った時、われわれの認識は万有の実相に近づいたといえるのである。そして、自然にまかせようという意識されない状態が、「道」との一体化にほかならない。

〈『荘子（中国の思想Ⅶ）』（岸陽子訳）、徳間書店、60ページ〉

通常、人工知能は自分の側の知能をどんどん賢くしようとします。ところが、荘子は自然のほうに本来の道があるとします。それが唯一、小知から逃れられる道であると言うわけです。これは仏教的な自我放棄でも出家でもありません。むしろそれによって、実際の社会の中で、世の中でよりよく生きることができる道だということです。

西洋式の人工知能というのは、知能は必ず生物のほうが持っています。環境のほうにはありません。生物が知能を持って環境を知覚するというのが大きな方向です。東洋的な考えでは、生物のほうがむしろ小知を持って、環境の側に道理がある。それを調和して良い行為ができるのだととらえます。この二つのとらえ方は対立しています（図13）。

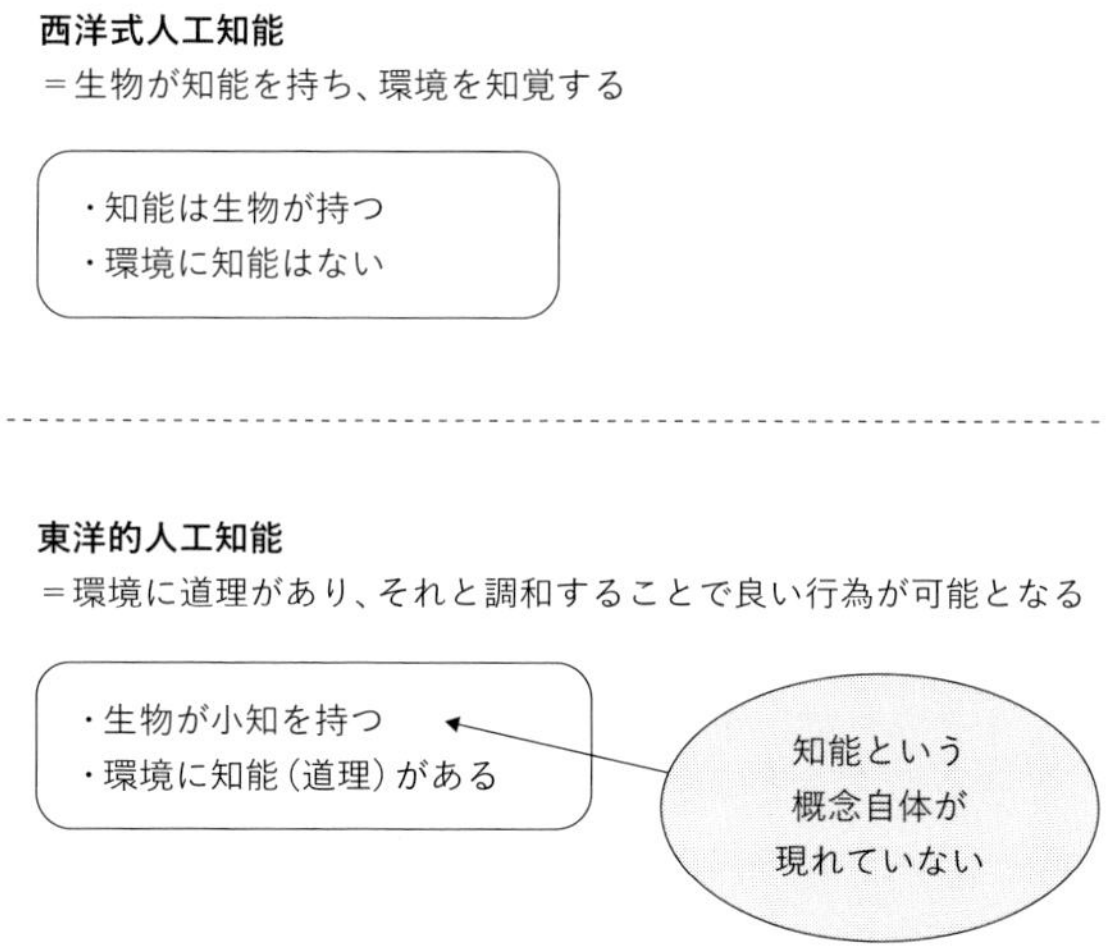

図13　荘子と西洋人工知能

環境と知の構築

こういうエピソードがあります。

車大工「おたずねしますが、殿さまのお読みなのは、どんな言葉ですか。」
桓公「聖人のことばだよ。」
車大工「聖人は生きていますか。」
桓公「もう死んでしまわれた。」
車大工「それなら殿さまの読まれているのは、古人の残りかすですねえ。…（中略）…車の輪を作るのに、甘くもなく、きつくもないという程よさは、手かげんで会得して心にうなずくだけで、口では説明することができません…（中略）…それを自分の子供に教えることができず…（中略）…そのために七十のこの年になっても、老いさらばえて車づくりをしているのです。むかしの人も、そうした人に伝えられないものといっしょに滅んでいきました。してみると、殿さまが読まれているのは、古人の残りかすということになりますねえ。」

〈『荘子 第2冊 外篇』（金谷治訳）、岩波文庫、177ページ〉

自分の車を作るという行為は本に表せても本質的なところは絶対に書けない、本というのは残りカスみたいなものなので、今、行為をしているということを上梓するにすぎないというのが荘子の立場です。

人工知能は賢い知能を作ることが最終的な目標になっているのですが、むしろそうではなく、そこから賢い行為ができればいいということです。極論をすると、知能がなくても賢い行為ができればそれでいいわけです。そうしたビジョンは今の人工知能の流れの中にはない、荘子が先んじて持っている大きなビジョンの一つです。

国を治める場合も、賢い知能を重ねるのではなく、世の中や世界の流れをうまく見極め、なるべく恣意的なことをしないことによって統治できると述べています。荘子は、良い行為をするためには知能が邪魔になる場合も多いと、総合的な現象の中で人間をとらえます。

ゲームの場合でも、ゲームのさまざまな環境があります。通常はエージェントの中の知能を作って環境を構築しようとしますが、荘子の立場では環境と一緒に知を構築しようということになります。

たとえばゲームのマップがあった場合も、単に対象化して、知覚して判断するというより、世界の側のいろいろな情報の流れ、ゲームの中にあるいろいろな流れを取り込んでキャラクターとゲームの世界が一体となった知能の作り方があるのではないかという視点に導かれるわけです。

西洋の知は、「知がある」ということしか結局は言いません。ところが荘子の立場はそこに知はないというところにあります。ゼロポイント、そこに空欄を作ります。西洋では知が積み重なって自分が圧迫されていくのですが、荘子はそれをなるべく消していきます。それによって不知の知という状態が現れるわけです。

これはどちらも重要です。人工知能を作るときは知識を溜め込むことも重要ですし、それをうまく相対化していくことも重要です。それによって、一つのエージェントが自分自身に閉じこもらない、世界と融和した知のビジョンが開かれるというのが、荘子の言わんとするところです。そういった世界と知能の融和は、実際、デジタルゲームの中でも十分可能です（図14）。

具体的にはいくつかのアプローチが考えられます。たとえば、ゲームの流れを感知する人工知能を作ります。それはキャラクターＡＩに関わるものではなくて、環境に埋め込まれた小さな知能です。そのような、小さな知能が役割ごとに世界の流れを認識します。人の流れ、社会の流れ、お金の流れ、などです。それらの流れをキャラクターの持つ人工知能と連携しながら、キャラクターの行動と連携していくというアプローチが考えられます。これは、第五夜の環境と部分知能の関係にも通じる人工知能の作り方です。

あるいは、世界の側に「道理」を見出す「メタＡＩ」を設置する方法です。メタＡＩはもともとゲーム全体をコントロールするための俯瞰的なＡＩです。メタＡＩは「ゲームの流れ」をゲーム世界から推測し、キャラクターの人工知能はその「ゲームの流れ」に沿うような動きをします。これは一見、昔のゲームＡＩの作り方、八〇年代のファミリーコンピュータの時代のような操り人形的な制御に逆戻りしたように思えますが、そうではありません。

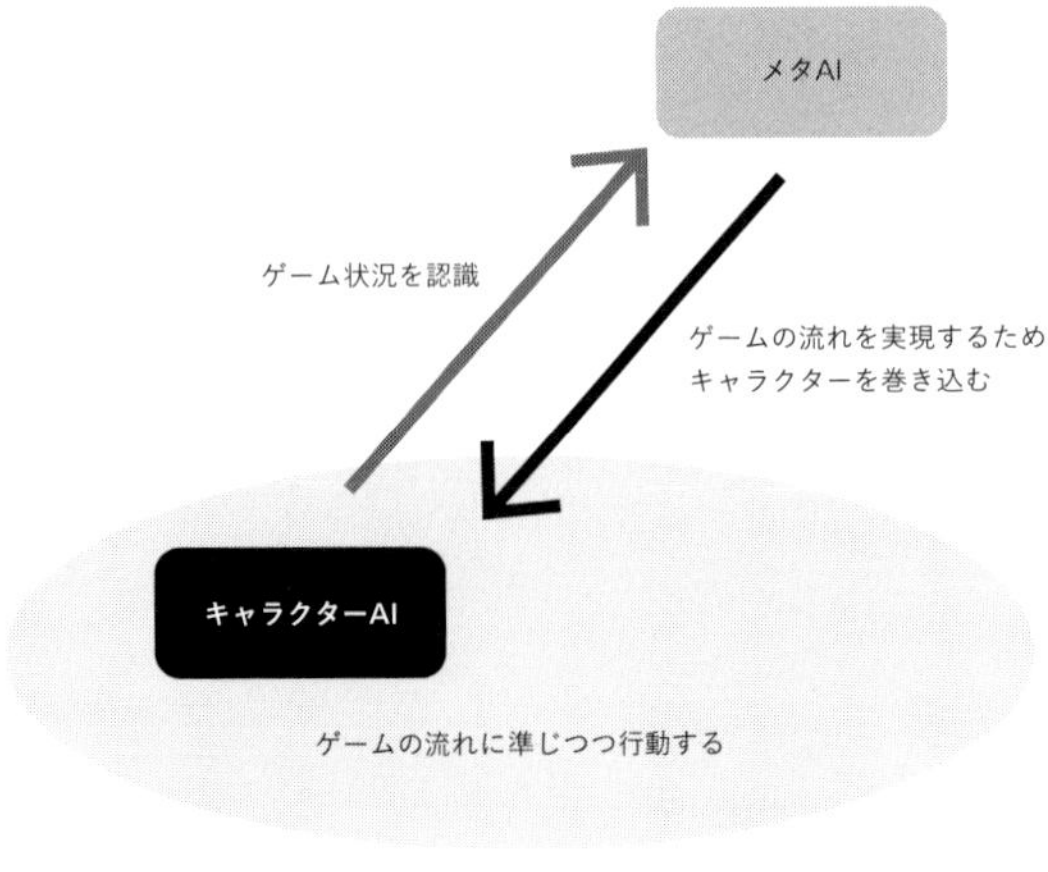

図14　環境と一緒に知を構築する

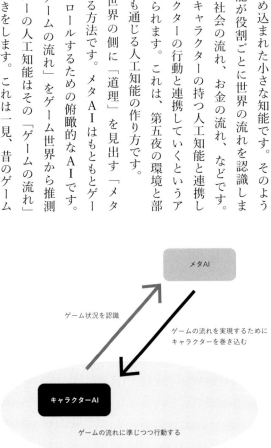

荘子の言っているとおり、「道」とは世界を貫き、生成変化し続けるものごとの流れなのです。自分という立場を超えて、ゲーム世界の流れに準じることで、逆に言えば、ゲーム全体を突き動かしている力に準じることで、キャラクターが自分で考えるよりも、ずっと賢い行動が作れる場合があります。メタＡＩは常にゲームを監視しながら、そのような流れを明確にキャラクターＡＩに渡せるように解析、生成します。

たとえば、キャラクターが混戦した状況の中で、「このような方向からアクションをすれば、戦局全体にこのような流れを作ることができる」とか「リアルタイムストラジーで、ここで、こういった場所に行ってアクションをすれば、戦局全体でこのような変化を起こすことができる」といった流れをメタＡＩが推察し、その流れにキャラクターを巻き込む（キャラクター側から見れば、その流れに準じる）ことで全体を変えていく、ということです。

また、アルゴリズムの一つとして、数百のゲームパラメータの運動を力学系とみなして、そこから世界の流れ、「リミットサイクル」（＝道理）を見つけ出すことも考えられます。ゲームの世界は複雑なパラメータの集合です。これまでは、一つの対象に対して認識を作り、意思決定を作って、行為を生成する形で可能でした。しかし、それ以上の複雑な現象の世界ではそれでは対処できません。

二百や三百ものパラメータの中からキャラクターが道理を導く、つまり数百というパラメータを力学系とみなして、そこから世界の流れ（リミットサイクル）を見出す、自分を含めたゲームの状況の流れを解析するといった方法が、これからのゲーム開発で考えられます。環境におけるものごとの流れとキャラクターの人工知能の流れを合わせた新しい流れを作ることを目指す、それが荘子流の人工知能と言えます。

人工知能は下の層から上の層にどんどん昇っていきますが、さらにもう一つ上に、「何かを知らない」

「得た知識は変化してやがて無意味なものになってしまう」というビジョンを持つことで、自分自身を世界と自分が溶け合った存在、自分自身を世界の中の一部とみなすことができる。そこから、行動生成にいたることができるというのが結論です。

コラム

荘子の時代、近代、夏目漱石と森鷗外

荘子は紀元前四世紀の思想家です。当時の中国は春秋戦国時代の後期で、さまざまな思想家が登場していました。「諸子百家」と称されますが、「諸子」には孔子、老子、荘子、墨子、孟子、荀子らが、「百家」には儒家、道家、墨家、名家、法家などの学派が数えられています。その背景にどういうことが起こっていたかというと、特に戦国時代に突入すると、七つの大国が覇権を争っていました。そのため、各国は自国を強く、豊かにするためにさまざまな政策や技術が必要だったのです。参謀として知識人が重用され、意見を求められます。しかし、争乱は治るどころかますます世は乱れていきます。人心も荒廃していきます。人を支えるための思想を、時代が求めたと言えるでしょう。学問や思想が政治に結びつくのは西洋も東洋も同じですが、西洋ではそこに宗教も合流します。西洋の形而上学は途中からキリスト教と合流し、学問は抽象的で一部の人間のなす特権的なものになっていきます。学問の民主化はルネッサンスが果たした役割と、近代が果たした役割があり、まさにデカルトを出発点として位置付けることができます。パスカルは伝統ある学問の中心であったポールロワイヤルに通いました。東洋思想においても仏教との結びつきはありますが、学問と宗教の間には一定の距離があり、中国は独立した優れた思想家を輩出することに

なります。

中国の歴史に話を戻すと、戦国時代において、賢明な知識人たちが賢明な助言を行い、国を整えようとした結果、ますます世の中が乱れていきます。荘子はそれをはたから見ていて、自身を世捨人としながらも、何か言わずにはいられませんでした。「人間の知には限界がある。我々がどんなに賢くなろうと、それは自然の前では小知なのだ。賢い思考が賢い行動を生むわけではない。では、人の進むべき道とは何か。この世界の中にこそ従うべきものがあるはずだ。人の意図を通すのではなく、世界を貫く道に従うことで、人は人を超えた力を人の世に導けるはずだ。」

世界の混沌の前に、人間の知による支配を諦めること。そして、世界の中に道を見出すこと。この思想はいい意味でも悪い意味でも、東洋の思想に大きな影響を及ぼしていくことになります。そして、この考えは人間と自然を対峙する西洋近代と鋭い対立をなすことになります。西洋の近代は、自然哲学から自然科学へ至る圧倒的な成功を果たします。しかし、同時にそれは近代的な自我の自意識をますます過剰にさせます。そして進歩主義と相まって、人間の人間による人間の社会が加速していったのです。

明治維新後は、日本の知識人もその流れに巻き込まれます。夏目漱石（一八六七～一九一六）はイギリスに文学を学びに留学し、森鷗外（一八六二～一九二二）はドイツで医学を修めます。そこで彼らは西洋の強い自我や自意識と、自分の弱い自己の間の相克に苦しみます。『妄想』（一九一一年）では、鷗外自身を託した初老の老人の回想という形でその苦しみと西洋哲学との出会いが語られます。医学で留学しておきながら、鷗外はドイツで哲学の本を膨大に熟読していたのです。一方、夏目漱石は近代と自我について神経症になるまで思いつめられながら帰国し、その作品によって日本の近代文学を確立していくと同時に、教壇に立ち、講演も行います。講演録「現代日本の開花」（一九一一年）、「私の個人主義」（一九一四年）では、西洋的自我を知るための苦しみの歴史が極めて自己分析的に描かれています。

人工知能は、まさにこの近代の果ての第二次世界大戦後の現代に生まれた分野であり、西洋の自己と自意識に執着するまなざしがそのまま含まれています。しかし、人工知能を作るにはそれだけでは足りないのです。近代の自我と近代の自意識が袋小路に陥ったように、「知能を作ってから世界と対峙させる」というスタイルはやがて限界に行き当たります。その限界を超えるためには東洋哲学に基づいた人工知能のビジョンが必要です。自己を世界に開かれた自然の一部としてとらえる東洋的な見方、荘子の思想に遡って新しく出発する必要があるのです。

[第二夜]

井筒俊彦と内面の人工知能

東洋哲学篇第二夜は井筒俊彦を取り上げます。井筒俊彦は西洋、東洋をまたいで「知のネットワーク」を張り巡らした知の巨人です。井筒はロシア、アラビア、中国、西欧、東西を問わない、たくさんの知識と文化的知見の紹介者でもありましたが、独自の思想家でもあり、またオリジナルな哲学者でもありました。この章では、井筒が構築した巨大な、東西に渡る知のネットワークを生かして、より深い人工知能のアーキテクチャを構築していきます。特に人工知能の持つ「生物的な部分」と「高い知能の部分」をつなぐことを目標にします。

井筒の広範な知見の中でも、人工知能に関係する部分は、人間の内面についての理論です。井筒は東洋哲学における人間の内面モデルと、それと対応する西洋哲学の符合を精緻に記述しながら、両者が照らす人間の内面の全体像を探求しました。ここでは特に、唯識論など仏教の内面モデル、イスラム哲学や東洋哲学が共通に持つ人間の内面の中核に関する井筒の知見を人工知能に導入することで、自己保存の衝動を持つ「煩悩を持つ人工知能」へ向けた設計を目指していきます。

1 キャラクターAIの知能モデル

意識モデル

まずは、『人工知能のための哲学塾』(西洋哲学篇)で探求してきた、デジタルゲームにおけるキャラクターAIの内部構造を解説していきたいと思います。

図1は人間の意識、無意識の関係を表しています。人間の知能は多層構造と階層構造を持っています。人間は賢いのですが、とても判断の遅い動物です。他の動物よりずっと「のろい」です。なぜ遅いのかというと、自分の頭の中で精密に世界をシミュレーションしているからです。もちろん他の動物もしていますが、人間の場合、それらのシミュレーションが多層的になっています。多層階層の中で、すばやく粗いシミュレーションから精緻で時間のかかる世界のシミュレーションを並行的に行っているのです。ものを落としたとき、ものの落下軌道を我々は知っていますから、こう落ちるだろうと考えて地面に着く前にキャッチしようとしたり、また、人と会うときはこういう話になるだろうと予測します。朝、今日はどんな一日になるだろうかと想像します。自分の人生全体に対してもイメージを持ちます。シンプルな部分から複雑な世界まで、我々は自分の中で常に世界を動かし想定しています。そして、その想定からの「ずれ」を見つけることで、我々は自分の想像世界を訂正し、それを認識とするのです。

数学的にとらえると、人間の脳は複雑なニューラルネットワーク構造を持っており、それは、工学的に応用されているパーセプトロン型のニューラルネットワークやディープラーニングより、はるかに複雑な

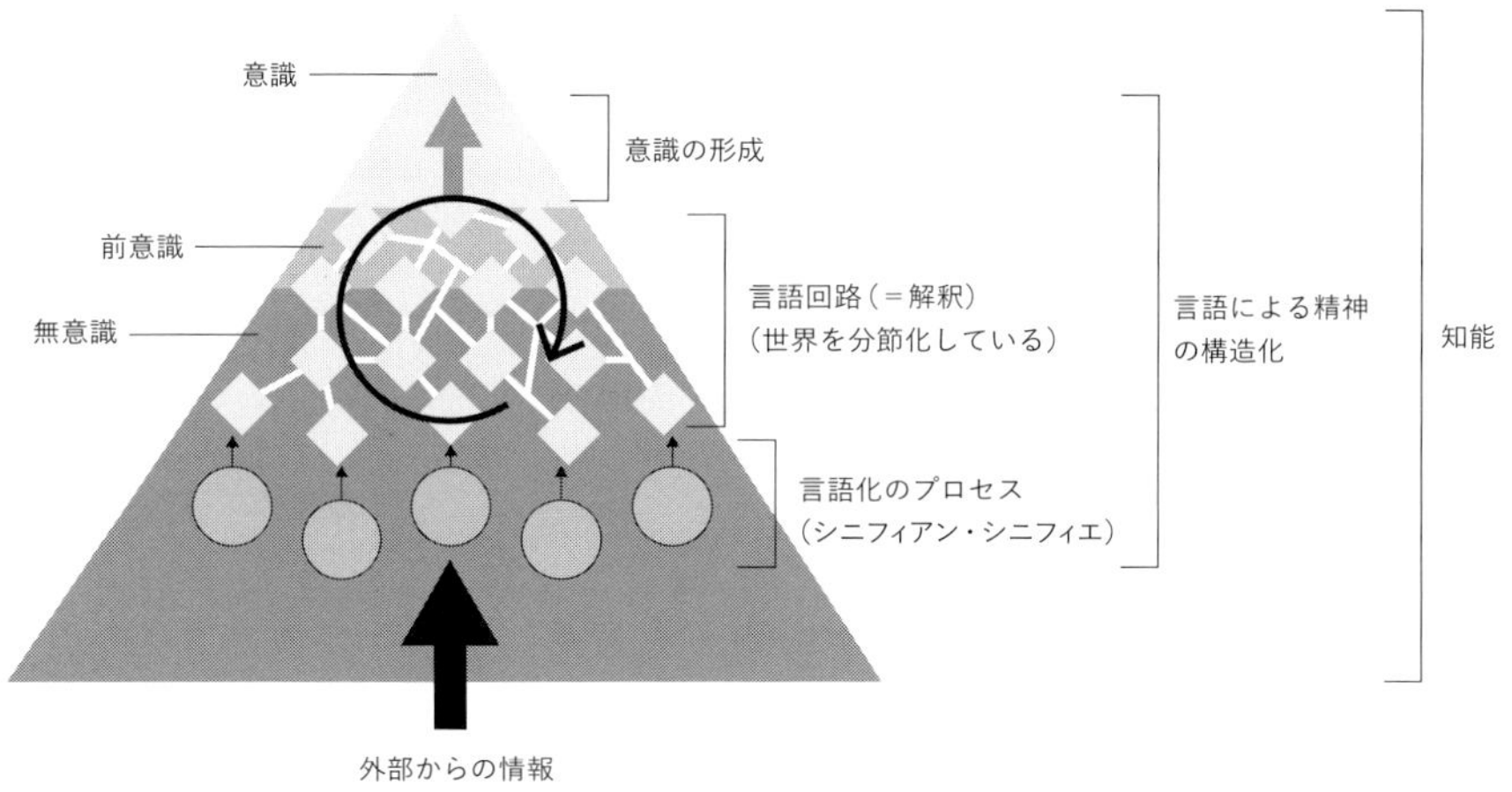
意識
意識の形成
前意識
無意識
言語回路（＝解釈）
（世界を分節化している）
言語による精神
の構造化
知能
言語化のプロセス
（シニフィアン・シニフィエ）
外部からの情報

図1　人間の意識モデル

ものです。ノイズも多く、一千億個近くのニューロンが相互結合しています。その構造下では、非線形システム（入ったらすぐに出てくるような「線形システム」に対し、さまざまに迂回し複雑な出力が発現するシステムを「非線形システム」と言います）が「カオス」（混沌）を生み出すことはわかっています。人間はインプットしてすぐにアウトプットするわけではなく、保留された情報の流れが内部で渦のように停留しています。そこで、ふっとした拍子に渦巻いていた過去がよみがえるような、非常にカオティックな現象が起こるのです。

意識の〝もと〟

主体と客体、つまり世界と向き合う自分自身（自我）と世界にある対象の関係の中で、知能、そして意識というものはどこにあるのでしょうか？　西洋哲学篇第五夜や概観で説明したように、谷淳は「知能や意識というものは主体と客体のどちらかにあるのではなく、その中間に、世界と自分が混在した力学系として生成的（ジェネレイティブ）にあるのだ」と解説しています（三宅の解釈）。

これはニューラルネットならではの実験で、自分の判断をもう一度インプットに戻すリカレント型ニューラルネットワークから得られる研究成果です。リカレントという構造を取ることで、主観（主体）と客観（客体）を混ぜ合わせたような状態をニューラルネットの内部に持たせることができ、それによって安定したカオティックな、リミテッドサイクル（高次元における安定軌道）が形成されます。これが自我や意識のもとではないかと考えられます。

ボトムアップ的に世界から積み上げた階層を作っていくと、自分というものが客体との経験の中から浮かび上がってきます。しかし、立ち上がっていく過程を見てみると、一つの知能が形成されるというよりも、それぞれの層における知能が形成され、それらが下層から上層へ向けて階層的に重なり合っています。その多層に重なり合った知能たちが一つの知能となります(図2、3)。

しかし、その上へ上へと構築していった果てに何があるのかというのが、今夜の課題です。構築の上に構築を積み重ねて、知能というシステムを作るわけですが、それには際限というものがありません。十階建てのマンションでも、二十階建てのマンションでも最上階があり、その上には空が広がっているだけです。構築的知能を積み重ねたあとには、もしかしたら虚無、空(くう)が広がっているだけなのかもしれません。

身体から脳の中にたくさんの情報が入ってきて、複数の層がそれを解釈し、最後の層がどこかで行動決定を返すわけです。つまり、最後の層が解釈から行動への転換点を担うことになります。それは、果たして正しいモデルなのでしょうか? 最終層は特別なものでなくてはならないのではないか、と問いたいのです。

もちろん、機能的な人工知能に限って言えば、このような問いを立てる必要はありません。それでも十分に機能するからです。しかし、意識を持つ人工知能、本当の知能としての人工知能を作ることを考えれば、「知能の中心問題」に直面せざるを得ません。これは、知能には(そして人工知能には)、特別な中心や特別な知能の層があるのかという問題です。

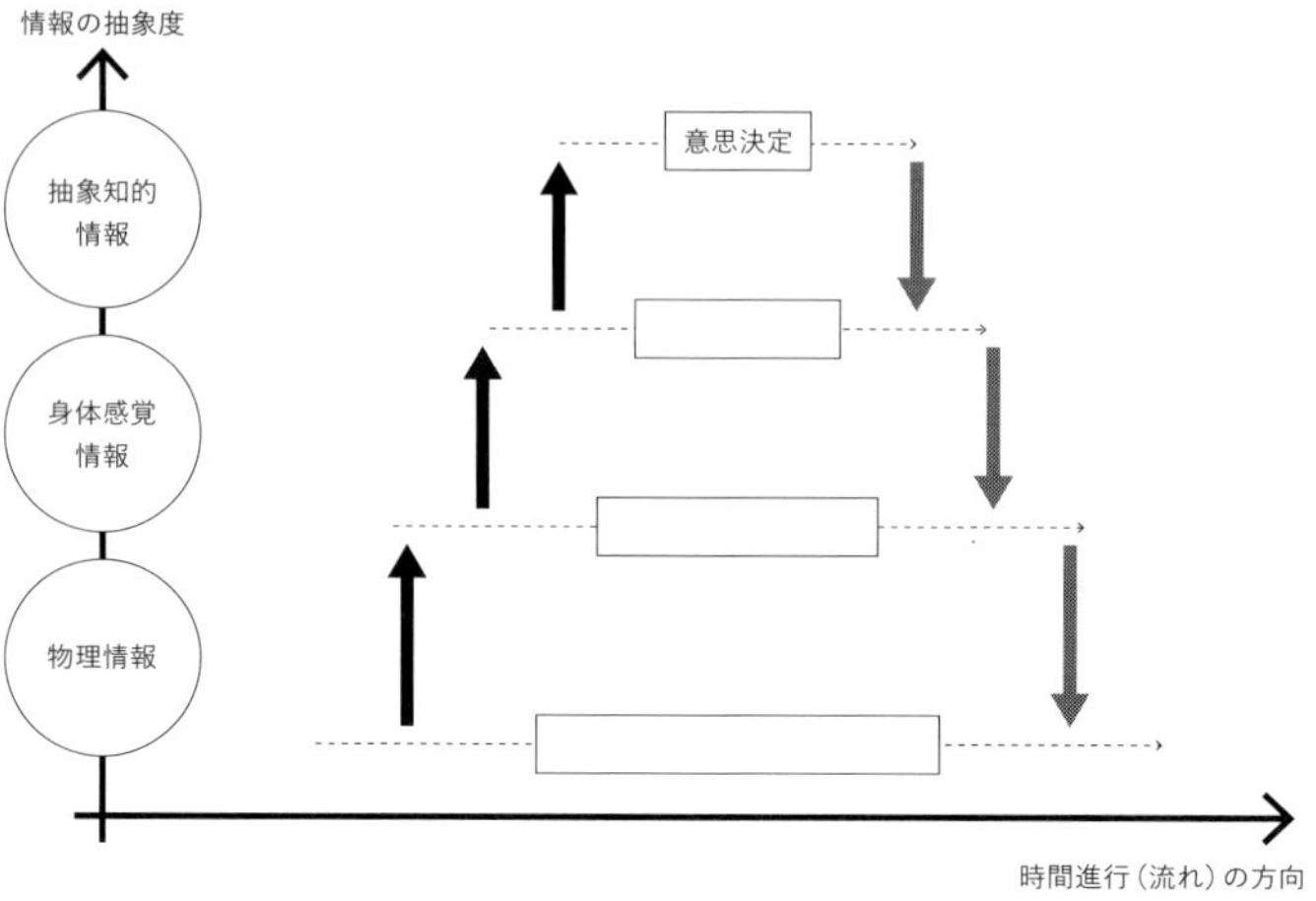

図2　階層的に重なり合った知能

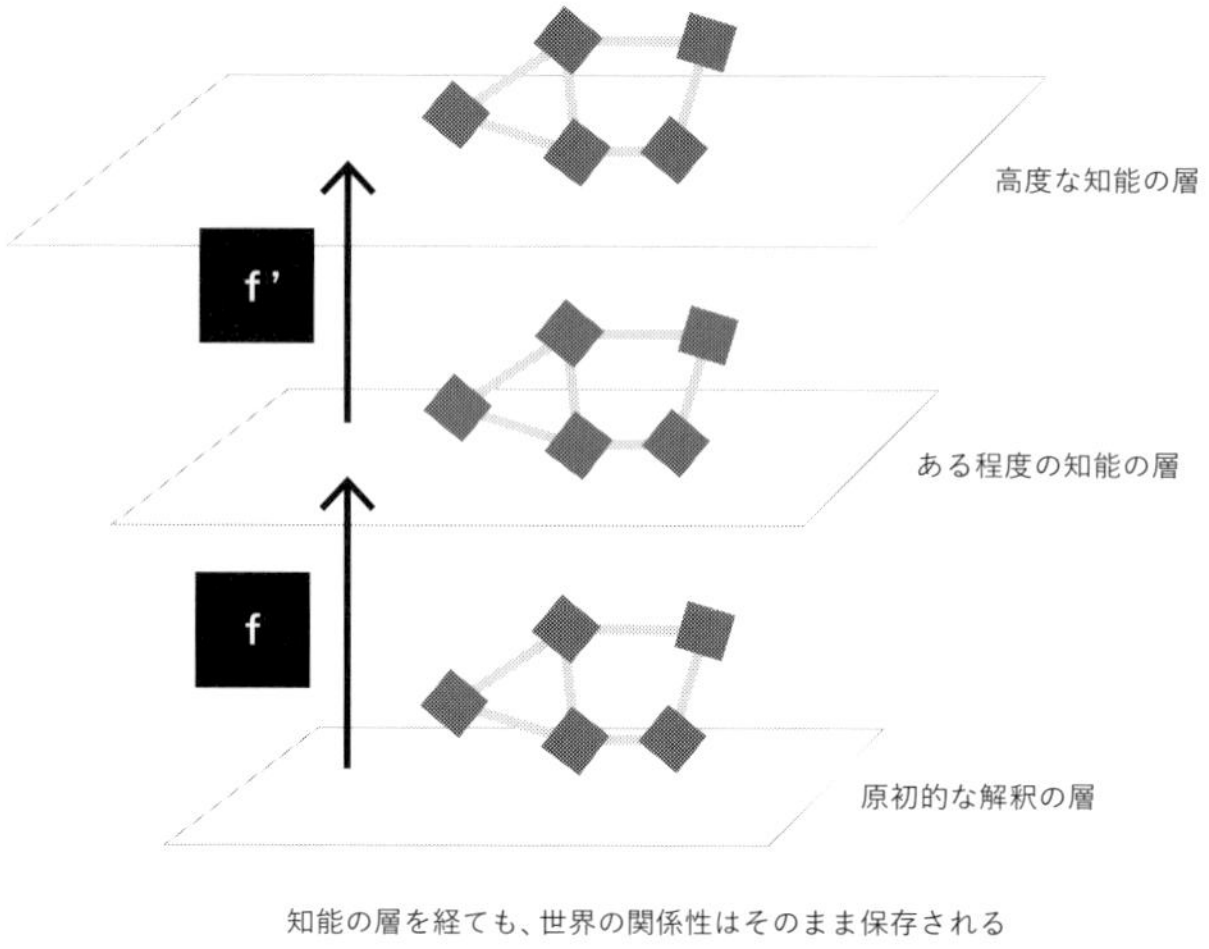

図3　身体性とインテリジェンス

意識モデルとサブサンプション構造

知能には、情報のインプットとアウトプットがあります。感覚を通じた情報のインプットがあり、それに対し知能の判断が下ると、アウトプットとして行動決定が脊髄を通って外に出ていって身体を動かします。感覚を通してフィルタリングされるとはいっても、無限の情報を持つ世界から入ってくる情報は無限に近いものです。一方、知能から身体に指令（遠心性情報）を返すほうは、最終判断をする部分の知能が「最後の崖っぷち」です。背後には、虚空があるだけです。

そのような知能の根源的な様相を、パスカルはこう言います。再度、引用します。

そして自分が、自然が与えてくれた塊のなかに支えられて無限と虚無とのこの二つの深淵の中間にあるのを眺め、その不可思議を前にして恐れおののくであろう。

〈パスカル、『パンセ』（前田陽一、由木康訳）、中公クラシックス、46ページ〉

「人間というのは無限と虚無の間にある、二つの深淵の中間にある」、パスカルは卓越した文章の書き手でもあったのですが、絶妙な表現だと思います。

世界は無限です。そこから情報が入ってきて、主体が判断し行動を起こす、これを繰り返します。しかし、その主体の背後には虚無があるのです。意識には、独立し孤立しているという感覚があり、自分自身によって立つ自律性があります。これは、何者にも拠らないという意味で、虚無を背面にして存在している、ということです。つまり客体と主体という関係が、無限と虚無の中間に位置する存在になります。

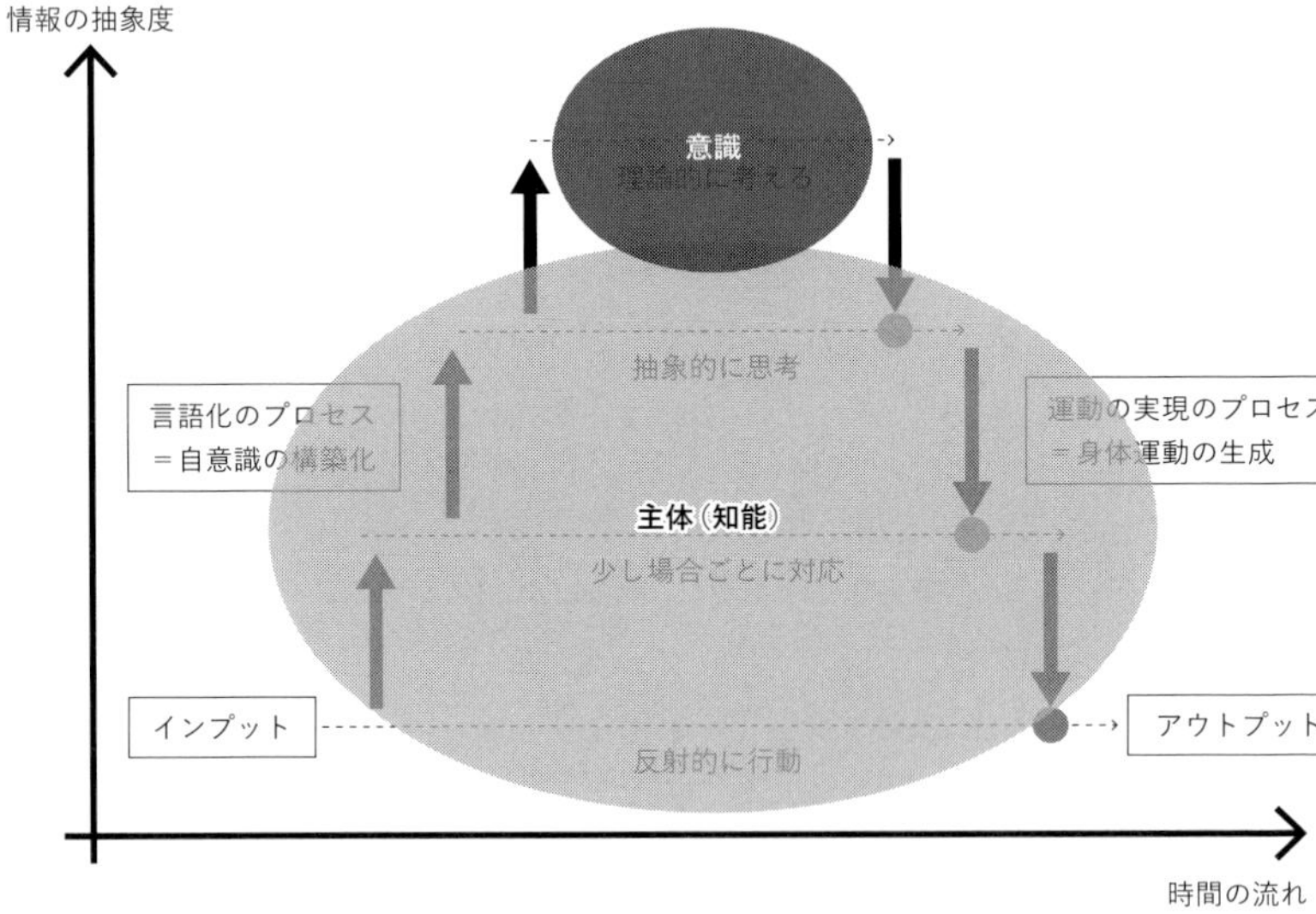

図4　サブサンプション構造における主体と意識

これをサブサンプション構造に当てはめてみると、インプットがあってアウトプットがあるとき、最下層において自動的に応答しているような場所が原初的な主体となり、上層の状態が意識となります（図4）。意識下には常にさまざまな思考が走っています。生物は環境の変化に迅速に対応しなければなりません。環境が変化して認識が確定してから思考して行動していたのでは遅すぎるのです。

これはゲームのモンスターの思考などを作っていると実感します。たとえば、いま遠くでドーンという音がしたときに、それは単に車の事故なのか、プレイヤー軍が攻めて来たのか、雷が落ちたのか、いろいろなストーリーがあると思いますが、どれが現実なのかわかってから、どう対応するかを考え始めると手遅れになってしまいます。では、どうするかと言えば、同時に三つの可能性を考えます。それらの可能性のストーリーのすべてをずっと並行に考え続けます。最も確率の高いケースを意識して行動しますが、常に他の二つの可能性に備えて、クリティカルな危険となり得ないかを思考します。音がした現場に行き、プレイヤーを発見すれば、一つの可能性に絞られ、残りの二つの思考は消滅します。しかし、それまでは三つの思考が同時に動いており、一つが意識されて、他の二つは背景の思考として無意識下にあります。そうすることで、どの場合においても安全な行動を取るという形で思考し、行動することができます。

このように、知能には複数の思考が流れていて、いずれか一つ（あるいは数個）が意識にあがってきて、これが今、現実に即している、と思える思考を選択し集中しているのです。それ以外の、意識にあがってこない思考は、無意識下で働きながら、万が一、そうであったときのために意識を奪う準備をしています。そうならなかった場合には、そのまま残って夢の中に現れたり、消えてしまったりします。つまり、脳は役に立つことを考えますが、それ以外に、ほとんど役に立たない、可能性が低いことも同時に考えているというところがあります。ですから、「同じように確からしい出来事」が並列すると、知能には大きな負担がかかるようになります。複数のストーリーが同じ現実味を持って錯綜すると「現実が揺らぐ」感じになります。エンターテインメントでは、これを逆に利用してサスペンスを作ります。

知能の内部にはさまざまな精神活動があり、何が支配的かは決まっていません。今、最も注意を向けるべき対象を担当する思考がそうなるべきですが、対応が遅れる場合もあります。意識下からさまざまな知的活動が意識上へやってきて、それぞれが周囲の環境のいずれかの部分や断面を担当しています。それが一瞬一瞬、あるいは一定時間断続的に、代わる代わる意識そのものとなり、次の意識状態を決めていくのです。それによって、意識は持続的意識になります。こうしたモデルで人工知能を作ることは、より人間的な人工知能を作ることになります（図5）。

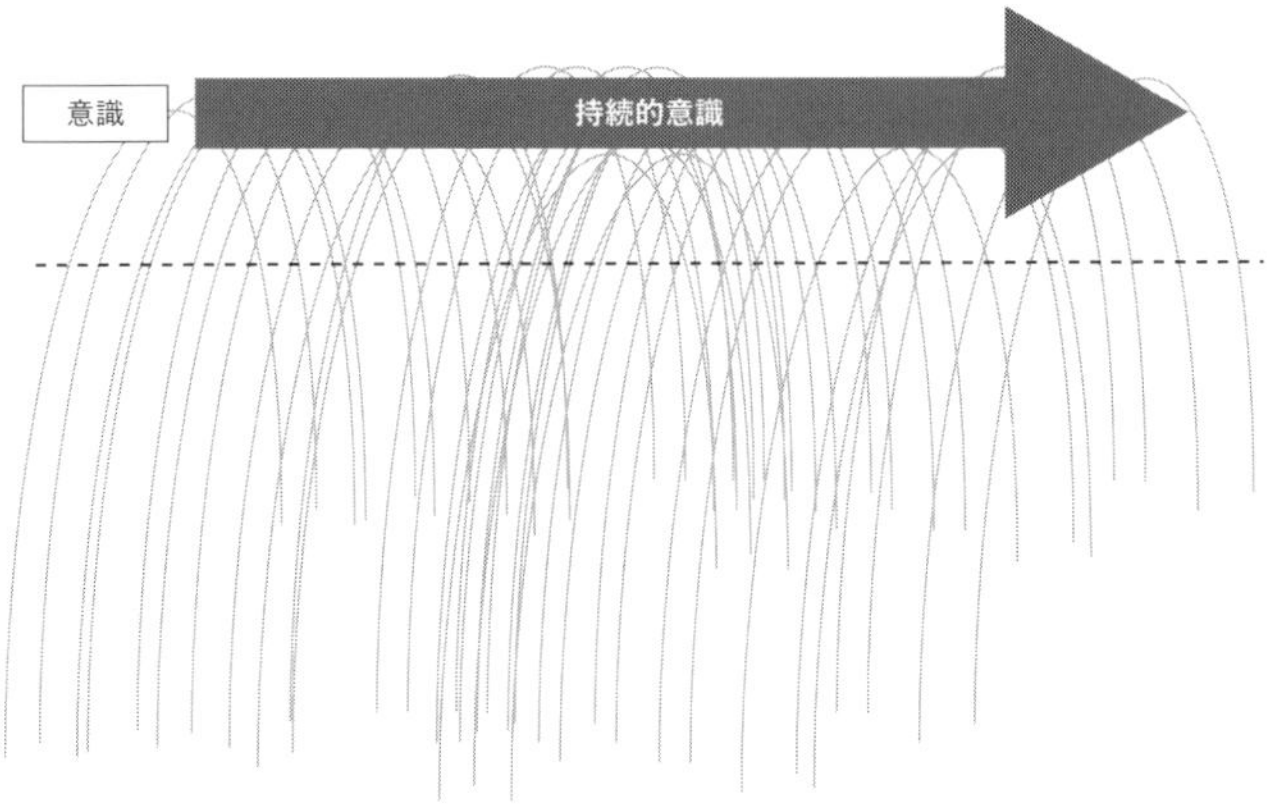

図5　意識の持続性

2 東洋と西洋をつなぐ井筒の理論

西洋と東洋の大きな違いは、西洋はどちらかというと論理律や因果律、規範によって知能を作り、一方で、東洋では最初に全体があり、そこから生成される（削り出す）手法を選ぶという点です。その全体を「混沌」や「理」と呼び、そこから分化して知能ができると考えます。これは、東洋の多くの哲学において見られる形式です。仏教もアラビア哲学も禅も、そういう言い方をします。

構築的建築か全体的生成か、これはあらゆる創造が持つ二つのアプローチです。その対比は、たとえて言えば、仏像を作るときに、部品から構築するか、全体の一本の木から削り出すか、という違いとよく似ています。人工知能は目には見えませんので、どうしても哲学的議論になってしまいますが、西洋の人工知能は世界にある要素から組み立てて作り、東洋における人工知能は世界の中から削り出すことで見出されるものです（図6）。

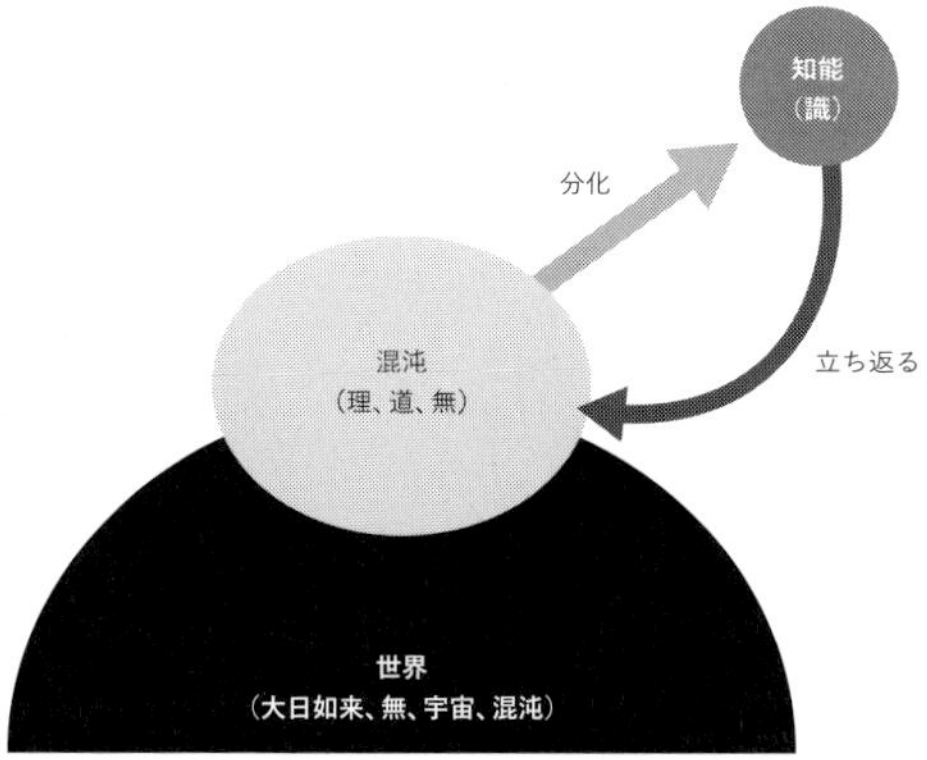

図6 東洋における知能の位置付け

井筒俊彦 ［1914年〜1993年］

- 1914年（大正3年）　東京都に生まれる
- 1931年（昭和6年）　慶應義塾大学経済学部予科に入学。のちに西脇順三郎が教鞭をとる英文科へ転身
- 1937年（昭和12年）　慶應義塾大学英文学科助手
- 1950年（昭和25年）　慶應義塾大学文学部助教授
- 1969年（昭和29年）　カナダのマギル大学教授
- 1975年（昭和50年）　イラン王立哲学研究所教授
- 1979年（昭和54年）　イラン革命のためテヘランを去り、以降は日本を舞台に研究を継続
- 1982年（昭和57年）　日本学士院賞、毎日出版文化賞受賞、朝日賞受賞

図7　井筒俊彦

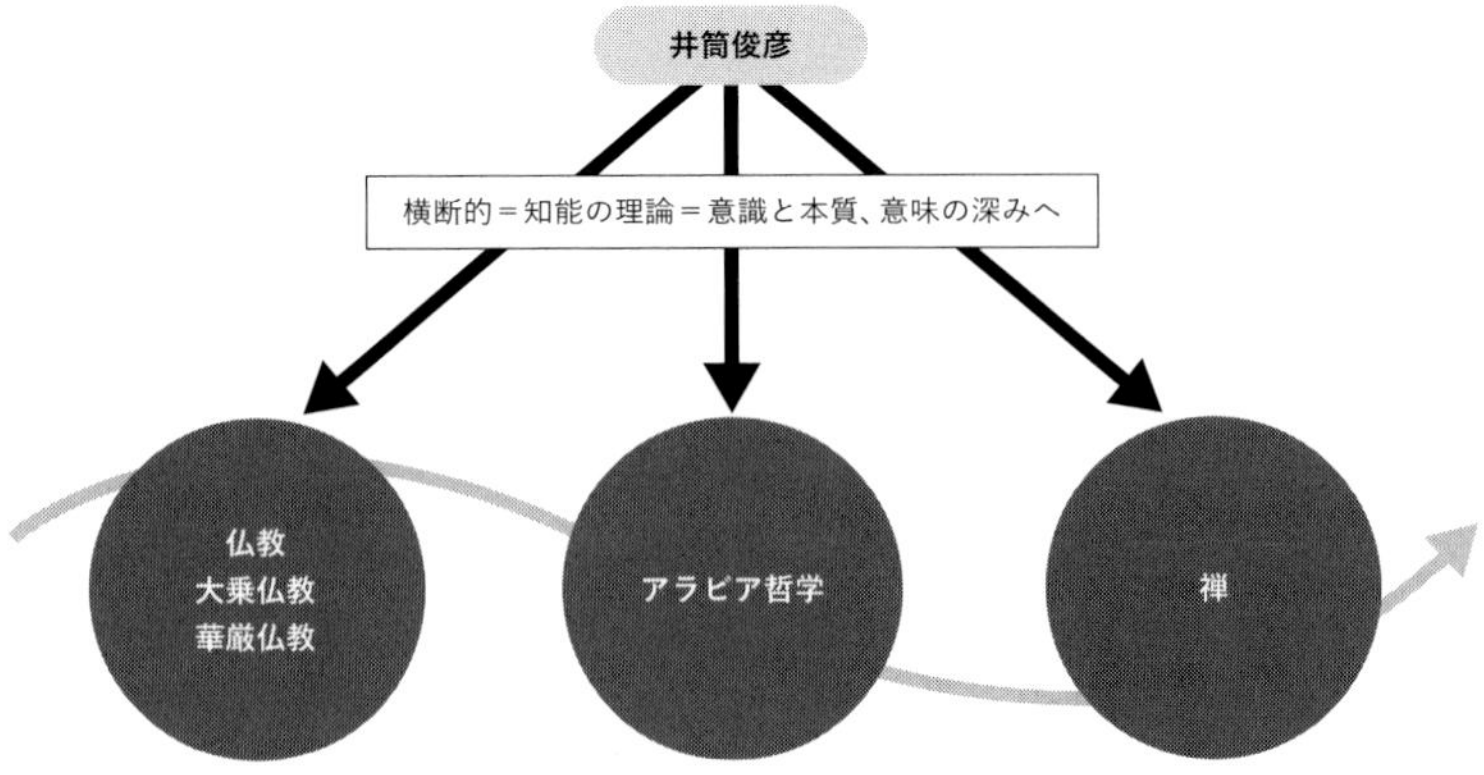

図8　多様な文化を貫く井筒の思想

ここで井筒の知見を借りて、この二つの対立を、両者のアプローチをより中立的に見ていきたいと思います。

井筒俊彦は、C・G・ユングが始めた東洋と西洋の哲学をつなぐ「ユラノス会議」で一九六七年から一九八二年までに十二回の講義を行った中心的人物でした。一九七五年から一九七九年まで、イランに招かれて研究をしています。仏教、アラビア哲学、禅に関して専門的な著作があり、常に吸収して知識を統一的に語ることについても長けていました。井筒の略歴をまとめますと、最初は慶應義塾大学で英文学・詩人で有名な西脇順三郎のもとで学び、そのまま助手になって助教授になります。その後、アラビア哲学の研究で、カナダのマギル大学に招聘されて、さらにイラン王立哲学研究所に招聘されて教授になります。イラン革命を機に日本に帰国し、以来、拍車がかかり、膨大な著作を残しています（図7）。全集、翻訳集、著作集と、井筒俊彦著作の編纂はことあるごとに組まれています。

分節化

井筒が東洋、西洋の哲学を分析するときに共通して使う概念に「分節化」があります。分節化は、西洋哲学篇の第一夜および第四夜でも説明したように、人間が世界を分割して理解しようとする志向のことです。

結果として、分節化は「言語によって規定されるものの見方」ととらえられますが、「言葉を使うから分節化」ではありません。問題は分節化が起こる場所です。そこが、言葉が生まれる場所なのです。発話されてしまった言葉は分節化の証拠であって、それ以前に分節化は起きています。もののとらえ方自体、たとえば「これはおしぼりだ」というのは、極めて限定的なものの見方であって、別にその布をおしぼりとしてとらえなくてもいいわけです。我々の内面の深いところで、たとえば赤ちゃんが最初にお母さん、お父さんと思った時点に分節化が起こっているのです。お母さん、お父さんと言葉として認識する以前に、両者を分けています。シニフィアン・シニフィエで分節化が起こる、これはソシュールの言語学が提示して見せた現代西洋哲学の源流となるとらえ方ですが、井筒は、分節化の作用はもともと人間の深いプロセスの中にあって、それが表面化しているのだと、分節化をより深い次元でとらえました。

縁起の考えであっても、原因、結果という関係性がないだけで、分節化はされてしまうのだと言います。龍樹で言う「存在論」、これは人間から見ると分節化の分節の単位を存在と言っているわけです。つまり、東洋的視座においても人間の内面は分節化されて、それがいろいろな煩悩、人間の偏った見方を示すということ。井筒の作る内面のアーキテクチャの中では、イマージュの層の下に「言語アラヤ識」がありますが、これは世界を分節化する根源の層です。言語アラヤ識が知能の深層にあるということは、森羅万象、生き物というものは分節化の作用なしには世界を見ることができないということなのです。

我々はいろいろなものごとを分けて見ています。それは世界がそもそものように分割されているわけではなく、人間が勝手に決めていることです。構造主義の原点とされるソシュールは、言葉による分割が、社会から個人に押し付けされていることを「恣意性」と呼びました。恣意的な記号化の体系が異なる社会の間で共通の構造を持つことを構造主義は示唆しました。その言語を受け入れることで、人は言語によって世界を分節化し、その分節化に沿って世界を解釈しているのです（図9）。

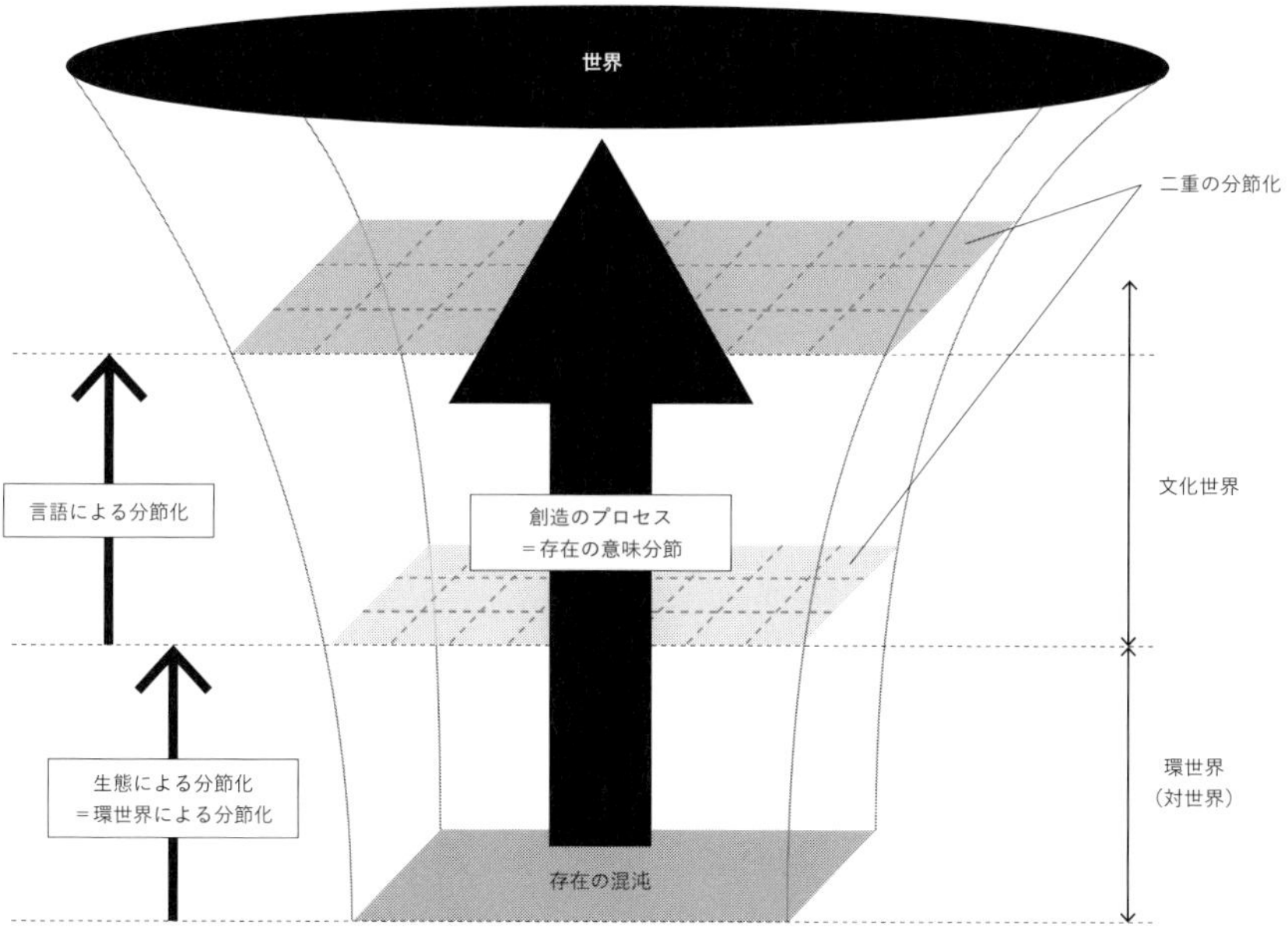

図9　二重の分節化＝人間が認識する世界

しかし、仏教はその言語による恣意的分割を超えて、あるがままにものごとを見ることを教えます。分節化を外して世界を見ることを「禅」というわけです。分節化の作用を全部外すと、人間には何もないように見えます。それが「空」なのです。空というのは、まさに荘子が言う混沌であって、分節化されていない、のっぺらぼうな世界を見ることです。それは人間から見ると空ですが、同時に、すべてがあるという状態です。つまり、すべてがないということとすべてがあるということは同じ、それが空なのです。しかし、残念ながら人間はそれではものが見えないので、分節化の作用をしてしまうのです。「分節化の作用による網」を外すことを禅と言うわけです。

言葉の分節化は、世界の分節化であると同時に行為の分節化でもあります。言葉があるから賢くなっているともいえるわけです。東洋哲学における人工知能では、分節化する以前の混沌をテーマとします。その混沌から知能が立ち現れるというイメージです。西洋は、現れた知能に対し、どうそれを再現するかというところがテーマになります。ですから知能の模倣であるのです。しかし、東洋の混沌からの知能の創発は、人工知能というよりは、自然知能をもう一度生み出すことに他なりません。

井筒の言葉を引用します。

…（前略）…言語は、意味論的には、一つの「現実」分節のシステムである。生の存在カオスの上に投げ掛けられた言語記号の網状の枠組み。

〈井筒俊彦、『意味の深みへ』、岩波書店、55ページ〉

言葉というのは、人間が直面する混沌から分解していく駆動力になっているのだということです。東洋から見ると、西洋が言語作用と呼んでいる場所は、混沌から見ると表面的な場所で展開されています。東洋はそこではなくて、より深い場所で知能が生成している様子をテーマとします。混沌を分解して、身体や精神になっていくと考えます。

西洋の知能論というのは、少なくとも人工知能という学問の領域では主に機能論です。何ができるか、という知的機能を問題とします。知能の本体については、議論することはあまりありません。どの教科書を見ても知能の機能については書くが知能の実体については触れないというお約束的なものがあります。なぜなら、「知能とは何か」という人工知能の深部に広がる基礎論は、果ても、答えもない泥沼の議論になることがわかっているからです。将来解けるであろう問題として、「そこはそことして置いておく」ということにするのです。

一方、東洋の知能論は存在論です。知能の実体の構造について迫ろうとします。それを知ることで、我々人間の苦悩の原因を知ろうとしたのです。驚くほど、機能について吟味しません。知能が成立している根源へ主観的な体験（修行）を通じて会得して、その手法を共有します。ですから東洋の哲学を参考にしたからといって、自然言語翻訳エンジンや推論システムを作れるわけではありません。東洋的な人工知能では、たとえ一つの機能を実現できないとしても、自然知能と似た構造体を作ることに意義があります。

環境世界と文化世界

東洋と西洋、存在論と機能論、その対立をまず覚えておきましょう。その中間にあるのがエージェントアーキテクチャや環世界といった、生物の知能のモデルを考えて知的機能を実現しようというアプローチになります。それは知能を認識論、存在論の双方にまたがって構築していこうという試みなのです。ただ単に字面の上で、東洋と西洋を結ぶという意味ではなく、本当に人工知能を知能として構築しようとする試みにおいては、東洋、西洋に分在するすべての知識と知見を総動員しなければなりません。また最終的には二つを乗り超えた場所にこそ、次の人工知能のステージがあります。

井筒はまた、「ユクスキュルの環世界」（参照◎西洋哲学篇 第二夜）について、そういう議論はあるけれど生物は環世界が作る世界のもう一つ上の世界を持っている、それが何による世界かというと言語によるものだということを述べています。つまり、あらゆる生物は生態による分節化を持ちますが、言語を使う生物はさらにその上に文化的な分節世界を持っているということです。我々は二重に分節化された世界を生きていて、そこにさまざまな捻れがあります（117ページの図9）。

勿論、人間は、人間であるより以前に、まず動物である。そして動物もまた、それぞれの自分の「世界」（フォン・ユクスキュールのいわゆる「環境世界」Umwelt）に住んでいる。ということは、すなわち、動物もまた、種ごとに、その生物学的基本欲求と、感覚器官の形態学的構造の特殊性とに条件づけられながら、それぞれ違った形で存在を秩序づけている。つまり、生物は、動物的次元において、既に存在を「分節」しているということだ。人間の存在分節のソフィスティケーションに比べて、それがいかにプリミティブで、単純であるにしても。

〈井筒俊彦、『意味の深みへ』、岩波書店、52ページ〉

この章の目標は、人工知能が環境と混ざり合う基本的な部分と、社会的・文化的な知能の部分のつながりを、井筒の持つ広範な東西を問わぬ知見と洞察をもとに、探求しようとするところにあります。

図10はロボットやゲームで使うエージェントアーキテクチャです。感覚から情報が入ってきて、意思決定を通って、運動を生成するというものです。図11は環世界モデルです。エージェントアーキテクチャとよく似ていますが、環境との結びつきが知能の部分にすでに内在しているところが異なります。このエージェントアーキテクチャと環世界の二つを合わせたものが、図12です。一番下の層が「生態が作り出す環世界」で、上の層は「言語による文化的な世界」です。つまり、一番下には環世界があるけれど、人間はその上に言葉による文化世界を持っている、だからこそ他の生物と違うのだ、と井筒は指摘します。

人間は存在の本源的カオスのなかに生きてはいない。生きられないのだ。人間として生存することができるためには、カオスが、認識的、存在的、行動的秩序に組み上げられていなければならない。そのような秩序づけのメカニズムが「文化」と呼ばれるものなのである。この意味で、人間は、秩序づけられた、すなわち、文化的に構造化された、「世界」に生きる。カオスから文化秩序へ。この転成のプロセスを支配する人間意識の創造的働きの原理を、私は、存在の意味分節と呼ぶ。現実的、かつ可能的に言語に結びつく意味単位の網目構造による存在カオスの分節を考えるのである。

〈井筒俊彦、『意味の深みへ』、岩波書店、52ページ〉

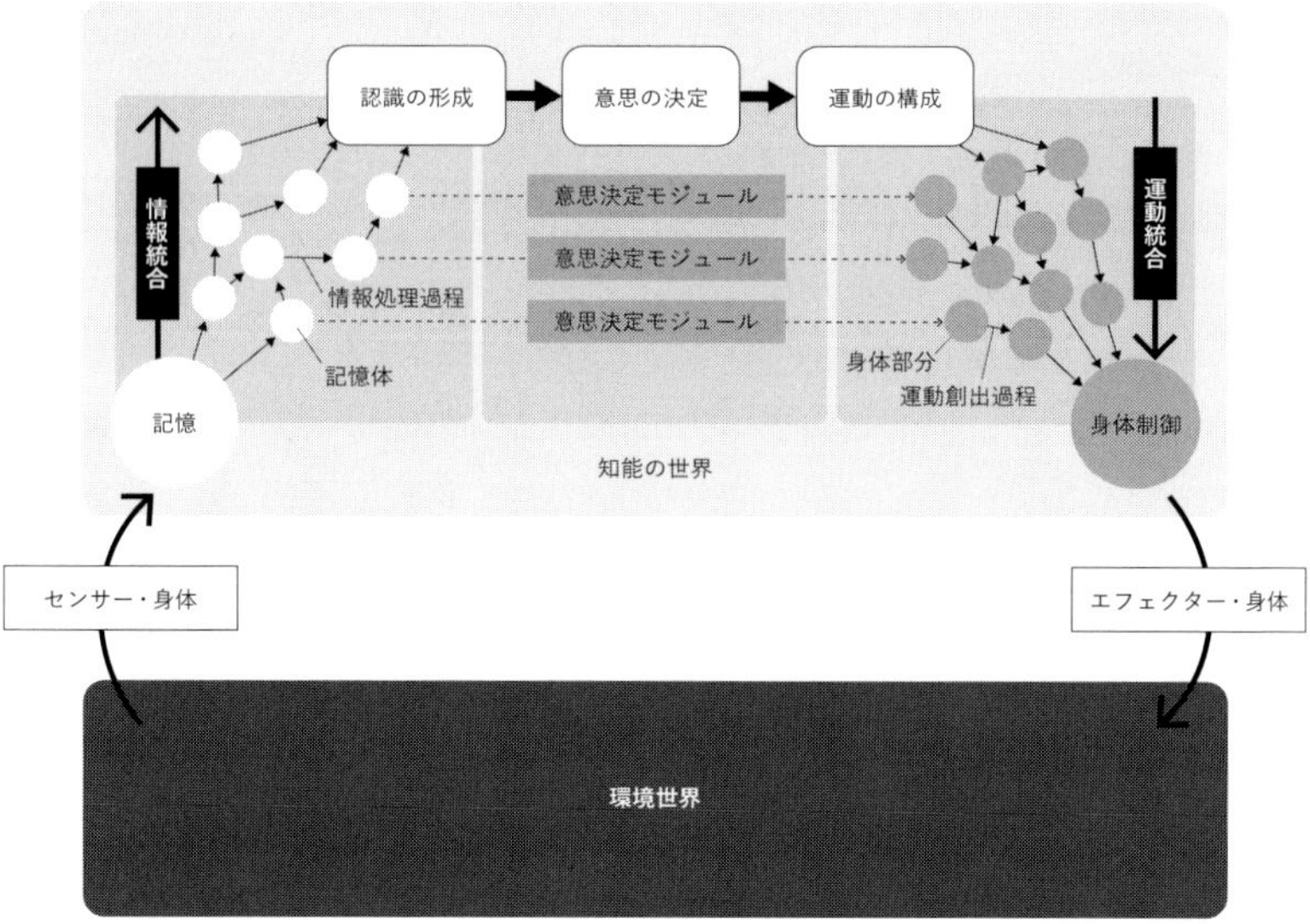

図10　エージェントアーキテクチャ（再掲）

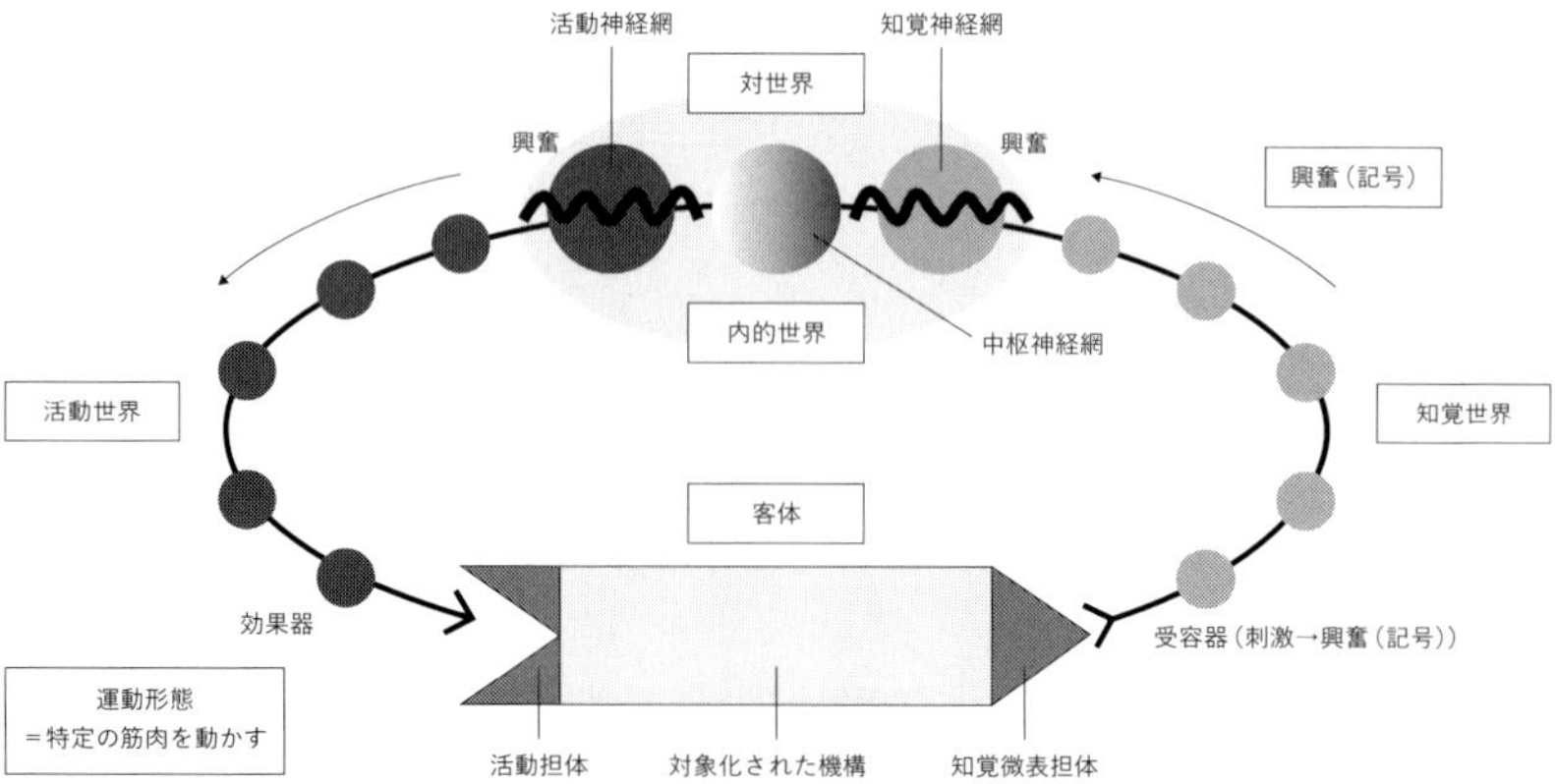

図11　環世界（再掲）

井筒の言葉を借りると、上層の知能が持つ世界を「文化世界」ということになります。「環世界」が生態によって結ばれた環境世界であるとすれば、「文化世界」とは、より言語的な、社会的な世界ということになります。この二つの世界がどのように根底から生成されるかというところに、新しく形成される人工知能のモデルがあるはずです。

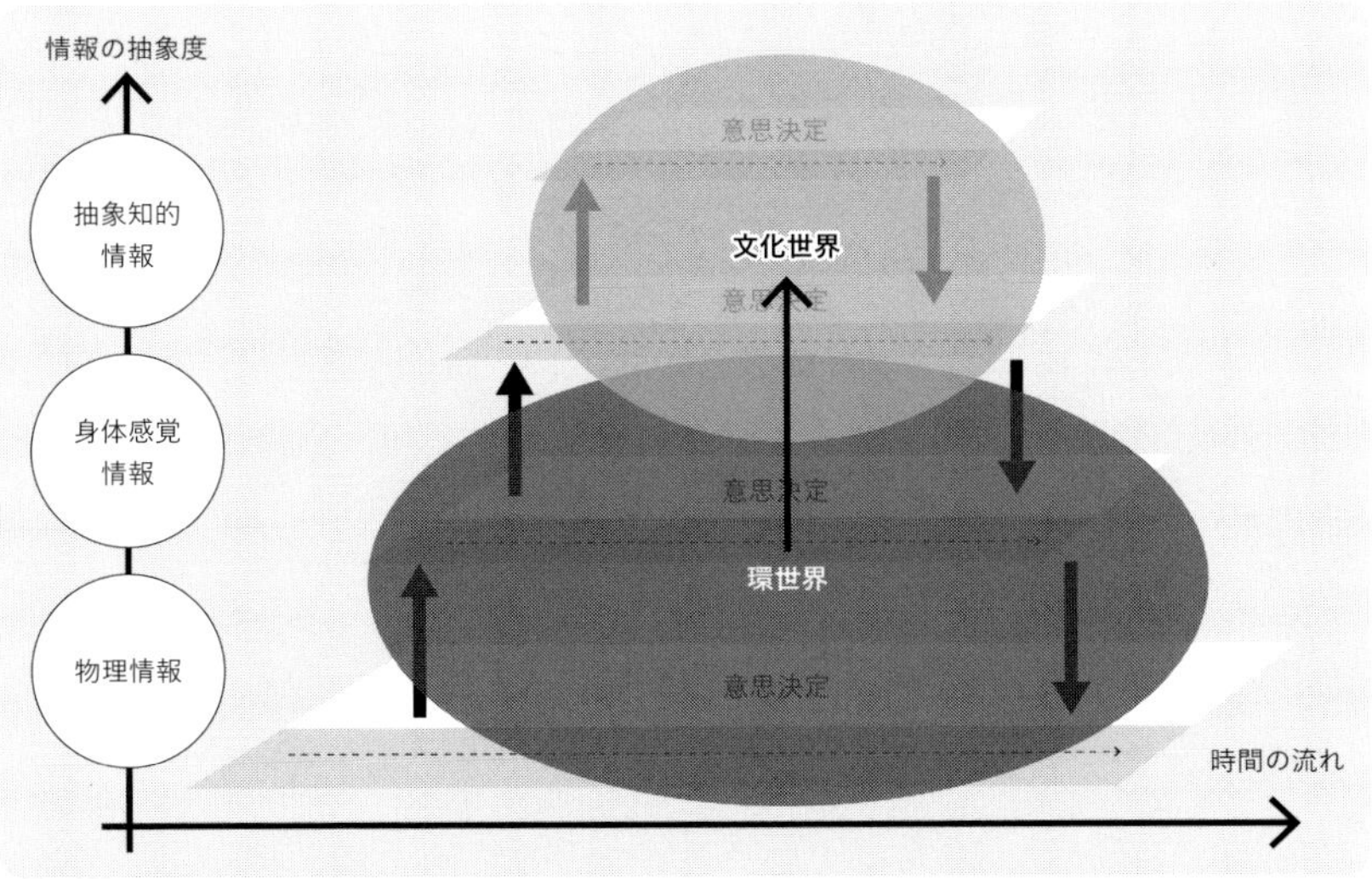

図12　環世界と文化世界

3 井筒俊彦の意識の構造モデル

井筒が提案したモデルを説明していきましょう。

図13は、概観で紹介した唯識論です。唯識論は仏教の思想の一つですが、根本の阿頼耶識から識を通じて主観世界が生成されるモデルです。より深い深層心、その上に、深層心が反映される表層心というのがあります。深層心の識が濁ると人間は濁ったものを見てしまう、いろいろな煩悩も深層心が濁ることで生まれる、だからこの深層心を修行で浄化するのだという思想です。

井筒の『意識と本質』という本にはこう書かれています。

およそ外的事物をこれこれのものとして認識し意識することが、根源的なコトバ（内的言語）の意味分節作用に基づくものであることを私はさきに説いた。そして、そのような内的言語の意味「種子」（ビージャ）の場所を、「言語アラヤ識」という名で深層意識的に定位した。「言語アラヤ識」という特殊な用語によって、私は、ソシュール以来の言語学が、「言語」（国語、ラング、langue）と呼び慣わしている言語的記号の体系のそのまた底に、複雑な可能的意味聯鎖の深層意識的空間を措定する。もしこの考え方が正しいとすれば、我々が表層意識面で——知覚的に——外的事物、例えば目前に実在する一本の木を意識する場合にも、その認識過程には言語アラヤ識から湧き上ってくるイマージュが作用しているはずだ。なぜなら、何らかの刺戟を受けて、アラヤ識的潜在性から目覚めた意味「種子」が、表層意識に向かって発動しだす時、必ずそれは一つ、あるいは一聯の、イマージュ

唯識論＝世界は識から成り立つとする理論

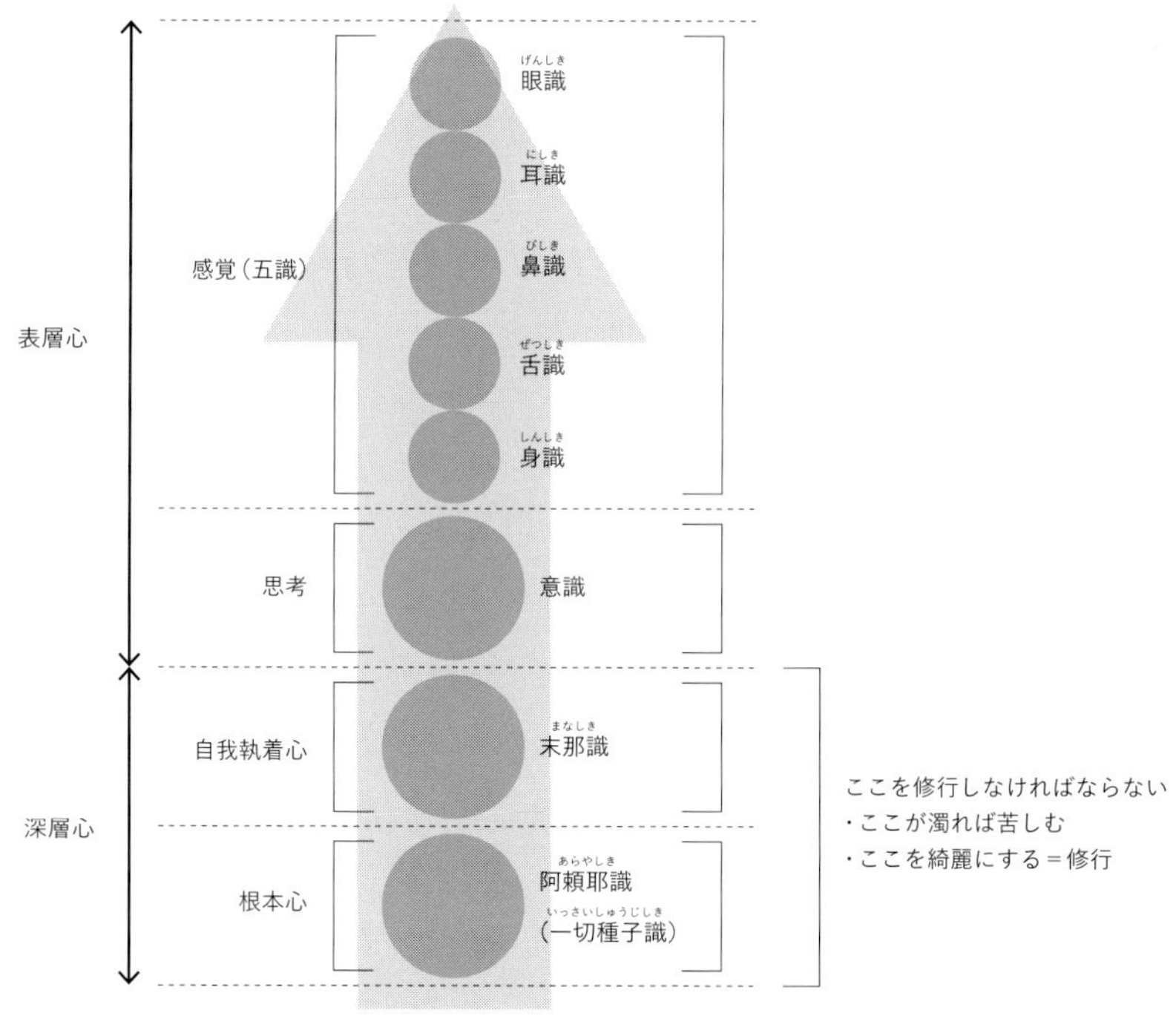

図13　唯識論（再掲）

を喚起するものだからである。

〈井筒俊彦、『意識と本質―精神的東洋を索めて』、岩波文庫、184ページ〉

『意識と本質』は後期（一九八三年）に書かれた著作です。井筒が強く自分の理論を提案することは少ないのですが、この本では膨大な教養に加えて、独自モデル的なものを提示しています。

井筒の意識モデル

唯識の意識のゼロポイントというのは「知能の果て」です。知能の生成ポイントです。このようなゼロポイントについては後に説明しますが、東洋哲学の中ではくり返し出現するポイントです。ゼロポイントの上に無意識、その上に言語アラヤ識、次にイマージュという、イメージが生まれるところがあり、表層意識にさまざまな像（イメージ）が浮かびあがってくるという構造です。たとえば、これはペットボトル、これは時計、これは敵、これは友、というように、定義づけられた像が浮かび上がります。人間の深い場所から次第に意識が形成される様子を示しています。

井筒の「言語アラヤ識に認識のもとがあって、そこから像（イメージ）が表層に浮かび上がってくる」という考えは、ソシュールとは真逆のものです。ソシュールはどちらかというと言葉は社会から与えられるもので、それによって恣意的に世界の分割が行われると述べました。ところが言語アラヤ識は、それよりもっと深い層に認識の原型となる「種子」があるのだとしています（図14）。

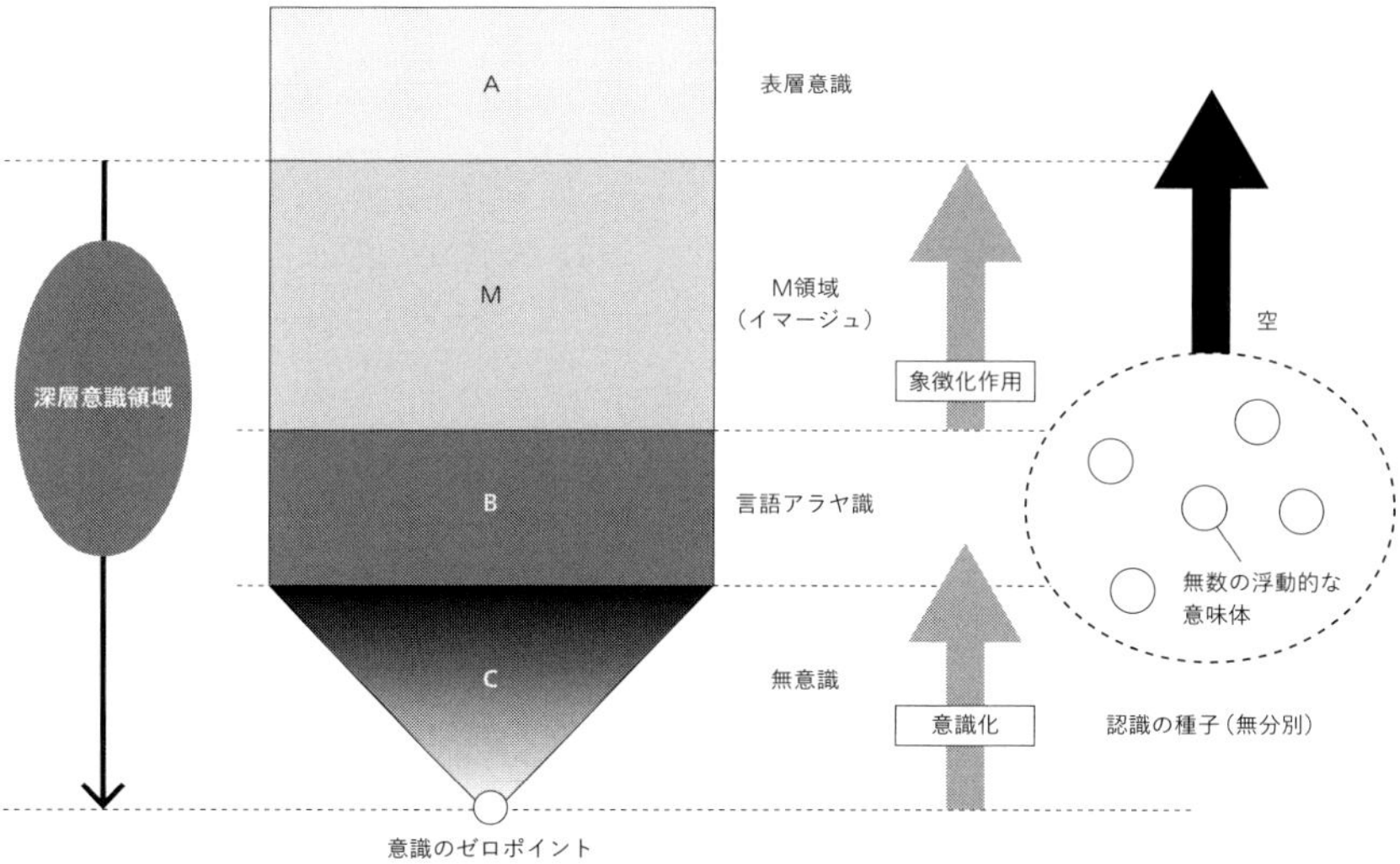

図14 井筒の意識モデル（井筒俊彦、『意識と本質』、岩波新書、215ページの図版より三宅が加筆）

124ページで記した引用文において、特に重要な部分が、「『言語アラヤ識』という特殊な用語によって、私は、ソシュール以来の言語学が、『言語』（国語、ラング、langue）と呼び慣らわしている言語的記号のそのまた底に、複雑な可能的意味連鎖の深層意識的空間を設定する」ということろです。

ソシュールは、ご存知のように構造主義の源流となった言語論を展開しました。彼自身は構造主義者ではありませんでしたが、後の人々が、シニフィアン・シニフィエという、言語ならぬものが恣意的な言語によってシンボル化し、シンボルが連携するシステムに文化的構造を見出しました。前述のように、それよりも深いところに「言語アラヤ識」という内的言語が生成する層を想定しようというのが、井筒の深い考察に基づいた理論的仮定なわけです。この理論は、「識というものから知能を組み立てる」唯識論を基本として、無意識、言語アラヤ識、表層意識という新しい「識」の組み立てを提案しています。

つまり、言語アラヤ識から表層意識に向かって、分節化作用が世界をどんどん分割していく、それがイマージュ（M領域）に浮かびあがり、最後に意識にあがってくるということです。

言語アラヤ識の分割の種子が意識にあがってくるというのは、現象学で言う志向性に似ています。言語アラヤ識を源泉として、現象学で言うノエーマが対象として形成され、それを記述する意識（ノエーシス）も同時に生成されることになります。このように、分割の種子が分節作用として生物の対象への認識を形成するというのが、さまざまな哲学を吸収しながら井筒が至った理論と言えます。

「転識」または「有心」、すなわち経験的意識が、その根源的構造上、「……の意識」であり、「……の意識」が必ず何々として分節された事物を対象（ノエーマ）とする意識（ノエーシス）であることはすでに繰り返し述べたところ。そしてまた、そのような事物の認識が、「本質」認知に基く認識であり、「本質」は「言語アラヤ識」の意味的「種子」の現勢化した姿であるということをいま私は説明した。禅は意識のあり方そのものを、このような「本質」的分節意識、個別的対象認識意識から、絶対無分節的、「非思量」的意識に翻転させることによって、実在の無分節的真相を一挙に露現させようとする。

〈井筒俊彦、『意識と本質—精神的東洋を索めて』、岩波文庫、131ページ〉

言語アラヤ識からの意識モデル

意味体の象徴化—転識

先ほども述べたように、言語アラヤ識は言語の種子を生成し、分節化の萌芽が始まる場所です。無数の浮動的な意味体が象徴化によってどんどん現れていきます。さらに、井筒は「転識」という言葉を使います。

次に分裂した存在の主体的側面と客体的側面とが、一方は我意識、他方は意識から離れ独立した対象的事物の世界として確立され、「私が↓花を、見る」「花が↓私に、見える」という形での経験的世界が現象する。こうして成立した経験的意識を術語的に「転識」と名付ける。転識とは、すなわち、存在リアリティーをさまざまに分節し、無数の分割線を引いて個々別々の事物を現出させ、個々別々なものとして認知されたそれらの事物の間を転々と動きまわる「妄覚」である。意識展開の全プロセスを通じて、このような妄覚の始点をなす「業識」が決定的転換の一線を引くものであることは言うまでもない。

〈井筒俊彦、『意識と本質―精神的東洋を索めて』、岩波文庫、126ページ〉

我々は表層意識で常に分割されたものを見ています。たとえばペットボトルから携帯電話、マイクと、意識は常に分割されたものの間を行き来しています。井筒の言葉を模式化すると図15のようになります。まず、分節化される前の世界があります。これは言語アラヤ識よりもさらに深い部分です。そこから井筒の言う「無数の不動的な意味体」が結びつくことで分節化され、意識が浮かびあがっていきます。無数の「不動的な意味体」が流れている層が言語アラヤ識になるわけです。まだ意味になっていない空白の対象が漂っていて、それらが結ばれ、象徴化の作用によって、そこからイマージュとなって意識へ浮かびあがっていきます。それを転識と呼びます。これが、我々がものごとを見ていること、見ている世界を生み出すのです。いろいろな対象がどのように見えるかを規定します。これによって、ものごとの見方が固定されます。

つまり、言葉によって見方は固定されます。たとえば、ペットボトルはペットボトル、マイクはマイクだし、椅子は椅子と見なされます。そういう作用を受けたあとでは、椅子を椅子ではないように見るというのはなかなか難しいでしょう。それが禅の課題となります。

人間的「現実」の構成原理として、文化は、それぞれ、複雑に入り組んだ網目構造をなしており、

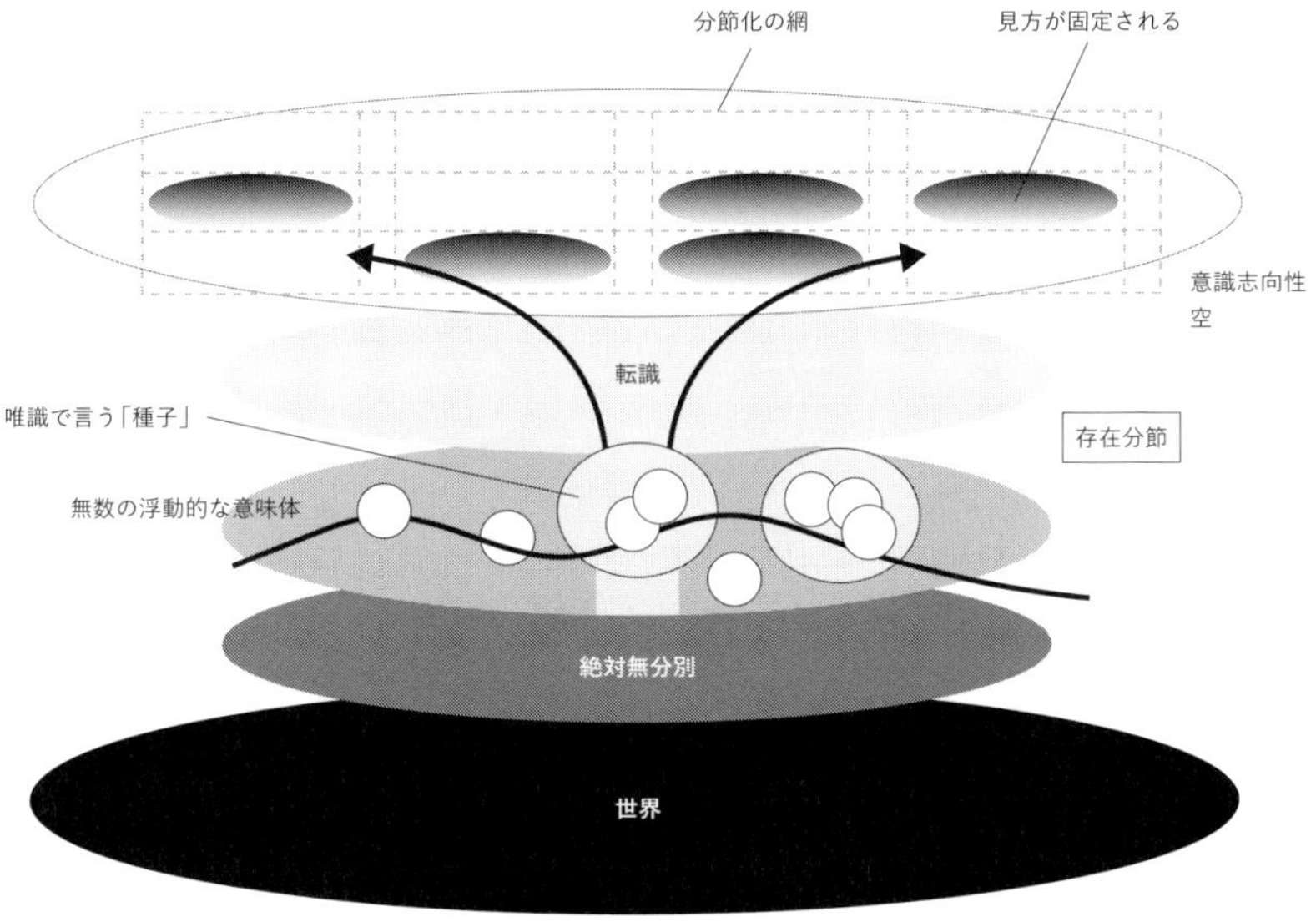

図15 意識の展開

その網目を通じて存在の渾沌が秩序づけられる。人間実存を、それのあらゆる次元において規制する一つの世界地平が、そこに現象する。

〈井筒俊彦、『意味の深みへ』、岩波書店、52ページ〉

知能の恣意性

我々はすでに高い知能を持っています。「高い知能を持っている」とは、どういうことかというと、秩序付けられた世界の見方を身に付けているということです。逆に、知能は世界を無秩序に見ることはできない、むしろ無秩序に見ないように秩序を与えている、言語の構造という骨格を世界に付与している、とも言えます。

知能は、強引にでも、この世界を秩序立てて見るような恣意性を持っています。それは知能の性（さが）とも言うべきものです。この先、宇宙に出て行った我々が、直面する世界を秩序立てて見ることができる保証はありません。スタニスワフ・レムによるSF小説『ソラリスの陽のもとに』（一九六一年）のように我々の理解を超えた世界で狂気に陥ってしまうかもしれません。この地上で生まれた知能は、この地上で生きることができるようになっています。自分の生態に基づいて、この世界を整合化された世界として見ることができるようになっているだけなのです。

世界（社会）には内在するルールがあり、我々はそのルールのプレイヤーであり、プレイヤー同士がコミュニケーションできるように、言語は、世界（社会）から意味と役割を与えられています。言語は、むしろそのルールの上に構築されていると言えます。

ウィトゲンシュタインは言語とルールの関係を「言語ゲーム」と呼びました。それをいったん壊すのが禅です。第五夜で取り上げますが、禅は、分節化が作用された世界、言語が見方を固定した世界を意味がないものだとします。我々は最後に自分の意識にあがってきたもの、すでに分節化されたものとして、目の前のものを見ています。ですが、それは「大したことではない」と言います。「山是山、水是水」（雲門文偃『雲門広録』、十世紀）と言いますが、「山を山として見て、川を川として見ているというのは別に意味はなくて、固定されたものではない。それは言語に押し付けられた認識であり、山を山として見なくても、川を川として見なくてもよいのだ」ということを説いてます。

つまり、意識の上にあがってきた記号体系という網、柵（しがらみ）を一度外すのが禅の目指すところです。はめられた見方を一度やめましょうということです。たとえば禅問答に、何を質問しても師からは「昨日は、俺はコロッケを食べた」的な答えしか返ってこないという逸話があります。これは、「お前の質問自体が枠にはまっているので、それに答えるくらいなら、昨日食べたごはんの話をする」というわけです。禅は、レールに敷かれた言葉からいったん逸脱して、ものごとを根本からとらえ直そうとする試みなのです。

人工知能における内面のモデルの探求

もう一度、デジタルゲームにおけるキャラクターのエージェントアーキテクチャと井筒の意識モデルを比較してみましょう。

先に示した井筒の意識モデル（図15）は東洋的な思想を表わす生成的なものです。一方、図16に示す、ゲーム『F.E.A.R』におけるエージェントアーキテクチャは、機能的な形であることがわかります。このように、内面のモデルの探求はむしろ仏教や東洋的な思想の中で探求されてきたのです。エージェントアーキテクチャでは、情報が入ってきて、意思決定があり、行動として出ていくという情報処理として知能をとらえます。これは機能論であって、そこに存在論はありません（もちろん、図16はエンジニアリングの図ですから、機能的であって当たり前なのですが）。

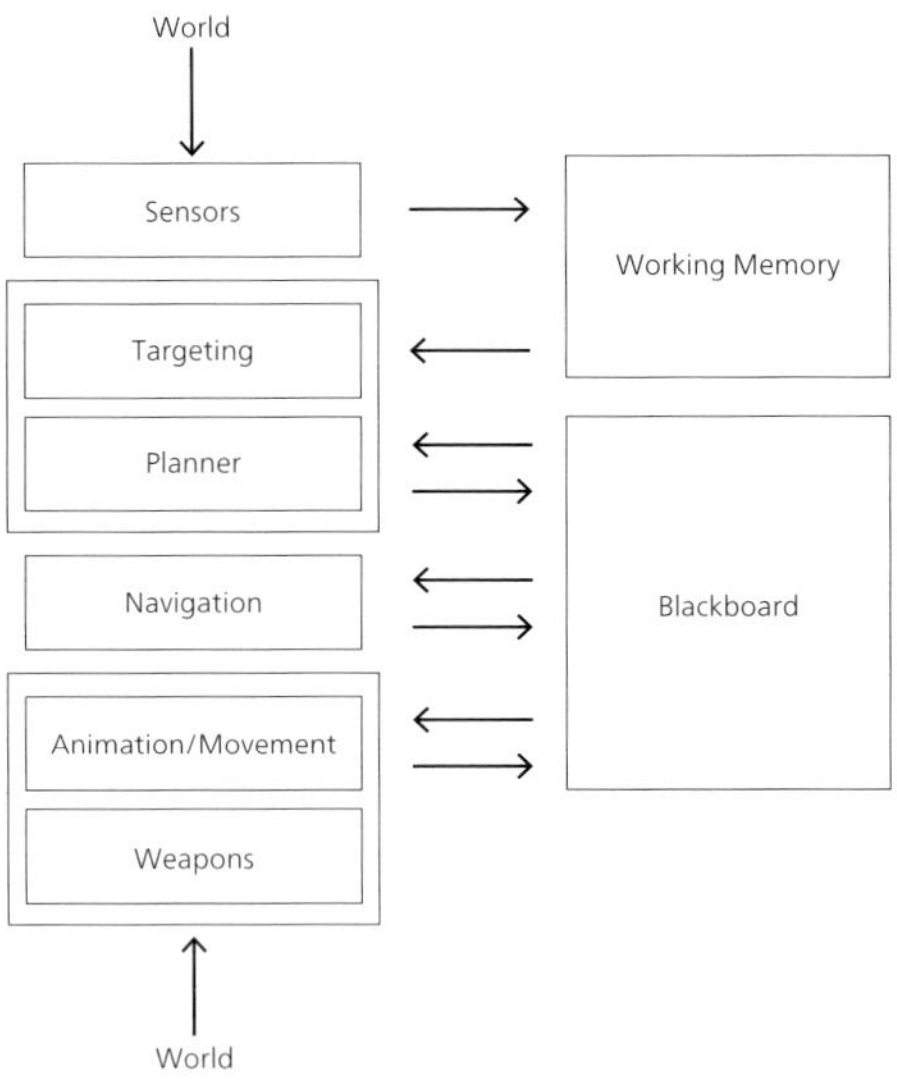

図16 ゲーム「F.E.A.R」におけるエージェントアーキテクチャ
Agent Architecture Considerations for Real-Time Planning in Games (AIIDE 2005) [http://web.media.mit.edu/~jorkin/AIIDE05_Orkin_Planning.ppt]

文化による世界の分節化

次にここでは、先にふれた「生態が作り出す環世界」と「言語による文化世界」について掘り下げて考えてみます。

環世界は客観的な情報ではなく、主観的な世界の中でものをどうとらえるか、ということが生態の中ですでに仕組まれていることを示します。その対象に、自分が興奮するような部位があるときに牙を出すというように、自分が刺激を受ける世界とそれに対するアクションが決まっています。環世界の考え方では、我々はこの環世界を逃れることはできないし、この見方の中でものごとを見るしかありません。むしろ、生物は環世界の中にとらわれてしまっていると考えます（図17）。

生物にとって環世界というのは、生態が作り出す最初の網目で、現象的なものです。ところが、人間や生物はさらにその先に言葉というものに頼って、創造的に存在の意味分節作用を起こしま

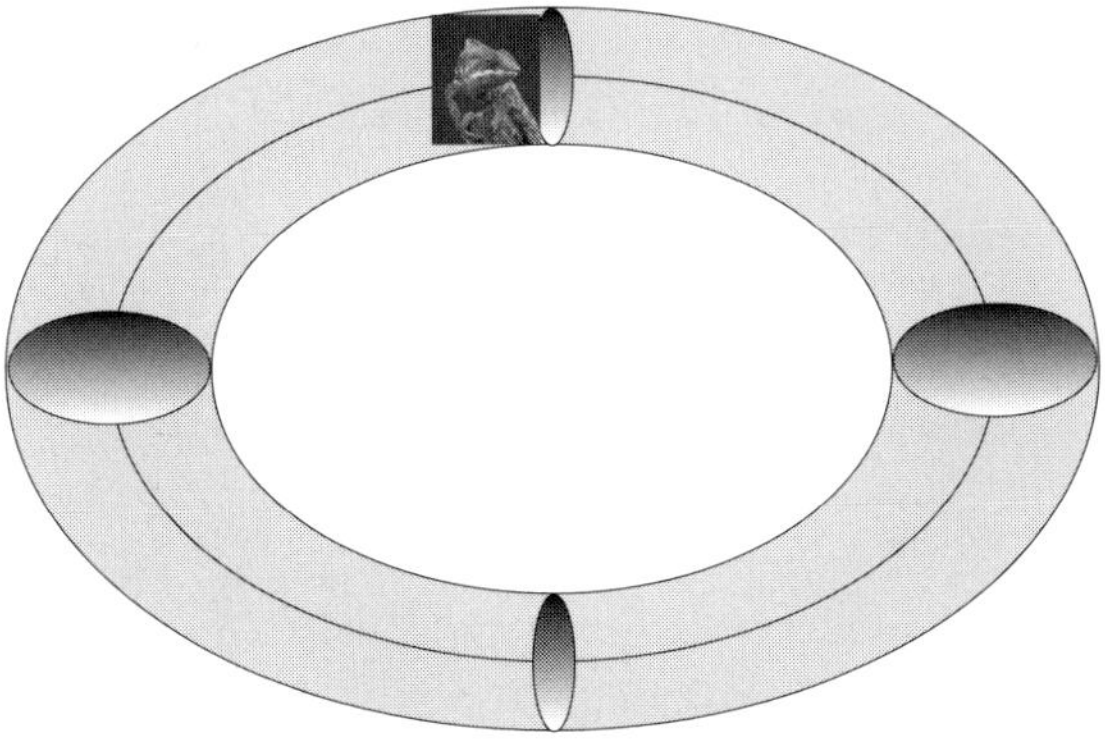

環世界は「かたつむりの殻」のように、生物それぞれが持ちつつ、それが世界であり、それ以外の世界へ逸脱できない世界

図17　環世界のイメージ

す。その作用が存在的、認識的、行動秩序をもたらし、文化的世界をもたらします。文化による世界の分節化を行っているのです。

つまり、我々が見ている世界というのは、生物の環世界による分節化の世界と、その上に構築された言葉による文化世界、二重に分節化された世界を見ているということになります。人間は生物的な第一次存在分節の上に、もう一つの全く異質の存在分節をしている、それが文化と呼ばれるものである、と井筒は説きます（図18）。

> 第一次的存在分節から第二次的存在分節への転移は、まさに言語を仲介として生起するものだからである。
>
> 〈井筒俊彦、『意味の深みへ』、岩波書店、54ページ〉

第二次の分節化というのは、言葉の作用によるものです。それは、西洋哲学篇で説明したレヴィ＝ストロースも同様のことを述べています。レヴィ＝ストロースはいろいろな民族の文化的体系、言語体系を研究し、文化の構造は、見掛けはいろいろ違うところはあるけれど、いろいろな民族で構造的類似性があることを示しました。

（一）神話が意味をもつとすれば、その意味は神話の構成にはいって来る個々の要素にではなく、それらの意味が結びつけられている仕方にもとづいている。

（二）神話は言語の種類に属し、その構成部分をなしている。とはいえ、神話の中で用いられる言

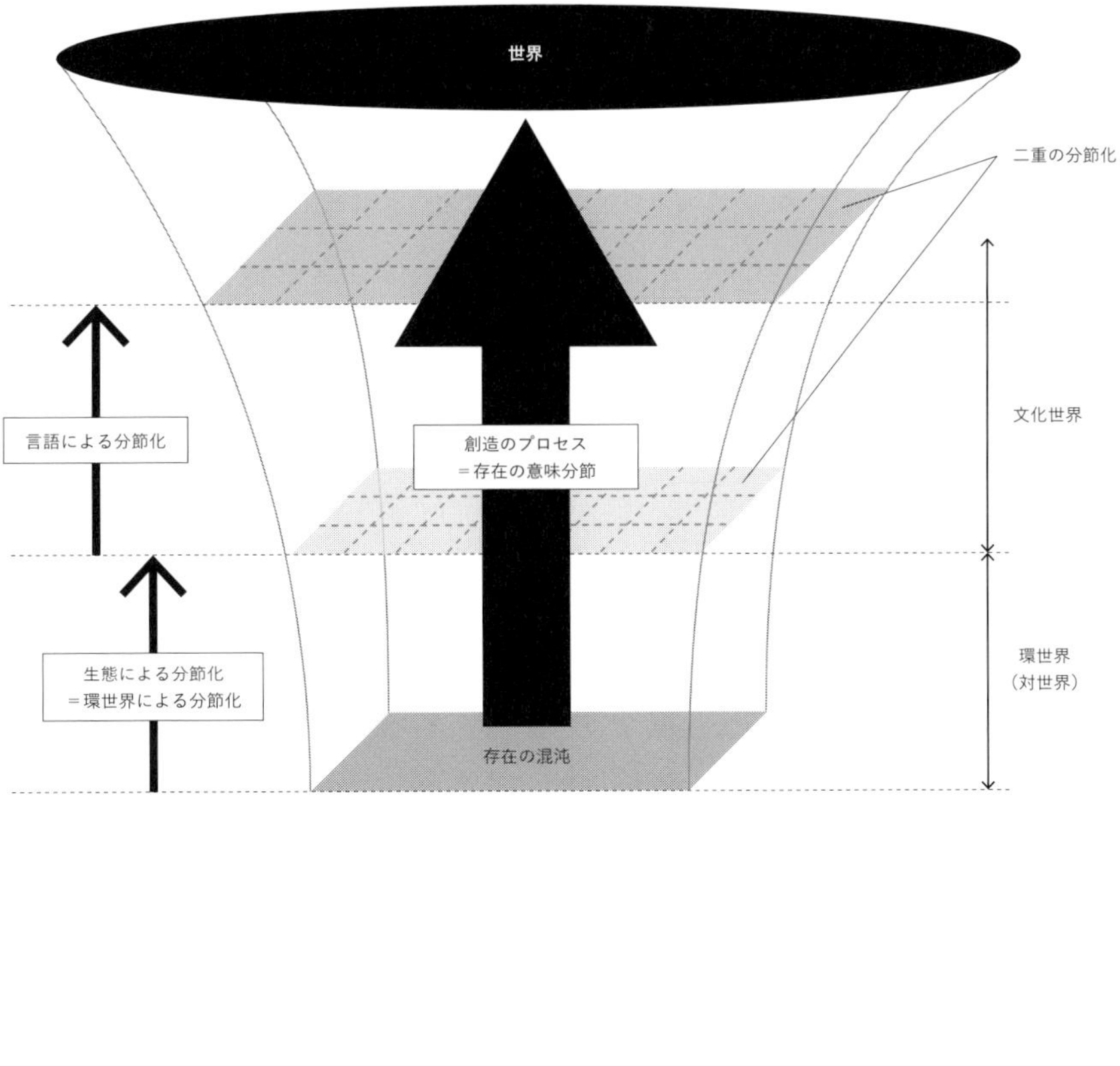

図18　世界は二重に分節化される（再掲）

語は特殊な諸性格を示す。
（三）これらの諸性格は、言語表現の通例の水準より上にしかもとめることができない。換言すれば、それらは他の何らかの言語表現の中に見いだされるものよりも複雑な性質のものである。
〈レヴィ＝ストロース、『構造人類学』、みすず書房、233ページ〉

ここで東洋的な知見と西洋的な知見が融合しますので、全体像を説明しますと、まず存在の混沌というものがあって、第一に生態による分節化があり、第二に言語による分節化があります。この二重の分節化は、その分節の仕方において、ある程度、相関はありますが、基本的には異質なものです。我々はこの世界を下から上へ向けた生成の過程を見ているので、二重の分節化作用を見ていることになります。

井筒の言う二重の分節化をエージェントアーキテクチャ上で展開すれば、下層が環世界、上層が文化世界、ということになります（123ページの図12）。つまり同じ領域を、西洋の知能論では左から右に情報処理の流れとして見ていて、東洋の知能論は上から下へ知能が生成されるのを見ているということになります。

文化世界の最上層には、ものごとを理解する言語のネットワークが張られています。個人が世界を理解するために、あるいは、社会がコンセンサスを形成するために、引き継がれて来た言語の網です。ドーキンス流に言えば「ミーム」と言ってもよいでしょう。この網の枠を外してものごとを見ようというのが禅です。禅の達人は、我々が普段、知らずに固執してしがみついている枠を外してものごとを見ることができるのです。それがつまり、悟りということになります。

この事実は、我々は自由に思考しているように見えて、実はすでに言葉の網のトラップの中にとらわれているのだということを示しています。意識は決して知能の王様ではなく、環境から分節化を通して押し付けられた、下層からの力を受けて判断します。下層から強制されるものごとへの分節化作用から逃れることはできないのです。

4 イブン・アラビーの存在論（イスラム哲学）

人工知能という西洋発祥の学問は、知的機能の実現を目指します。人間のような、本当の知能を実現しようという方向には弱いという事実があります。その理由には、西洋では人工知能が「本物の知能」である必要はなく、また、それを作り出すことは宗教観・文化観から見ても禁忌に近いということも要素としてあります。一方、存在として知能を作る、生命として知能を作る、この世界に根付いた人工知能を作る、これが東洋的な人工知能の方向です。東洋においては（もちろん個人差があるにせよ）、機能よりも人工知能が本物の知能であって欲しい、あるべきだという直感があります。

では、その存在の根源はいったい何でしょう？　情報処理体としての人工知能は、情報の流れの中で知能を形成します。しかし、それとは異なる、存在の根源へ向けた、非情報的な、構造的な方向の知能の構築について考えていきます。

存在論＝存在に至る過程

知能の極には何があるのだろう、という西洋的な構造的な構築的人工知能から発せられる問いに対して、東洋哲学ではどのようなヒントがあるでしょうか。ここで、イスラム哲学のイブン・アラビー（十二～十三世紀のイスラムの思想家）について、井筒の解説の助けを借りて議論していきたいと思います。なぜなら、その中にこの問いを解くヒントがあるからです。

イブン・アラビーが展開するのは存在論的な議論です。繰り返しになりますが、存在論を語るのは東洋哲学の最大の特徴です。イブン・アラビーが示す「存在」は、三つの階層からなります。一番上の階層は言葉のない世界、二つ目の階層がアーラム・アム・ミサールの世界（根源的イマージュの世界）、最後の層は我々がよく知っている存在的多者の領域、対象、言葉がある世界です（図19）。

存在的多者からものごとの根源に至るほうが上昇過程、逆に根源（言葉のない世界）から存在的多者の領域に至るのが下降過程となります。つまり、この存在論は、ものごとが存在に至る序列を示しています。三角形の頂点にあたる点からすべての存在が生成します。上昇過程は自己の存在を根本から一者へと還元する過程、下降過程はむしろ奥底にある何ものかが自己を世界に対して展開・顕現する過程です。

『イスラーム哲学の原像』から、井筒の解説を引用します（上昇過程・下降過程の図式は、この本によく出てきます）。


……（前略）……三角形が三つの領域に分かれております。いちばん上の領域はいま申しましたように純粋無の領域、つまり完全な無意識の領域でありまして、ここにはイマージュ一つなく、まして概念などあろうはずがございません。道の奥義をきわめた神秘家は、あとから反省しましてこの領域について思索し、この領域について語ることはできますが、この領域そのもののなかから思索しだすことはできません。すなわちここはコギトのはたらく場所ではなくて、むしろコギトが消滅する場所であります。

それでは第二の領域、上と下との中間地帯はどうかと申しますと、これはイスラーム的に申しま

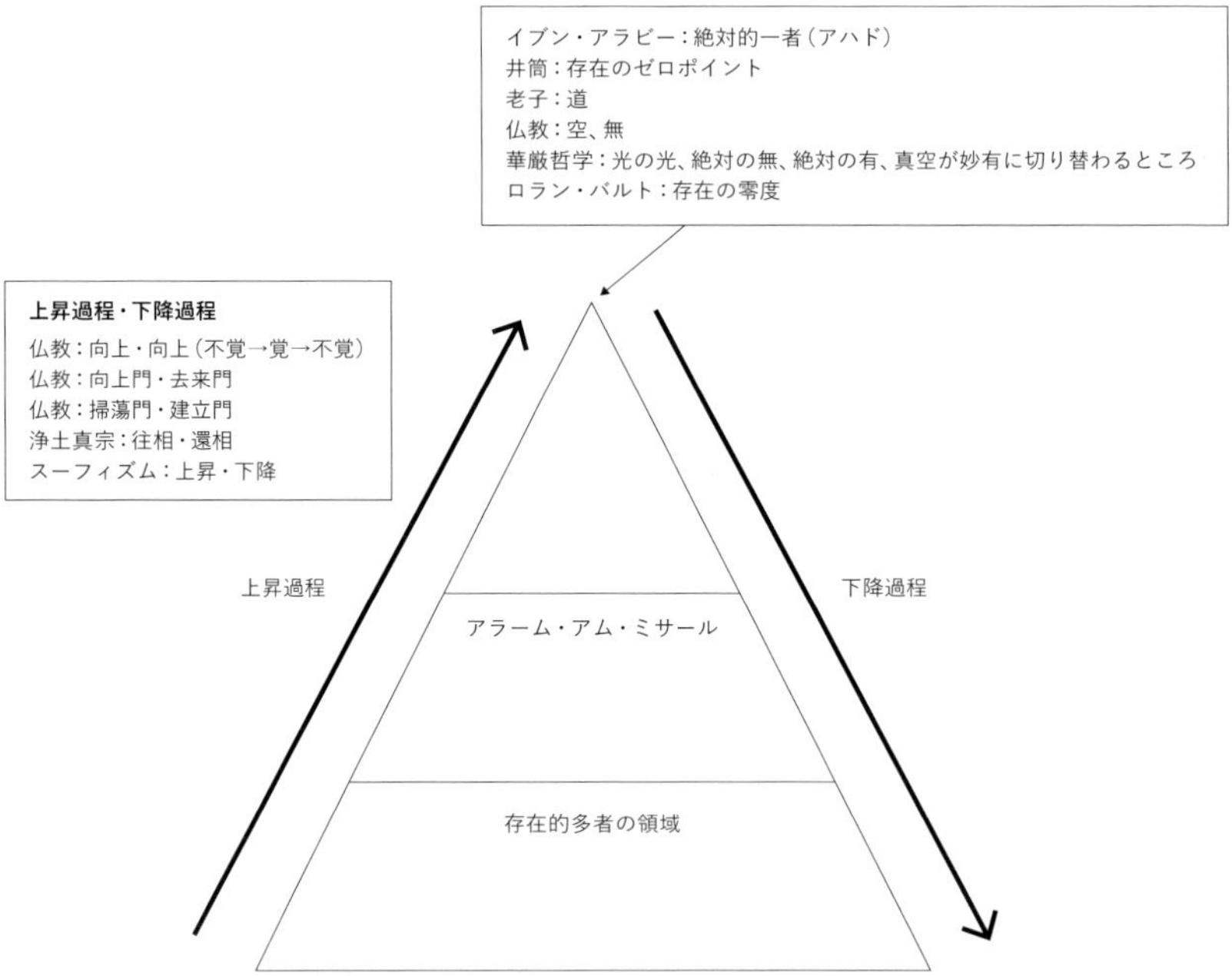

図19 イブン・アラビーの存在論（井筒俊彦、『イスラーム哲学の現像』、岩波新書、119ページの図版より三宅が加筆）

すと根源的イマージュの世界であります。ここはあらゆるアーキタイプ（元型）の棲息する幽暗の国、スーフィズムの術語でいわゆるアーラム・アル・ミサール（alam al-mithal）——ミサールというのは元型すなわちアーキタイプ、あるいはアーキタイプから生起する根源的イマージュということ、アーラムとは世界ということです。すなわちアーラム・アル・ミサールとは「根源的イマージュの世界」ということです。

〈井筒俊彦、『イスラーム哲学の原像』、岩波新書、119ページ〉

上昇過程と下降過程

この上昇過程と下降過程のモデルは、他の東洋哲学でも共通の構造が見られます。その構造とは、「極に向かって上昇過程と下降過程がある」という普遍的な法則です。たとえば、井筒によれば仏教では向上・向下（不覚→覚→不覚）、あるいは向上門・却来門、掃蕩門・建立門、浄土真宗では往相・還相、スーフィズムでは上昇・下降と言います。

この一番上の根源にあたる三角形の頂点を、井筒は「存在のゼロポイント」と呼びます。たとえば老子は道と言い、イブン・アラビーは絶対的一者（アハド）とし、ある仏教では「空」や「無」、華厳哲学では「光の光」、「絶対の無、絶対の有、真空が妙有に切り替わるところ」、ロラン・バルト（一九一五〜一九八〇、フランスの哲学者）は「存在の零度」というように、人間の内面を探求しようとした人は最後、必ず知能の最後の極（特異点とも言っていいのですが）、すべての源泉とは何かを、何らかの言葉で言い表そうとします。

つまり、この図式というのは、内面を探求する人が最後に見出すポイント、最源流を言い表しているのです。井筒の言葉でいうと「三角形の全体を生命的エネルギーの自己展開の有機的体系とみること」（井筒俊彦、『イスラーム哲学の原像』、岩波新書、119ページ）であり、ここからいろいろなものが顕現してきます。有機的体系、エネルギーが体系化しているのだということです。比喩的な表現になりますが、「ここ」というのは頂点のことで、頂点というのはとても光があふれていますが、下へいくに従ってどんどん光を失い、物質が見えるようになります。簡単に言うと、一者という光が多数の他者へ分化してくると見えてくることが分節化ということです。これは現代の宇宙論の描像とも一致する考えです。

イブン・アラビーは頂点を「アハド」、続く最初の層を「アハディーヤ」と呼びました。これは絶対的一者の領域です。続いて、「ワーヒディーヤ」は分節化が始まる場です（井筒の理論で言うと「ゲム領域」とも言います）。最後の「カスラ」はもう分節化されてしまった世界となります（図20）。

この知見を人工知能に活かすために、機能モデルと存在論を対峙して考えることにしましょう。

機能モデル（西洋モデル）と存在論（東洋モデル）の対立

ここまで、イブン・アラビーの理論をはじめ東洋哲学に共通する存在の生成論を説明しました。一者から多者が現れるモデルを仮に東洋モデルと呼び（もちろん東洋哲学はたくさんあるのでこれが全部というわけにはいかないですが）、西洋的な機能モデルと対峙してみます。

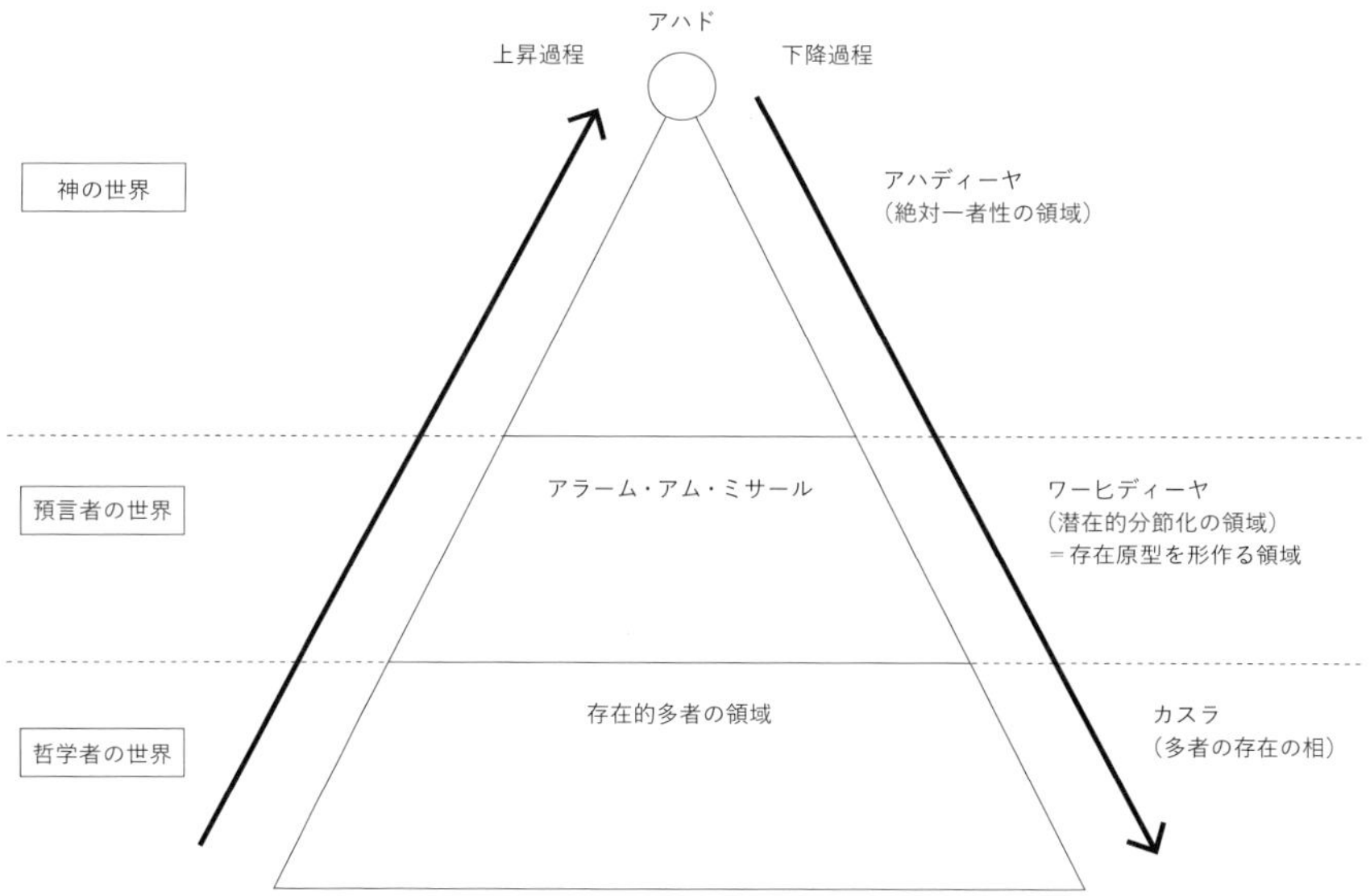

図20　存在のゼロポイント＝絶対一者（アハド）（井筒俊彦、『イスラーム哲学の現像』、岩波新書、123ページの図版より三宅が加筆）

西洋の機能モデル

西洋モデルを今一度、復習しておきます。ベルクソン（西洋哲学篇 第五夜でも取り上げた一九世紀から二〇世紀にかけての哲学者）はものには作用・反作用があり、生物とものとの違いは、作用に対して反作用が遅れて返ってくることだと言います（参照◎西洋哲学篇 第二夜）。この反応の遅れを「遅延」、そして遅延しながらも全体の運動が継続することを「持続性」と言います。

作用は生物内部で持続し保留され、行動として遅れて出ていきます。入ってすぐ出てくるような、押せば返ってくる、叩けば叩き返すシステムを線形システムと言いますが、それは知能とは言い難いものです。さまざまな作用が迂回して、遅延して、複雑に反応が折り重なった出力が発現するのが非線形システムです。

単純な生物では入力（外部刺激）が入れば反応はすぐに出てきます。もう少し複雑な知能になると、もう少し迂回して反作用を返します。高等な生物になればなるほど、どんどん時間的・空間的に迂回して反作用を返します。場合によっては、内部で蓄積され（蓄積されたものを「記憶」と呼びます）、その迂回がさらに迂回を呼んで、それによって感覚ができ、知能ができるのではないかと考えられます。

これを簡単な図にすると、次のような階層モデルになります（図21）。最初は「物質としての自分」があり、そして「世界の動的な一部としての自分」、さらに環世界的な「生物としての自分」、さらに「知性としての自分」、「社会の一部としての自分」というようにどんどん階層化して、上層になっていきます。その最後に何があると言えば、何か特別な層があるわけではありません。「自分」があるだけです。これが、西洋のボトムアップによる人工知能です。

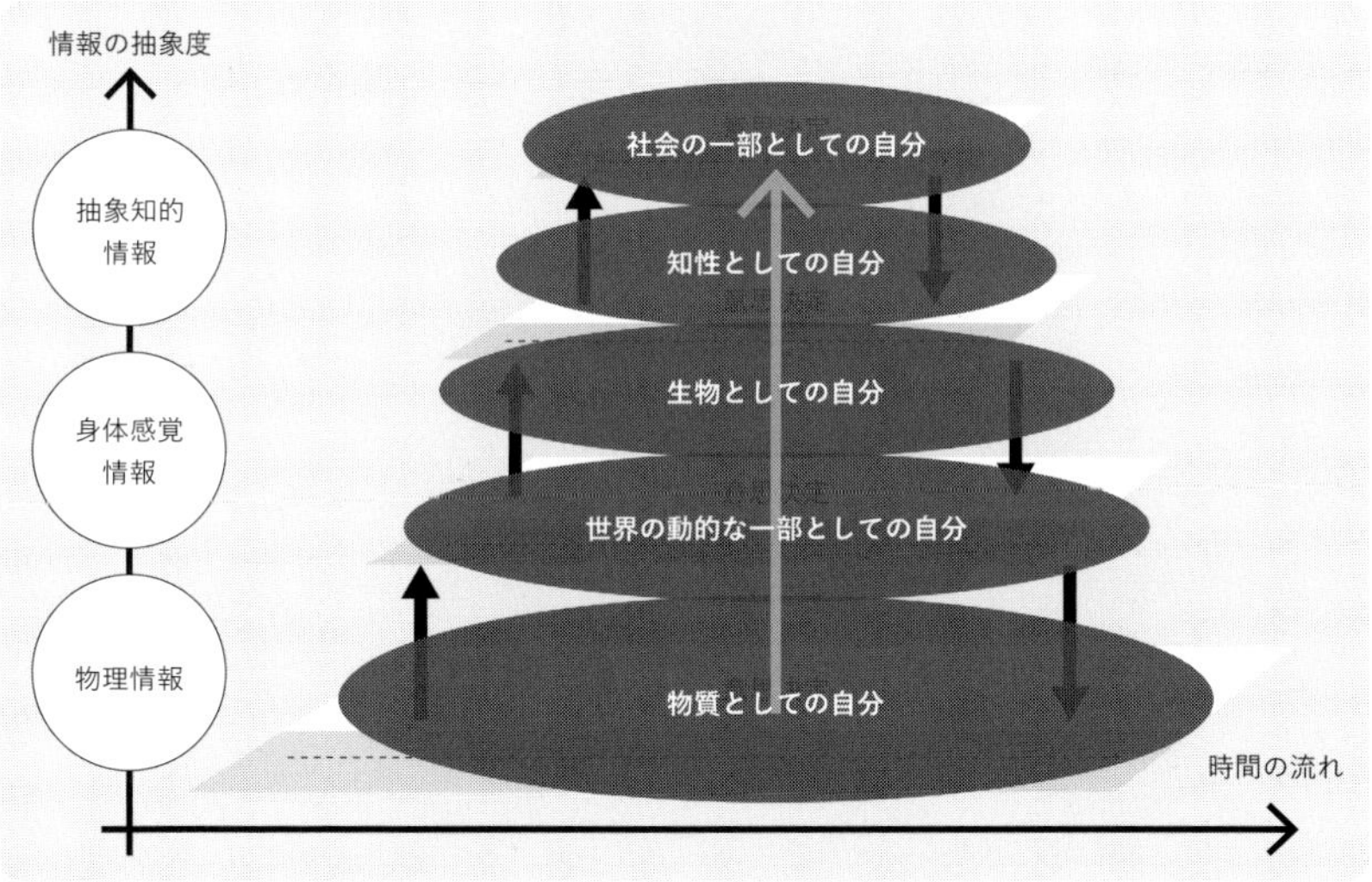

図21　西洋の機能モデル

東洋の知能モデル

東洋の知能モデルは、逆から入っていきます。存在と認識の起源として、一者が頂点にあり、そこからすべてが生成されます。物質の世界から精神の階層を昇っていく西洋的な知能のモデルとは逆に、精神の世界から物質の世界へ降りていくのです（図22）。

つまり、東洋的な知能のモデルは、構築的なアーキテクチャでは頂点として何もないように見える場所、階層の極限、先ほどの図で言えば三角形の頂点が、むしろ存在の源泉だということになります。逆にとらえると、西洋と東洋をまさにこの対立によってつなげることができます。

ボトムアップとトップダウンをつなぐ

ここまで見てきたとおり、知能のモデルにはボトムアップとトップダウンがあります。思考実験として、この二つのモデルをつなぐとどうなるかを考えてみましょう。

トップダウンの極点にはすべての源泉たる極点、ここでは「一なる全」と呼ぶことにします。ボトムアップの出発点は身体（物質世界）、環世界にあります。物質世界から精神世界にあがって、そこから広い意味で感覚を含む身体を通じて知能の層を積み上げ、より高位の知能の層へあがっていきます。そこが、ボトムアップにとって終点です。逆に、トップダウンの流れは知能の中心（一なる全）から精神的なものとして物質へ降りてきます。

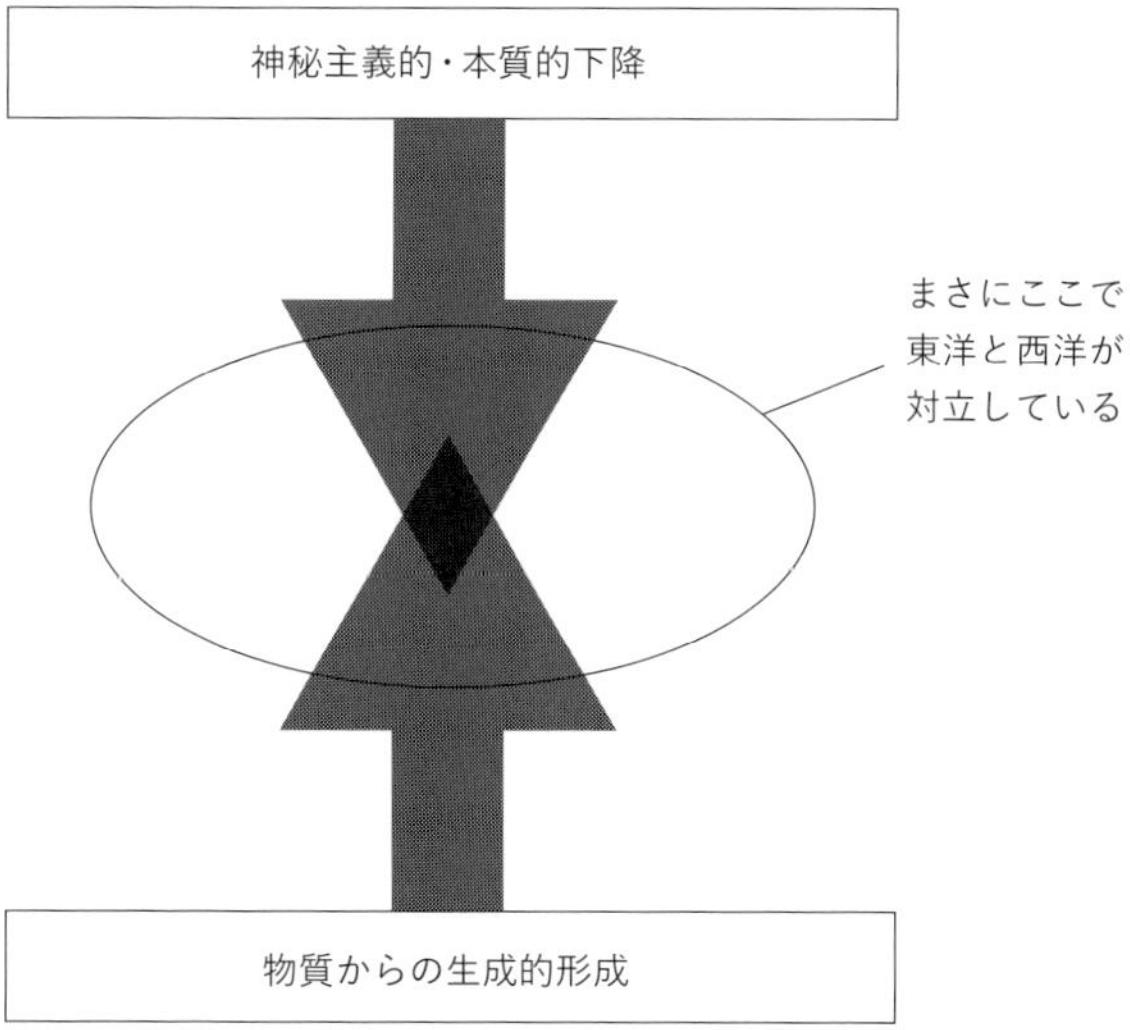

図22　東洋と西洋、二つのモデル

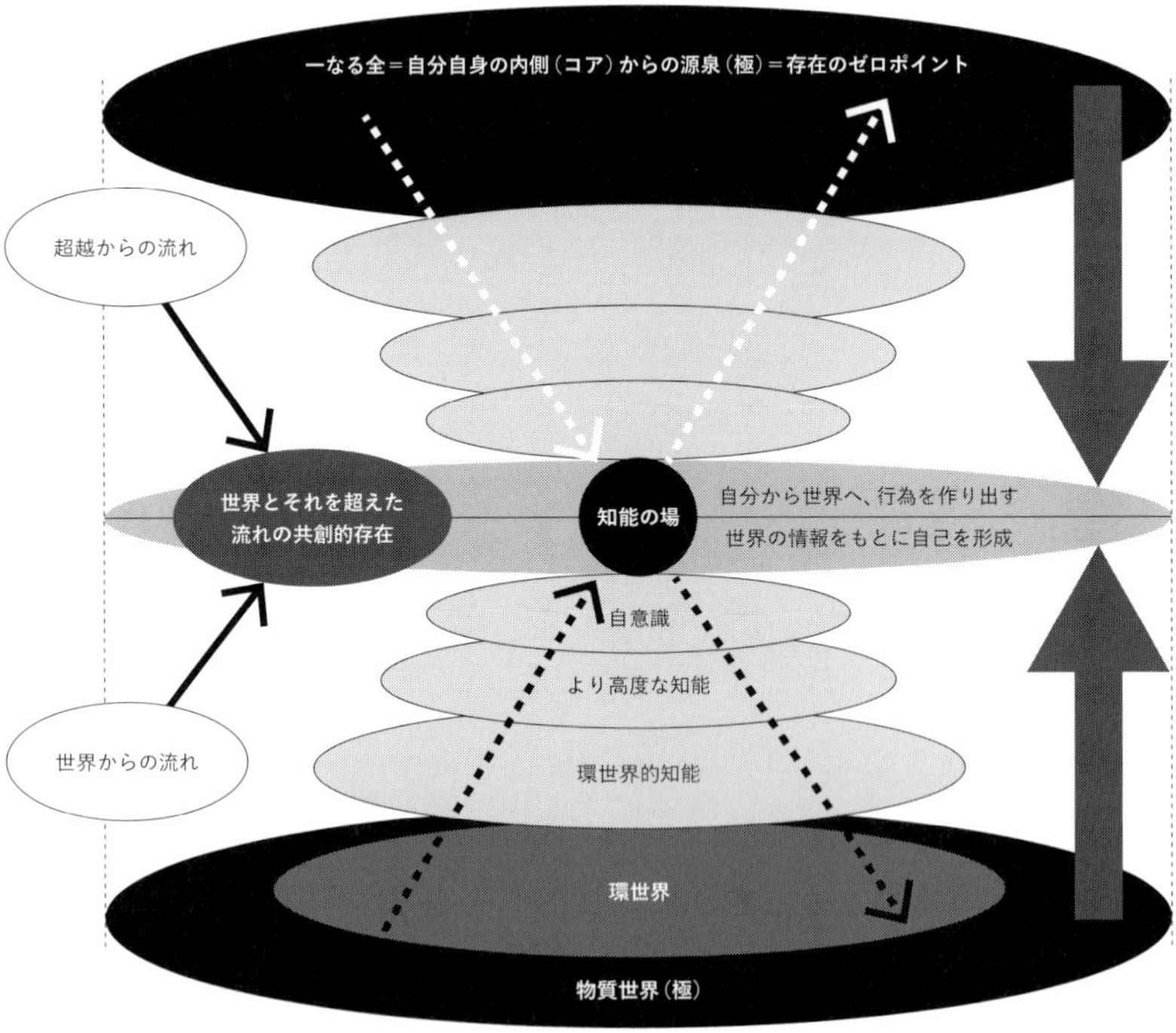

図23　共創の場（知能の場）の形成

つまり、自分自身の内側で超越的なものから物質へと至る流れがあり、一方で物質世界から精神的な自分へ至る流れというものがあります。その融合点が中央の「知能の場」になるわけです。自分自身を成り立たせる源泉、存在の出発点、これは井筒の言葉でいうと存在のゼロポイントが上にあります。知能の場は、このゼロポイントからの「超越からの流れ」とそれと対峙する「世界からの流れ」が合流するポイントであり、共創的場です。上からの流れと下からの流れ、精神から物質への流れと物質から精神への流れ、そのクロスポイントです（図23）。

同じことを違う言葉で説明します。ここからしばらくは、同じことをさまざまな表現で展開していきます（パラフレーズしていきます）。

「知覚」から「行為」へ至る流れがあります。この流れは、知能の場に到達すると今度は世界へと自己を投げ出す流れ（自己を世界へと投与する流れ）となります。行為は自分を世界の中に投げ出すもので、これは自己を壊してもいいから変化をうながす力です。誰しも自分の内側に感じる衝動です。これを「アポトーシス」とも言います。もう一つの流れは、知能の中心から来て、再び自分自身に戻る流れです。これは自己を生み出す流れになります。この流れは自己を保全し、常にゼロへと還元し、存在の恒常性を守る流れです。これを「ホメオスタシス」とも言います（図24）。

自分自身を世界へ投げ出す力と同時に、自分自身を世界から引き離し形成し維持する力が働く、この二つの力が共創する場において、二つの力と自分自身の存在と行為を作っていくわけです。ここに生物の持つ恒常性と変化性の双方を見ることができます。さらに最終的には、その二つが引き合って融合します。存在として行為する、行為する存在の双対性がそこにあります（図25）。

ここで、エージェントアーキテクチャをベースに考えてみます。環境世界から入ってきた情報をもとに

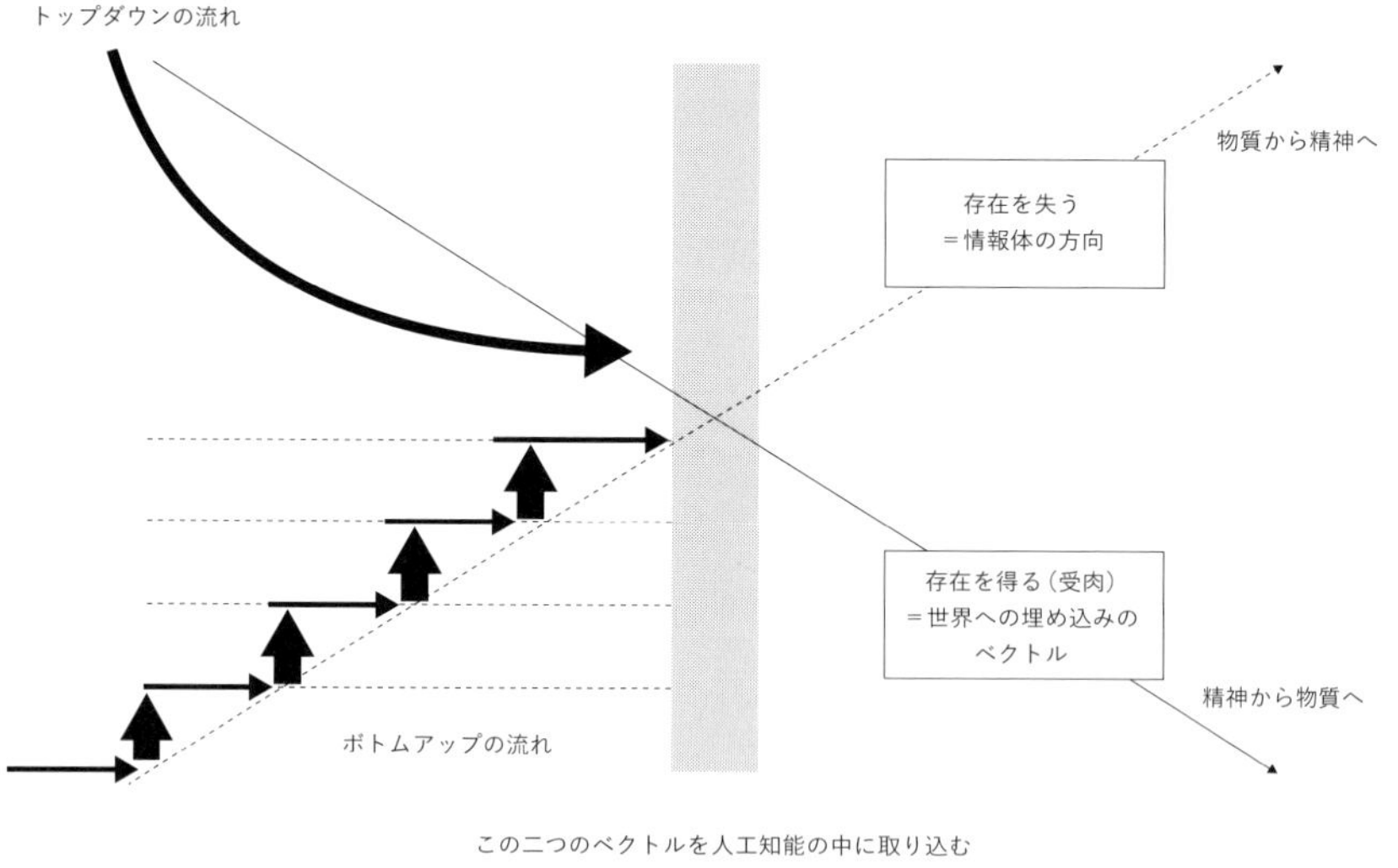

図24 トップダウンの流れとボトムアップの流れ

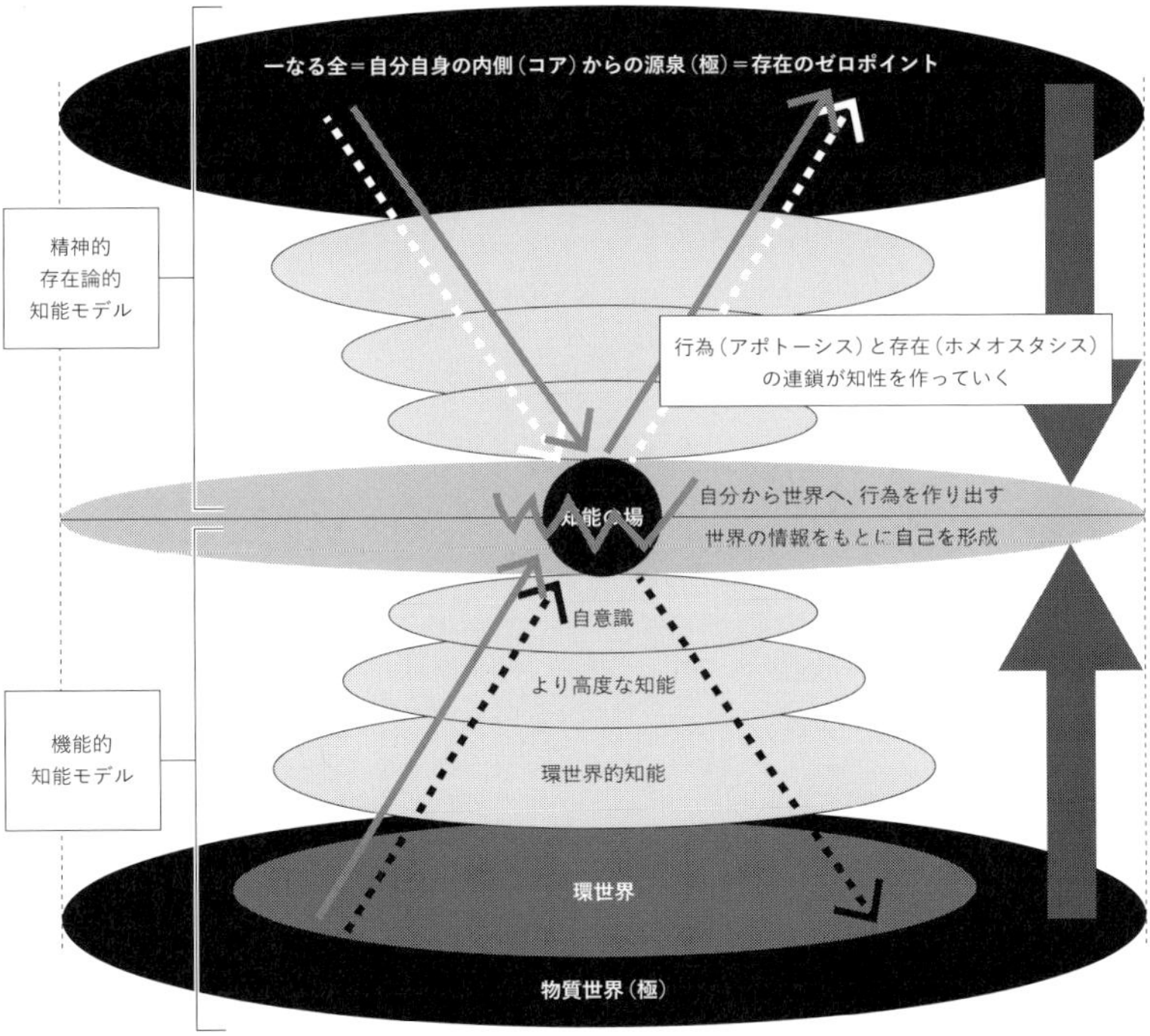

図25　アポトーシスとホメオスタシス

認識を形成し、行動を生成するというのが従来のエージェントアーキテクチャです。ここに、これまで説明した存在論を取り込むと、「自分の存在を世界から形成する自己顕現」と「自己を世界に投げ出し世界と溶け合う自己投与（行動形成）」の二つの過程を見出すことができます。そしてもう一つ、自分を自分自身の奥底、自分の中心に還元する自己還元の過程があります（図26）。

もう少し別の見方をします。ここには二つの力があります。「変化する世界に溶け合おうとする力」と「自分を世界から離して自己を形成しようとする力」です。前者は「時間とともにあろうとする力」、後者は「時間を超えて恒常的であろうとする力です」と言うこともできます。

世界に溶け合おうとする力は、自分自身に流入する世界から自分自身を形成しようとする、その瞬間に向かって自己を形成していく力です。自分自身を形成する材料は、自分自身の記憶、身体に加えて、感覚を通じて流入する世界そのものでもあるのです。つまり、世界を材料として精神は自己を形成します。これが認識であり記憶です。この過程で形成される構成的自己は、意思決定することで行動形成に移り、今度は形成した自己を再び世界に投げ出すことになります。つまり、構成的自己が消えて行動になり、再び、また次の瞬間の自己が作られるという形の運動として記述することができます。

前者は、ちょうど海の波ができては消えていくように、世界からの情報によって自分が一瞬一瞬作られ、行為の中に消えていくわけです。そして、後者は常に世界に引きずられそうになる自分を、内部へ引き戻す力です。

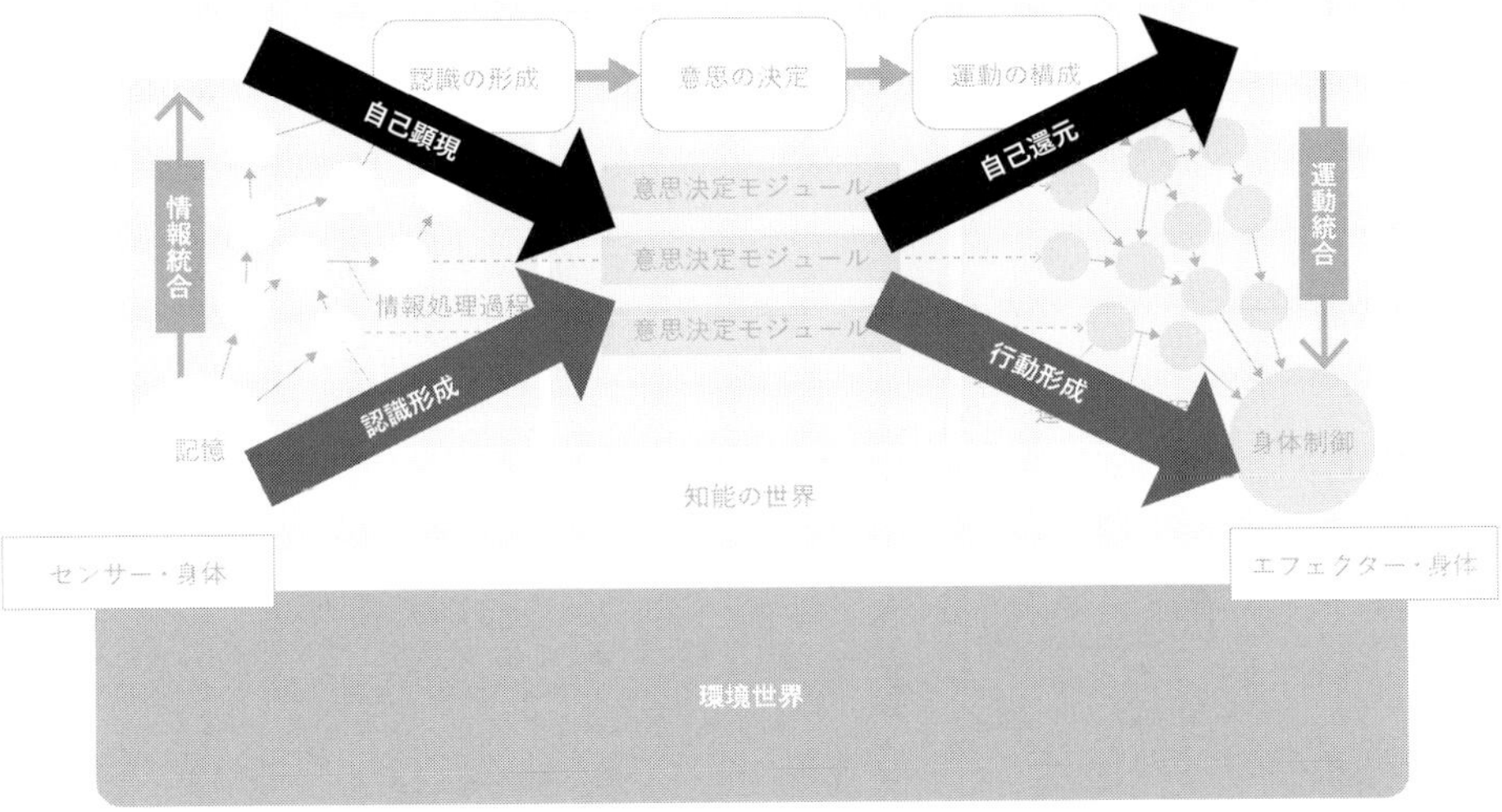

身体を通した、自分の身体への作用に対する世界の反作用が
自分というイメージを作る

図26 エージェントアーキテクチャ+存在論

二つのインフォメーションフロー

ここで、これまでの知見をエージェントアーキテクチャが持つ二つのインフォメーションフローから考えてみましょう。まず一つは、図27に示したように、世界から感覚を通して知能へ入り、意思決定を行い、行動を生成して、世界へ抜けて行くインフォメーションフローです。ここで入ってきた流れは上記説明したように自己を構成し、意思決定を行い、行為として世界へ出ていきます。これはどちらかというと、変化の世界です。一方、自分自身の内側で閉じている流れは、構成的自己と同期して、知能の内部で自分を形成して、もう一度自分の内側に戻っていきます。これは完全に内に閉じた流れで、自分の知能を一つの存在として恒常的に形作る運動となります。

つまり、東洋の存在論と西洋の機能論は知能を紡ぐ縦糸と横糸なのです。一方は自分を生成し、壊す、変化し続ける行為の世界を形作る流れです。もう一方は自分を保つ、自分という知能を形作る流れです。そうすると、一方は自分を世界に投げ出す、もう一方は知的な活動の中で分裂しそうになる自分を内なるものとして引き戻すという作用を行います。知能は、この二つの流れが連携している共創の場ということになります。

知能の中には二つの流れがあります。一つは感覚から得た情報を意思決定に渡し、行動をうながす流れです。しかし、それは環境に知能をかく乱させ、引きずらせることになります。だからこそ、環境に持っていかれそうになる自分を、自分自身の中心にもう一度引き戻す流れがあります。自己顕現はトップダウンで降りてくる方向であり、自己構成はボトムアップの方向です。この二つの流れによって知能はできています。

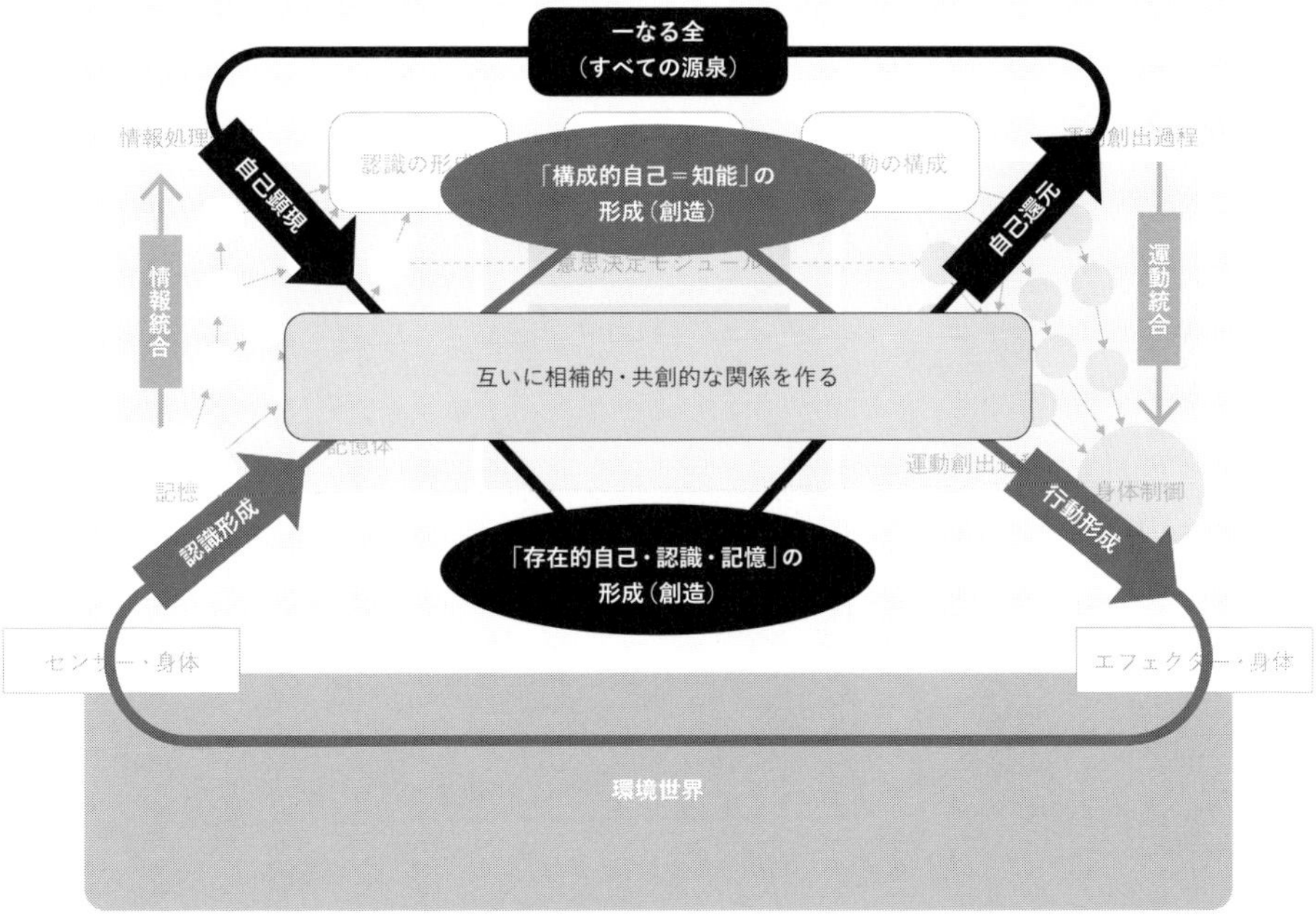

図27　エージェントアーキテクチャの二つのフロー

それだけでなく、この二つの流れは情報を受け渡しながら成立しています。何を受け渡しているかというと、互いの流れが必要とする情報です。この二つの流れは互いに、自分や認識世界を形成しなければいけないのです。外部からの流れから内部の流れに渡す情報があります。感覚が得た情報を、自己顕現の内側の流れに受け渡します。もう一か所、内部の流れから外部の流れに渡す情報があります。顕現させた自分の凝縮したイマージュを渡します。それによって自分という存在を一つの存在としてギュッと固めて世界にキャストするという流れを作っていきます。

この二つの流れはまた対照的でもあります。内部の流れは時間を超えた存在として、時間とは関係ないものとして自己を形成しようとします。つまり、これが恒常性ということです。一方で、世界と関係する流れは、むしろ自分を時間と世界に投げ出すことです。形成した自分を一つの行為として世界に投げ出す、さらにその結果を感覚によって回収する、そしてもう一度集めてまた形作る流れです。一つは時間を超えようとし、一つは時間と溶け合おうとする、この二つの流れがクロスするというわけです。

エンジニアリングの視点から説明すると、エージェントアーキテクチャの内部の流れは、自分を整えるためにあります。何しろ、リアルタイムでインタラクティブな人工知能は、起きている間は常に動いており、途中で処理が終わっていないままのところ（記憶）もありますし、中断した思考がたくさんあります。そういった「保留された処理の蓄積状態」は意識を圧迫し、意識を濁らせていきます。そこで、内部の流れがそれらを修復する役割を持つわけです。

たとえば、人工知能が眠るとします。すると、外部と結ばれた流れは消えてしまいます。代わりに、内部の流れが強くなります。むしろ眠っているとき（外部につながる流れが消えてしまったとき）こそ、この内部の流れのほうが強くなるわけです。それが一般的に夢を見ている状態で、自分自身の内側を整えてくれるわけです。

「整える」とは、どういうことかというと、もともと自分の中にある超越的なものに向かって自分自身を還元するのです。起きている間はいろいろなことがあります。この書類に判子を押してくれとか、怪我したので病院に行きたいとか、いろいろな事態が起こり、それらに対処しなければなりません。それぞれの問題に対して、ぐるぐる思考を回しているわけです。そのうち、自分の中のさまざまな部分が独立にアクティブになり、自分が何かよくわからなくなってしまう、自分自身が分裂して、混乱して疲れてしまうわけです。眠っている間に、それぞれ個別の問題から自分の存在を引き剥がして、もう一度「一にして全なる自分」へ還元するということになります。眠っている間に限らず、常に内部運動として行っていますが、眠っているときが最も強力に働きます。

この二つの流れを作って人工知能を作ることが、これからのキャラクターの人工知能の、最も大きな変革の一つとなります。存在論と機能論をつなぐこと、それが東洋哲学と西洋哲学の二つを超越して新しいステージの人工知能を作るということになります。

コラム

井筒ハイウェイと人工知能の未来——井筒俊彦の知的体系——

井筒俊彦は卓越した言語学者・文献学者であると同時に、思想家でもあります。また名文家でもあります。西洋と東洋を問わず直に文献を読み込み、専門の論文を書くと同時に、世の中にわかりやすい形で紹介しました。その名は世界の知るところです。

僕がはじめて井筒の著作に触れたのは『意味の深みへ 東洋哲学の水位』（岩波書店、一九八五年）という書物でした。全集刊行を記念した書店フェアで購入したので、二〇一二年の頃だったと思います。持ち運びやすい中型本の体裁で、よく携帯しながら読みました（現在は全集でしか読めません）。東洋哲学と言いながらも、デリダの理論をわかりやすく引用しつつ、西洋の知的体系からイスラム哲学、仏教哲学について、見事な橋渡しを行っていました。本書のみならず、井筒の著作は東洋哲学全体を見渡すと同時に西洋哲学との接続をさまざまなスケールでしてくれるという意味で、読むものの知的体系を大きく広げてくれます。

この知的体系に名前を付けるとすれば、僕は「井筒ハイウェイ」と呼びたいと思います。東洋と西洋の知的体系を深く追求するのみならず、その間に実にエレガントな道を井筒は用意してくれるのです。僕はその入念に構築されたさまざまなハイウェイを通って、西洋と東洋を別の角度から何度も行き来することができました。しかし、それはあくまでハイウェイであり、より深い探求のためには途中下車して自分で歩かねばなりません。

井筒は、このようなハイウェイを実にセンスよく構築しました。それは意識的にそうすることで、東西の思想を結ぶことを目的にしていたように思えます。井筒は西洋と東洋の一流の思想家を集めて相互に講義を行う「エラノス会議」（一九三三〜一九八八）において、十五年（一九六七〜一九八二）に渡る十二回の講演を行った参加者でもありました。そこで当代随一のセンスをさらに磨いたことは想像に難くありません。三十か国語以上を自在に操ったと言われる井筒にはあらゆる文献の原典に当たる力と情熱がありました。

井筒ハイウェイから見えるパースペクティブは、もはや東西を問わない、統一的なビジョンを与えてくれます。西と東から違うように見えていた一つのものは、そう表現されていただけで、ここには一つの真実があるだけなのだと気付かせてくれます。たとえば、次の文章は東洋・西洋という立場を超えた高みの場所から書かれています。

とにかく、ここでいう絶対零度、存在のゼロ、零度の存在性とは形而上的な意味での絶対の無です。しかし、絶対の無ではあるが、そこからいっさいの存在者が出て来る究極の源としては絶対の有であります。ちょうど大乗仏教で申します真空が妙有に切りかわるところ、あるいは中国の宋代の易学で周濂渓が立てました無極―太極の区別の朱子的な解釈において無極即太極とされたところなどに該当すると考えてよろしいかと思います。

〈井筒俊彦、『イスラーム哲学の原像』、岩波新書、123ページ〉

「井筒俊彦」という巨人の肩に乗ると、東洋・西洋に渡る人間の内面に関する知識を見渡すことができ、それは人工知能の構築にも重要な価値を持ちます。僕の願いは、この縦横無尽の知的体系と人工知能を結び付けたい、というところにあります。井筒の持つ膨大な思想の中には、これから人工知能が取り組んでいくべき要素がふんだんにあるのです。

西洋と東洋をつなぐということは、どういうことか。それは一体となるということではありません。この地球上では多様な思想が生まれたということは本当に驚くべきことです。その中でも最も大きな対立が東洋と西洋であり、同じ地上でこれほど異なる思想が誕生したことはすばらしいことです。この両者はそれぞれに異なるコアを持ち、発展しています。広い目で見れば、西洋と東洋は人間の持つ二つの可能性なのです。そして、それは人工知能にとっての二つの可能性でもあるのです。

西洋的な構築による人工知能を尽くし、東洋的な知見の人工知能への導入を尽くせば、次の人工知能のステージが見えてくるはずです。東洋と西洋を超え、止揚された次のステージにおける人工知能です。それは、人工知能における機能論、そして存在論を東西から尽くし、自然知能と人工知能という対立を超えて、人間の存在のアイデンティティを真に揺るがす人工知性のステージへ至る道です。その途上には、人工生命と自然生命の対立を探求する冒険もあります。人工知能の発展する空間は目の前に膨大に広がっており、人工知能はまだまだこれからの分野です。人工知能の基礎を構築しようとすることは、繰り返し新しい出発点に立とうとする探求なのです。

[第三夜]

仏教と人工知能

我々が一般に人工知能というものを考えるとき、ドラえもんやタチコマのように、ものとして、存在としての知能を思い浮かべると思います。しかし、人工知能の存在論はこれまでほとんど語られることはありませんでした。そこで、第二夜では、いろいろな東洋哲学に共通に見られる構造を借りて、実体を組み込む方法を模索しました。ここでは、第二夜の流れを受けて、存在論の中でも「時」を考えてみます。存在するということは時の中にあることです。道元の『正法眼蔵《しょうぼうげんぞう》』は未完の大作ですが、そのうち時について書かれている「有時《うじ》」の章は、時について本質的な議論を展開しています。短い章ですが、難解なことで知られています。「有時」はそれぞれの時が世界の全世界を内包しており、「連なる時」は互い衝突することなく、隙間なく存在が序列していると説きます。つまり「時の流れ」、人間が持つコンテクストとは、人間がそれぞれ「有時」の連なりから、いくつかの「有時」をピックアップして作り出したものであるということです。ここでは、「有時」の思考が教える、人間が作り出す人為的、生態的、文化的なコンテクストから人工知能を新しくとらえる試みをしたいと思います。

1 時と存在

「人工知能にとって時というのは何か?」という問いは、これまであまり立てられたことがありません。存在するということは時の中にあることです。二〇世紀初頭に展開されたアインシュタインの相対性理論やベルクソンの遅延の理論は、いずれも時と存在にまつわる理論でした。存在と時は表裏一体の関係を持ち、昔から哲学者を悩ませてきました。ハイデガー然り、サルトル然り、知能にとって時とは何か、我々人間にとって時間とは何なのかという問題は哲学的な問いであり、人間と生命の謎を解く鍵です。ここでは、人工知能にとって時間というのは何かを探求したいと考えます。

人工知能はプロセッサー(CPU、GPU)で動きます。そのため、人工知能にとって時というのはプロセッサーを駆動するクロック(時間周波数)ということでよいのではないかとする答えもあるでしょう。ところが、分子の振動が人間にとっての時ではないように、ハイレベルなソフトウェアである人工知能にとって、単にクロックが「人工知能にとっての時」ではありません。

人工知能を駆動しているのは確かにCPUのクロックですが、我々自身が、単純に時計が刻む時で動いているわけではないのと同じように、人工知能も「知能としての時」というのを持たねばなりません。我々知能にとっての時と同じように、人工知能にとっての時を考えなければなりません。西洋哲学篇ではベルクソンとデリダの時間論を取り上げましたが、東洋哲学篇では、それに対するものとして、道元を取り上げたいと思います。

ベルクソンの時間論

ベルクソンの理論を時間からもう一度考えてみます。知能にとって、時は本質的なところで「遅延」だということです。生物が環境から受ける刺激が迂回し、遅延するところに知能の源泉があるとベルクソンは説きます。感覚と行動が作用・反作用のようにつながってしまうと知能が生成される隙間がなくなってしまいます。刺激と行動の間に隙間を作ること、それが知能の源泉であることは環世界（対世界）が教えるところです。遅延と迂回を通して、知能はどんどん発達し、積み上がっていくわけです。これによって、我々はインプットからアウトプットまでの余剰時間を確保することができるのです。

このベルクソンの考えを人工知能のモデルに適用すると階層型モデルとなります。一番下が物理層で、刺激がダイレクトに、直線的にアウトプット（行動）につながります。そこから次々に、迂回する刺激からアウトプットまでの経路が構築されます。迂回が大きいほど抽象化が大きく、高度な知的機能を実現します。物質的反射、生物的反射、システム的反射、社会的反射というように徐々に迂回しながらレイヤーが上がっていきます（図1）。

ここで一度、第二夜の議論をまとめておきます。階層の頂点、その上には何もありません（これを僕は「構築的虚無」と呼びます）。それに対して、我々人間は、自分の中心に自分を超えた中心があるように直観しています。それは存在の根であり、だからこそ、人工知能を存在論と結びつけたいということでした。

知能にはコアがあり、そこから行動へ向かう流れと、行動と世界へ向かって分裂する自分を統一しようとする流れがあります。前者を下降過程、後者を上昇過程と言います。知能の極点を混沌あるいは絶対知と、いろいろな名前で呼びますが、一番上に「存在の源」があること、これはさまざまな東洋哲学に共通

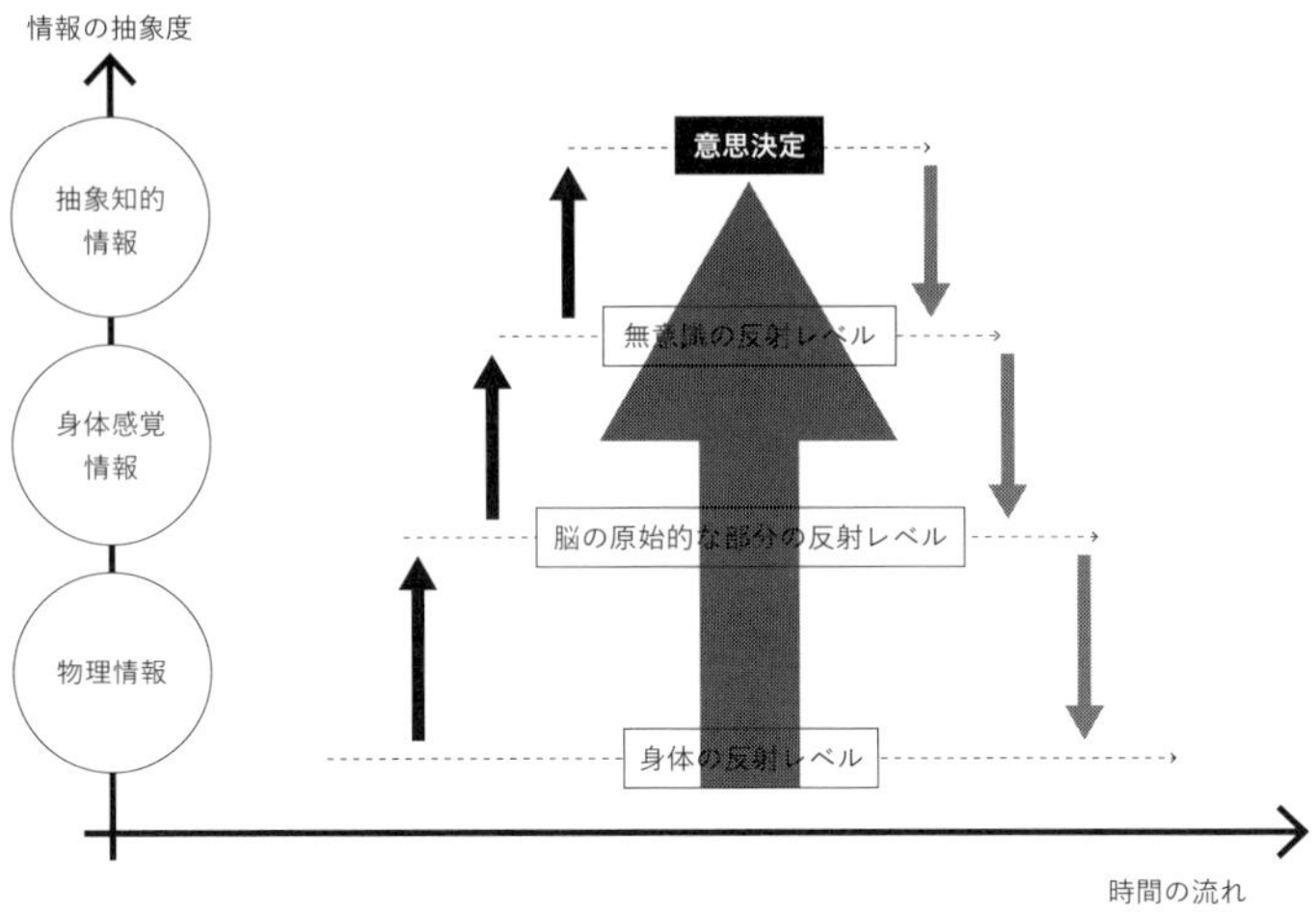

図1　階層型の人工知能モデル

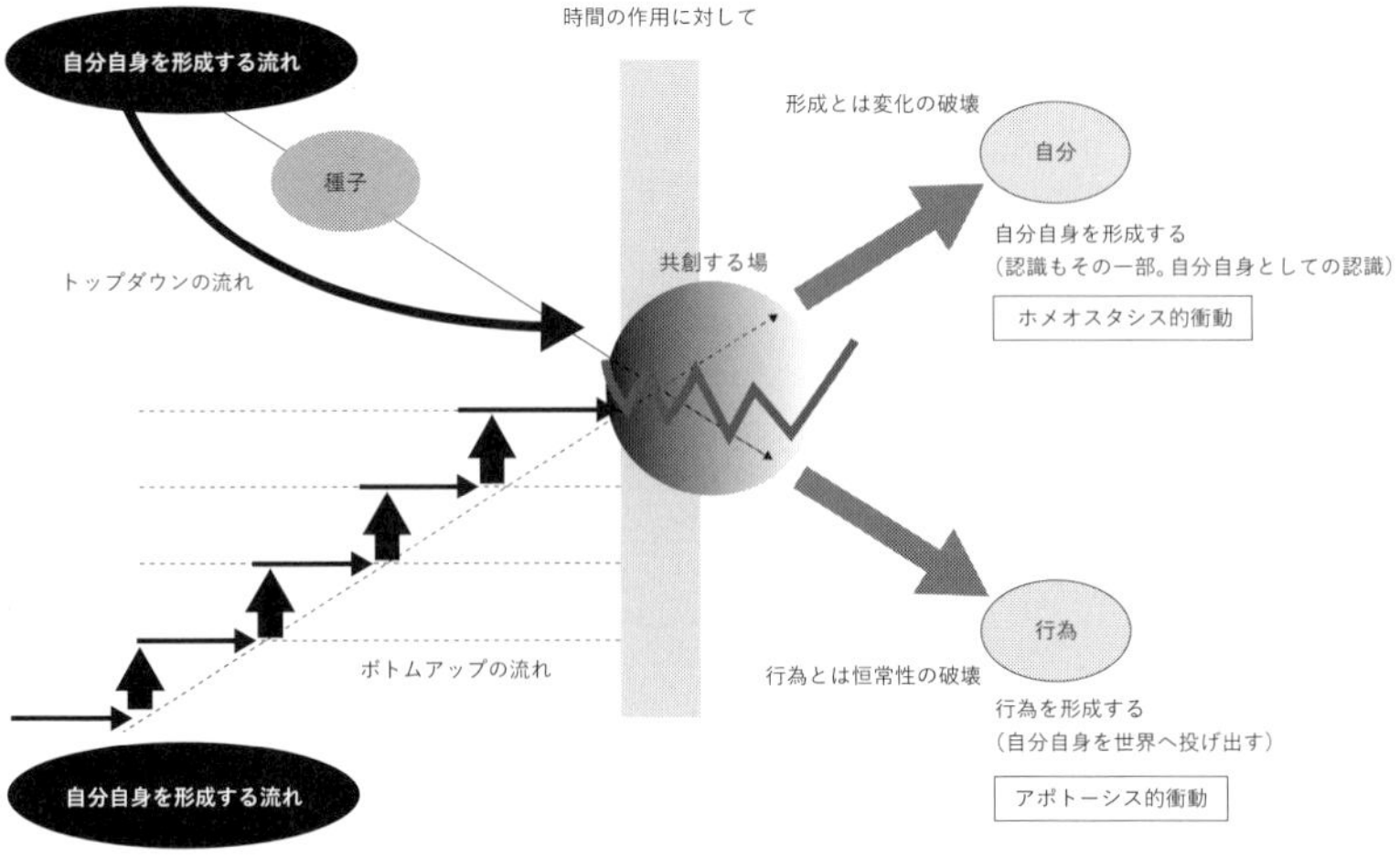

図2　東洋哲学に根ざした人工知能モデル

します。

「存在の源」から存在を生成する息吹があって、下からはボトムアップの構築があります。この超越的な流れと世界の物理的（フィジカル）な流れが結び合う共創の場こそ知能であり、自分というものは二つの流れからなると考えます。一つはこの源泉から自分を世界に投げ出す流れ、もう一つは、源泉へ向かって自分自身を引き戻す流れです。それによって考えられる人工知能のモデルが、自分自身をコアに引き戻しつつ、同時に自分自身を生み出すというものです（図2）。

さらに、その上に時間論を重ねて人工知能のモデルを考えたいというのが今夜のテーマです。

道元の「有時（うじ）」

有時の「有」は存在のこと、つまり「時が有る」ということです。時と存在は同じことなのだと道元は言います。時というのは存在であるというビジョンです。時と有を言葉として分けても意味がないのだ、だから有時という。それが道元の有時の思想です。今夜は、この有時の思想と、人工知能と知能の構造とを行き来しながら、解説していきたいと思います（図3）。

いったい、この世界は、自己をおしひろげて全世界となすのである。

〈道元、『正法眼蔵（一）』（増谷文雄 全訳注）、講談社学術文庫、254ページ〉

我々が自分で知覚している世界はむしろ我々自身が作り出している世界であるとするのが、主観的に世界をとらえる立場です。たとえば、パソコンはもちろん客観的な物質ではありますが、我々自身が見ているものは我々の頭の中から作り出されているわけですから、我々自身の人間的な意味が付与された形でしか見えないものなのです。そういう意味で、見ているものはすべて、我々自身が作り出しているということも言えます。

知能の内部では、世界から入ってくる情報を用いた自己を形成する流れと、内側から行為を作り出す流れという二つのベクトルが交錯しています。一方は内部に向けられた自己構成であり、一方は外部に向けて自己を投与することです（図4）。

第二夜でふれたように、もともと人工知能が扱ってきたエージェントアーキテクチャの中で考えてみると、この二つの流れは、環境と知能

道元［1200年〜1253年］

鎌倉時代の曹洞宗の開祖。『正法眼蔵』（しょうぼうげんぞう）は未完の大著

- 1200年（正治二年）　京都の名門貴族の家に生まれる。本来であれば政治家になるはず
- 1213年（健保元年）　十四歳で比叡山天台座主公円について出家
- 1217年（健保五年）　京都・建仁寺の明全に弟子入り
- 1223年（貞応二年）　明全とともに宋に渡る
- 1225年（嘉禄元年）　二十六歳で天童山景徳寺で如浄禅師に弟子入り
- 1228年（安貞元年）　悟りを開き、帰国
- 1231年（寛喜三年）　『正法眼蔵』の執筆を始める
- 1244年（寛元二年）　越前に大仏寺を開く
- 1246年（寛元四年）　大仏寺を永平寺と改める
- 1247年（宝治元年）　鎌倉へ行き、北条時頼に説法する
- 1253年（建長五年）　京都で示寂（じじゃく）

図3　道元

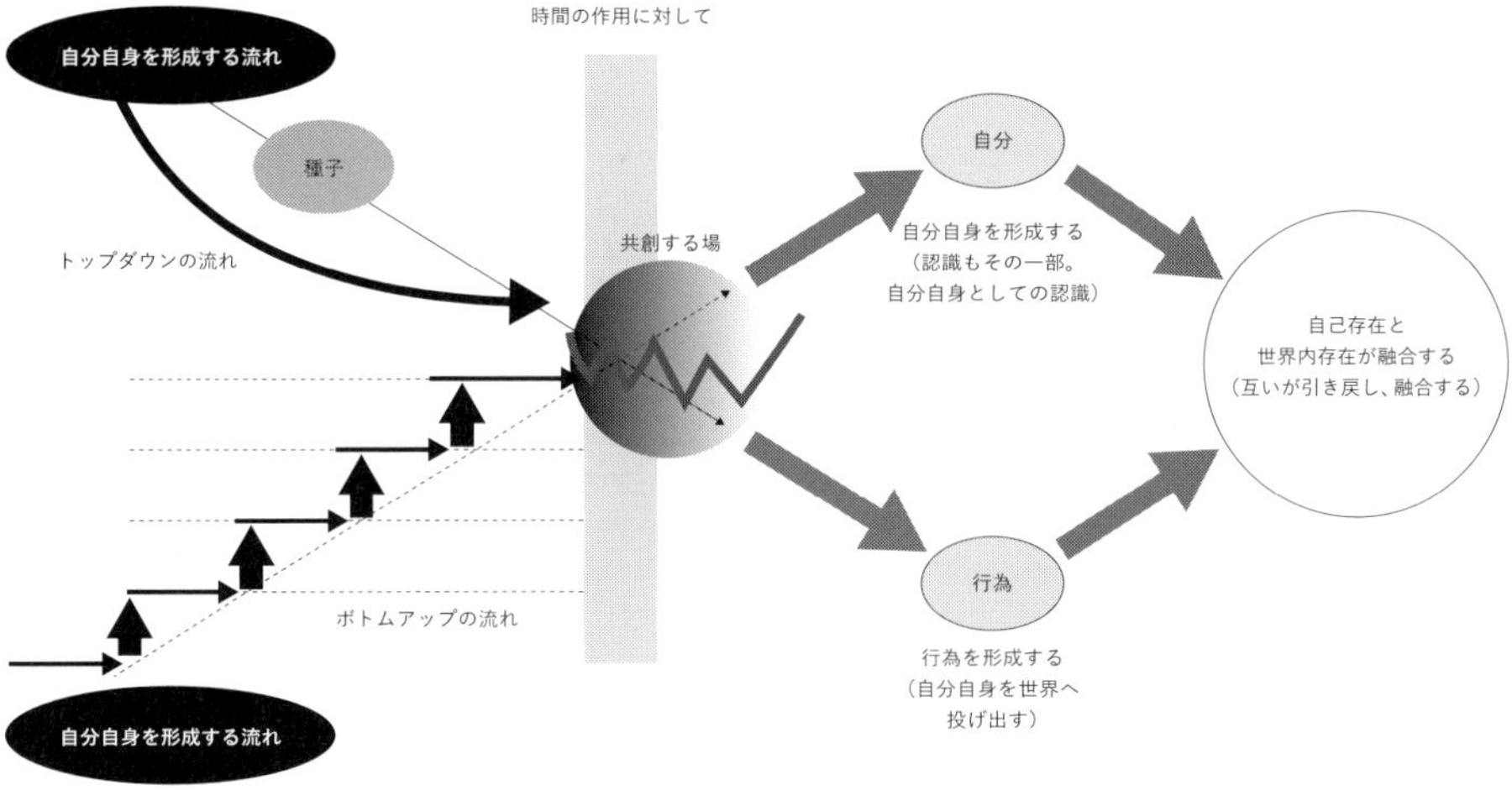

図4　知能＝二つの流れが交差する共創の場

を結ぶインフォメーションフローと、内部を循環するインフォメーションフローと言えます。自己を構成する流れは内部インフォメーションフローであり、環境の変化に抗して自分自身を存在せしめる恒常性（ホメオスタシス）を持ち、自分を世界に投与する流れは環境と知能を結ぶインフォメーションフローであり、内部から自己を環境に向かって変化させることで行動を生成する可塑性（アポトーシス）を持ちます。このように、外から入ってくる流れと内から出ていく流れ、この二つが交錯する「共創の場」として人工知能をとらえることができます（図5）。

しかし、図5で示す、このモデルには欠けているものがあります。

それが時間の扱いです。生きるということは、この世界の時間の流れに自分をもう一度投げ出さなければなりません。時間を超越した存在として自分を見極めようというのが、むしろ仏教的な考えですが、同時に、我々は時間の中に自分自身の存在を溶け込ませないと行動できないわけです。自分自身の存在を時間の中に溶け込ませた一連の流れが必要なのです。そういったものを、ここでは「コンテクスト」という名前で呼びたいと思います。

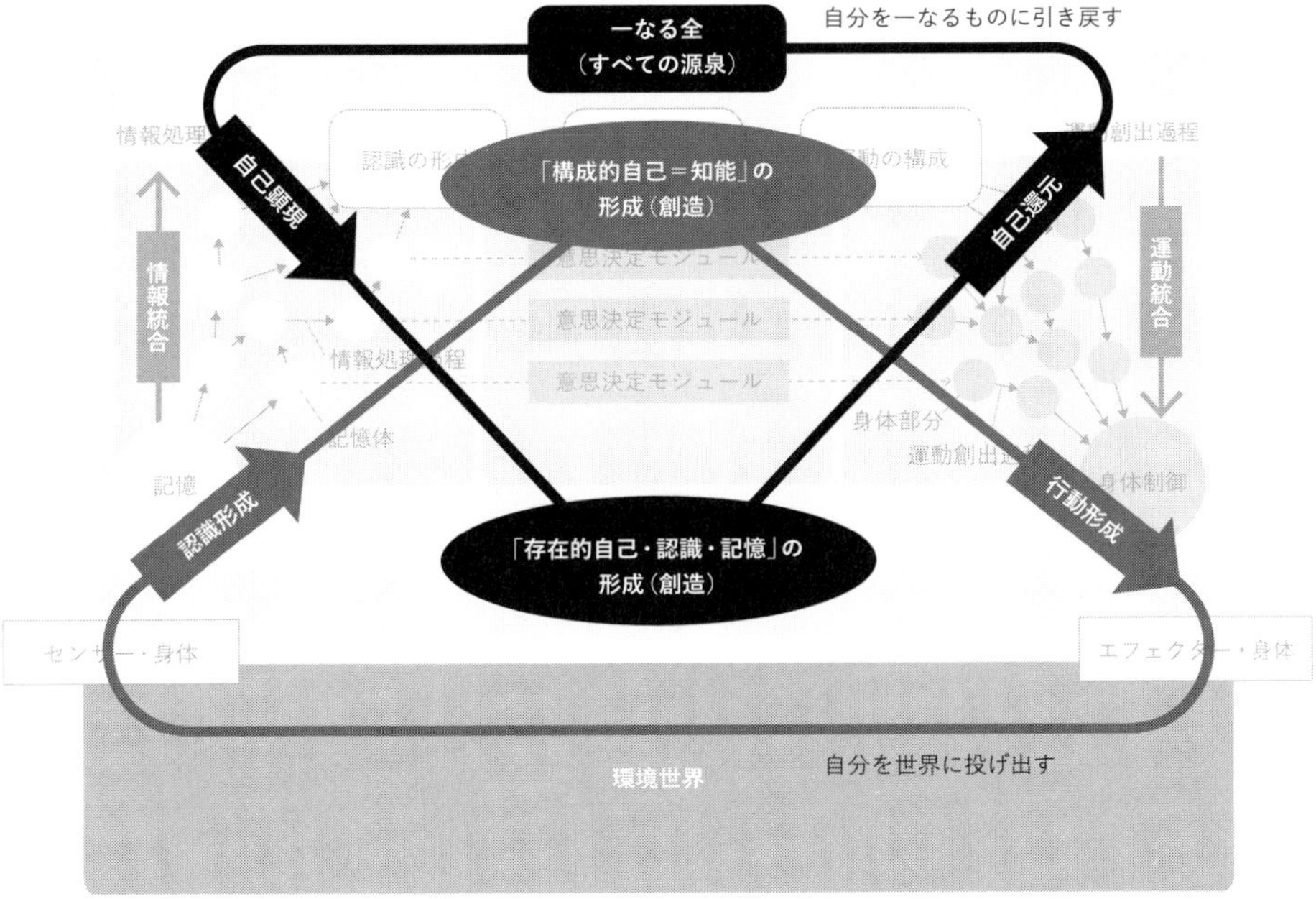

図5　エージェントアーキテクチャにおける二つのフロー（再掲）

2 人工知能にとって時間とは

「人工知能にとって時間とは何か」を問いたいと思います。CPUの中にクロックがあって、ソフトウェアとしての人工知能を駆動するというのは、これは原理の話であって、人工知能にとっての主観的な時間ではありません。むしろ人工知能は、自分の中で時間の感覚を持ってはじめて一つの意識としての存在となると言えます。後ろから鞭打たれるような時間ではなくて、我々が運動することではじめて流れ出し、感じる時間の感覚を人工知能に与えるにはどうしたらいいかを考えたいと思います。

生物は時間の中で自分を展開していきます。ある意味、時間というのは実在がつかめないわけです。「時間は人間の最大のイリュージョン」と言うこともできます。しかし、時間を放っておいて知能を作ることはできません。

世界の中に流れる時間というと、相対性理論という物理学のパラダイムを変革した偉大な理論がありす。しかし、それは人間を観測者として定義したときの、世界と人間の関係を示すものです。我々には考えるべきもう一つの時間の流れがあるのです。「人間の知能の内部で時間がどう流れているか？」これは、古来から偉大な哲学者の中心的な課題でもありました。ベルクソンやハイデガーが有名ですが、道元はその八百年も前に、時間の本質について考えていたのです。

（道元の「有時」による定義）

・時とは存在全体のこと。存在全体の形を「時」と言い切ってしまう

・すべてが時である、あらゆる瞬間が「有る時」と名称される。時とは存在であるということ
・逆に「有る」ことが「時である」
・ある（sein）時とは「存在せしめる」ということである

これについては、後ほど説明します。

コンテクスト＝文脈、流れ

知能の中で集めた情報に順序をつけて、さらに新しい情報を自律的に求めるような一つの流れのことをコンテクストと言います。これは一般的なコンテクストの定義とそれほど離れていないと思います。

コンテクストは、一つの意味や一つの方向を持って積み重なる記憶です。このコンテクストが知能の中の時間ではないかということです。たとえば、故郷に帰ると止まっていた時間が動き出す、という感覚がありますす。それは、故郷という文脈の中で、積み重なっていた時間が流れ出すわけです。旅行でも二十年前に訪れた街に着くと同じような感覚があります。知能にとって時間の流れは記憶と結びついて作られるものなのです。

こういったコンテクストが我々の内側にはたくさんあって、コンテクスト自体が大きな自律性を持っています。いろいろな情報や刺激を集め自律的に成長するということは、それによってコンテクストに沿った世界が見えるようになるということです。たとえば、パイロットになろうとしたら無意識にそのための

情報を体系化し、足りない情報を集めます。敵に追われていれば敵の情報を敏感に集めるでしょう。競馬をするなら出場馬の情報を自然と集めるようになります。

我々の深層には、そういった、さまざまな「コンテクストの流れたち」が競合しています。「問題に沿った知能の流れ」です。そして、複数のコンテクストの流れの中で最も現在の状況に適したコンテクストが意識の中で現実感を持ちます。

感覚から得た情報を基礎にして、我々の無意識の中の世界に対する主体性と志向性によって、知能の中で、そのつど自己が構成されます。それぞれのコンテクストにおける自己があります。その自己を世界へ向かって投与することで行動が形成されるのです。

意識は、無意識から主体が構成されていく途中の段階にあって、さまざまなコンテクストの競合を解消していきます。ある場合は異なるコンテクストを融合させ、ある場合は削ぎ落していきます。たとえば「ご飯が食べたい」けど「テレビが見たい」「まんがが読みたい」「トイレに行きたい」「虫をよける」「株価をチェックする」など、競合する複数のコンテクストを解消します。

我々が意識しない深い内部の場所に我々の主体の源泉があって、それらが世界に対して常に応答しようとしているのです。これは、第二夜で言うエージェントアーキテクチャ内部の自己のコアから世界に向かって流れる知能の流れです。意識は複数のコンテクストの流れ、混在したあとの上位ダイナミクスとして運動します。

サブサンプションモデルとコンテクスト

人工知能のモデルの一つに、サブサンプションアーキテクチャがあります。多層構造であり、下のほうの層は入力から反射的に行動を出力し、上のほうの層はより抽象的なモデルになっています。しかし、このモデルが示す知能の中心は機能の中心であり、存在の中心ではありません。存在論的に言うと、我々の内側にある何らかの主体のほうが重要です。さらに自我というものについても、(根はやはり深いところにもありますが) 意識と浅く結びついて上のほうにあるということもできると思います(図6)。

我々の無意識の中には、異なるコンテクストを持つ意識や自我というものがあります。時の不思議というのは、我々の意識の構造がどのように連続的時間感覚を作り出しているか、ということです。我々は持続的に時間を感じているように思えても、絶え間ない刺激が思考を励起し続けるために、異なるコンテクストを持つ思考によって持続的時間を感じています(図7)。

異なるコンテクストがあって、それに沿って待機している思考があります。人工知能でいうと、それぞれフレームの違う思考が準備されているということになります。あるフレームは敵をやっつけよう、あるフレームは旅を急ごう、あるフレームは食べものを探そう、あるフレームは水を探そう、とさまざまな思考が意識の下に流れていて、たまたまその一つが選択されて、意識の上にあがってきます。リアリティは知能の主導権を持つフレームによって生み出されると考えられます。

このような多重にして選択的な機構が必要とされる理由は、必要な思考を一つだけ準備するのは、一見効率良く見えても、その状況が変わったときに新しい思考を立ち上げ直さなければならず、結果的に効率が悪いからです。状況が変わるたびにいちいち新しい思考を立ち上げていると、現実に対応が間に合いま

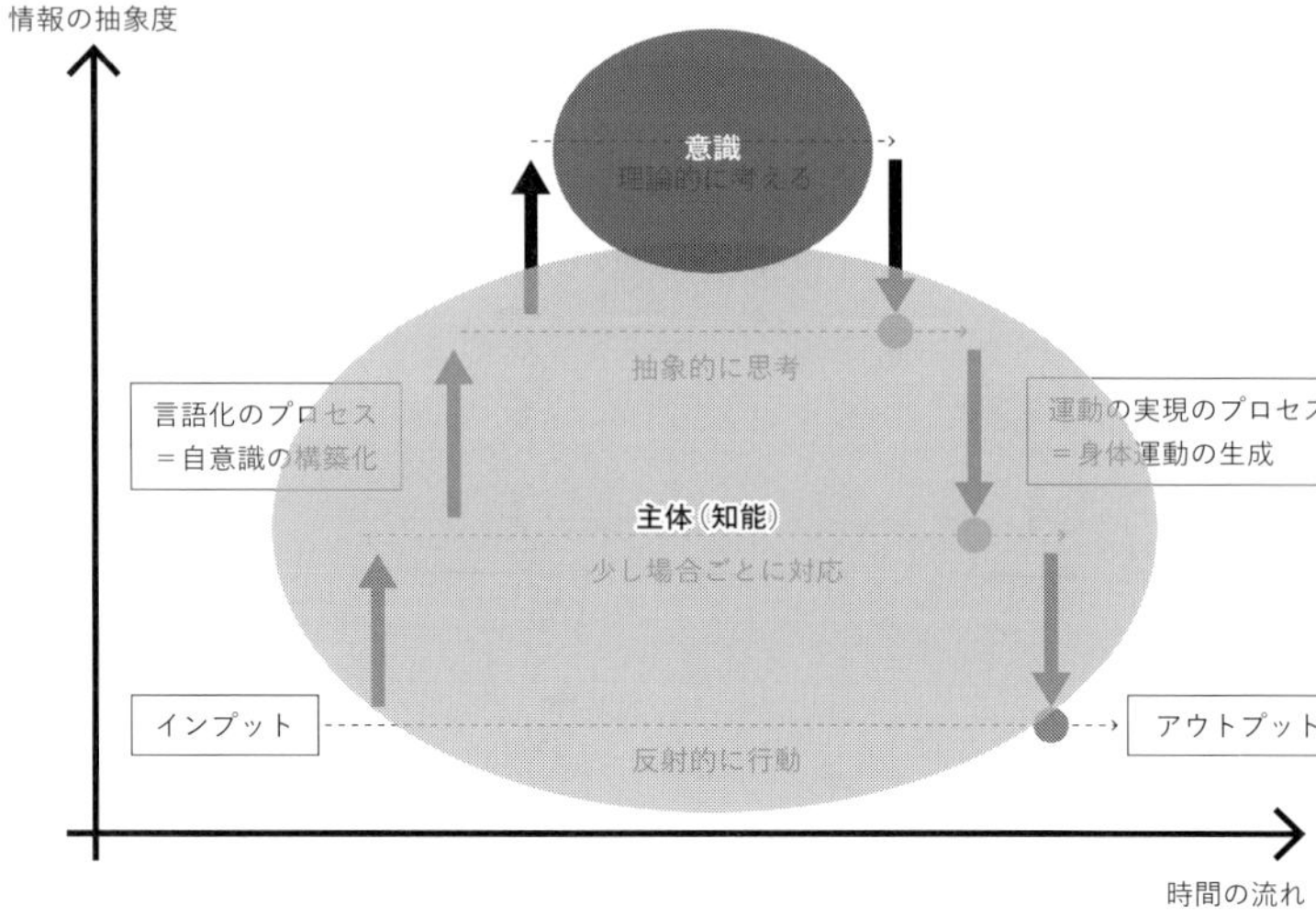

図6　サブサンプションモデルにおける主体と意識（再掲）

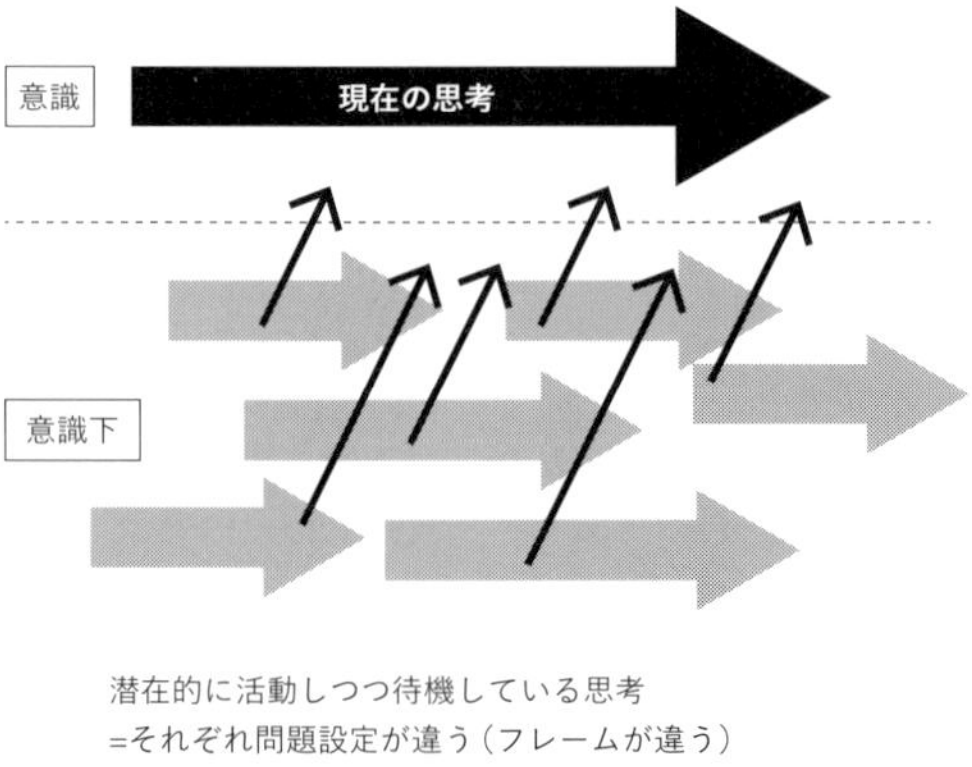

図7　意識の持続性

せん。現実は常に多様なコンテクストを持ち、我々はそれらに対し、迅速な対応を行わなければなりません。そこで、知能は多様な現実の側面に対して、全方位的に多様な思考を準備し、それを無意識の中で状況に沿って、同時に並列に動かしておくわけです。そして、そのつど現実と最も高い一致度（コンシステンシー）を持つ思考、緊急性と重要性を持つ思考が採用されます。それが意識を構成します。知能は常に確率的にさまざまな事象に沿った思考を生成していて、その競合の中でいろいろな判断を行います。

たとえば、あるキャラクターが歩いていて草むらがガサガサっとしたら、それは風かもしれないし、ひょっとしたら敵かもしれません。こういうとき、ゲームのキャラクターAIには二つの思考を同時に走らせます。普段は、「敵の場合はこうしよう、でもその確率は10％くらいだから、たぶん風だろう」というふうに普通に歩いているわけですが、敵がいた瞬間に思考を切り換えます。コンテクストのエクスチェンジが起こるわけです。

さまざまな無意識からのコンテクストが積み重なって持続的な意識というものが形成されます。知能がどこにあるのかと言えば、こういった無意識的なコンテクストに沿った思考たちのうねりの上にあります。そして、その中から現実と照合し、どの思考を選ぶのかというところに知能の個性が現れます。

積分としての「現在」

このように、「さまざまなコンテクスト（競合）を解消すること」と時間の関係を考えてみましょう。我々は単に現在を生きる存在ではなく、「積分として現在があり、さらに、来るべき未来への微分係数としてある」と言えます。これは、精神医学者である木村敏の言葉です。

人間存在の本質は、現在の時点における対他者・対世界関係につきるものでは決してない。人間が人間であるということ、自己が自己自身でありうるということは、人間が歴史的存在であり、自己が時間的存在であることを根拠にしてはじめて可能になる。つまり、現在の自己の存在が、過去のすべての生活史の積分として、また次に来るべき未来への微分係数として、固有の歴史的・時間的な意味をもっているからこそ、自己固有の自己性も可能となるのである。

〈木村敏、『自己・あいだ・時間』、ちくま学芸文庫、20ページ〉

つまり、自己の現在とは、過去から現在へ向かうコンテクストであると同時に、未来に対してはコンテクストの変化の中にあると解釈することができるわけです。

生物と時間についての問い

「生物が主観的な時間を作る」というのはどういうことでしょうか。「生物が時間を持つ」とはどういうことでしょうか。ここで、知能が持つ未来（の感覚）とは何なのか、集団の中での時間というのは何かという問いを立て、考えてみたいと思います。

我々は時間の感覚を持っています。この講義が長いなとか、楽しいテレビ番組は短いなとか、ここから新宿駅まで何分くらいかかるかなと、常日頃から時間の感覚を持っています。そういう感覚がどこから来ているのか、我々が主観的に感じる時間の流れはなぜ一つなのか、過去や未来以外のものはないのか、と時間に関するさまざまな疑問はつきません。

あるいは、「中断された時間」というものがあります。何かをやろうとしてそれを中止してしまったときには、その時の流れは我々の中に保留されたままあります。たとえば、将棋を打ちかけたままにしてしまうと、将棋を打つという時間の流れは我々の心の中ではどうしてもひっかかっているわけです。この感覚は高度な質を持った感覚です。テレビゲームをしていて、途中で夕飯の時間になってポーズボタンを押す場合もそうです。勉強をしていたら電話がかかってきた、というのも同様です。

我々は常に複数のコンテクストを持っており、それぞれのコンテクストに固有の主観時間があります。そういうコンテクストをまとめて、未来へ向けて一つのコンテクストとして形成するというのが知能の一つの役割としてあるわけです。多様な世界に対して、多様なコンテクストを構成して動かしていたのでは、自己はスキゾフレニー的（分裂的）に数限りなく分裂していくだけです。知能はそれらのコンテクストを作りつつ、統合し意識を構成する役割を担っているのです（図8）。

さらに問いが続きます。

人工知能にはシンボルを母体とする記号主義と、脳の神経回路のパターンを模すコネクショニズム、つまりニューラルネットがあります。ニューラルネットのモデルはＣＰＵで駆動されていますが、ニューラルネット自身は時間感覚を持てるのでしょうか？　ニューラルネット自身が自分の時間を持てるのでしょうか？　今はまだそういう研究はほとんどありませんが、我々の脳がどうやって時間感覚を持っているかを考えると、ニューラルネット自身も時間感覚をどこかに作れる可能性はあるわけです。

我々の脳が物理学的・原理的には分子運動と電磁気学によって駆動されてはいるものの自己としての時間を持つように、ニューラルネットもCPUで駆動されはするがニューラルネット自身の時間を持つ、それにより、ニューラルネットは知能となるはずです。時間の謎は、相対性理論を生み出したように、同様に人工知能の基礎理論を拓く鍵となります。ニューラルネットは時間によって駆動されるだけでなく、内部に固有の時間を生成してはじめて人工知能となると言えます。人工知能が自ら時間の感覚を生み出すことができれば、他の知能のもろもろの問題、たとえば意識を生み出すという問題も解決することができるかもしれません。時の起源を問う方向に進むことによって、自律的な人工知能の開発の方向が見えてくると考えられるわけです。

仏教の説く「時」

時間というのは、知能にとって非常に本質的な問題です。主観的な時間にも種類があり、何かを感じるときの時間、何かを行動するとき

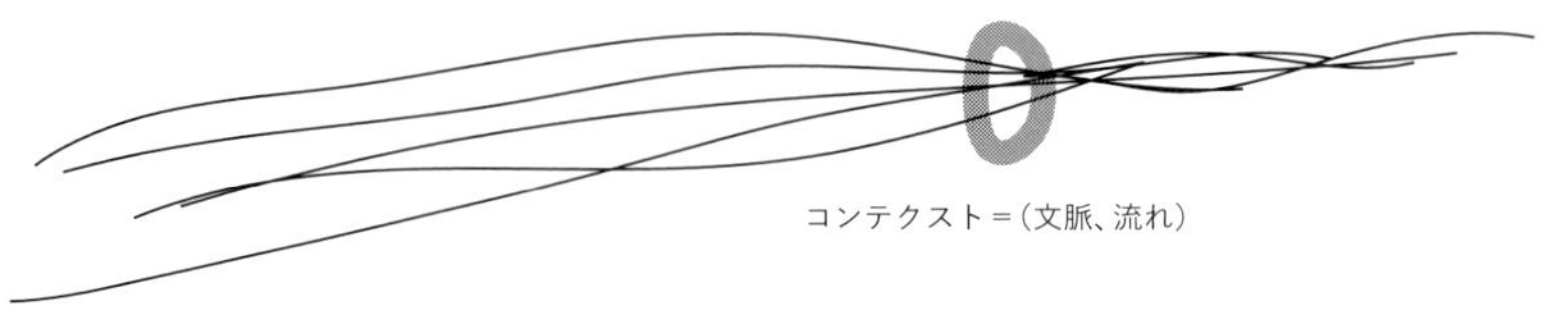
我々は作り出す、未来を、過去を

図8　未来へ向けて一つのコンテクストを形成する

の時間、などさまざまな時間があります。

では、仏教における時とは何でしょうか？　もちろんさまざまな仏教がありますが、共通しているところで言えば、過去や未来はある意味幻想であり、悟りというものは現在を中心に開くわけです。そういう立場だからこそ、逆に時間というのをどうとらえるか、というのが切実な問題になっています。

ここで道元の「有時」に戻ります。「山も時である。海も時である。時にあらざれば山も海もあることはできない」、つまり存在というのが時なのだと言っているわけです。時がなければ何もないということです。


山も時である。海も時である。時にあらざれば、山も海もあることはできない。山や海の「いま」に時はないと思ってはならぬ。時がもしなくなれば、山海もなくなる。時が壊せざるものであれば、山海もまた不壊なのである。この道理があって、はじめて明星が出現するのであり、如来の出世があるのであり、また開眼のことがあり、拈華のことがあり得るのである。それが時というものであり、時にあらざれば、そのようなことはとてもあり得ないのである。

〈道元、『正法眼蔵（一）』（増谷文雄 全訳注）、講談社学術文庫、268ページ〉


これを西洋的な視点から説明すると、「内面的な、主観的な時は常に存在と同義である」ということです。人間の知能は外的な刺激から内部の知能を通してさまざまな現象を再構成していると考えれば、時というものの作用によってはじめて存在というものが現れるからです。

くり返しになりますが、生物学で環世界という概念があります（参照◎西洋哲学篇 第二夜）。生物は客体

（対象）を客観的にとらえるのではなくて、自分の生態に応じて、対象のどの部位や特徴に反応するべきなのか、どこに作用を行うのかという二点（表象）でとらえています。知能は、客体に対して「対象をとらえるヒントとなる感覚指標」と、「対象に対して行動を展開するときのヒントとなる作用指標」を見出すのです。この二つの指標の間にある存在が知能であり、感覚指標から刺激を受け、作用指標に対して行動を生成します。こうした内部に確立した固有の世界を対世界と呼びます（図9）。

　客体が変化・運動した場合には、同期して対世界の変化も起こります。そこには、対象（世界）における「時」が自分自身の内面の「時」になるという移行（写像構造）が、一つあります。もし何も対象がなくなれば、その時間は消えてしまうわけです。対象の消失とともに、その対象の固有の時は消えてしまう。たとえば、終わった将棋の試合に対する「内的固有の時間」が消えてしまうように、終わったお祭りの「内的固有の時間」が消えてしまうように、です。

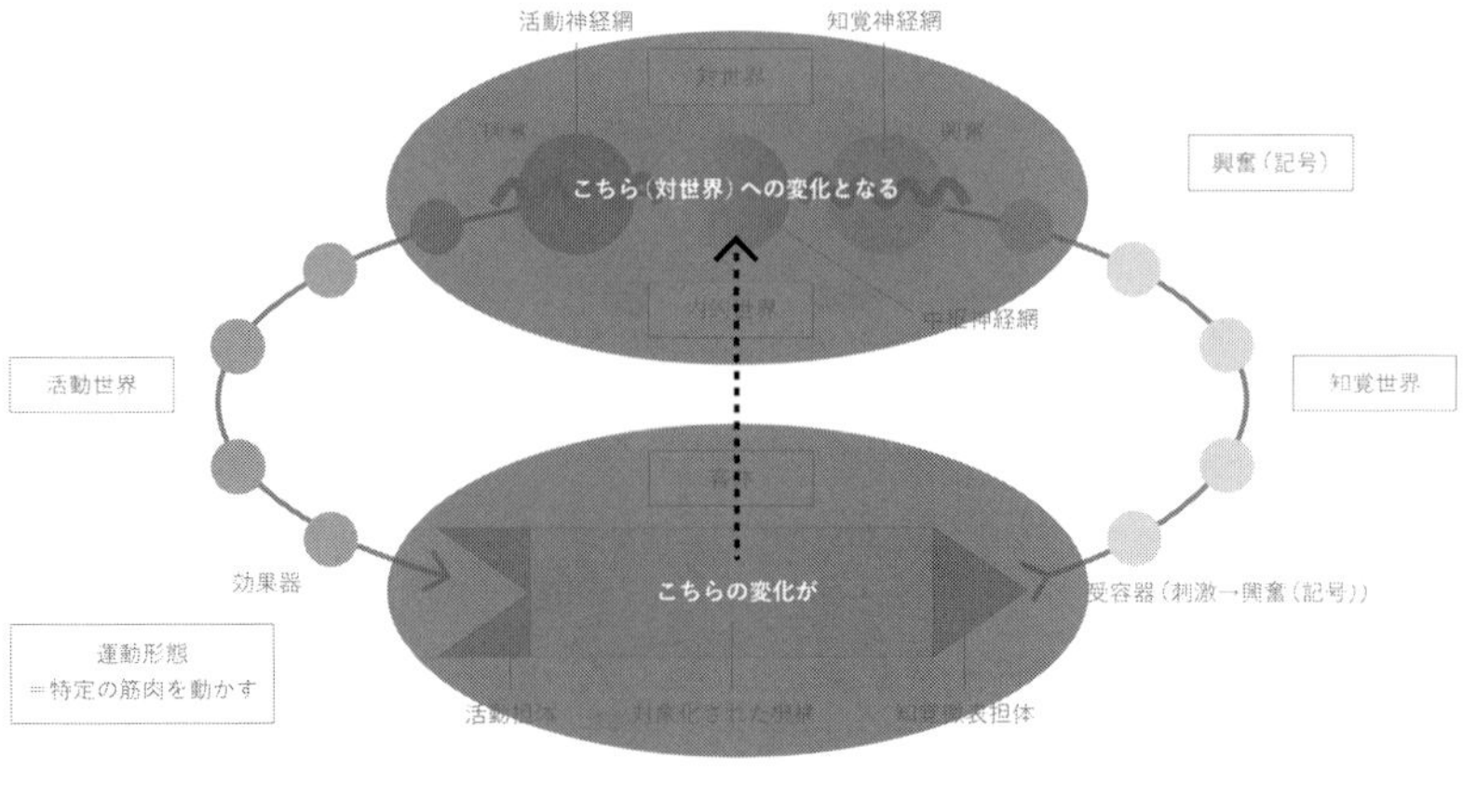

図9　客体（対象）と対世界

3 エージェントアーキテクチャに流れる時間

環境世界に流れている時間があります。環境世界からのさまざまな情報がセンサーを通して知能を駆動するので、この客観的な時間はエージェントアーキテクチャのインフォメーションフローを通して、知能の内部の時間になります。外部の時間と、この内部の時間というのは、そのままではないのですが、ある程度の同期を果たすことになります。そういった持続的な刺激が内面にうながす時間の流れがあります（図10）。

見ている世界というのは、我々自身でもあります。人間は、外部からインプットされた情報・刺激を解釈し、さまざまな情報を添付しながら世界を構築しています。つまり、人間が見ている世界は自分自身が作り出しているものだということです。目を閉じれば何もなくなるわけです。もちろん客体は客体としてありますが、客体からの情報と刺激を題材に自分の主観的世界を作るのは自分自身なのです。もう一度道元の言葉を引用します。

> いったい、この世界は自己をおしひろげて全世界となすのである。
>
> 〈道元、『正法眼蔵（一）』（増谷文雄 全訳注）、講談社学術文庫、254ページ〉

「おしひろげる」というのは、自分自身の個性と世界が混じり合っている世界、自分の欲求や記憶への参照、自分の主観的な判断が混じり合った世界が構築されるということです。

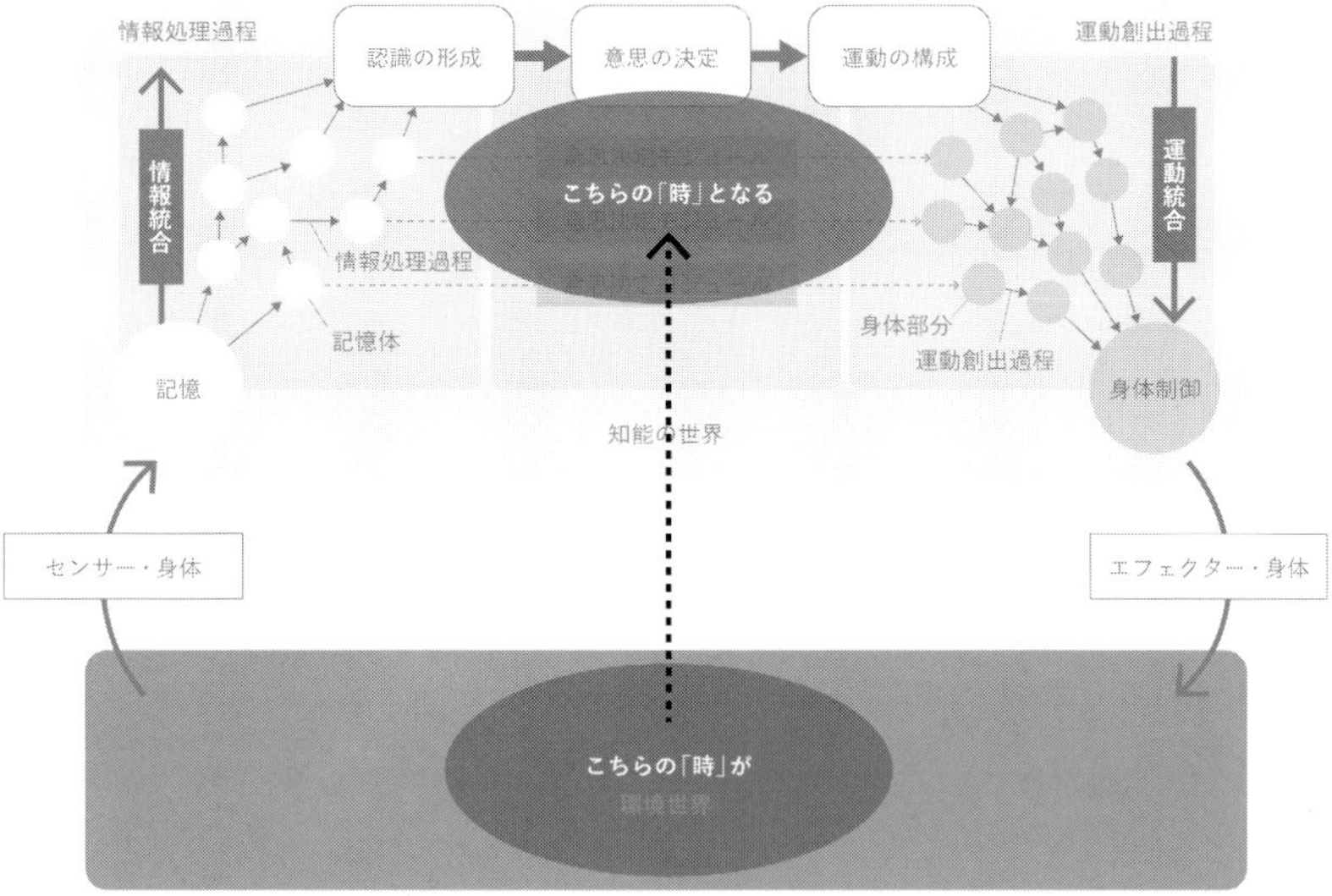

図10　エージェントアーキテクチャにおける二つの時間の流れ

コンテクストが作る意識の流れ

もう一度コンテクストの話に戻すと、さまざまなコンテクストが自分の中にやってきます。これは分解され世界として再構築された我々自身でもあるわけです。我々の知能は、世界からのさまざまな情報・刺激を使って自分自身を構成していると言うこともできます。

ちょうど食べることで分解された食物が再構成されて身体を作っていくように、情報・刺激は分解され再構成され、知能・精神を生成する材料となるのです。そういった世界の流れの中で、意識もまた流れを作っていきます（図11）。

第二夜で説明したように、世界に引っ張られようとする知能をもう一度自分自身の内側に引き戻す力、自分を保とうとする力があります。一方で、自分自身を外に投げ出す変化の力を知能は持っています。この、入ってくる情報・刺激と、出て行く行動・力の二つによって我々は世界とつながっています。一方は世界の流れを超えて自己を形成する力、一方は世界の流れと

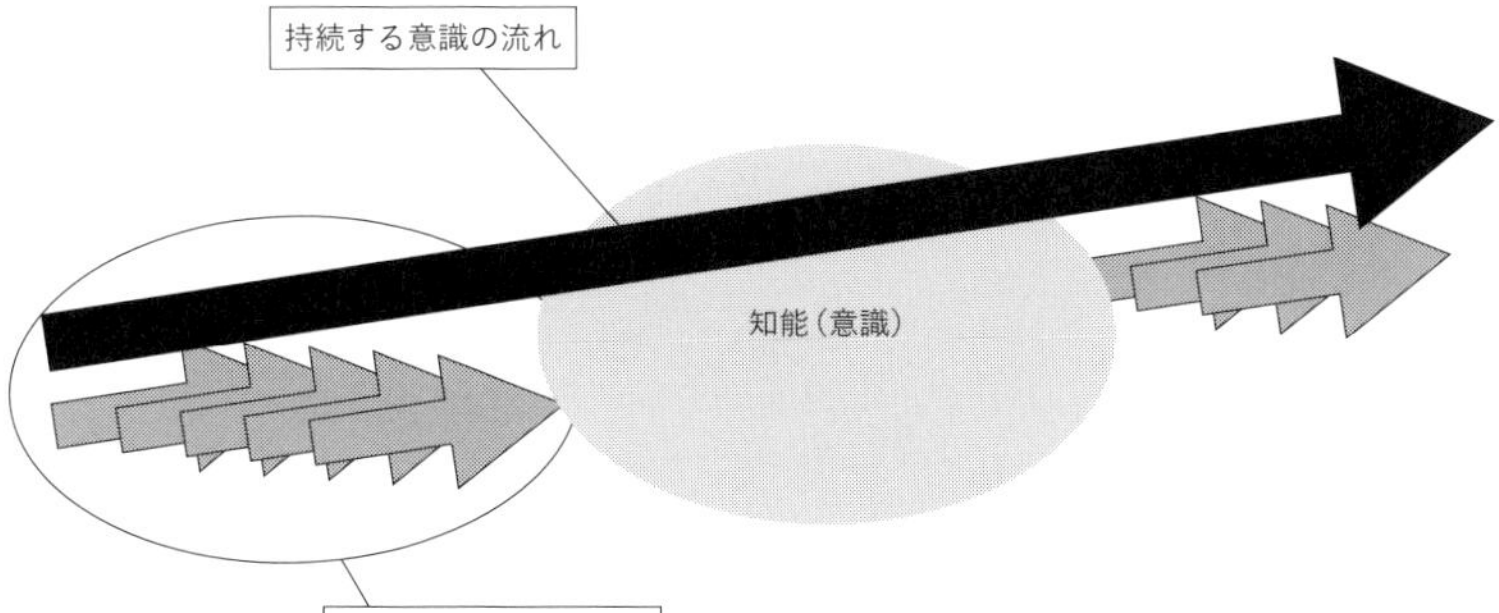

図11　持続する意識の流れ

一体化しようとする力です。

つまり、我々は世界の流れから自分自身を作っています。世界の流れを借りて、自分の意識の流れを作っているという側面があるわけです。イメージで言うと「人馬一体」です。馬というのは勝手にあばれますが、乗り手はそれと一体となることで馬を操作します。もちろん、馬には馬の力学があるので、ずっと長い時間乗っていれば、馬の動きに自分を合わせる必要もあります。馬は世界、騎手は知能と考えると、馬に乗ることと同じで、意識というのは世界の流れの上に乗って自分自身を運動させているというわけです。馬に対し指示を与えることはできますが、ある意味、我々が選択できない馬の動きがあるのと同じように、意識が状況の主導権を握る場合もあれば、世界の流れに翻弄される場合もあります。

身体は時間を考える際に重要で、我々にとって、体験というのはいかに精神的な体験であっても、すべては身体的体験です。映画を見ていても、本を読んでいても、読書をしていても、携帯電話で話していても、それは身体的体験となります。生物は「物理世界に流れる時間」を身体を通じて知能に結びつけていると言えます。さらに、知能を通じて、身体的体験をもう一度行動に還元することによって、身体的活動をそのつど修正しながら外部へアウトプットしています。まさに、それによって、身体が属する世界の流れと知能を流れる時間の流れは同期することになります。

理事無碍と事事無碍

ここでもう一度、井筒俊彦の言葉を引用します。

「華厳経」の、あの有名な「唯心偈」に「三界虚妄、但是一心作」（存在世界は、隅から隅まで虚像であって、すべては一つの心の作り出したもの）と言われ、また法蔵は「一切法皆唯心現、無別自躰」（すべてのものは、いずれも、ただ心の現われであって、心から離れた客観的なもの自体などというものは実在しない）と『華厳旨帰』の一節に言っておりますが、これらの言葉は、これと同趣旨の無数の他の言表と同じく、いずれも要するに、唯識派の根本テーゼである「万物唯識」の展開にすぎません。

〈『井筒俊彦全集 第九巻』、慶應義塾大学出版会、27〜28ページ〉

「一切法皆唯心現、無別自躰」、これは華厳哲学（華厳経）の有名な言葉ですが、西洋的に言えば、主観的な世界というものを我々は作り出している、ということです。もう少し深いところにいきますと、華厳哲学に「空」という概念がありますす。空というのは言語による判断を停止した場所、つまり世界を区分けしない場所のことです。悟りの中で現れる、判断を停止した何もない状態です。逆に言えば、分割されていない世界そのものがそこにあります（図12）。

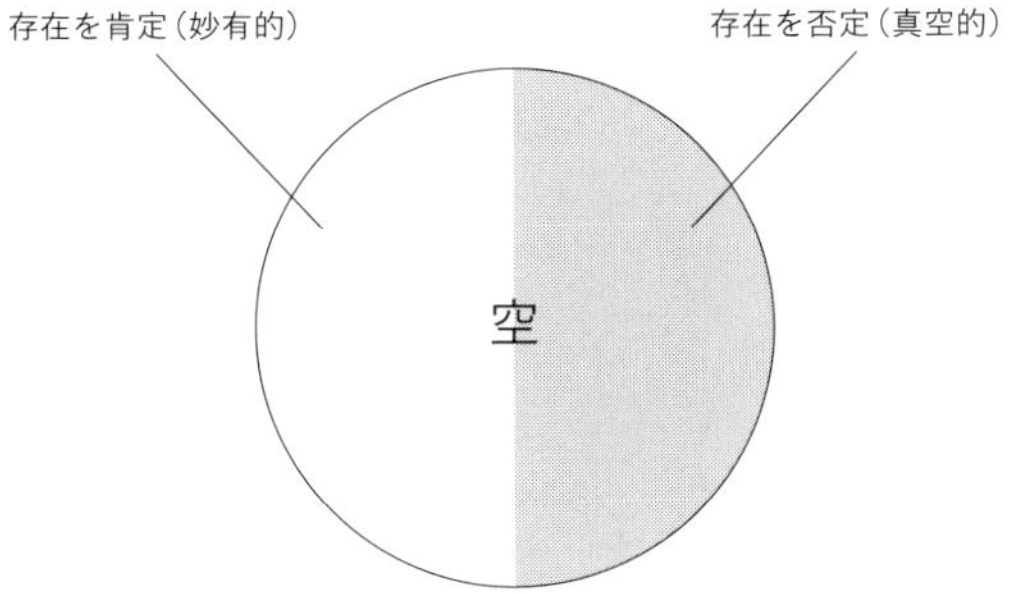

図12 空

この言説は、存在というのは何もない、我々が勝手に思い込んでいるだけなのだという「真空」と、逆に、空がすべての存在を生み出す源泉である「妙有」があるという意味です。それを華厳哲学では「理」と呼びます。理というのは、空から存在を肯定する流れのことです。空そのものは第二夜で述べたような、人間には通常意識されることのない存在の源泉であり、理とはそこから分割され、人間にとらえられる存在のことです。第二夜の言葉で言えば、三角形の頂点の「存在の源泉」「存在のゼロポイント」のことでもあります。

世界の本当の姿は空だけれど、そこからすべての存在が立ち上がる、人間には個々の存在として見える存在の姿が現れます。当然、おのおのの存在はもともとは空という一者なのだから、すべてはつながっているのです。

「存在しないとわかっているけれど、存在に見える」ということがわかった上でものごとを見ることを「理事無碍」と言います。悟りの中でそのような境地があるということです。さらに、華厳哲学では「事事無碍」という言葉もあります。事というのは流動的なものだけれど、すべての事は連関しながら、そして運動しながら、同時に全体的に動いているものなのだ、単独のものはないということです。これは、第零夜でも説きました「縁起」とも密接に関係します。つまり、「もの」「ごと」というのは、我々が勝手に解釈している枠（理性や偏見）のカラを外していくと、すべてが同期して運動しているように見えるということです。逆に言えば、「事」ということに対しても、それが単独であるように見えるのも、結局は人間自身が単にそのように見ることで、主観的に成り立っているように見える、ということが言えます。

「妙有」的側面が脚光を浴びて前に現われ、「真空」的側面が背後の闇に隠れる場合、当然のことながら、「空」は、思想的に、強力な存在肯定的原理として機能しはじめます。「空」が、本来的には、否定性そのものであり、存在否定的であったことを、あたかもわすれてしまったかのように。…（中略）…そのような形で、否定から肯定に向きを変え、「有」的原理に変換した「空」を、華厳哲学は「理」と呼びます。「理」は「事」と対をなして、華厳的存在論の中枢をなす重要な概念です。

〈『井筒俊彦全集 第九巻』、慶應義塾大学出版会、35ページ〉

そこでもう一度、唯識の発想に戻ってみましょう。色即是空の「色」は次のように解釈できます。我々は世界に対して、極めて主観的な色付けをしています。つまり、世界の解釈を「コンテクスト」で行っていて、本来はありもしないたくさんの観念や目的や事というのを作り出しています。一方、それが我々の知恵や知識でもあります。荘子流に言えば「小知」（こざかしい知）ということになります。そういうものは意識的にではなく、すでに無意識の中で作り上げられるものが多く、社会的に強制される見方であっても、すでに無意識の中に深く浸透してしまえばなかなかそこから抜け出すことができません。何しろ、「すでにそのように見えてしまっている」からです。そういった、「ものの見方で作られたイメージ」が知能に流れ込んできて、その上に、自分自身の意識を作り上げるわけです。

あらゆる瞬間に自分自身を生成する、その継続が意識となります。華厳哲学でいうと、すべてのものが同時に生成され、それは自分自身という知能も例外ではありません。ここは西洋哲学と東洋哲学を明確に分かつ重要なポイントではありますが、西洋哲学では「我」があって「世界」を見ます。しかし東洋哲学、特に華厳哲学では、一瞬一瞬、世界が生成されるものの一つとして、自分自身もまた、他のものと同じように生成されるわけです。生成されたもの同士で関係性を持つわけです。

コンテクストが作る意識の流れ

知能は、あらゆる瞬間に、外部から入ってくる情報を素材にして自分自身の世界を作り上げます。つまり世界自体が「私自身」でもあるのです。生物の意識とは波のようです。水に石を投げ込めば波紋ができます。石を投げ続ければ、波紋はずっと続いていきます。それと同じように、知能に情報をどんどんインプットすると、我々の意識はそのつど作られて続けていくのです。波紋のように、意識（自分）はあとからあとからできて、一つ前の自分を次の自分が飲み込んでいきます（図13、14）。

これを要約していえば、あらゆる世界のあらゆる存在は、連続する時々である。だが、それはまたある時であるから、またわがある時である。

事のありようの活潑潑地としてあるのが、つまりある時なのである。それを有だと無だと騒ぎ立てることはいらぬことである。

〈道元、『正法眼蔵（一）』（増谷文雄 全訳注）、講談社学術文庫、261～262ページ〉

この観点から、道元の「有時」をもう一度解釈してみましょう。「有時」という言葉が象徴するように、道元の思想は「存在」と「時」は不可分である、存在することが時間であり、時間とは存在することである、と説きます。存在というのは（そのときどきの存在ですが）、それは次の瞬間にもやはり同じような存在です。時は過去から未来へ流れ過ぎ去るのではなく、ものが存在することそのものが「時」ということで

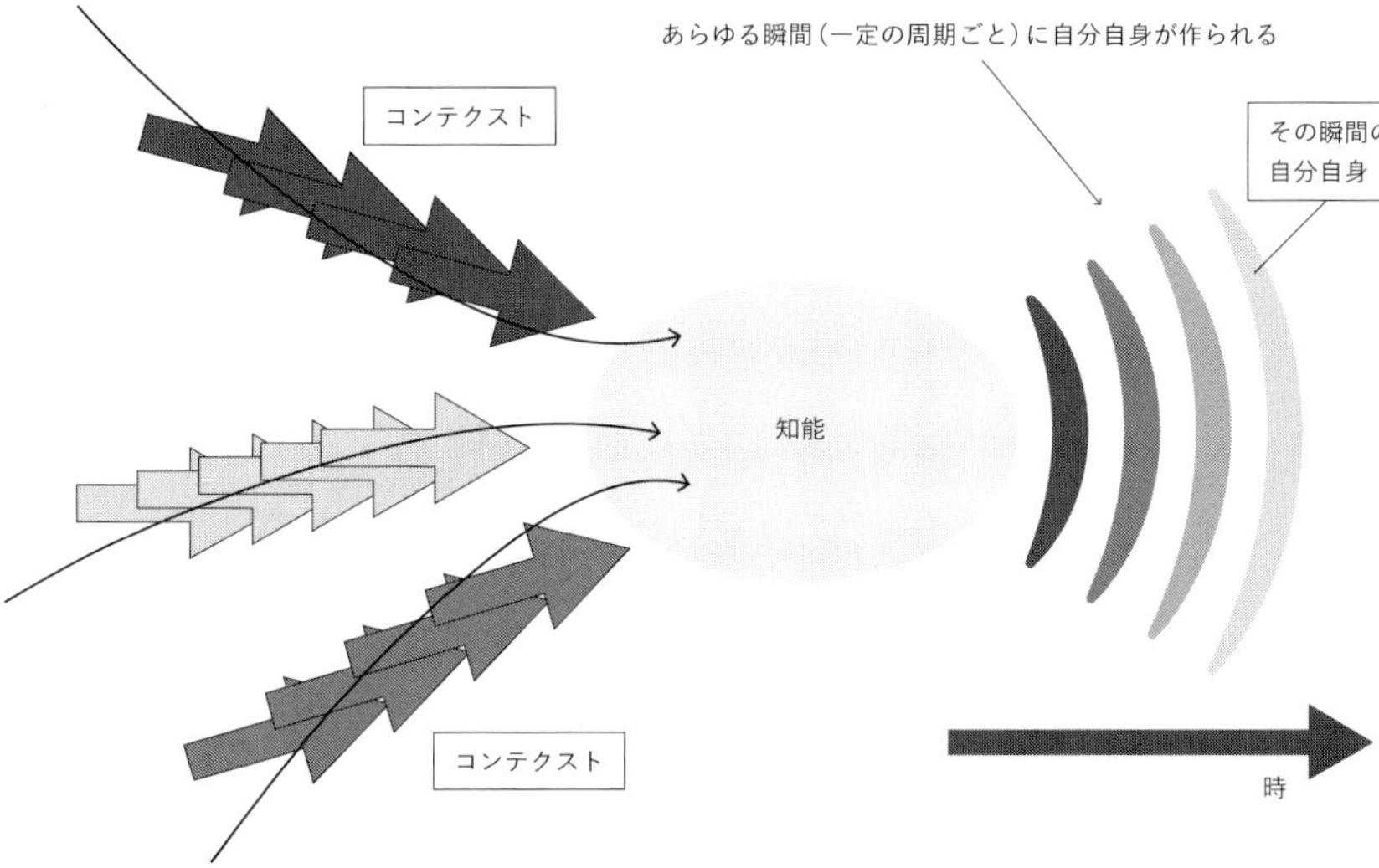

図13　時の波紋

図14　波紋のように意識が作られる

す。時はまた、ものが存在するということ、事（こと）が起こるということそのものが時です。事というのは、推し進める力です。そこに「時の流れ」はなく、「唯（ただ）あること」があるのです。「意識がある」ということもまた「時間」であり、「時間」があるということは「意識がある」ことでもあります。これはハイデガーの哲学とも関連しますが、「有時」はすべての存在が時なのだと言います。

人間の知能には意識があり、さらに次の瞬間にも意識があって、どんどん意識ができていきます。そして、古い意識はどんどん消えていくわけです。それは、ちょうど波が次から次へと来るように、一つの意識が次に生成される意識に溶け込んでいくのです。波が浜辺に消えてしまう、次の波に飲み込まれていくように、前の意識は、次に来る自分自身に吸収され続けるのです。これは西洋哲学で言う「意識の持続性」の東洋的な解釈、華厳哲学版と言えます。時間は過去から現在へ流れるのではなく、意識がその瞬間にあることが時間である、と説きます（図15）。

とするなれば、松も時であり、竹も時である。時は飛び去るとのみ心得てはならない。飛び去るのが時の性質とのみ学んではならない。もし時は飛び去るものとのみすれば、そこに隙間が出てくるであろう。「ある時」ということばの道理にまためぐり遇えないのは、時はただ過ぎゆくものとのみ学んでいるからである。

〈道元、『正法眼蔵（一）』（増谷文雄 全訳注）、講談社学術文庫、258ページ〉

時の流れというものはなく、存在というのはそのときどきにあるものであり、存在自体が時なのだ、今あるということが時なのです。時は存在であり、存在はそれぞれの時で隙間なく連なっているのであっ

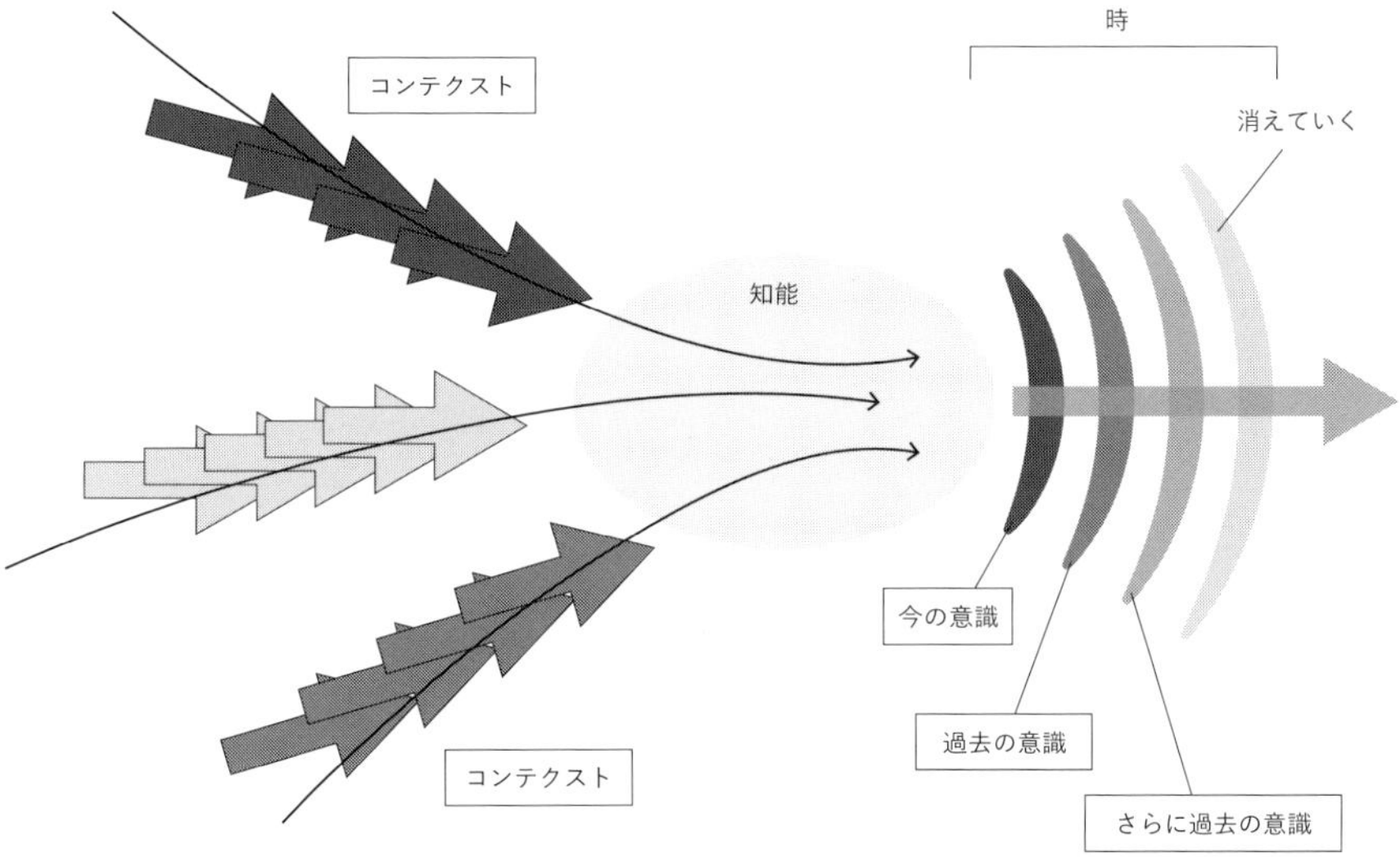

図15　意識が波紋となって現れる

て、時が流れるのではないのです。それぞれの時における存在があり、それが厳密につながって、時の流れもまた人間が生み出しているわけです。「時＝存在」の隙間のない連なりから、人間や生物は、自分自身の都合の良いコンテクストを作り出しているということです（図16）。

　たとえば「今日は一日鬱だった」というとき、そこにはそれぞれの時にあった多くのことをそぎ落として自分の物語を作り出しています。楽しかった瞬間があったことも省略しています。そのときどきの無数の存在の連なりから、生物は省略することでコンテクストを作り出しています。たとえば「この絵は調子に乗って描いた」というときも、「たまたま調子の悪かったとき」「調子が良く描いたとき」「絵が完成したとき」以外はすべて「排列《はいれつ》」してコンテクストを形成しています。それは知能が生み出した幻想でもあります。時の流れというものも、また幻想なのだと説きます。

　これをもう少しかみ砕くと、このように言えます。知能には身体からさまざまな情報が入ってきます。

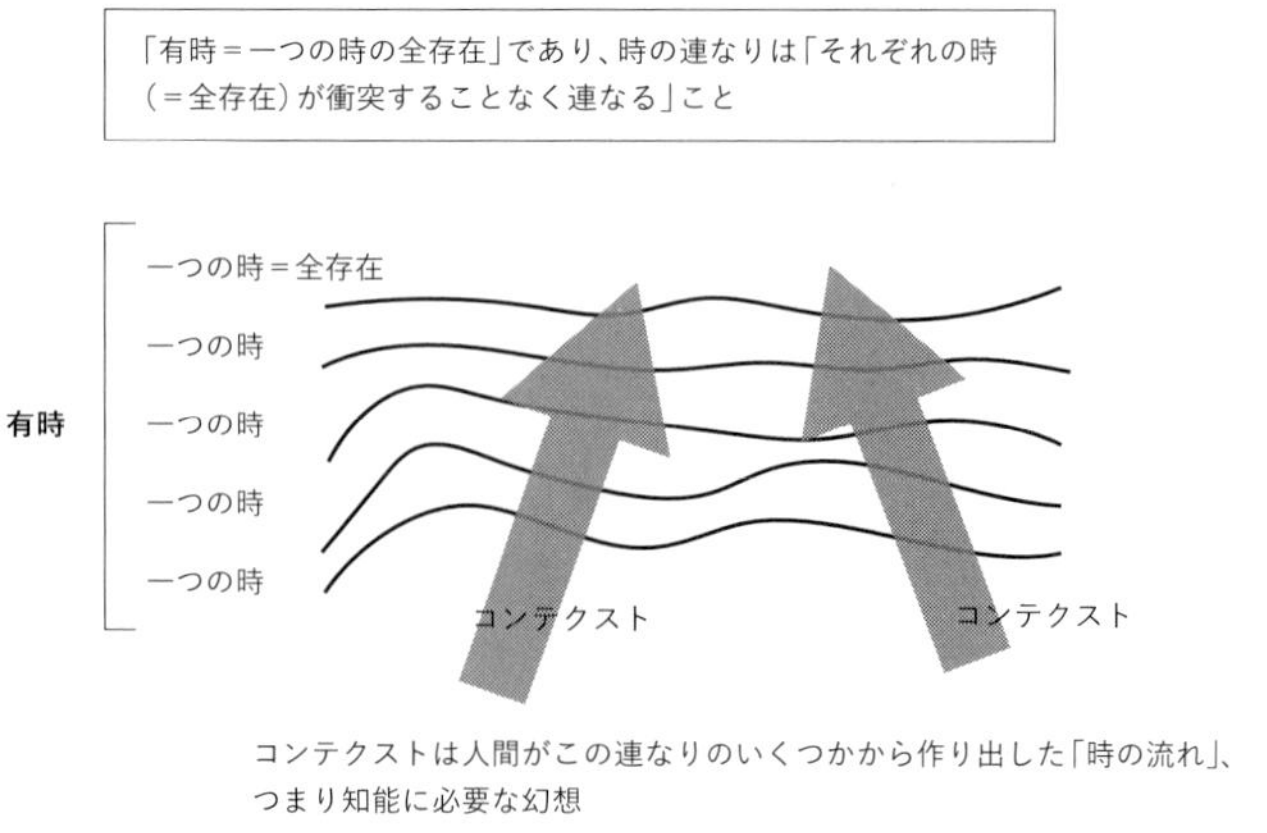
「有時＝一つの時の全存在」であり、時の連なりは「それぞれの時（＝全存在）が衝突することなく連なる」こと
有時
一つの時＝全存在
一つの時
一つの時
一つの時
一つの時
コンテクスト
コンテクスト
コンテクストは人間がこの連なりのいくつかから作り出した「時の流れ」、つまり知能に必要な幻想

図16　一つの時は全存在である

我々はそれを身体的な行動としてアウトプットします。この身体への入力と身体の出力の間にあるのが知能です。つまり、むしろ存在としての身体と運動する身体の間、この空間を作っているのが時自身ということが言えるわけです。

先ほどのメタファーで言うと、さまざまなインプットが身体から入ってきて、我々の知能の命令（アウトプット）は、最後は身体の境界で止まります。ちょうど、波が浜辺で消えるように、身体の浜辺で消滅します。身体の境界は意識の境界でもあるのです。我々はこの現象の間に、そのときどきで存在します。それは「絶対的な隙間のない存在の序列」であるはずですが、その中から知能は、「点のようにあるときどきをピックアップし、それ以外はすべて排列する」ことで、「自分自身に必要なさまざまなコンテクスト」を作り出しているのです。それが、知能が持つコンテクストの正体であることを、「有時」という教えはあざやかに描き出します。

エージェントアーキテクチャで言いますと、自己を形成しようとする力と外部から入ってくる力、つまり自分の秩序と外部の秩序が混ざり合うところが、ちょうど自分と主観世界を作り出す場です。主観世界から自己が作り出されるわけでもなく、自己から主観世界が作られるわけでもありません。自己と主観世界は同時に、その二つの流れから同時に共創されます。自分自身はすでにあるというよりは、自分自身が主観世界と同時に作られるのです。

時の流れと意識

西洋哲学篇第四夜でデリダを取り上げて説明しましたが、意識が作られるとき自分自身を言明するということがあります。言明した存在は、その瞬間にはとどまれないので、次の瞬間に対して自分を投げ出す、自己を未来へ投与することになります。その連続が自分自身に亀裂を与えます。「亀裂を与える」とは多少文学的な表現ですが、簡単に言うと、自分自身を「語る自分」と「語られる自分」を分けるということです。つまり、言葉（ロゴス）は自分自身に亀裂を与えることでもあるのです。「語る自分」は次の瞬間には「語られる自分」に吸収され、同時に、新しい「語る自分」が現れます。この構造はデリダの「差延」であり、今回のテーマで言うと内的な時間そのものです（図17）。

このように、差延の作用によって我々は自分自身の存在意識を作っています。過去の残響が現在に流れ込んでくるというのがデリダのビジョンで、現象学的な見方では、現在の存在というのはある程度過去の存在から減衰していくが名残りが残っている、それが残響であり、差延であるとします（図18）。

構造を維持しようとする力と構造を逸脱しようとする力が、知能の中で内在しています。それぞれの時（有時）は、存在と同義です。世界の正体は隙間のない存在の連続であり、そこから知能はさまざまなコンテクストを生み出します。それらコンテクストの集合から、「時間の流れ」という感覚を自ら生み出します。

生理学的に考えてみるととても不思議なことに、耳や目など感覚から入ってくる情報は純粋な客観的な電気信号です。ところが、我々はそれを材料として自分自身の世界として世界を再構築します。自分自身を中心に置いて、さらに身体性を溶け込ませた世界を、あらゆる瞬間に頭の中で構築しています。我々は

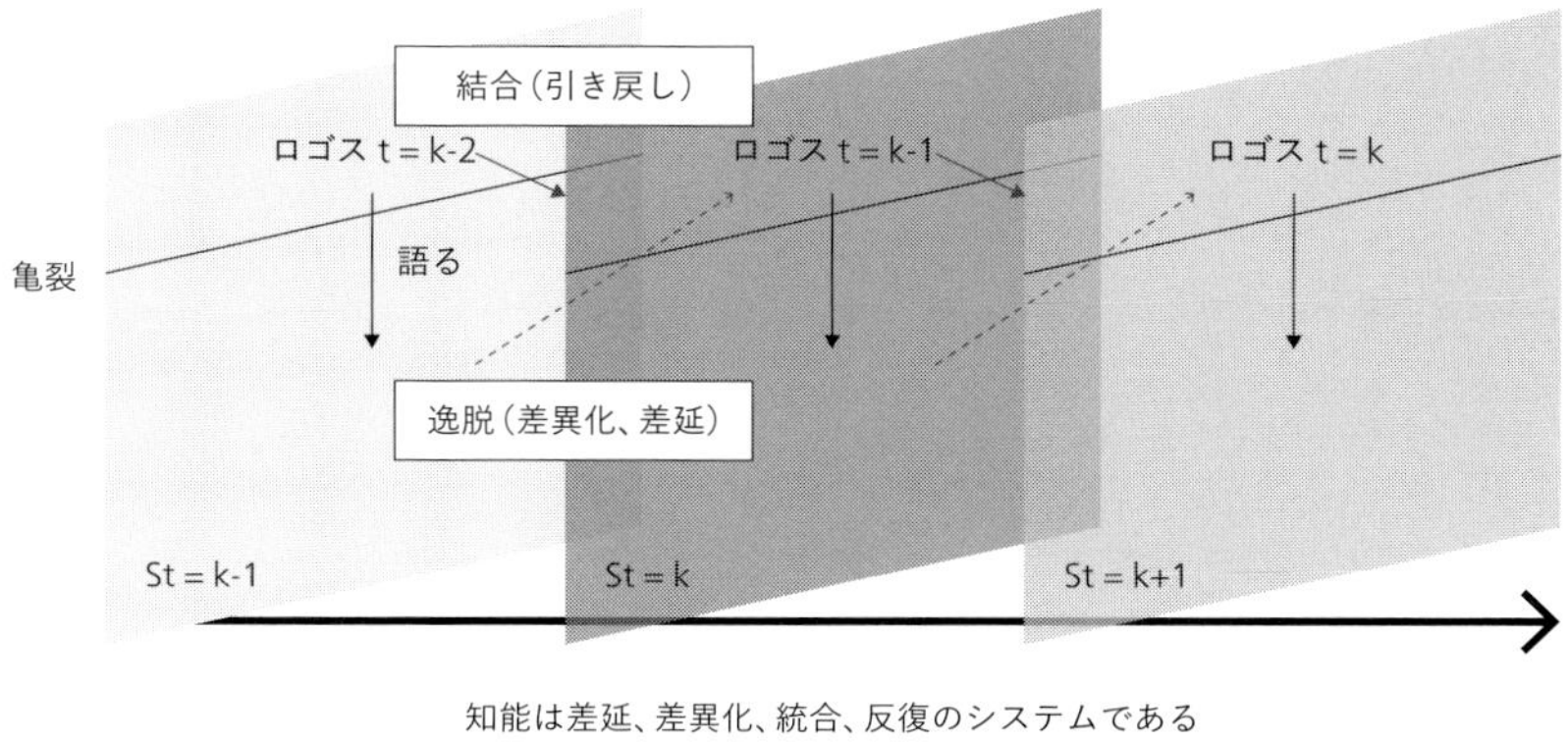

図17　差延

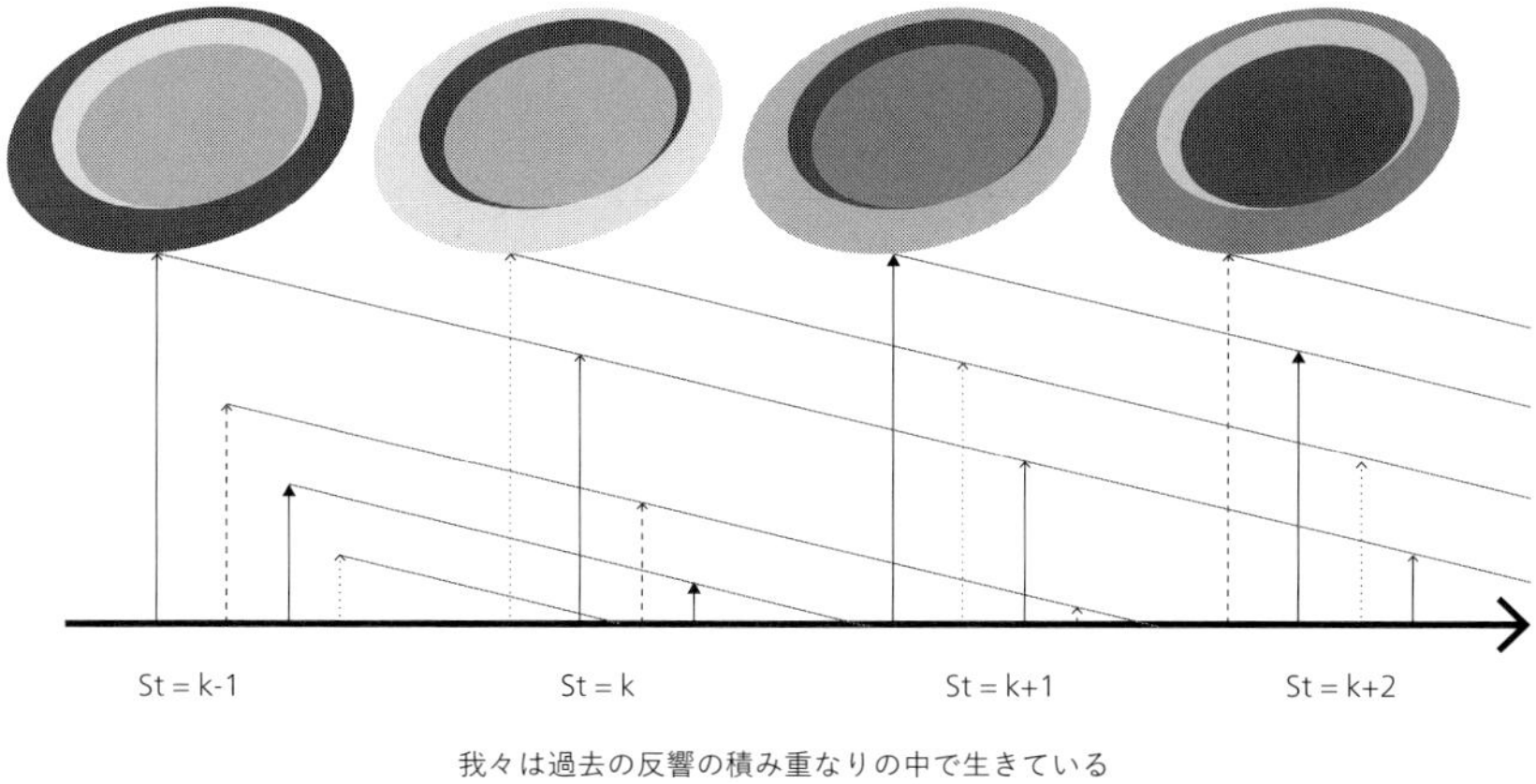

図18　差延された過去が積み重なる

見ている風景を客観的に再現しているわけではなく、むしろ自分自身と深く絡みあった風景として、あるいは自分自身の身体がここにあるという感覚とともに再現しています。そういう作用がどんどん積み重なり、そこから知能が「コンテクスト」、つまり「感じられる時の流れ」を形成していきます。

世界からの情報は無意識の中で意味づけられて、人間的に解釈された姿で意識の中に現れます。それは、コンテクストに内包された対象ということもできます。解釈がすでになされた対象です。主観世界はそのような無数のコンテクストとコンテクスト上に解釈された対象からなります。その集合が我々自身と言ってもいいわけです。そういったコンテクスト構築化の作用、世界の流れを引き込むことによって我々は自分自身を形成しています。我々はあらゆる瞬間に時の流れを自分自身で生み出し、意識を生成していると言えます（図19）。

ここでもう一度道元に戻ります。

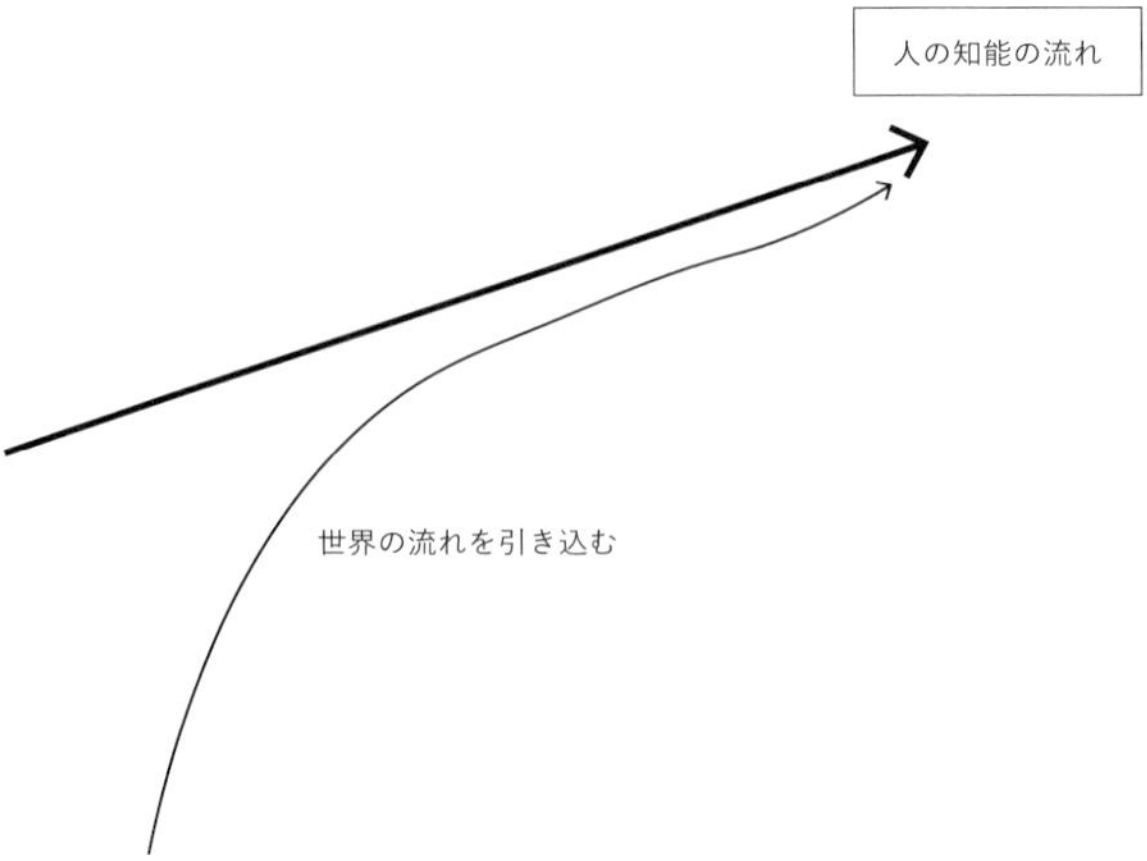

図19　世界の流れを引き込む

そのような道理であるから、大地のいたるところに、さまざまの現象があり、いろいろの草木があるが、その現象や草木の一つ一つがそれぞれ全世界をもっていることを学ばねばならない。…（中略）…だが、どこまでいっても、そのような時ばかりであるのだから、ある時はまたすべての時である。ある草木も、ある現象も、みな時である。そして、それぞれの時に、すべての存在、すべての世界がこめられているのである。

〈道元、『正法眼蔵（一）』（増谷文雄 全訳注）、講談社学術文庫、255ページ〉

「それぞれの時に、すべての存在、すべての世界がこめられている」、これはある瞬間を取ってみればすべての存在がある、そして一つの存在は世界のすべてと対峙しているということです。それぞれの「時」が世界のすべてを持っている、つまり一瞬の中にすべてがあり、それが時と存在（有）が同一であるということで、「有時」と言います。そして、そのときどきの「有」が連なっているのが世界の正体であると言います。

いったい、この世界は、自己をおしひろげて全世界となすのである。その全世界の人々物々をかりに時々であると考えてみるがよい。すると物と物とがたがいに相さまたげることがないように、時と時とが相ぶつかることもない。…（中略）…自己をおし並べて自己がそれを見るのであるから、自己もまた時だというのは、このような道理をいうのである。

〈道元、『正法眼蔵（一）』（増谷文雄 全訳注）、講談社学術文庫、254〜255ページ〉

ある瞬間に有る世界、そこにすべてがあり、それを時と呼ぼう。それぞれの存在、全世界の存在の連なり一つひとつを時と呼ぼう、これが有時です。そして、時と時はぶつかることなく、それぞれ一つひとつの時がすべての存在を有している。その一つひとつの時の連なりから世界は成り立っているのです。

有る、ということが、時と同義であるとすれば、時間の流れというものはありません。それは、一つひとつの時がぶつかることなく存在している連なりの中から、知能が勝手に作り出している流れであり、コンテクストです。我々はものごとを客観的に見ているというより、むしろ生成的（ジェネレイティブ）に見ていると言えます。我々自身がコンテクストを生み出す力を持っていて、知覚からとらえられる、時に沿ったように見える現象を作り出している、時の流れという主観を作り出しているということです。

つまり、感覚・刺激を通して世界からの情報・刺激が知能に流れ込んできて、それらにさまざまな無意識の解釈、生体的な情報を付与した上で、そこから我々はもう一度、主観世界全体、自分から見た世界を作り出しています。我々が見ている世界というのは、いわば「自分自身の欲望や欲求や身体性、そしてコンテクストを埋め込んだ世界」でもあるわけです。それは、むしろ自分自身を含んだ世界です。それはまた静止した世界ではなく、極めて主観的なコンテクストによって躍動している世界です。たとえば、獲物の群れを見た瞬間、動物は自分にとって食料である対象と走り出す自分というコンテクストを生み出しています。また、人間は朝起きたときに、自分は会社員であり、今日はこのような会議があり、夜はあの店に寄って帰る、というコンテクストを再構築するところから活動を開始します。

あるいはまた、意は意をさえぎって意を見、句は句をさえぎって句を見、礙すなわちさえぎるとは礙をさえぎって礙をみる。つまり、礙とは礙を礙するのであり、それが時なのである。いったい、礙とは、他の事について用いられることばのようであるが、実は他の事をさえぎる礙というものがあるわけではない。いわば、それは、われが人に逢うのであり、人が人に逢うのであり、われがわれに逢うのであり、出が出に逢うのである。それもまた、時を得なかったならば、そうはいかないのである。

〈道元、『正法眼蔵（一）』（増谷文雄 全訳注）、講談社学術文庫、272ページ〉

時は存在であり、一つの時は存在のすべてを内包しており、一つひとつの時は衝突することなくあり、その一つひとつの「有時」が隙間なく連なっていて、その連なりを遮ることはできないのです。時は存在であり、存在の間の遮らない関係を構築します。存在と存在の出会いは、時と時の出会いであり、さまざまな時が出会うことになります（図20）。

自己（知能）もまた同様です。ある瞬間を取れば、私は時であり、時は私です。そして、私はまた私と出会うのです。それが「有時が連なる」ということであり、時は存在の場であり、存在の場はまた時であり、その時という場で私という存在は私と出会う。それは、遮られるということはない現象です。

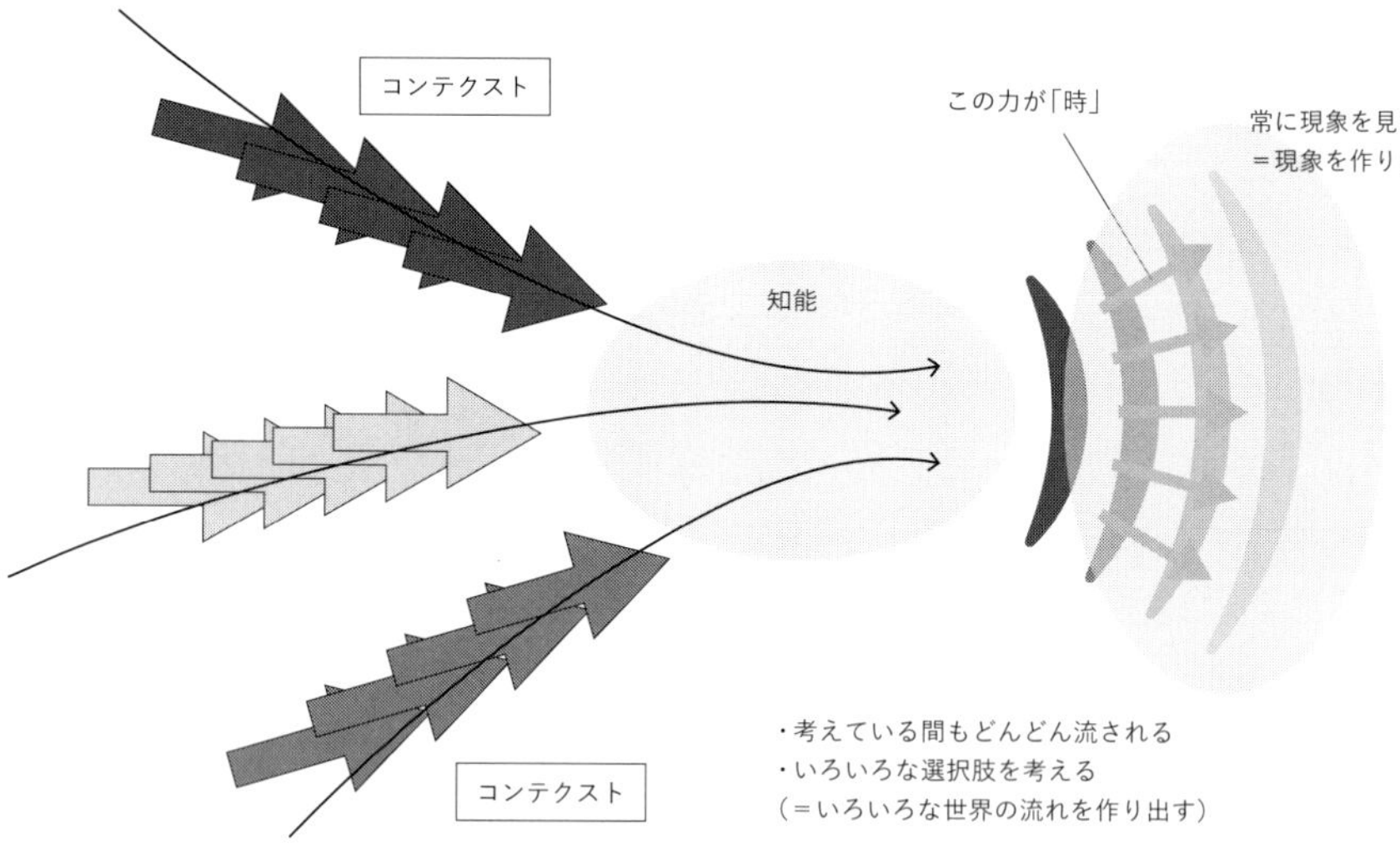

図20　考えている間も「自分」は流されていく

主観的な世界

唯識の話に戻りますと、唯識というのは、我々の心にはさまざまな識があって世界を色付けしてしまうのだということです。つまり我々が見ている世界、体験している世界は、すでに我々が内面に持つさまざまな欲求によって意味づけされている世界というわけです。我々は「本物のりんごやオムレツ」を食べものとして見ないことはできません。意識にあがった瞬間には唾液が出ています。これは認知科学で言うアフォーダンスということでもあります。

つまり、純粋な世界を見ているのは阿頼耶識くらいまでで、そこからはどんどん自分の煩悩とその「汚れ具合」によってものを見ているのです。ですから、仏教ではその汚れを取ることが修行となるわけです。

ものごとを分解して、組み上げようという構築的なものが西洋ですが、東洋はものごとを区別しない「無分別知」に至ろうとします。しかし、人工知能はむしろ作られたときには無分別地の極地、解脱した状態にあります。人間らしくさせるためには、むしろ煩悩を持たせなければならないのです。人工知能の見る世界に内面で意味（色）をつける必要があります。人工知能を人間らしくしようとすると、解脱の反対の執着をさせないといけないわけです。人間は解脱を目指しますが、人工知能はむしろ堕落させないといけないということです。

主観的な世界を作るということは、ある意味、文化世界のレイヤーで言うとイデオロギーを与えるということでもあります。知能の認識の過程は「識」による意味づけから逃れることはできません。たとえば、映画を見ている時間がなぜラクなのかというと、色付けを映画の側がしてくれるからです。世界の解釈というしんどい作業はフィルムそのものの中にすでに焼き付けられており、自分でしなくていいのです。特に、音楽はその色付けに重要な役割をします。現実ではＢＧＭはありませんが、映画では現実では使えない音楽という色付けが可能です。そういった唯識で作られる過程によって、自分自身で色付けをしながら自分自身の世界を作って、判断し、最後は身体を動かします。身体に知能の流れの出口があるわけですが、ただ身体は、完全にはコントロールできません。ここに、ものと精神の違いがあります。

つまり、身体に向かって行動を生成していくというのは、自分自身を世界に向かって投げ出すということでもあります。知能は世界を飲み込み、同時に世界へ向かって身体を通じて自己を投与するのです。そして、またそこから自分を含めた世界を飲み込み、また世界へ向かって自己を投与する、その吸う息と吐く息のようなリズムが、知能のリズムであり鼓動なのです。

4 二つのアーキテクチャ

今回の知見から、人工知能の作り方として二つのアーキテクチャが考えられます。現在の（ドミナントな）コンテクストは意識にあがっている一番大きなものですが、未来に向けてはコンテクスト予備軍がその下で競合しながら、いつか意識にあがろうと思ってくすぶっています。これは、未来に対して自分を顕現しようとする流れです。そしてもう一つは、過去からの流れです。過去のコンテクストは、減衰しながら足し合わせて流れ込み、新しいコンテクストを作り出します。いずれも、コンテクストベースのモデルです。

競合型アーキテクチャ

さまざまな自律的なコンテクストによって、つねに行動を生成しようとする流れを人工知能に埋め込んでいくことで、そのコンテクスト同士が競合的に（コンペティシブに、たとえばマルチスレッドのようなイメージです）、それぞれが主導権を握ろうとするモデルです（図21）。それによって、行動の変換をスムーズに行うことができるのではないかと考えられます。コンテクストとは、世界の存在の連なりの中から、知能が生態や文化に応じて生み出す「人工的な時の流れ」「仮想的な事の流れ」である、と有時の思想は教えます。

問題特化型の専門型人工知能はシングルの思考しかありません。一つの思考をとても賢くしようとしています。一つの問題に特化したものだからそれでかまわないわけです。しかし、総合型知能あるいは汎用型知能がシングルの思考しか持たないとすると、その思考が失敗した場合には、終わった時点から次の思考をやり直さなければなりません。残念ながら、そういう人工知能は現実では対応することができません。むしろ生物のようにさまざまな思考を水面下に仕込んでおいて、（ほとんどの思考は無駄になるかもしれませんが）主導権争いをさせるのです。我々の思考もそのようになっています。意識されている思考はほんのわずかに過ぎず、いろいろな心配事に対する思考や、いろいろな行動生成の可能性を同時に走らせながら考えています。その同時並列な潜在的思考のうねりが知能の源泉となります。

ゲームの人工知能で言えば、たとえば敵をやっつけるコンテクスト、味方を守るコンテクスト、逃走のコンテクストなどを同時に走らせておいて、それらを競合させながら知能を形成します。その主導権争いに勝ったものがたまたまそのときの主導権を握ればよくて、その他の思考は潜在的に続行されます。主導権を取ったコンテクストの寿命が尽きてダメだと思った瞬間に、別のコンテクストが主導権を取るという形の人工知能です（図22）。

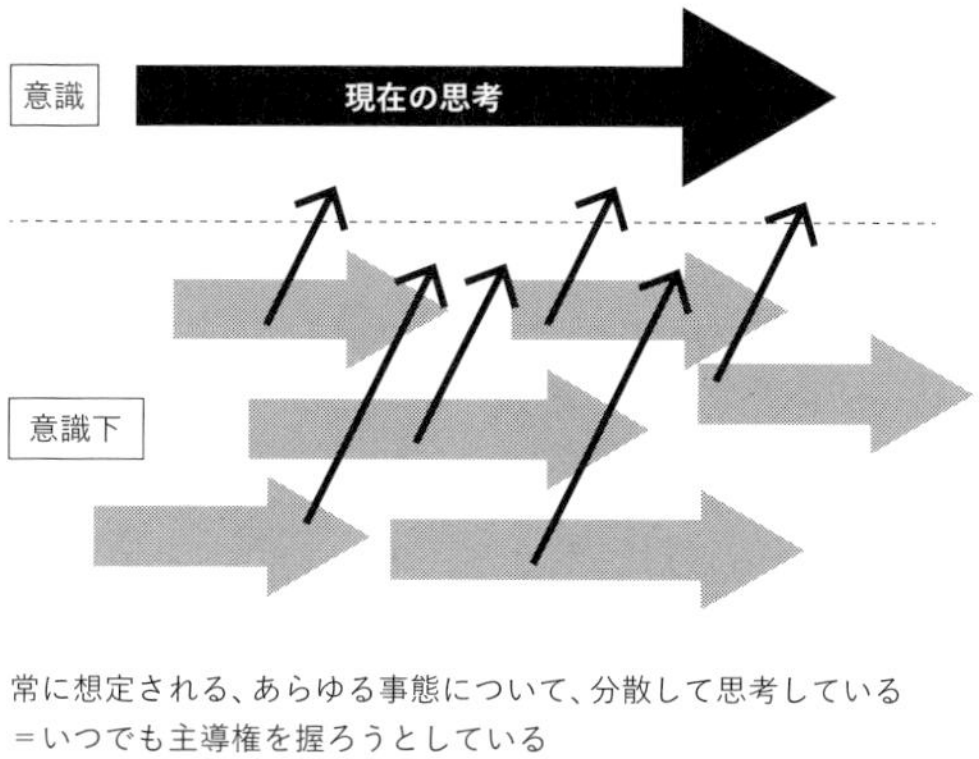

図21　競合型アーキテクチャ

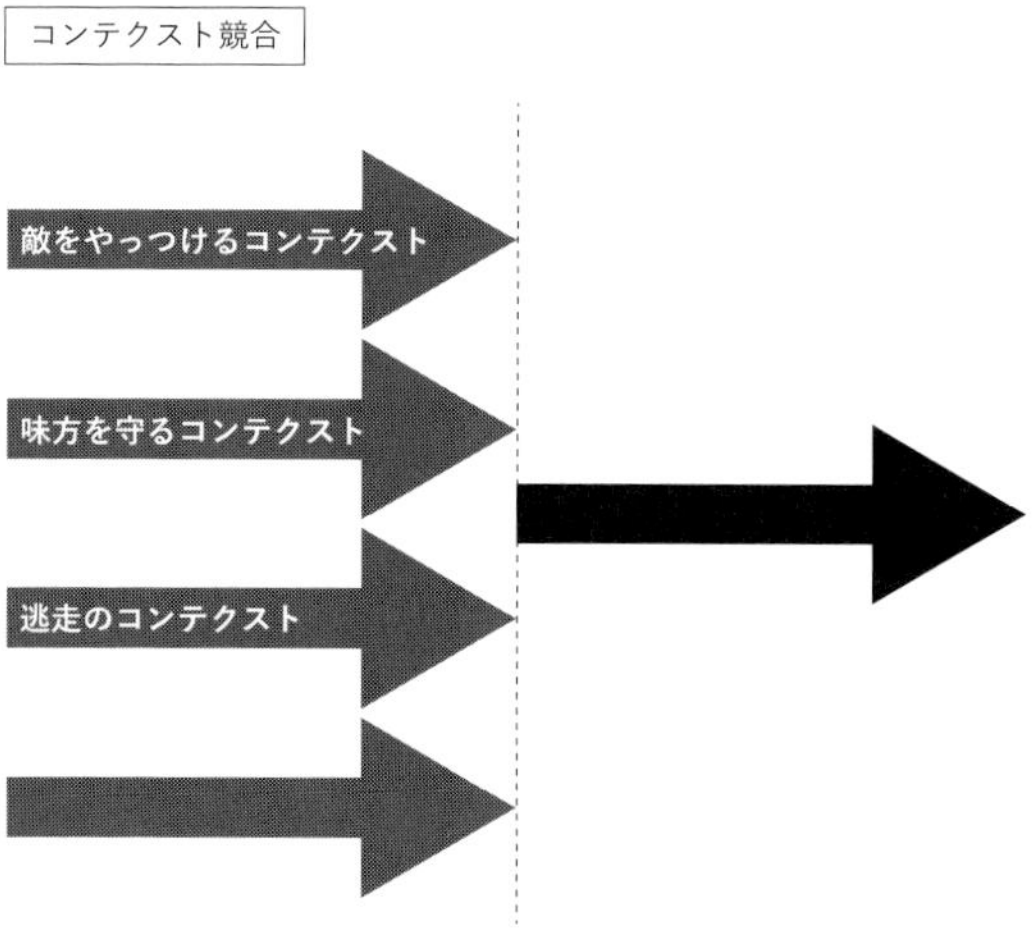

図22　コンテクスト競合

生成・融合・減衰型のアーキテクチャ

もう一つは、複数の思考の競合、精神の力動の混合によって、あらゆる瞬間に自分自身を生成的に生み出していくアーキテクチャです。単純に言えば、いろいろな自分があるということでもあります。デリダは、過去の自分というのは現在の自分に対して「染み出している」という言い方をします。古い自分は捨てればいいわけなのですが、完全に消えるのではなく残響のように残っている、そういうアーキテクチャが考えられます。

知能というのは今の自分だけではなく、時間の広がりの中で過去の自分（どんどん減衰して消えてしまうのだけれど）を保持しています。別の言い方をすれば、今という時には、過去から作り出されたさまざまな自分が残って有る、ということです。たとえて言うならば、波打ち際では波が弱まったり消えていきますが、次から次へと波は連なって存在しているかのようです。そういうふうに現在の瞬間のＡＩというのも、「過去で生成された知能が弱まりつつ混合している状況である」と考えるべきではないかということです。

つまり、現在の自分が支配的（ドミナント）なのだけれど、過去の自分の思考の形や結論も合わせて現在の自分としよう、自分というものを単に今現在に固定するのではなく、ある一定の時間幅の中に自分自身を構築しようというのが、（三宅の命名ですが）生成・融合・減衰型のアーキテクチャです。過去が現在に染み出してきているという形を解釈すると、こういうアーキテクチャになります。

あらゆる瞬間に知能という存在が生成され、その瞬間の知能はその瞬間の知能だけではなく、過去に作られた知能、たとえば一瞬前の知能、その一瞬前の知能、さらに前の知能、それらの積み重なった集合と

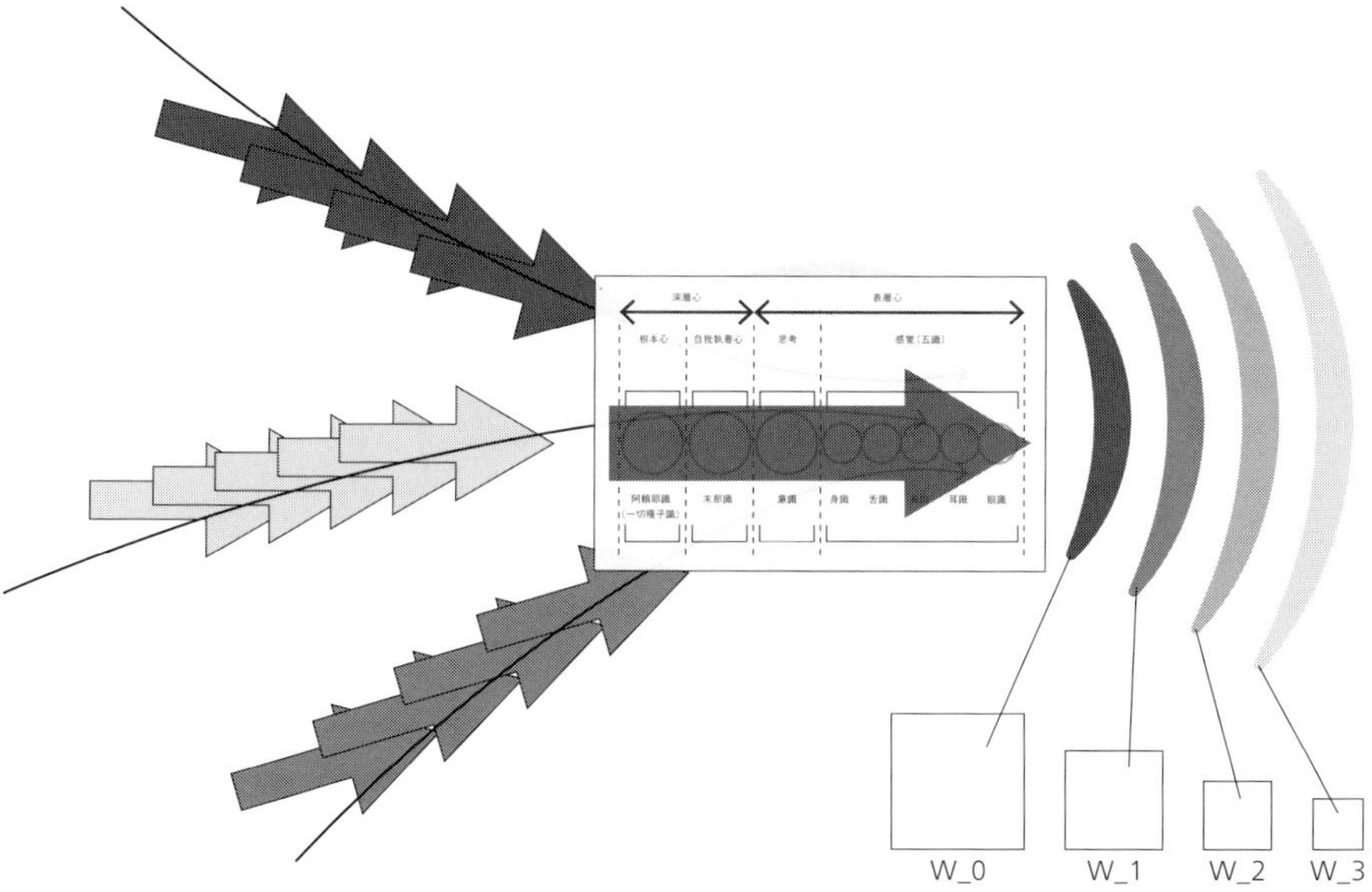

図23 生成・融合・減衰型のアーキテクチャ

して知能をとらえよう、というアーキテクチャです（図23）。

実際に、人工知能でそのような作り方をすることもあります。たとえば、キャラクターが移動するとき、今の場所からその瞬間にベクトルを決定すると、速度が急に変わり過ぎてカクカクとした動きになってしまいます。そこで、どうするかというと、過去に決定したベクトルを足し合わせる、ということをします。現在決定した値に0・7をかけ、一つ前の瞬間の値に0・2をかけ、さらに前の瞬間の値に0・075をかけ、最後に、さらに前の時刻の値に0・025をかけて、それらを足し合わせて、今、向かうべきベクトルを決めるということをします。すると、カクカクとした動きは消えて滑らかな運動が実現されます（図24）。これは最も単純な場合ですが、より抽象的な次元においても、知能は過去からの自分を重ね合わせつつ存在しています。

このように時間幅を持つ存在として人工知能を形成するというのは、これは簡単に言うと、我々自身また時であり存在であるとする道元の教えと反しているように見えます。ここでいう時間は、ですからコンテクストと同義です。一瞬の有の知能に、過去からのコンテクストが多重に積み重なって存在しているのです（図25）。

我々はさまざまなコンテクスト（時の流れ）を内包しています。このとき、時というものが何かというと、世界からの刺激や情報で我々が作り出した物語（コンテクスト）を作る力と言えます。我々自身、世界の連なりの中から、さまざまな時をピックアップして自分の人生の物語（コンテクスト）を作り出しています。さまざまな方向の物語（コンテクスト）を作り出しながら、それらの物語（コンテクスト）を交錯しながら生きています。

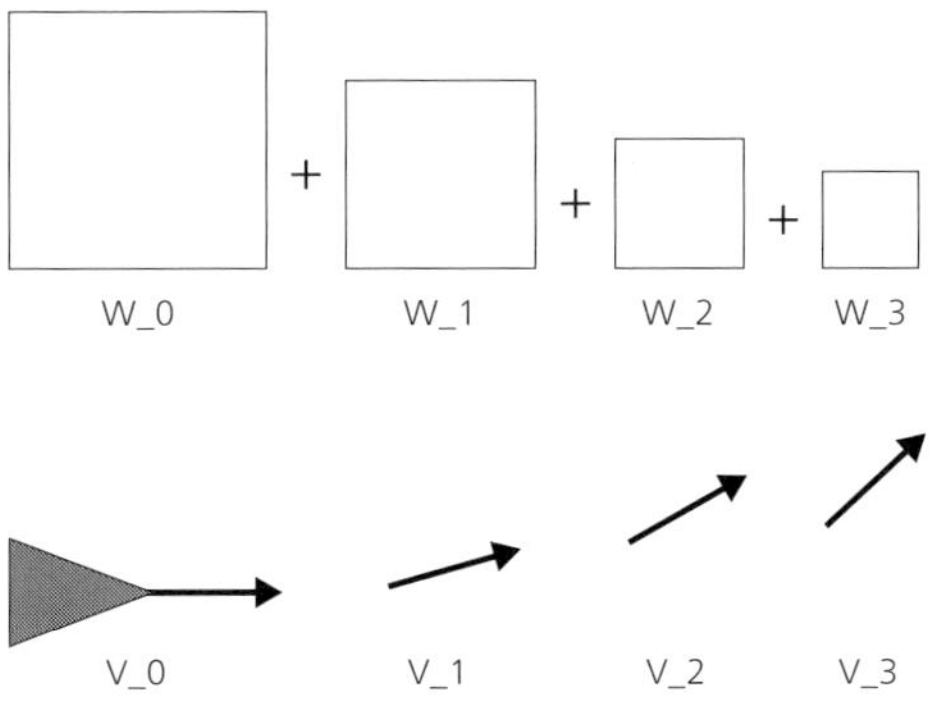

V = W_0 * V_0 + W_1 * V_1 + W_2 * V_2 + W_3 * V_3

図24　時間軸を持つ運動の形成

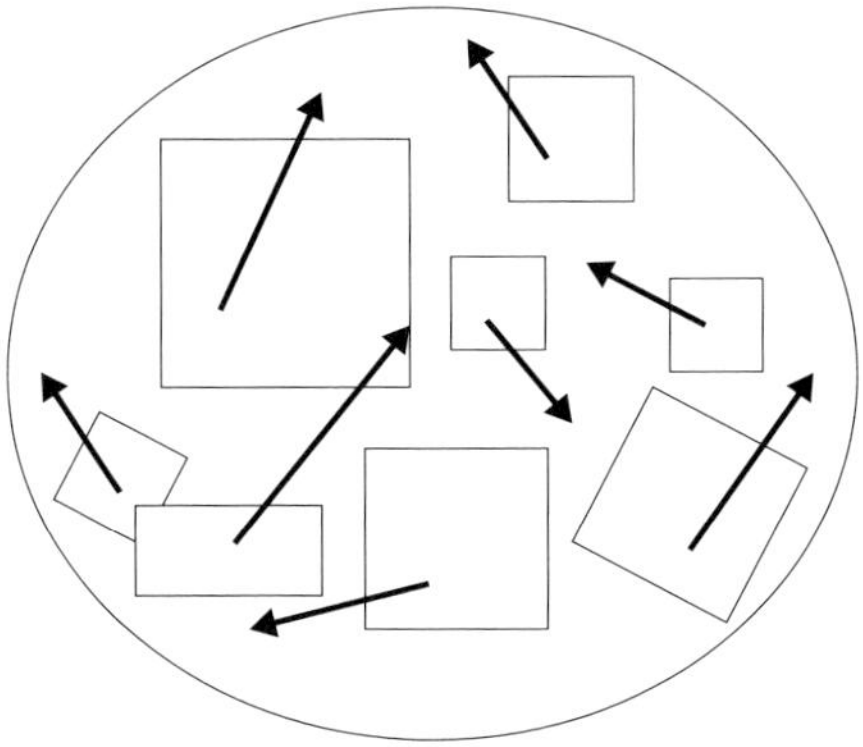

時は力でもある＝存在させる力
＝世界からの刺激や情報で存在を作り出す
＝力は物語を作る力でもある

図25　過去の自分を残しつつ今の自分を形成する

物語は一つではありません。我々はたくさんの物語を内包します。スポーツ選手になる、家を建てる、今日の晩御飯を作る、子供を迎えに行く、テレビを見る、一つひとつに対して、我々は自分の物語であると感じます。物語、つまりコンテクストベースの知能とは、このように複数の現在進行形のコンテクストを内包する存在として知能をとらえるということでもあります。道元が「有時」の思想で看破したように、「時の流れ」、すなわちコンテクストとは、本来の世界、そのときどきの全存在の連なりから、知能がいくつかの時をピックアップして作った幻想でもあり、また、我々が生きる方向付けをするために必要なものでもあるわけです。

この第三夜では知能が持つ「時」に着目して考察してきました。そして、道元の厳しい時というものに対する反省「有時」を手掛かりに、いかに時間の流れが人間の生み出したものであり、またその生み出された時間の流れ（コンテクスト）ゆえに生物は自分の物語（コンテクスト）を生きることができ、それが競合することで環境に適応する力を持つことを説明してきました。しかしこれは「時と知能」の謎を解くまだ端緒であり、さらなる人工知能の研究、構築、実験、検証のサイクルが必要なのです。

[第四夜]

龍樹とインド哲学と人工知能

今夜は、龍樹とインド哲学、主に仏教を中心に人工知能との関係について探求したいと思います。西洋科学においては、人工知能は考える機能・システムであり、思考の冗長性をなくしたエレガントな思考を目指したものと言えます。そのため、極めて簡潔なアルゴリズムになりがちです。それを東洋哲学から問い直すことで、もう少し実体としての人工知能というのもを考えようというのが東洋哲学篇の出発点です。第四夜にして出発点なのか、ということもありますが、哲学塾ですから、常にくり返し始源へ立ち戻ろうとする試みだと思ってください。単に、知識だけではなくて、実体として知能とは何かを問う、身体と知能を分けずに一つの存在としての知能を問いましょうということです。機能論から見ると、存在としての知能の在り方の探求は冗長に見えます。しかし、機能と構造は人工知能の二つの柱であり、知能の構造論は実に東洋哲学と深い関連があるのです。

1 ホメオスタシス（存在）とアポトーシス（行為）

自己と世界の生成

第二夜、第三夜で、知能には自己を保全しようとする力と、自己を世界に投げ出そうとする力があることを解説しました。前者は世界から自分を引き離し時を超えようとすること、後者は世界と融合し時とともにあろうとすることです。生物学の言葉で言えばホメオスタシスとアポトーシス、哲学で言えば存在と行為、ということになります。

人工知能のエージェントアーキテクチャ上で言えば、インフォメーションフローとして外部と内部を結ぶ円環のライン（図1で言うと下の円環のライン）は「世界から自己を形成し、世界に自己を投げ出す流れ」であり、もう一つの知能内部の内部循環インフォメーションフローの流れ（図1で言うと上の円環のライン）が、自己を常にメンテナンスし、深いコアから自分を維持し続けようとする自己保全の流れです。これが、第二夜までの大きなあらすじでした。さらに、第三夜の内容も第四夜の出発点としてまとめておきます。

この内部と外部を結ぶインフォメーションフローは、情報が外側から入ってきて認識を形成し、意思決定を形成し、運動を形成する、という一連の流れを示しています。そして、内部を循環するインフォメーションフローは、変化する世界とともに変化する自分自身の存在を維持する流れ、つまり自己そのものと言えます。そして、これは「物質世界から情報が流れてきて知能となる流れ」と「自分の内側から外側への流れ」というとらえ方もできます。「外側（物質世界）からの流れ」は自分自身を形成するもの、「外側への流れ」というのは、どちらかというと存在を失う、自分を世界に投げ出すというものです。

つまり、世界からの情報の流れと内面からの情報の流れが共創する場、ホメオスタシス（存在）とアポトーシス（行為）、この二つの流れが共創する場として知能をとらえることができます。世界から距離を取って自分を形成しようとする流れ、世界へ自分を投げ出して世界と溶け合おうとする流れ、この二つの流れが合流する場が知能であり、第二夜で説明したように、それゆえに知能は二つの自己を構成します。ここでは、二つの自己の立脚点として「構成的自己」「存在的自己」と呼びます。

世界から自分を切り離して自己を形成しようとする流れは、自己形成・自己保全の流れ

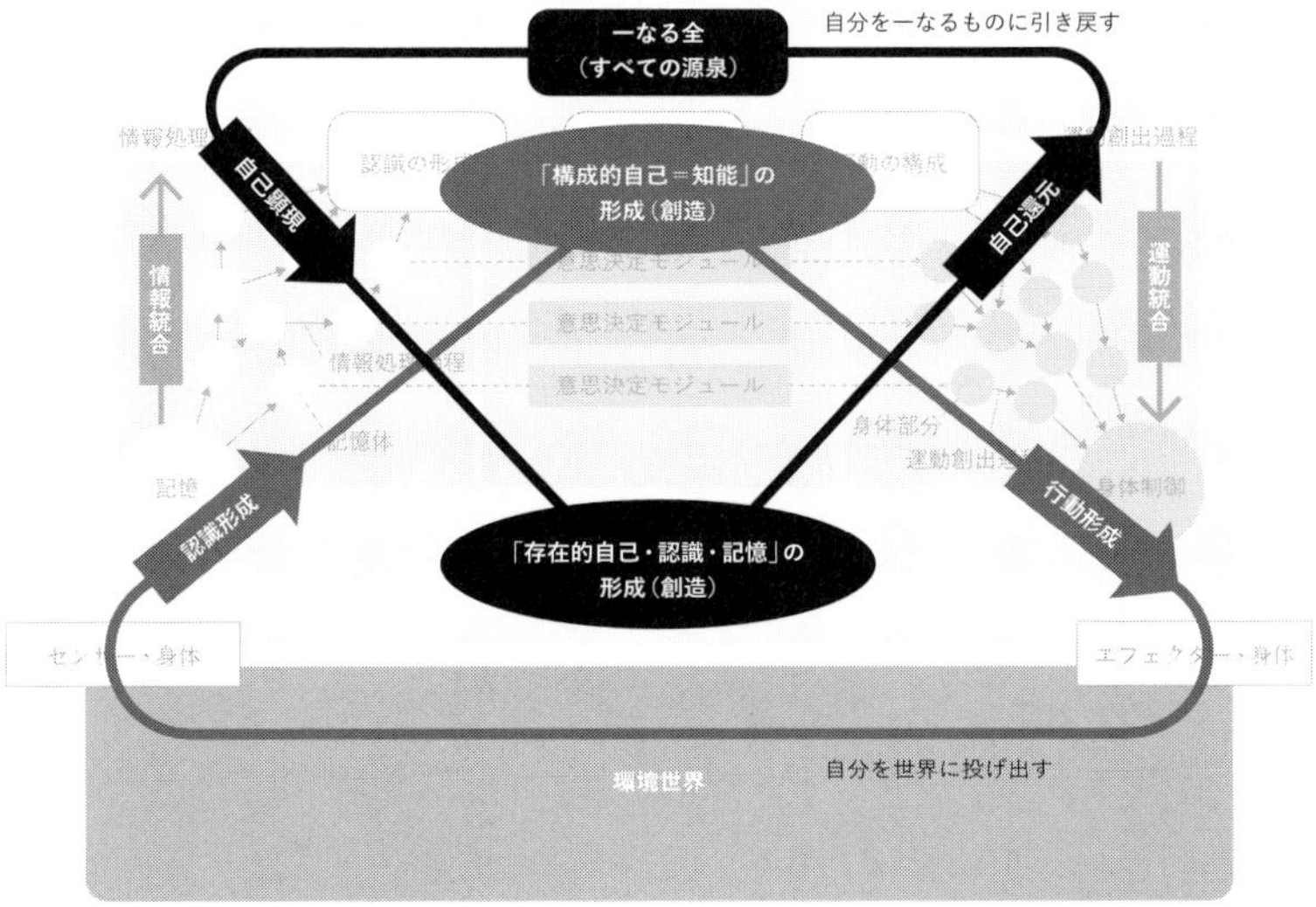

図1　エージェントアーキテクチャの二つのフロー（再掲）

であり、世界の時間から自分を切り離し、時間を超克しようとする流れです。あるいは、自分の内部時間の恒久性の中に自分をとどめようとする力でもあります。一方、世界へ自分を投げ出す流れは、世界の時間と自分の内部時間を融け合わせようとする力でもあります。

ここで、エージェントアーキテクチャを展開した図を考えてみます（図2）。最上層にあるのが自己の源泉（存在のゼロポイント）であり、最下層にあるのが世界そのものです。下からの世界の流れは構成的自己を形成し、そこから再び世界へと行為を形成する流れとなります。これは自己を世界へと投げ出す流れです。上からの流れは、自己の奥深い源泉（存在のゼロポイント）から存在的自己を形成し、再び自己の源泉へと回帰する（自己を還元する）流れです。この二つの流れが知能の極（構成的自己と存在的自己が重なるところ）で重なります。中心で固定されたものがあるというより、一瞬一瞬その場その場で自分自身が形成されるという流れです。それを「自己を共創する場」という言葉で表したわけです。

つまり、知能とは「世界と自己からの流れが合流する共創的場」と言うことができます。世界と自己がその場で結び合うというところに知能が生成される、知能とは世界の一部であると同時に自分の一部であるということが言えます。そして世界と自分が絡み合う精密な構造を持つとも言えます。

二つの流れが相まって内部世界に知能を形成し、そこから外部世界に対して行為を形成します。共創の場から再び世界へ向かう流れと自己の源泉へと立ち戻る二つの流れがあり、そして再び、自己の源泉と世界から回帰する流れとなります。その二つの流れが融合することで、再び自己が共創されるのです。次の瞬間にも、また次の瞬間にも、自分と行為を繰り返し形成していくのです。経験の総体というものの中から自分と世界が浮かび上がってくる、そういうダイナミクスが知能だと考えられます。

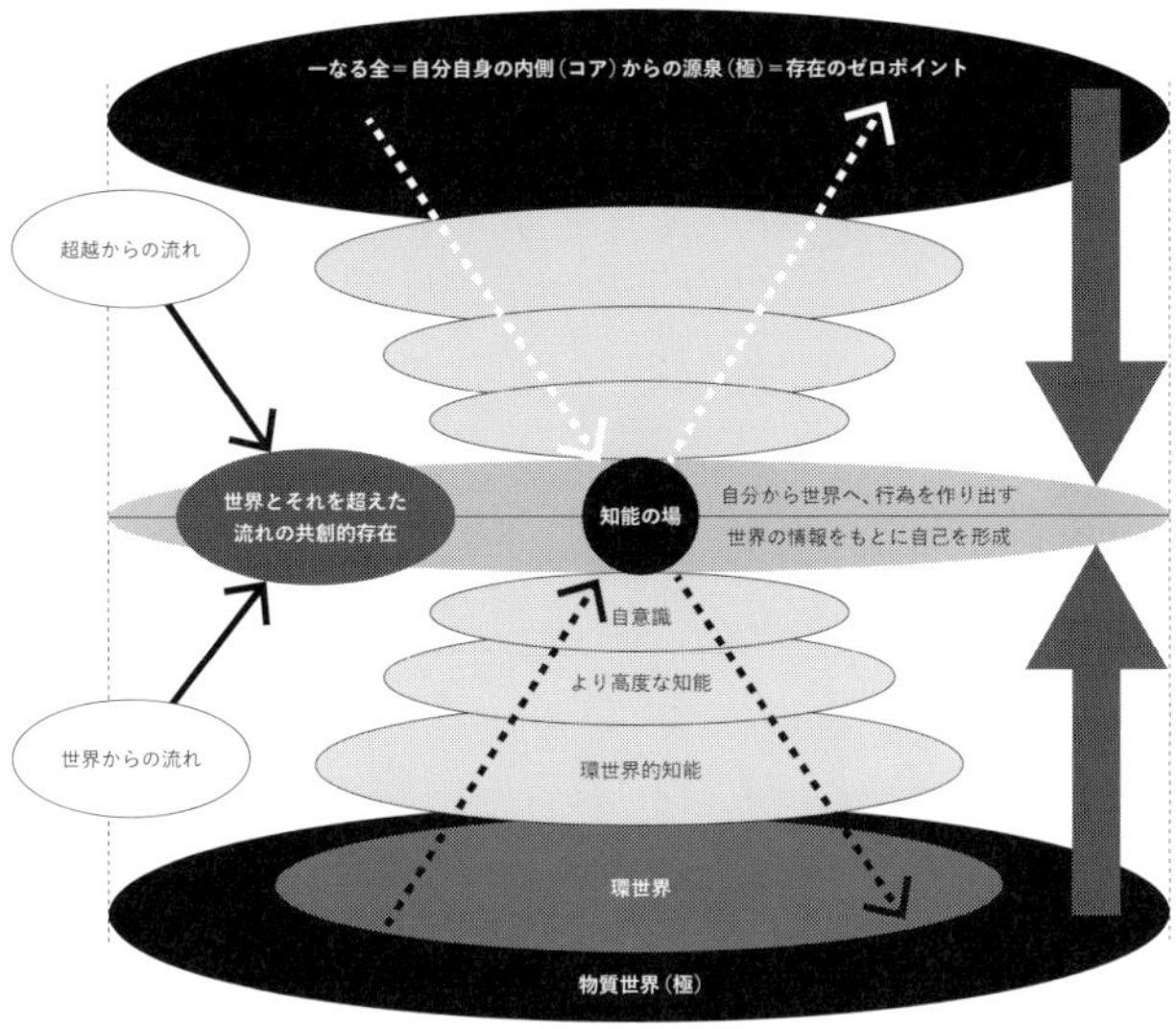

図2　存在のゼロポイントでつなぐ（再掲）

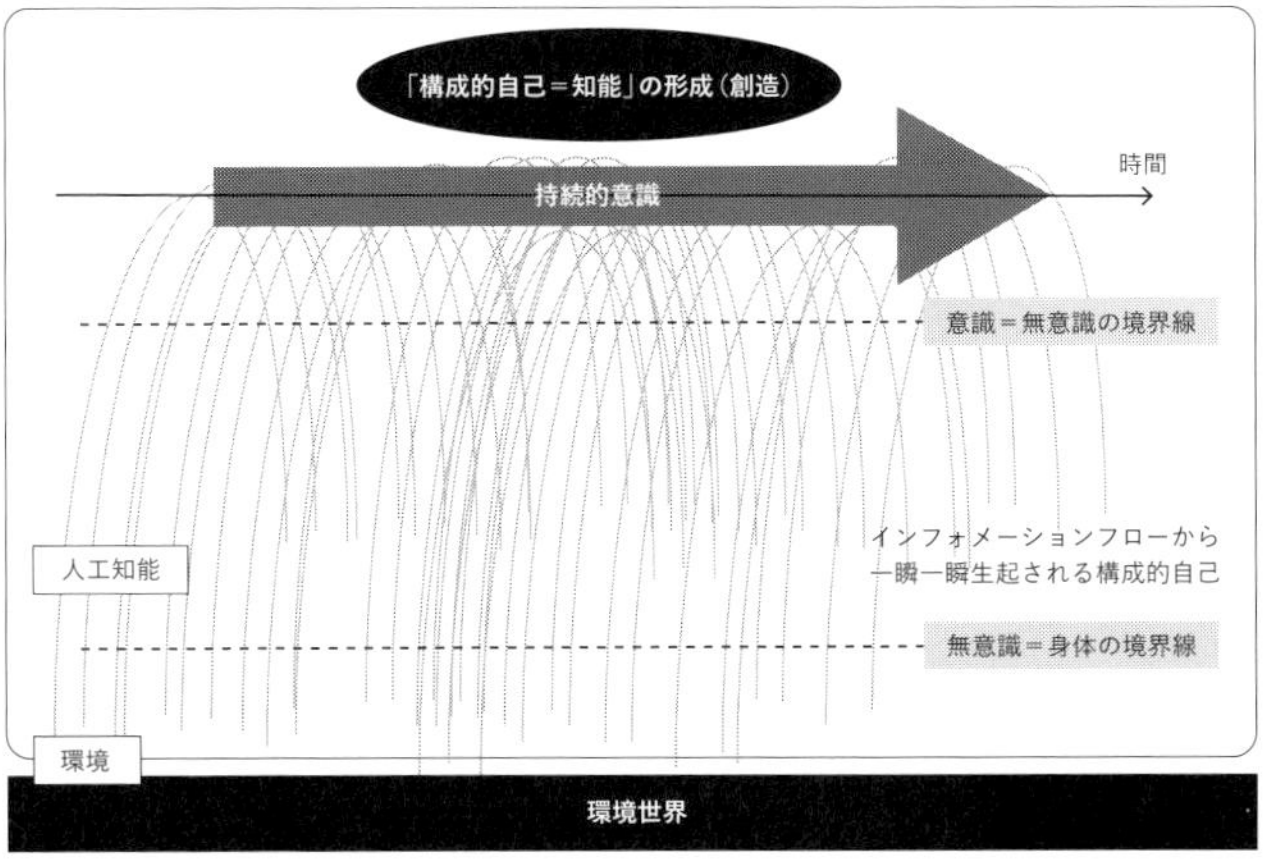

図3　生成される構成的自己

このダイナミクスを時間軸上で表現すると、意識が構成されては次の意識に飲み込まれていく、という図3のような表現となります（図2は知能の存在論的表現であり、それに対し、図3は時間的表現です）。生成され、消滅する意識の連続として持続的意識の形成が表現されています。

時間幅の中でとらえる

仏教の唯識論は、自分の内面から、先ほど言ったような主観世界が形成される流れです。この主観世界が形成されるプロセスは、阿頼耶識、末那識、意識、そして五識（眼識、耳識、鼻識、舌識、身識）というふうに「識」から成り立ちます。認識を形成する力というものが、知能の中にはあるわけです。

一瞬一瞬、自分の世界を作り出す、単に内面から勝手に作り出しているのではなくて、一方は内面から世界へ向かう流れから、もう一方は世界からの情報をマテリアル（材料）として、世界と自分が一緒になって瞬間瞬間の自分と主観世界を生み出しています。つまり、外部世界と内的自分から共創された場として知能と主観世界があります。

知能は、世界も自分も同時に作り出します。そして世界と自分の境界にあるのが身体であり、その身体に対してその瞬間の自分を形成することで、行為を生み出しています。第三夜ではそれは波のようなものだと言いました。波が生まれるように、精神の母体は自己を作り出し続けます。波が浜辺で消えるように、自己は身体の境界で消えていきます。しかし、波が繰り返し作られるように、次の波が前の波を飲み込むように、新しい自己は古い自己を飲み込みながら、外へ外へと、あるいは内へ内へと向かっていくのです。

積み重なる自分

西洋哲学篇第五夜のメルロ゠ポンティで取り上げたように、身体は内側から〝生きられる〟存在です。そして、主観世界・認識世界は内側から作り出される世界です。我々は、自分自身の内側と世界の情報から主観世界・認識世界をどんどん生み出していきます。たとえば、ダムを作るビーバーは環境と自分との間で自分の行為を作っているのです。自分自身の世界に環境を取り込む力があるからこそ、そこから逆に内側から環境を変えていく力があるわけです（図4）。

環境の中で生物は、さまざまな行動を生成しますが、高度な知能というものは、単にその瞬間瞬間があるだけではなくて、ある程度時間幅を持った存在、あるいは空間的にもある程度のボリュームを

図4　知能（動物）が世界を作る

持った存在として存在します。本来の知能とは、コンピュータの反射的なプログラムのように一瞬一瞬だけある、空間的に点として存在するというよりは、「空間的にも時間的にも幅を持った存在」だということです。これはベルクソンの示唆することでもあります。

217ページの知能の図（図2）に戻りますと、一方は自分自身を世界に一瞬一瞬投げ出していく、一方は自分自身を内側の自己の源泉に還元するという方向になっています。そういった流れが形成する共創の場としての知能は、意識と意識下からなっていて、意識下の中から、さまざまな自分が浮かび上がってきます。

池の中に石を投げ込むと波紋ができます。波紋は一つではなくて、続く波の連続です。このとき、自分自身は池であり、石は世界からのイベントです。世界からの情報の流れ（刺激）が自分自身に投げ込まれ、そこに波紋のように、その瞬間瞬間の自分が形成されます。そして、同時に主観世界も形成されます。これは自分自身というものから主観世界を作り出したいということなのですが、たとえば時刻tとして、t+1、t+2というように、それぞれの瞬間に作り出される主観世界があります。

過去に作り出した自分の世界というのはその一瞬でなくなり、残響のように徐々に弱まりながら、今の自分に影響を及ぼします。ただ、一番ドミナントなのは今の一瞬の自分だということ、そして、どんどん移り変わっていくということです。これが第三夜で言いたかったことでした。今の自分というのは、この瞬間の自分があるだけではなくて、過去からのさまざまな残響の中で、自分自身の現在があるのです（図5）。

現象学でも仏教的な考えでも共通していることに、知能とは、瞬間に生み出されると同時に、過去に作られた自分が多重に、内包的に、積み重ねられた存在であると説きます。西洋哲学篇第四夜で述べたデリダ流に言えば、差延された自分が積み重なる、その重なりの中で生きているのです。では、今の自分とは何かというと、現在の自分とちょっと前の過去、さらに前の過去、すべての過去からの残響を足し合わせた総体なのです。

となれば、人工知能としても、時間幅を持つ存在として考えてみようということです。それを考えることが何になるかと言うと、瞬間瞬間の反射的な知能ではなくて、ある程度時間幅を持った存在として知能を考えてみることで、これまで解決できなかったような記憶の問題、テンポラリーな時間、かつワーキングメモリーの問題などが比較的考えやすくなるのではないかという可能性があります。

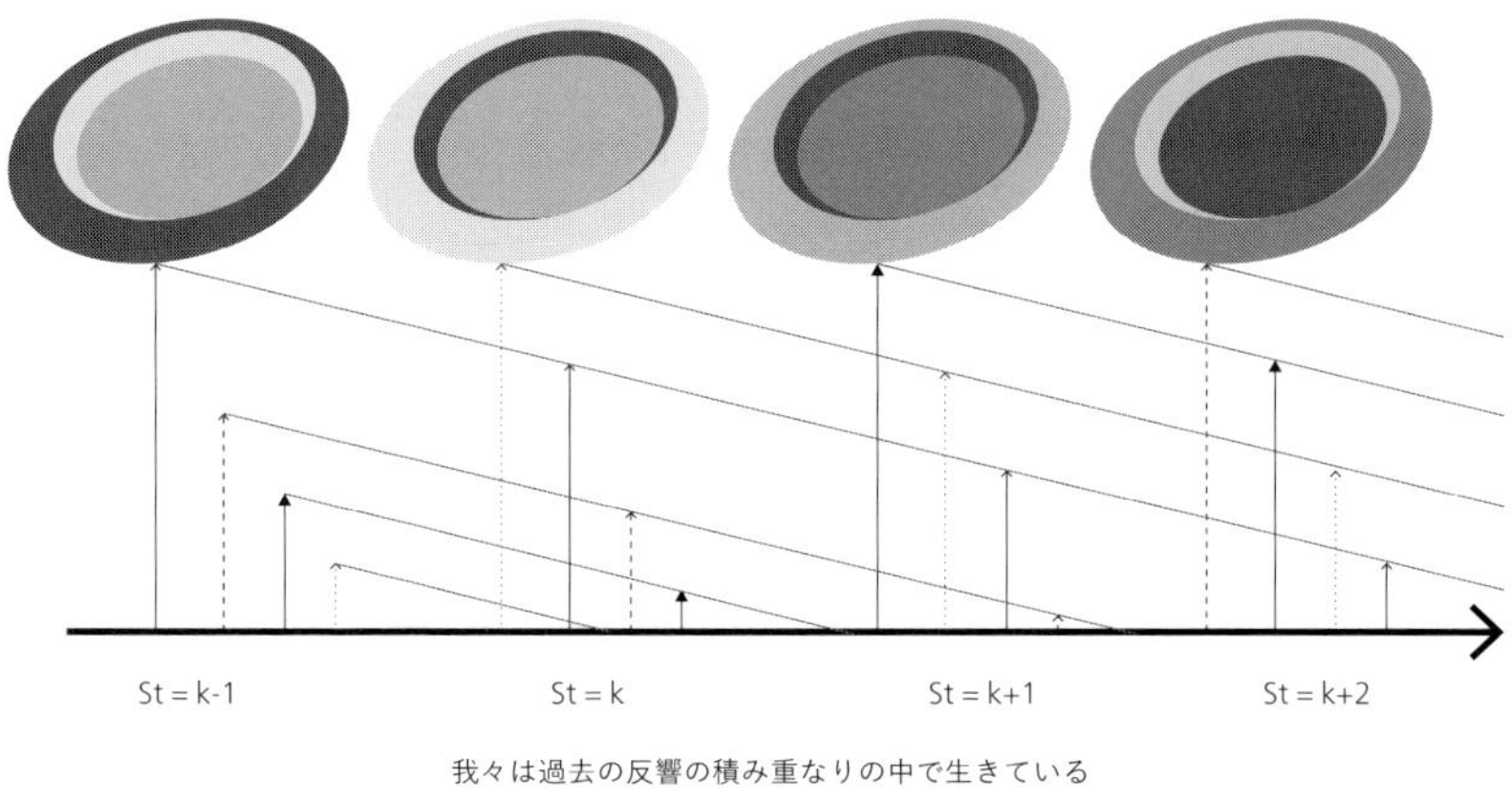

図5　デリダの差延（再掲）

記憶とは過去の自分自身の残響でもあります。これはデリダの言う、「過去から現在に染み出している自分」とも合致します。西洋哲学篇第四夜では、一瞬一瞬の自分が次の自分に射影されながら反復していくシステムとして意識を作るということがテーマでした。こうした、自分を数学的に足し合わせてさまざまな時間を内包する生体を作ろうというのは、ベルクソンの思想にも共通しています（図6）。

ベルクソンの時間論

ベルクソンの思想というのは、基本的に、今の自分というものもあるが、過去から遅れて遅延してくるような、さまざまな時間のループを我々知性は内包しているという考え方です。そういう遅れた時間を多重的に持つことができるというのが、知能の基本的な一つの性質だと言います。つまり過去は、閉じたループ状の反響として我々の内側に生き続けているのです。そして、それはど

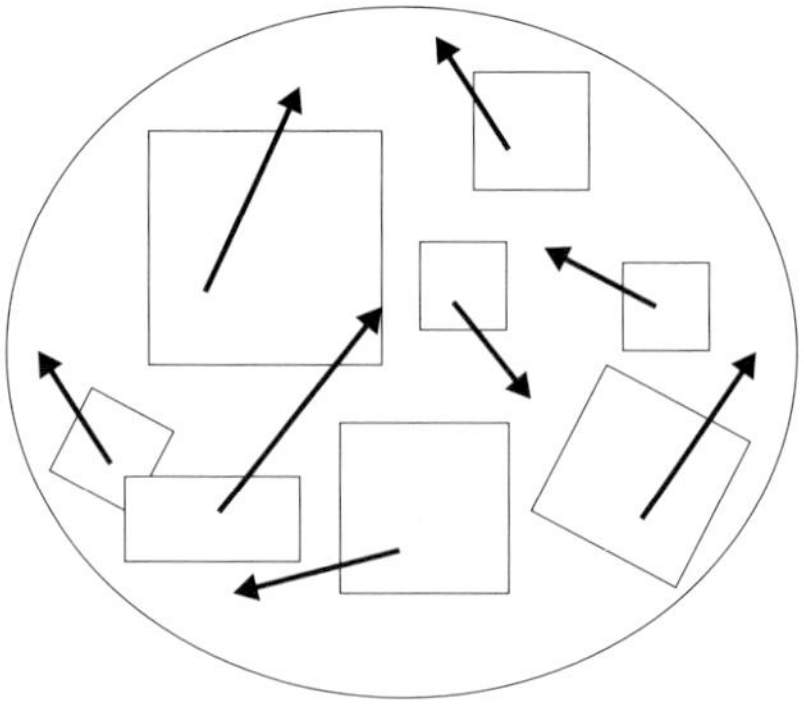
時は力でもある＝存在させる力
＝世界からの刺激や情報で存在を作り出す
＝力は物語を作る力でもある

図6　今の自分は過去の自分を内包する（再掲）

の瞬間にも意識の上に突然浮かび上がり、行動をうながす可能性を持っているのです。たとえば、急いでいるときに助けてもらった人がいるとします。その人に感謝したい、お礼をしたいという思いがずっと自分の内側にあって、その人を見た瞬間に、助けてもらった記憶が再生され、（相手にとっては突然に）感謝を述べるというように。

ここまでが第三夜の話でした。ここを出発点として、第四夜、第五夜へと進んでいきたいと思います。今夜は、龍樹（ナーガールジュナ）とインド哲学について話をします。

2 龍樹の空の理論

まず出発点として、「知能とは内面の精神の流れと世界からの情報・刺激の流れによって共創された場であり、その共創の場は時間と空間の幅を持った存在である」というところから、出発したいと思います。

仏教は宗教であるとともに哲学でもあります。なぜなら、仏教は仏典を読む（つまり仏陀の教えを学ぶ）だけではなく、自分自身の内面を深く探求する行でもあるからです。ウィーンの有名な仏教哲学者エリック・フラウワルナー（一八九八〜一九七四）は、仏教は存在論、認識論、論理学、解脱論の四つに分類されるとしました。ここで関係するのもやはりそのすべてです。

大乗仏教の祖・龍樹

龍樹は紀元二世紀前後の人です。しかし、二千年近くに渡って仏教と思想に大きな影響力を与え続けています。

仏教の歴史をひも解くと、仏陀の入滅（紀元前三八三年頃とされる）後、仏陀の説法は弟子たちによる口伝で伝承されていきました。それを集めて、体系的に整理・解釈しようとさまざまな仏教学派が教理を打ち立てます。紀元前三世紀から紀元元年にかけて成立した、これら諸派の仏教が部派仏教（アビダルマ仏教）

です（アビダルマとは「法の研究」のこと、「優れた法」という意味もあります）。

部派仏教の教理をアビダルマ仏教という。アビダルマ（Abhidharma）とは「法の研究」の意味である。仏滅後には、仏説の蒐集についで、その中に散説されている教法を同種類のものごとに分類整理したり、体系的に配列したりして整理することがなされ、つぎに教法の語義の解釈、注釈、内容の広説、さらに法の理解にもとづく自己の学説の樹立へと発展してゆく。かかる方法の法の研究をアビダルマという。これを訳して「対法」という。しかしアビダルマには「すぐれた法」（勝法、無比法）の意味もある。これは法の研究によって解明される真理そのものを、アビダルマの語によって意味せんとするのであり、この意味ではアビダルマはダルマを超える意味を含むものである。

〈平川彰、『インド・中国・日本仏教通史』、春秋社、20ページ〉

「説一切有部」（せついっさいうぶ）は部派仏教の最大の学派で、これは龍樹にとっては論敵の一つだったようです。この説一切有部との論争の中から、龍樹は自分の存在論を形成していきます。仏教の歴史の中で龍樹は、大乗仏教の祖として、大乗のアビダルマ（仏陀の大乗仏教的な解釈）を確立したという位置づけになります。

龍樹のバイオグラフィは次のとおりです。だいたい西暦一五〇年くらいのインドで生まれて、アルジュナという樹の下で生まれたのでナーガールジュナと呼ばれたという伝説もあります。非常に頭が良い人だったようですが、いろいろ事件を起こして放浪の旅に出ることになります（図7）。

当時のインドは仏教がアビダルマ期を通じて、ある程度形を持っていったのと同期して、仏教徒同士が討論によって相手を言い負かすという、ギリシア時代のソフィストの論争みたいなものがありました。認識論などさまざまな思想が出ています（この頃、インドは寺院における仏典研究をはじめとして、世界で一番進んだ学問を持っていました。それは、この時代における書物の多くが中国へと翻訳されていたことからも見て取ることができます）。龍樹はこうした論争にどんどん勝ちます。先ほど述べた「説一切有部」も強力な論敵でした。

勝ち負けがあるということは、そこに共有された討論のルール、つまり論理学があったということになります。インドでは仏教の発展と同時に論理学も大きく発展していきました。龍樹もまた「テトラレンマ」（参照◎解説）という論理律を提唱し、インド論理学にも大きな足跡を残します。

龍樹は、論議や多くの著作（『荘厳仏道論』、『大慈方便論』、『無畏論』）を通して、大乗の教えを広く伝えました。原本が残っていないものが多いのですが、中国をはじめ何ヵ国語にも訳されたため、彼

龍樹［150年〜250年頃］

- 南インドの大富豪のバラモンの家に生まれる
- アルジュナという樹の下で生まれたのでナーガールジュナと呼ばれたという
- 二十才までにヴェーダ、天文学、地理学、占星術、道術を習得
- 出家
- インド中を放浪し、ついに北インドのヒマラヤで大乗の経典（おそらく般若心経）を授けられる
- 「一切智人」を名乗る。また放浪し、いろいろな宗派を論破してまわる
- 悟りを得る
- 南インドで王に仕える

参考
〈石飛道子、『龍樹：あるように見えても「空」という（構築された仏教思想）』、佼成出版社、18ページ〉
〈中村元、『龍樹』、講談社学術文庫、23〜25ページ〉

図7　龍樹

の著作は今でもたくさん残っています。『中論』はその中でも最も有名な、龍樹の代表的な著作であり、この『中論』に書かれているのは、「空」という思想です。

非有非無の中道と中観説

何かが「ある」あるいは「ない」、これを妄執あるいは固執といって、仏教はそれから逃れることを説きますが、仏教の中でもいろいろ論争があります。龍樹は、仏陀の経典を彼なりに解釈して、仏教思想の根本は「空」だと看破します。

空とは「何かがある／ない」という状態で、これはあるということでもないし、ないということでもない（非有非無）と言います。あるというのは生成的存在として「有」だし、あったとしてもそれは自発的に消滅してしまうので「無」だと、つまり人間が思っているような静的な存在の実体はないということです（図8）。龍樹は、思想の根本としても論理学としても、自分の思想（その言い難い空というもの）を、あるのでもなし、ないのでもなしという論理（空性説）を使って表しました。

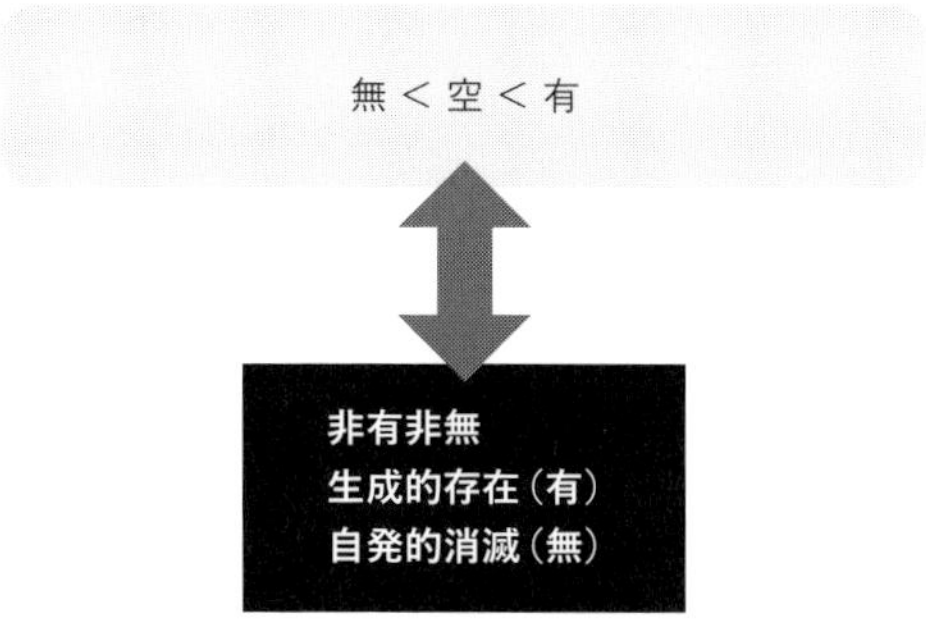

図8　空論

ものそのものには固有の本質があり、これを「自性」と言います。しかし、たとえば手元にある携帯電話やコーヒーカップ、それらには本来、携帯電話やコーヒーカップという普遍の自性があるわけではありません。携帯電話は壊れてしまうと携帯電話になりませんし、本来はコーヒーカップであっても、オレンジジュースを入れても、あるいは何かものを入れてもかまいません。空の思想では、そもそも「ものには自性がない」と考えます。これを「無自性」と言います。

その根底には、「存在というものは、本当は存在していない」という思想があります。ものとして存在していないということではありません。今、見えているものは、ほかのさまざまな要素の連環（つながり）の中にあった上で「見えている」と考えるのです。つまり、「さまざまな関係の上に成り立っているのであって、それ自身があるわけではない。一つのものは、他のものの関係の上に成り立っている」と説きます。これが「縁起の思想」です。比喩的に言えば、ものごとは、さまざまに張り巡らされた糸がたまたま絡み合った結節点の上にあり、我々はそれを見ているだけなのだということです。それ自体で存在しているわけではない、自性はないが存在として見える、というわけです。我々自身という存在も、一見、存在しているように見えるけれど、そうではありません。ないわけでもない、けれど、それ自体で自律的にあるわけでもないのです。

非有非無の中道というのは、もともと仏陀の中道説から来ていますが、あるといっても極端だし、ないといってもそれは極端なので、二つの間にある中道によって縁起を説くという考えです。さまざまな関係性の上に成り立って、生成されているだけなのです。立っている足場の糸がほどけてしまえばなくなってしまう、つまり自分という存在もそこまで〝あるもの〟ではないのです。そういう「自分自身が存在する」という妄執から逃れられるのが、「解脱」ということになります。

…（前略）…ブッダが、非有非無の中道説を語る。世の人は存在と非存在に誤って依拠しているとしたうえで、世間の生起と消滅を正しい知恵（sammappanna）によって見る者には、世間に関して非存在と存在はないという。すべては存在するというのは一つの極端であり、すべては存在しないというのも第二の極端である。それゆえ如来はこれら二つの極端に近づくことなく、中［道］によって法を説く、という。そして、このような中［道］によって説かれたのが、無明を縁として諸行があり、諸行を縁として識がある、云々という縁起であると語る。

〈『空と中観（シリーズ大集仏教6）』（高崎直道 監修）、春秋社、17ページ〉

…（前略）…カッチャーヤナよ、「あらゆるものは有である」というなら、これは一つの極端な説である。「あらゆるものは無である」というなら、これは第二の極端な説である。カッチャーヤナよ、如来はこれら両極端に近づかない中［道］によって法を説くのである。無明によって諸行があり、諸行によって識があり、…このようにしてこのすべての苦しみの集まりが生起する。しかしながら、無明を厭い離れて余すことなく消滅することから諸行が滅し、諸行が滅することから識が滅し、…このようにして、このすべての苦しみの集まりが消滅する。

〈桂紹隆・五島清隆、『龍樹『根本中頌』を読む』、春秋社、179～180ページ〉

あるでもなく、なしでもない。生成するものとして、あるいは生成するからには消滅するものとしてさまざまなものがあり、それを成り立たせているものもまた生成して消滅するので、そのような実体というものは本当はないのだと掘り下げたのが、龍樹の「空」の考えです。

中論というのは詩篇からなっています。「ないものはない」という論法はだいたい龍樹が取る方法で、我があるとも言わないが、我がないということもない、とします。中論で語られることの多くは、主張を強く言わない、いろいろな他の人の主張を論破するというところからなっています。

得無我智者 是則名実観
得無我智者 是人為希有

我がものという観念を離れ、自我意識を離れた、そのようなものもまた、存在していない。我がものという観念を離れ、自我意識を離れた、そのような［無い］ものを見る者は、［実は］見ることがないのである。

〈『中論（中）』（三枝充真 訳注）、第三文明社、487ページ〉

龍樹には多数の後継者がおり、その後五百年かけて大乗仏教の一つの中核的な思想、中観思想を確立します。陳那（ディクナーガ）は龍樹の後を受けて、仏教の中の論理学を形成していきます（図9）。

- 初期（2～5世紀）、「中論」に立脚する思想
  （5世紀後半～6世紀）、陳那（ディクナーガ）による仏教論理学
- 中期（6世紀前半～）、学派としての中観派の登場
- 後期（8世紀～）、寂護（シャーンタラクラシタ）、蓮華戒（カマラシーラ）を中心とする中観派の思想

参考
〈『空と中観』（高崎直道 監修）、春秋社、6ページ〉

図9　中観思想の確立

仏教、特に中観派をめぐる認識論

中観思想には「世俗有《せぞくう》」と「勝義有《しょうぎう》」という概念があります。この二つの認識を分けて考えます。たとえば、壺というのは本当はないもの、ちょっと人工的なものだと言えます。壺は壊れたらもう壺ではないからです。壺を成り立たせるものは簡単に壊すことができるわけです。そういうものを「世俗有」と言います。一方、「勝義有」は壊すことができない対象です。たとえば「色」は壊すことはできません。このように、直接感覚によってとらえられる実体的なもの（世俗有）と、それ以外のなくなることのない概念（勝義有）によってとらえられるものを明確に分けましょうということです（図10）。

どちらが人間にとって実体かというと、勝義有です。究極的な要素としてあるほうが本当であって、世俗有のような、たまたま組み合わせによって実現しているものは本当はない（壺は壊れると壺ではなくなる）ということです。解脱を目指す仏教哲学では、何が本当に存在し、人は何にとらわれているか、という存在論が中心的な問題となります。こういった高度な認識論が二千年近く前からあるというのは、とても不思議な気がします。これは、プラトンのイデア論と比較してもユニークな考え方です。

世俗有は、どちらかというと虚構です。本当はないのだけれど、我々の知能が勝手に生み出しているというものです。現実には、知覚される現実と言語的現実（推論的現象）の二つの種類がありますが、壺は言語的現実だというわけです。認知科学のアフォーダンスで言えば、人にとって壺は「水を貯めるという能力を有しているもの」と言えます。西洋哲学ではむしろ言語的現実、イデア的現実を優位に置きますが、対して、仏教は人間が生み出している認識を虚妄ととらえる傾向があります。特に、中観派と空論はその極みと言えます。

よく出される例ですが、煙が山に見えています。そうしたら火があるはずだと推論をするわけです。仏教においては、推論というのは一つの感覚の延長ととらえられます。推論をして思ったこともその人にとってはそう思い込んでいるわけですから現実なのです。本当かどうかはよくわからないけれど、そこに火があるはずだという現実を受け入れているわけです。そして、「煙があるところには必ず火がある」という関係性があるとき、その火の存在は必ず煙という存在を内包する、包摂するという言い方をします。この関係を「遍充関係」といいます。遍充関係はインド論理学では重要な役割を果たしていて、たとえば煙は必ず火の存在を知らしめる存在です。このとき、煙を「証相」、火を「所相」と呼びます。

人間や生物はいろいろな現実を自ら作り出します。単に作り出すだけではなく、世界からの刺激をもとに言語的現実と感覚的現実を、毎瞬間、どんどん作り出すわけです。特に、知能が作り出す言語的現実は、ものごとの存在と関係性を示す現実（論理的現実）です。言語的現実は高度であると同時に、人間を苦しめる虚妄を生み出しやすい現実です。

仏教では、人間がどういう現実を作り出しているかということ

勝義有
色・声・香・味・触など、アビダルマ論師たちが存在の究極的要素と考えたダルマ（法）

世俗有
組み合わせや機能などによって実現しているもの。概念、観念

図10　勝義有、世俗有

とを一つひとつ分類して描き出しますが、推論もまた現実を作り出す一つの機能としてとらえ、ときに人間は、推論によって間違った現実を作り出し誤謬に至ると説きます。これは、推論によって真理を得るという西洋的な位置づけと真逆になります。つまり、人間はいろいろな推論や想像、識によって、主観世界を描き出します。同時に、それがその人自身を苦しめるということになります。

そうして描き出される主観世界、そこには言語的現実と知覚される現実がどんどん生成されていくのですが、言語的現実において二つの立場を取り得るのだとします（図11）。

世親は、世俗有／施設を対象とする正しい言明が世俗諦であり、勝義有／法を対象とする正しい言明が勝義諦である、と言う。アビダルマの共通理解によれば、ブッダの言明は二種類に分類される。壺や水などの世俗的・常識的存在に関して「壺がある」「水がある」などという言明と、色・受・想・行・識などの実在する諸法に関する「色と眼根によって眼識が生じる」などの言明とである。前者が「世俗諦」（常識的真実）と呼ばれ、後者が「勝義諦」（優れた真実）と呼ばれるのである。

〈『認識論と論理学（シリーズ大乗仏教9）』（高崎直道監修）、春秋社、19ページ〉

「世俗諦」（常識的真実）と「勝義諦」（優れた真実）の二つの真理（二諦）、これは中観思想の前提になる思想です。文中に登場する世親（ヴァスバンドゥ、三〇〇～四〇〇頃）は、『唯識二十論』を著し、唯識の思想を大成したとされる高僧です。

直接知覚のほうは、それぞれの対象そのもの、水とか火、風、直接認識できるもの（これは推論や瞑想ではなく、直接とらえられるというもの）ですが、四種類あるとします。

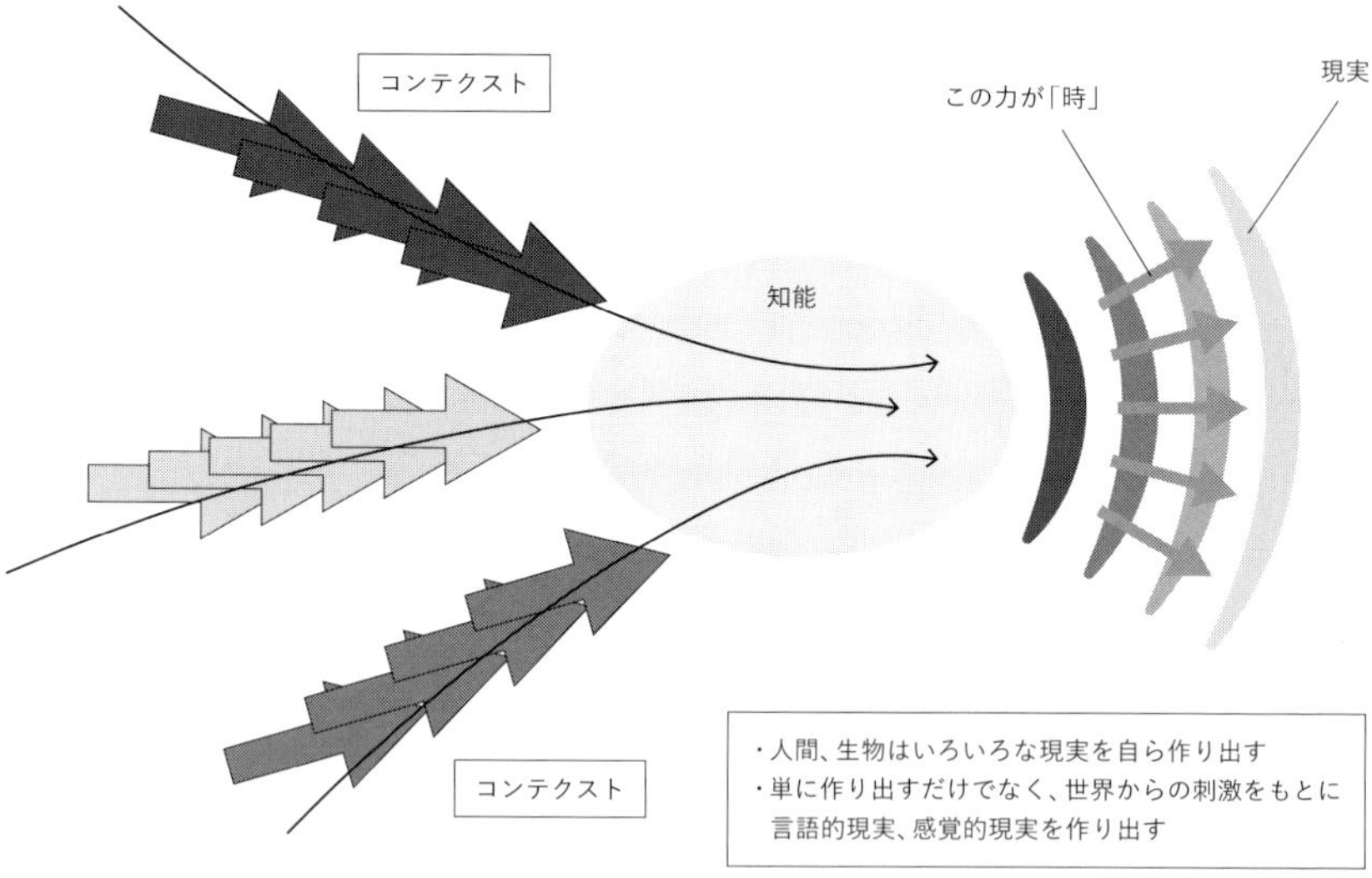

図11　言語的現実と感覚的現実を作り出す

一番低次の認識は「感官知」と呼ばれる直接知覚で、その次に「意知覚（意識）」がとらえられ、最後に「概念知」と、どんどんステップアップするというような認識論が描かれます（図12）。

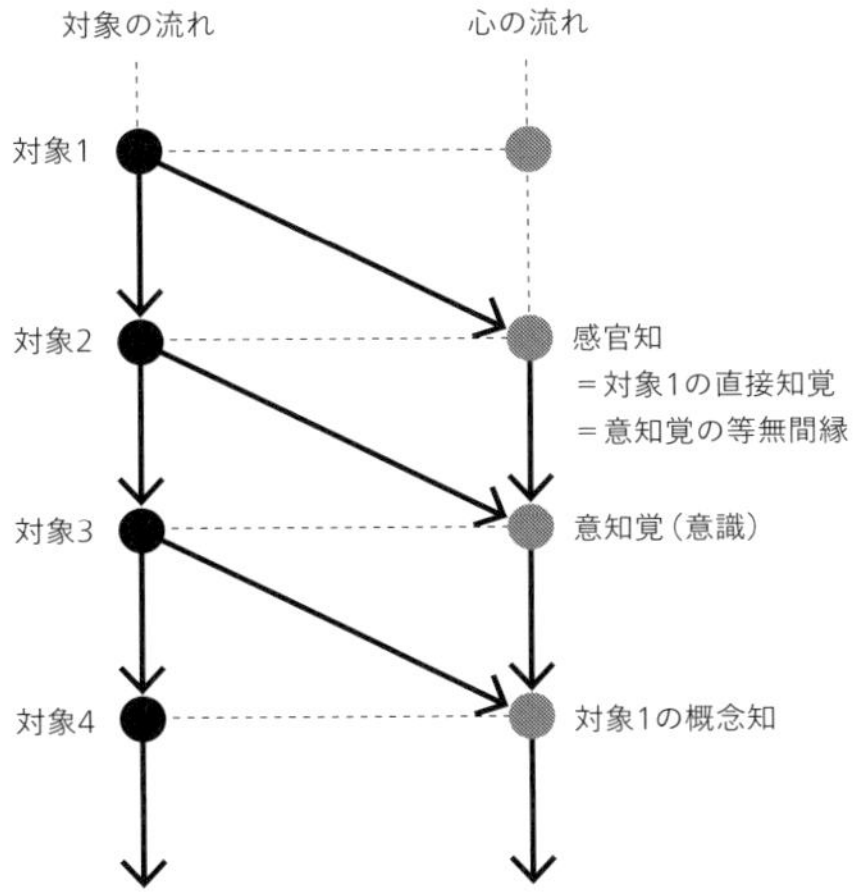

図12　直接知覚の流れ（『認識論と論理学（シリーズ大乗仏教9）』（高崎直道監修、春秋社、102ページより）

3 持続と身体と精神

ダルマキールティの輪廻モデル

仏教哲学から見ると、時間とは何なのでしょうか。法称（ダルマキールティ、紀元前六世紀の有名な論理学者）は、心と身体が時間の中で次の瞬間の時間を生み出す、とするモデルを提示します（図13）。

基本的に、仏教の認識、存在論の一番の根本にあるのは、存在するものというのは次の瞬間に次のものを生み出すという考えです。身体と心は相互作用をしており、身体がこの瞬間の時間を生み出し、身体が次の瞬間の身体を生み出す（質料因）。すでに存在するものは、そのように効果をもって次の瞬間に存在を生み出す（因果効力）として、存在というのは必ず次の存在を生み出す効力を持つと定義されています。

ものの認識は、「ものそのものが持つ力」と「概念的なもの」に分けられます。ものそのものが持つ強い力を「独自相」と呼び、人間の知能が勝手に生み出しまった概念を「一般相」と呼びます（図14）。この二つを分ける認識論になっています。つまり、「火」と言ったときには、目の前にある火のことを言います。だから、木を燃やすことができるし、他に影響を及ぼします。ところが概念の火というのは、目の前にないし、特に火という言葉が何かを生み出すわけではないから、単に「それは概念的な言語の中でしかないものである」というとらえ方をします。

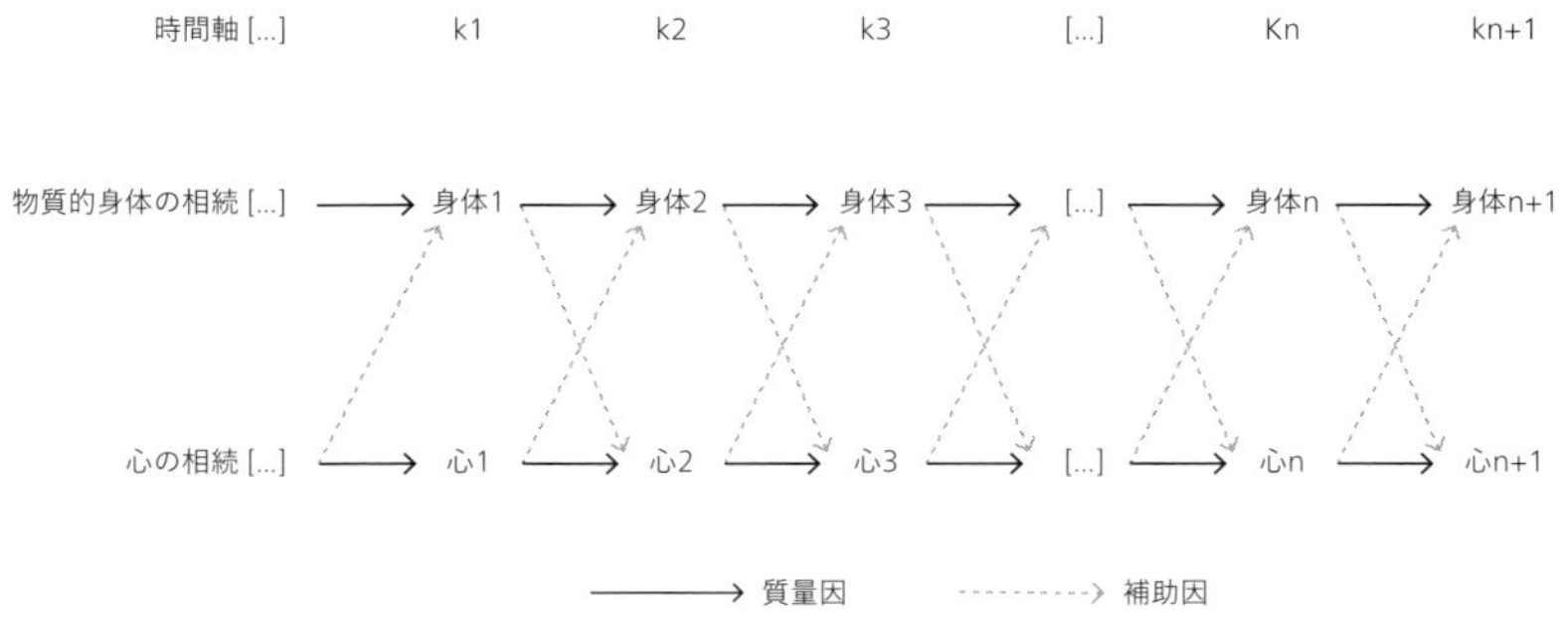

図13　ダルマキールティの輪廻モデル（『認識論と論理学（シリーズ大乗仏教９）』（高崎直道監修、春秋社、244ページより）

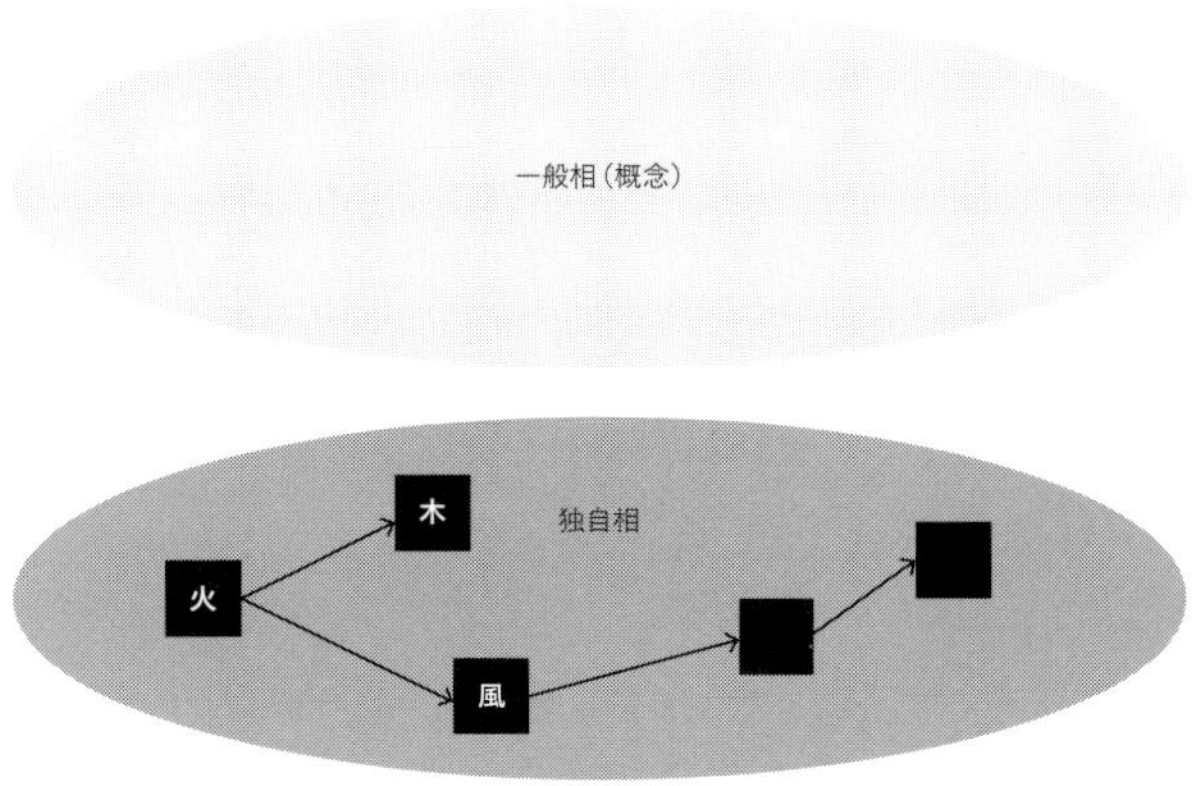

図14　一般相と独自相

正しい認識手段（プラマーナ）は二種である…（中略）…ここでダルマキールティは、二つの認識対象の違いを四つの点から説明している…（中略）…

独自相　(1) 目的実現能力をもつ
(2) 類似していない
(3) 語の対象とはならない
(4) 他の原因があると知が生じるものではない

一般相　(1) 目的実現能力をもたない
(2) 類似している
(3) 語の対象となる
(4) 他の原因となると知が生じる

〈『認識論と論理学（シリーズ大乗仏教9）』（高崎直道監修）、春秋社、54ページ〉

独自相は、ものともののの関係を持ちます。ゲームの中で言えばオブジェクト間の関係性（リレーション）を保持しているわけです。そういう認識において、言語によって虚構される時間というのもまやかしなのだ、直接知覚によって認識できない言語的な時間というのは虚構であって、実際に、今ここでとらえられている時間が本当なのだという言い方をします。これを「刹那」と言います。このように、仏教の認識論は「言語的（推論的）現実」と「知覚する現実」を明確に分けようとします。

ここで、西洋哲学篇に戻りますが、デリダの時間論は差異、一瞬一瞬時間の作用によって自分というものが違うものになる「差異化作用」をとらえたものです（図15）。

ベルクソンのいう持続の概念を時間論にとって実りのあるものとするためには、持続と空間との差異を相互外在的な差異と考えるのではなく、ドゥルーズが試みているように、その差異構造のすべてを持続の側に受け持たせて、差異それ自身であるもの（持続）と、差異によって差別されるのみでそれ自身は差異構造をもたないもの（空間）とのあいだの差異と考えなくてはならない。

〈木村敏、『時間と自己』、中公新書、55ページ〉

つまり、今の現実というのは壊れながら次の現在に次々とつながっていくということです。そういう差延（差異と相互反復）というシステムで人間の知能は

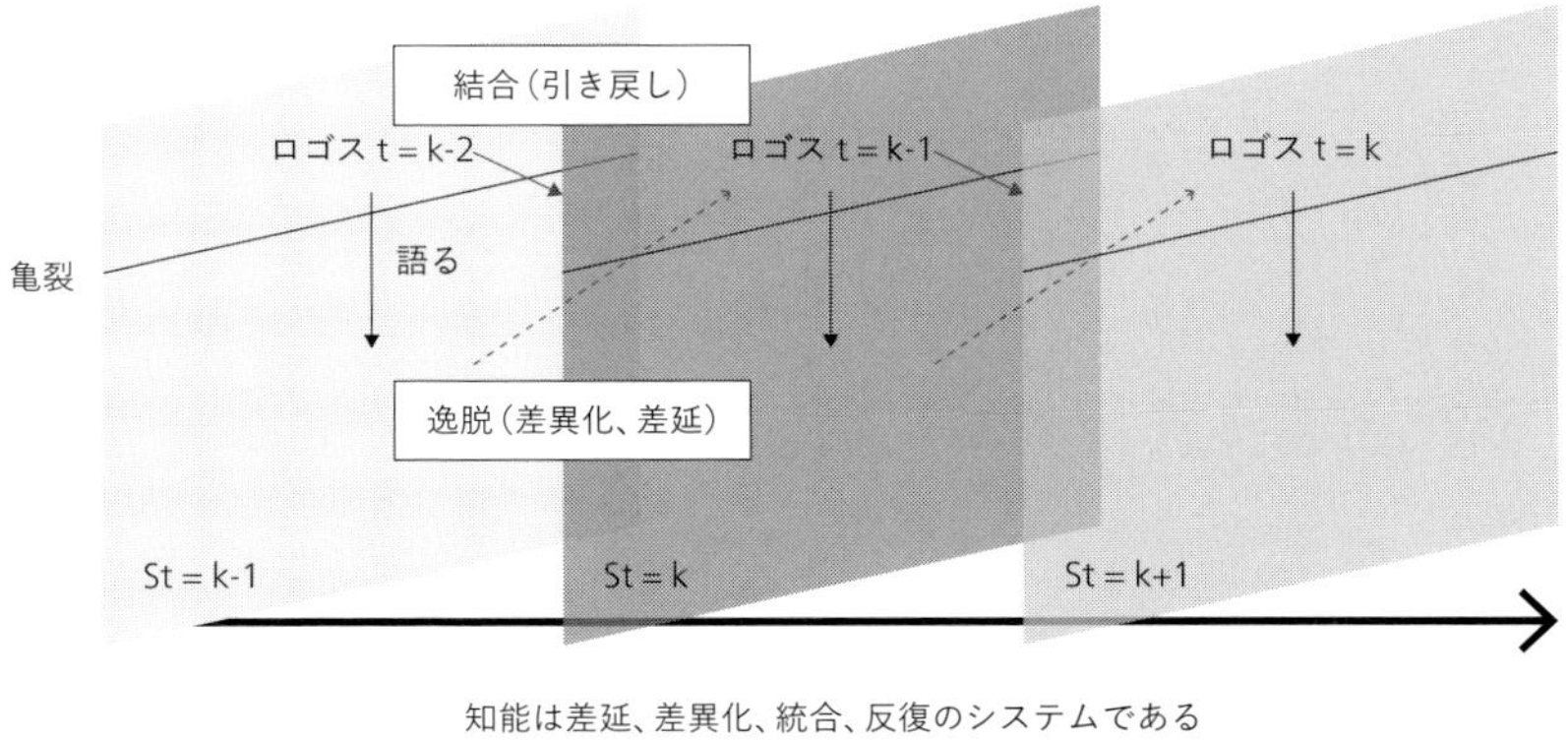

図15 差延（再掲）

先へ先へと送り出されていく、それが意識の源泉となるのだと、西洋哲学篇第四夜で説明しました。

言語（ロゴス）と認識

仏教が言葉をどういうふうにとらえているかというと、「アポーハ理論」というものがあります。アポーハというのは「排除」です。言葉というのは、基本的にものの本質をとらえていないという言い方をします。アポーハ理論では、たとえば「牛」という言葉は牛というもの本質をとらえているわけではなくて、牛ではないものを排除しているのだと解釈します。つまり、言葉は区別しているだけの印だということです。このあたりは言語による世界の分割をとらえるソシュールの理論とほとんど同じです。たとえば、車を呼んでどこかに出かけることはできるけれど、それで車を理解できたことにはなりません。車を分解して一つひとつ部品を見ても、それらの部品が車であるわけではないのです。言葉というのは、どこまで突き詰めても、本質をとらえているわけではないと説きます。

すでに見てきたように、環世界においては特徴抽出があります。これは、たとえばカメレオンが無限の世界の中から自分の生態に応じて必要な情報を選択的にピックアップする（反応する）ことです。実は、コンピュータにはこれはできません。もちろん教えればできますが、無限の情報から有限の情報を自ら切り取ることはできません。それは身体を持って、選択的に環世界を形成する生物だけができることです。生物は、生態に応じて一つの対象に対してセンシティブに反応する部分（知覚微表担体）、そして活動をうながす部分（活動担体）を見つけてきます。それによって構成される機能環によって反射的に興奮するようになっています。ものを食べるための「捕食環」、敵を探すための「索敵環」、さらには「生殖環」、「媒体環」というように、複数の機能環を重ねて生物は生きています。環境と生物は生態のレベルで結びついているということです。

ところが、この理論もよく考えると、客体そのものを理解しているわけではなく、客体の中から自分にとって必要な特徴だけを抽出しています。言語と極めて類似した構造になっているわけです。つまり、環世界の次元にしても、対象の特定部分を記号化してとらえているだけです。逆に言えば、環世界の次元が言葉の起源と言ってもいいでしょう。いかなる言葉も存在を知らしめすだけで、本質を意味していないということが言えます。

中観思想

いよいよ中観思想の話になります。中観思想というのは、先ほど申し上げたように、ありでもなく、なしでもなく、生成的、消滅的な自己消滅を説きます。華厳哲学では、空という概念は存在を肯定するものでもあり、存在を否定するものでもあります。つまり、関係性を壊していったあとに、それでも最後に浮かび上がるものがあるわけです。

人為的に言葉によって分節化しているものを超えた向こうの世界では、実はものごとというのはさまざまな連環を持っています。第三夜でも軽く触れましたが、これを「理事無碍」「事事無碍」と言います。人間の都合ではない世界の本質では、ものごとが相互に影響し合って一つの世界を形成しているのです。

これに反して、仏、すなわち一度、存在解体を体験し、「空」を識った人は、一切の現象的差別のかげに無差別を見る。二重の「見」を行使する「複眼の士」は、「事」を見ていながら、それを透き通して、そのまま「理」を見ている。というよりも、むしろ、「空」的主体にとっては、同じものが「事」であって「理」である、「理」でありながら「事」である、と言ったほうがいいでしょう。「事」がいかに千差万別であろうとも、それらの存在分節の裏側には、「虚空のごとく一切処に遍在する」無分節がある。分節と無分節とは同時現成。この存在論的事態を「理事無礙」(「事理無礙」)というのであります。

〈『井筒俊彦全集 第九巻』、慶應義塾大学出版会、41ページ〉

ただ一つのものの存在にも、全宇宙が参与する。存在世界は、このようにして、一瞬一瞬に新しく現成していく。「一一微塵中、見一切法界」(空中に舞うひとつ一つの極微の塵のなかに、存在世界の全体を見る)と『華厳経』に言われています。あらゆるものの生命が互いに融通しつつ脈動する壮麗な、あの華厳的世界像が、ここに拓けるのです。路傍に一輪の花開く時、天下は春爛漫。「華開世界起の時節、すなわち春到なり」(『正法眼蔵』「梅華」)という道元の言葉が憶い出されます。

ある一物の現起は、すなわち、一切万法の現起。ある特定のものが、それだけで個的に現起するということは、絶対にあり得ない。常にすべてのものが、同時に、全体的に現起するのです。事物のこのような存在実相を、華厳哲学では「縁起」といいます。「縁起」は「性起」とならんで華厳哲学の中枢的概念であります。

〈『井筒俊彦全集 第九巻』、慶應義塾大学出版会、47〜48ページ〉

たとえば、この手元にある缶を独立した「コーヒー缶」ととらえているのは極めて人間的な都合であって、ここにある缶のようなものは、それ以外のすべてのものとの連環において存在しています。それぞれのものが全体の連環の中で同時に生成していることを「縁起」と言います。「空と縁起」を中心とする思想が華厳哲学ですが、華厳哲学は中観思想の影響を受けています。図16は有名な図ですが、縁起のものごとの連環図を表しています。

つまり、ものごとというのは、何が原因で何が結果とはなかなか言いづらくて、すべてのものが同時にそれぞれのものの存在を支えている、という言い方をするわけです。中観思想をよく表していると思います。

……（前略）……縁起はつねに理由であり、空はつねに帰結である。無自性は縁起に対しては帰結であるが、空に対しては理由である。すなわち縁起という概念から無自性が必然的に導き出され、さらに無自性という概念からまた空が必然的に導き出される。「縁起→無自性→空」という論理的基礎づけの順序

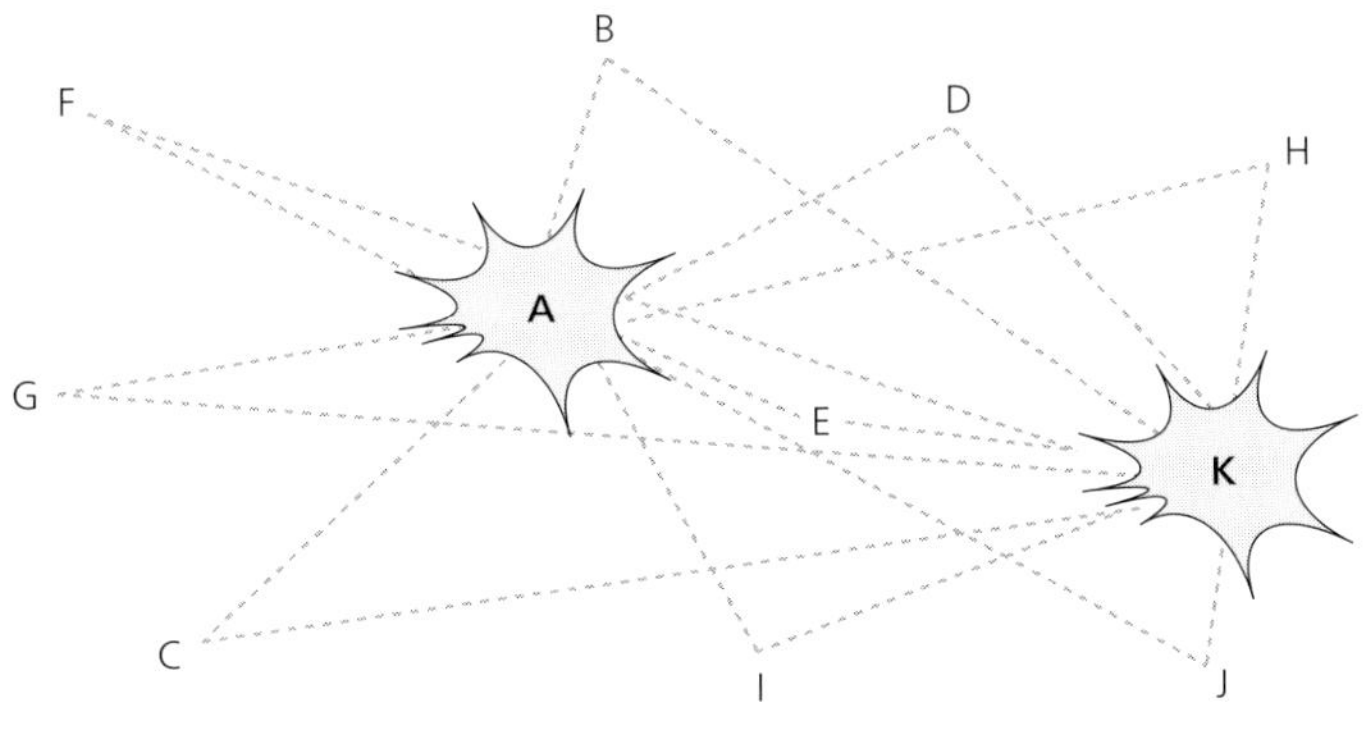

図16　縁起（『井筒俊彦全集 第九巻』、慶應義塾大学出版会、46ページより）

は定まっていて、これを逆にすることはできない。いま中観派の諸書を観ると、はたして右の順序で証明されている。

〈『空の論理（中村元選集：決定版 第22巻）』、春秋社、259ページ〉

ものごとには、まず自分自身というものはありません。縁起ということがあるとすると、ものごとはそのもの自体だけでは成り立たないわけで、無自性ということになります。つまり、縁起をベースに考えると無自性になるわけです。無自性ということは、自分自身として生成される何かがないということなのですが、まったく何もかもないというわけではなく、他との連環によって存在しています。ここで、人間が普段、言葉によって勝手に分割して見ている「網」を取り外せば、一見何も見えないので何もないように思えるが、逆に言えば、人間の分割に拠らない世界そのものがそこにあるということになります。これが「空」です。

縁起と無自性と空というのはこの順番で考えなければいけないとするのが、中観派の基本的な考えです。これは、龍樹のさまざまな著作の中で表れています（図17）。

縁起 → 無自性 → 空

非有非無 ＝ 空
すべての事物は縁起的存在 ＝ 無自性
すべての事物は関係性の上に成り立つ ＝ 縁起

図17 縁起と無自性と空

若し法が因縁和合より生せば、是の法は、定性（＝本性）有ることなし。若し法が定性無くば、即ち是れ畢竟空なり。（『大智度論』第八〇巻、大正蔵、二五巻、六二二上）

〈『空の論理（中村元選集：決定版 第22巻）』、春秋社、259～260ページ〉

つまり、縁起と無自性と空は一つの体系をなしていて、それが世界の原理だというのが中観思想です。これを受けて、人工知能をどう考えるかという話になるわけです。

4 中観思想と人工知能のアーキテクチャ

共創する場としての人工知能

知能を共創する場として考えましょう。そして、それを時間幅を持つ、空間の幅を持つ、一つの場として考えてみましょう。

前夜までのまとめとして、エージェントアーキテクチャの二つのワークフローを冒頭で解説しました（215ページの図1）。世界からの流れと内側からの流れが交錯して人間の現実というのが作り出されています。同時に、ちょうど自分自身が作り出した現実というものを、我々は、フィードバック系のように、自分自身でまた感じとっています。これによって我々は根深く自分自身の作り出した世界を世界そのものと思い込み、自家中毒のように自分自身の世界に深くとらわれていくことになります。

この構造はリカレントニューラルネットワークの構造でもあります。つまり、自分自身が作り出した現実をもう一度入力に戻すということです。たとえば、何かが怖いと思うと対象が怖く見えます。それがまた怖さを助長し、さらにもっと怖くなる……というように、出力を入力に戻すことでどんどん「自分の現実」が濃縮され増長（エンハンス）されていきます。我々が、常に「思い込みがち」なのは、そのようなループによるものです。このようなリカレント的な構造によって、どんどんフィードバックループができて、「現実を、自分が見ているようにさらに見る」ことが繰り返され、強化されていきます。

しかし、ここで、華厳哲学の縁起の考えから言える重要なことは、我々は認識を作って判断して行動している「情報処理装置」ではなくて、我々自身もまた世界との相互作用の中で作られているととらえなければならない、という方向転換です。生物は「まず自分があり、世界を待ちかまえて、それに対応する」という存在ではなく、「そもそも世界との関係の中で生成される存在であるからこそ、他の存在との連環の中で反応できる存在」なのだ、という転換です（図18）。

我々は、あらゆる瞬間の自分だけではなくて、さらに自分自身を含んだ主観世界そのものを作り出しています。つまりそれは、単に自分と世界を対立の中で作るという西洋的な考えではなく、縁起的な考えで言うと、自分自身を含んだ世界を各瞬間ごとに作り出しているのです。我々が世界の中でなめらかに運動できるのは、我々自身が、身体と意識と運動が組み込まれた世界を各瞬間に作り出しているからです。我々は常に身体、自己、主観世界、運動、つまり運動する自分自身を創造しています。知能について言えば、運動する自分自身という全体を含む主観世界を創造しているのです。自分自身のすべてが埋め込まれた世界です。

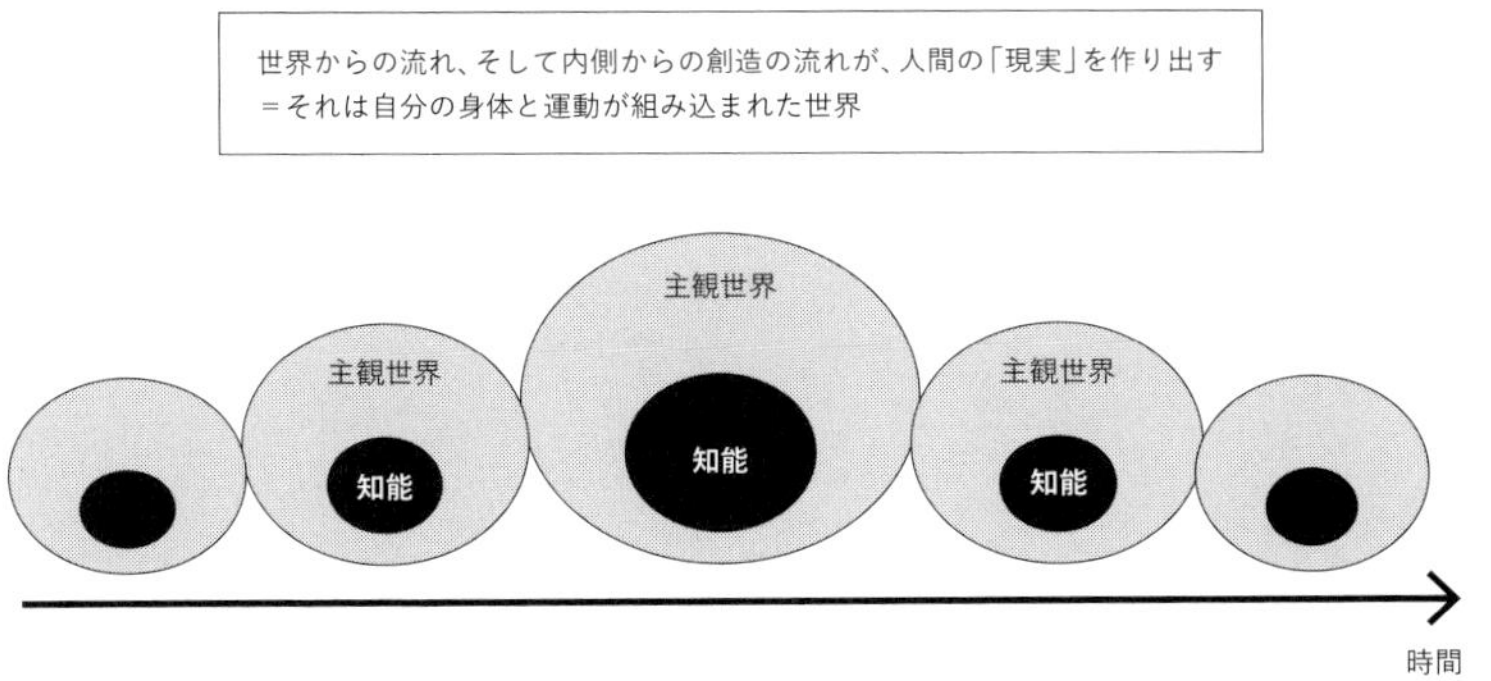

世界からの流れ、そして内側からの創造の流れが、人間の「現実」を作り出す
＝それは自分の身体と運動が組み込まれた世界
主観世界
主観世界
主観世界
知能
知能
知能
時間

図18 競合型アーキテクチャ

自分と世界を別々に作ると、そこから自分と世界が対峙し、自分が世界を認識するという話になるのですが、そうではなくて、総体として生物の存在そのものが各瞬間に生成されると考えることができます。その立場に立つと、最初から、意識と身体と運動と主観世界が一つの連環の中で生み出されるということが言えるわけです。

虚空における生成と衝突

「虚空」という考え方があります。すべてを生み出す母体となる空間です。その中ですべてのものが生成されます。虚空は、実に多くのものが結び合う場です。結び合うから高度であり、結び合うからまた生物はみな苦しむのだとも言えます。

生物は、各瞬間に、自分と同時に世界を作り出します。そこで自分自身と世界の衝突が起こり、苦しみとなります。なぜ苦しいかというと、知覚される自己と同時に生成してしまった言語的自己（仏教的にいうと虚構的な自己）の間に齟齬が起こるからです。自分自身が定義してしまった、推論によって形成してしまった自己、そういったものが世界と衝突することによって苦しみが生まれるからです。前述のように、これが解脱論として発展していくわけです。

内外我我所　尽滅無有故
諸受即為滅　受滅則身滅

外に対しても、また内に対しても、［これは］「我がものである」「我れである」という［観念］が滅したときに、執着（取）は滅せられる。それの滅によって、生は滅する。

〈『中論（中）』（三枝充真訳注）、第三文明社、489ページ〉

生物は、その瞬間瞬間に自分というものを作り出しています。ところが、生物が自分自身を作り出すということは必要だからやっているところがあって、自分自身を守る番人として自分を作り出すのです。これはホメオスタシス的な機能（自己維持機能）です。自分自身を維持するために、自分という存在の強烈な意識を自分自身に与える、この作用によって、知能は自分自身を保持する方向に行動を方向付けるわけです。自分にこだわることで、自己を保身させようとするのです。そうでなければ、生物の自己保存は達成されないわけです（図19）。それが自分への執着を生み、苦しみの源泉となるのですが、同時に、我々は世界へ向かって自分を投げ出しています。自分自身を世界へ投げ出して、世界と一体となり行動しようとします。これはアポトーシス的な力です。アポトーシスとホメオスタシスの力というのは、我々の知性の中で、極めて強力に反発し合いながら知能を共創しています。

精神医学的な知能の三角図で考えたときにも、無意識の層から我々は、毎瞬間、強烈に自分というものを確認させられています。それによって、自己保存の運動がスムーズに行われます。

無限の世界に対して、我々は自分自身の現実を作り出しています。そして、もう一度、その世界を知覚することで、自分自身の世界を強化し続けて苦しんでいるという性質があります。世界へ自己を投与すると同時に、自分自身を世界から引き戻して形成するというループ（環世界）の中で、自分自身が濃縮されていくということです（図20）。

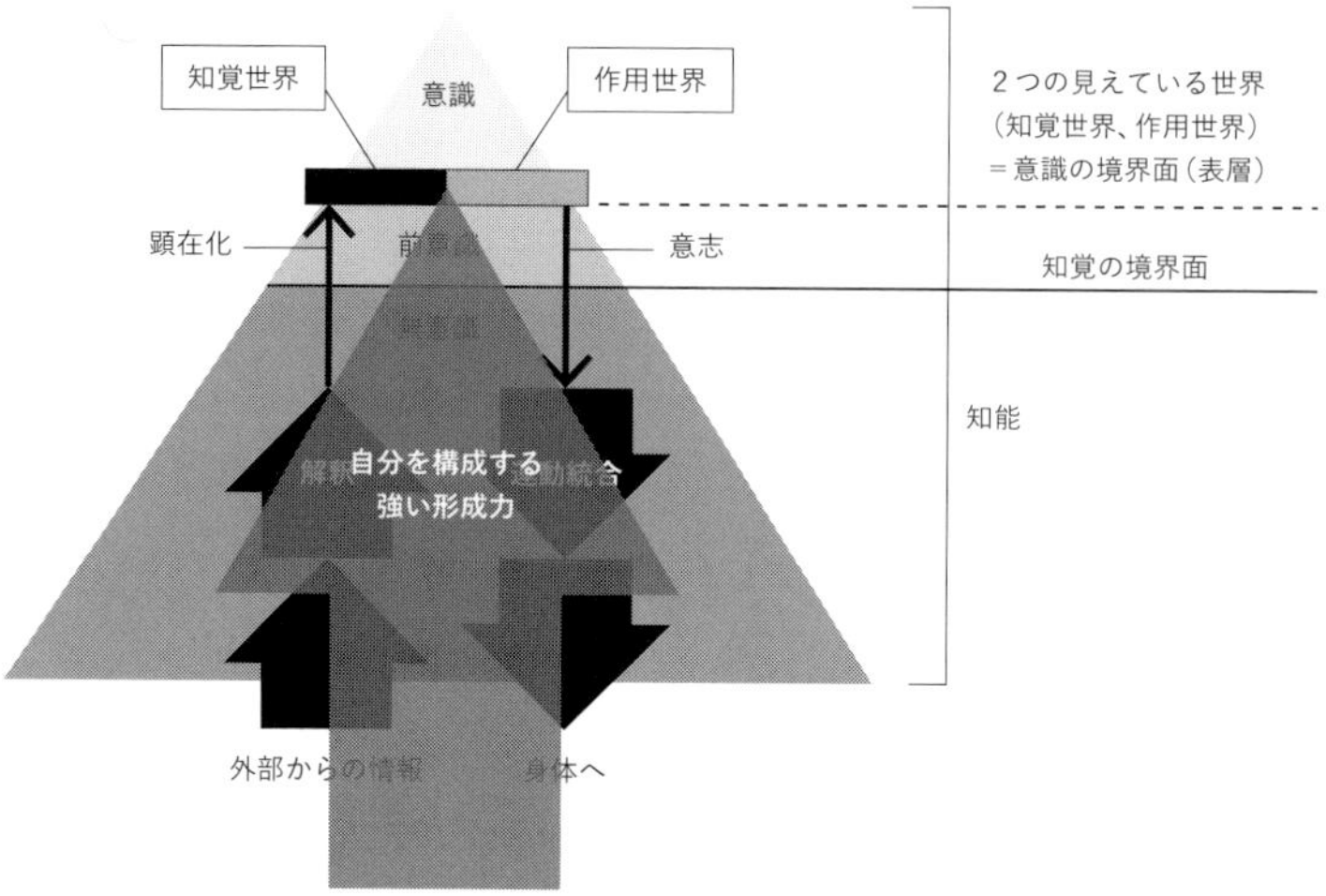
知覚世界
意識
作用世界
2つの見えている世界
（知覚世界、作用世界）
＝意識の境界面（表層）
顕在化
意志
知覚の境界面
知能
自分を構成する
強い形成力
外部からの情報
身体へ

図19　自己保全の運動

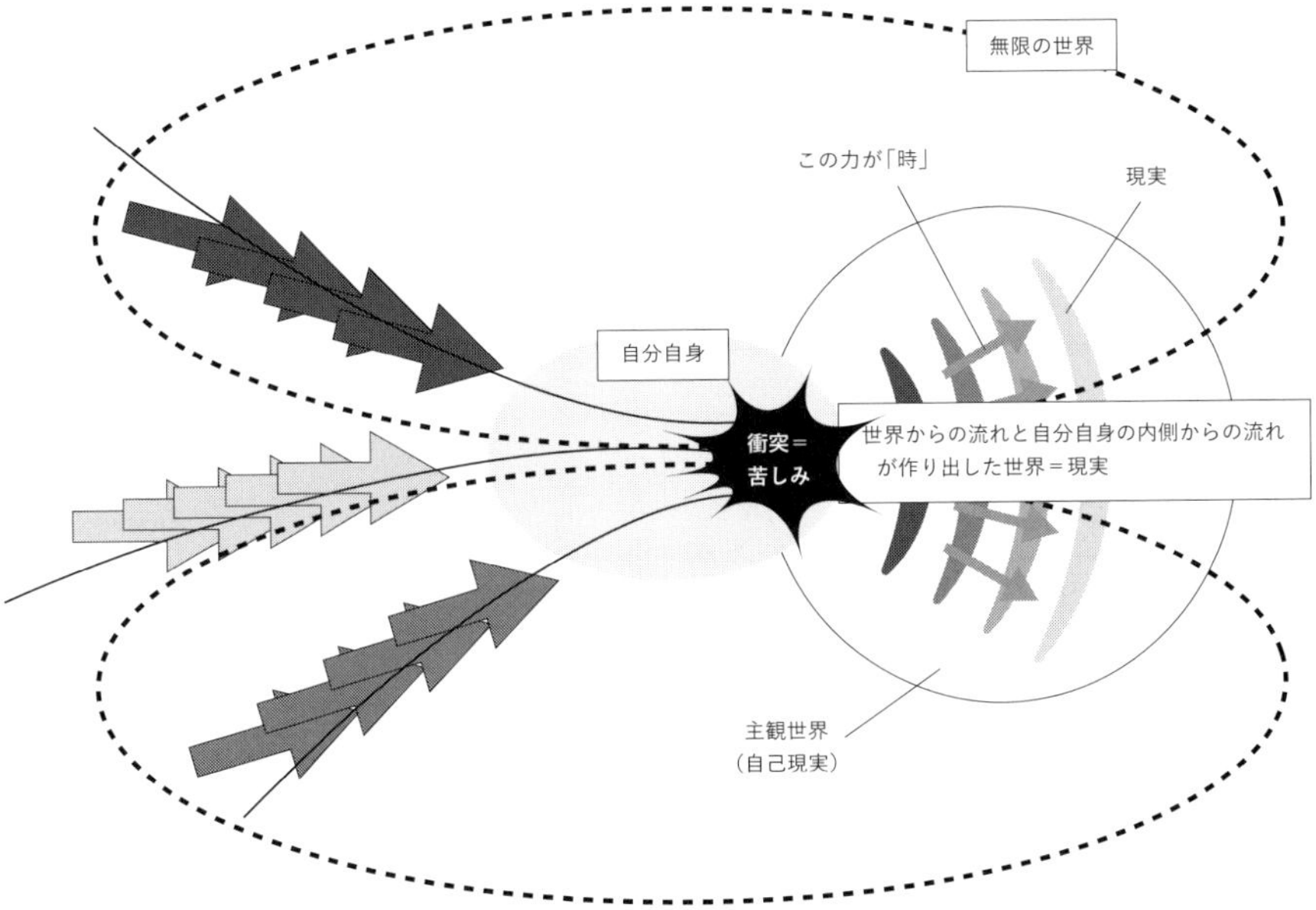

図20　多くのものが結び合う虚空に生成と衝突が起こる

縁起する場としての人工知能

縁起的な考えでは、無限の世界の中から自分自身がどんどん生成します。無限の世界の中から自分自身が立ち上がっていくというプロセスが各瞬間に走っているわけです。すべての存在が浮かび上がり、消えていくような、たえず変化する空間です。

人工知能を情報処理装置として考えると、世界から孤立した存在として世界と対峙し、そこから関係性を構築せねばなりませんが、一方で縁起的な考えから見れば、本来、人工知能は、すべてのものとの関係を持って存在しています。華厳の教えに従えば、世界に存在するというのは、そもそもそういうことなのです。

たとえば、村上春樹の小説に『世界の終わりとハードボイルドワンダーランド』（一九八五年）があります。「世界の終わり」の自我の世界では巨大な穴が地面に空いていて、そこから風が吹き上がってくるという場面があります。これは自我の世界だけれど、自我の割れ目から外界の影響がなだれ込んでいるというような描写になっています。

あるいは、ジャン・コクトーの映画『オルフェ』（一九五〇年）では、最後、世界の中心に行くと広場があるだけです。つまり、自分の世界の中心というのは実は何もないのです。何もないのだけど、そこにたくさんのものが流れ込んでいる、といった描写です。

自分自身というのは一つの場として広場みたいなもので、そこにさまざまなものが流れ込んできて自分というものを形成しているということです。空虚だけれど、世界から取り込んださまざまなもので満たされているのです。つまり、知能の中心は何もないように見えて、そこからすべてを生成する「虚空」でもあるのです。

自分自身から自分を形成する流れがあり、同時に、そこに世界からもさまざまな情報や刺激が流れ込んで来ます。この二つの流れが共創し、それぞれの瞬間の自分を形成するのです。共創的場としての自己であり、無限の世界の中から自分を形成する一つの枠を与えているのが身体になります。身体を起点として自分自身が内側に向かって形成されるということです。比喩的な言い方をすれば、身体は世界に対して存在を凝縮するレンズのような役割を果たすことになります。

では、縁起する場として人工知能を考えるとはどういうことかというと、「ものも、ことも、私も、縁起が成り立たせている」と考えましょうということです。縁起は世界全体の運動を垣間見せます。世界は常に運動し、生成、消滅するものであるから、あるとかないではなく、すべては縁起の上にあるのだという言い方をします。

たとえて言うならば、海の上に網をかけるとします。我々は、その網しか見ていないということ。網の一部を存在と命名し、そこが上がったり下がったりするのを見ているだけなのです。しかし、それは実体ではありません。実体は海のほうであって、これを華厳では「空」と呼ぶということなのです。

縁起から知能を見れば、知能は存在しないと言ってもいいし、存在すると言ってもいいわけです。知能は生成されるものであり、自分自身の内なる流れと世界からの流れが共創する場としての人工知能がある、それが縁起として人工知能を考えるということです。行動と認識を生み出す場として知能を考える、つまり、「空」としての知能を考えるということです。知能は、中心には何もないのだけれど、さまざまなものが交錯した縁起の上にあるのです。何か固定化した静的な実体としての知能は求めないが、あらゆるものが出会う場として知能を構成するということです（図21）。

意識と無意識を含む知能の三角図で示すとわかりやすいと思います。下から身体を通して世界から情報が入ってきて、下部(無意識)を通って意識にあがって、行動(指令)を作って、身体へ向かって指令が出ていきます。これは、さまざまな外の世界から来たものが交錯し何かが生成する場としての知能を表しています。

何が交錯しているかというと、記憶であるとか、生理、感覚といった、さまざまなものです。そういった内面外面を問わない、さまざまなものが交錯する場として知能をとらえることができます。また、記憶というのもさまざまなものの連環の中にあるという縁起的なとらえ方をすると、記憶もまた知能の場に自分を投与し、外界から来た刺激や思考とインタラクションするものだということになります。それは「生きている過去」、積極的にこの場に参加しようとする記憶であり、あるい

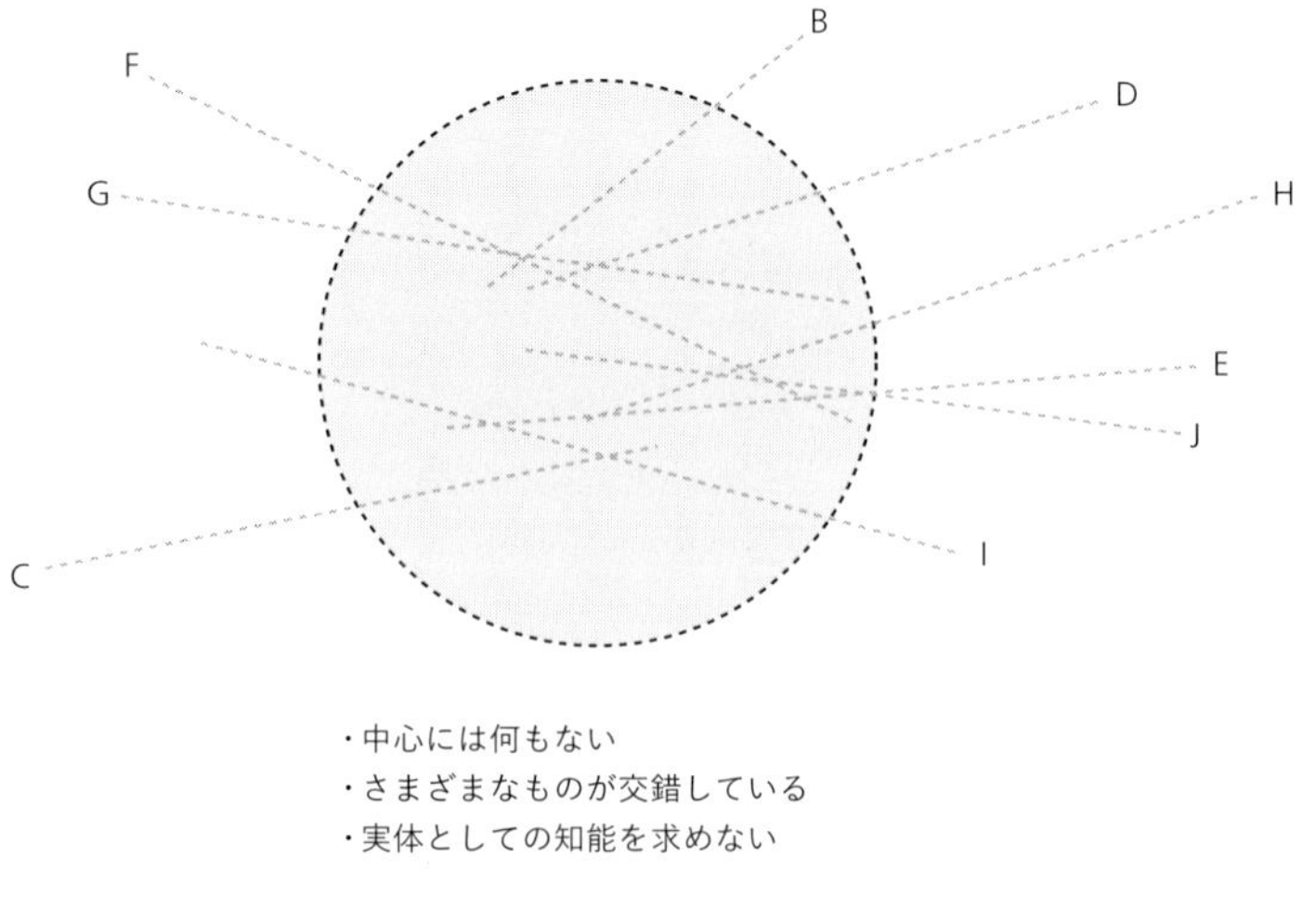
B
F
D
G
H
E
J
C
I
・中心には何もない
・さまざまなものが交錯している
・実体としての知能を求めない

図21　中空としての知能

は常に引き出されようとする記憶です。

この視点に立てば、禅は「一度、さまざまな力学をいったん取り払って開放すること」と、とらえることができます。場としての知能がいっぱいいっぱいになってしまうのを、一度静かにリセットすることです。

意識とは何かというと、さまざまなものが交錯する場、場としての一つの表れであり、本当の実体というのは世の中のさまざまなものとの関係性のほうにあり、その表層として意識や意思決定機構が生成されるのです。空という場から、自分が、知能が立ち上がっていくととらえるわけです。このあたりは西洋哲学篇の第一夜で取り上げた現象学と極めてよく似ています。たとえば、フッサールの「内的時間意識の現象学」は、そういった自分の意識の中で時間意識というものがどうやって立ち上がってくるかという探求です。

では、「知能を世界との縁起的な関係性を持つ場としてとらえる」という考え方によって、人工知能のビジョンはどのように変わるでしょうか。知能は現実を作り出す共創の場です。縁起的な考えによれば、この知能の場に入ってくるものは単に情報だけではなく、さまざまな世界との連環の中に自己を形作るすべての要素、その影響が入ってきます。物質的な要素との関連、状況との関連、およそ、その生物を囲うすべての事象が知能と関連を持ちます（図22）。

知能という場に影響を及ぼすのは、周囲の鳥のさえずりかもしれませんし、気候かもしれません。あるいは、敵の足音かもしれません。世界のさまざまな、物質的か情報的かを問わないすべての要素が知能と関係を持ち、それらの要素が関連する知能の中の部分を知能部分と呼ぶとすれば、たくさんの知能部分の関係性の上に知能という場が立ちあがることになります（図23）。

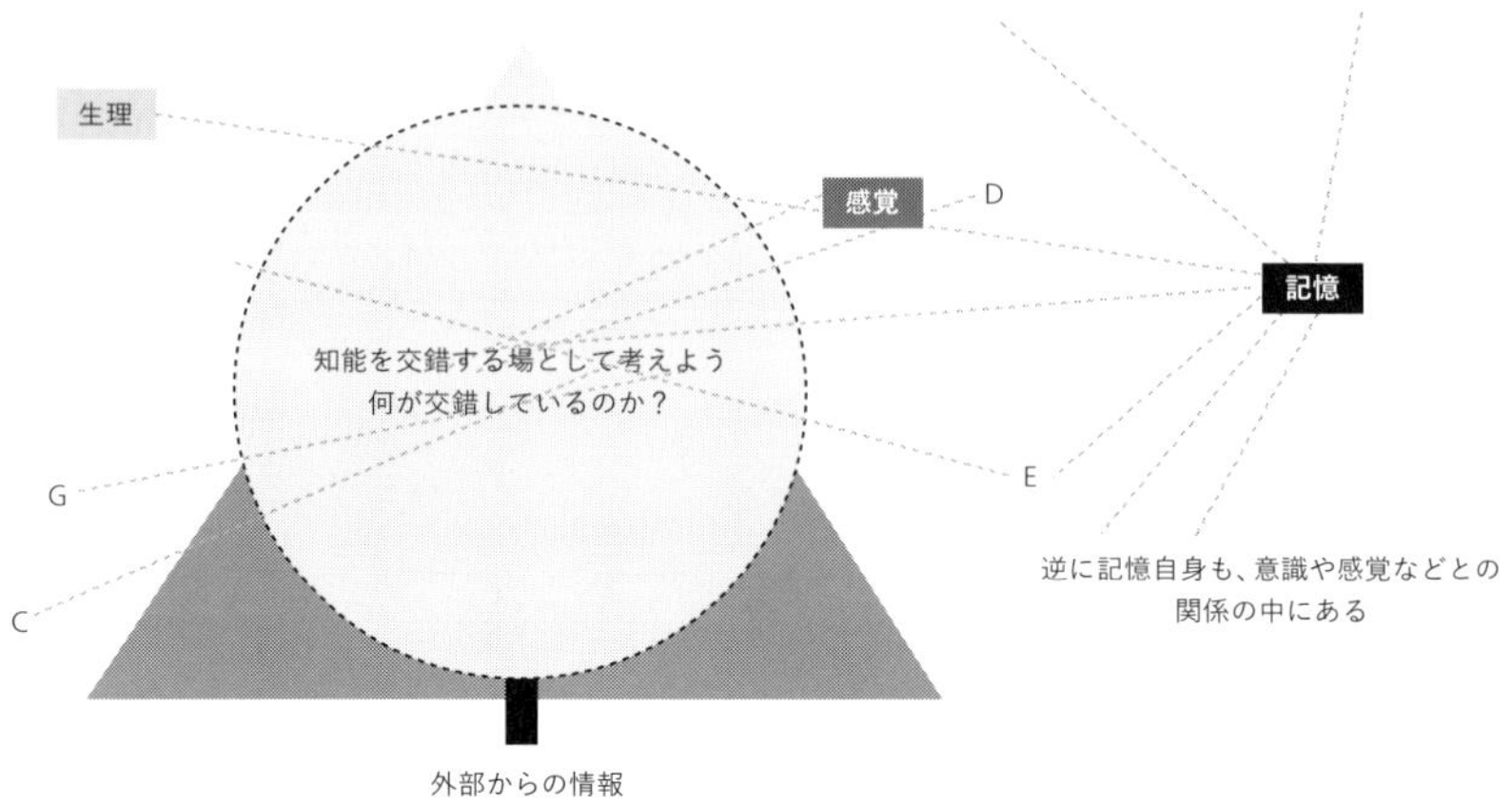

図22 記憶も意識や感覚との関係の中にある

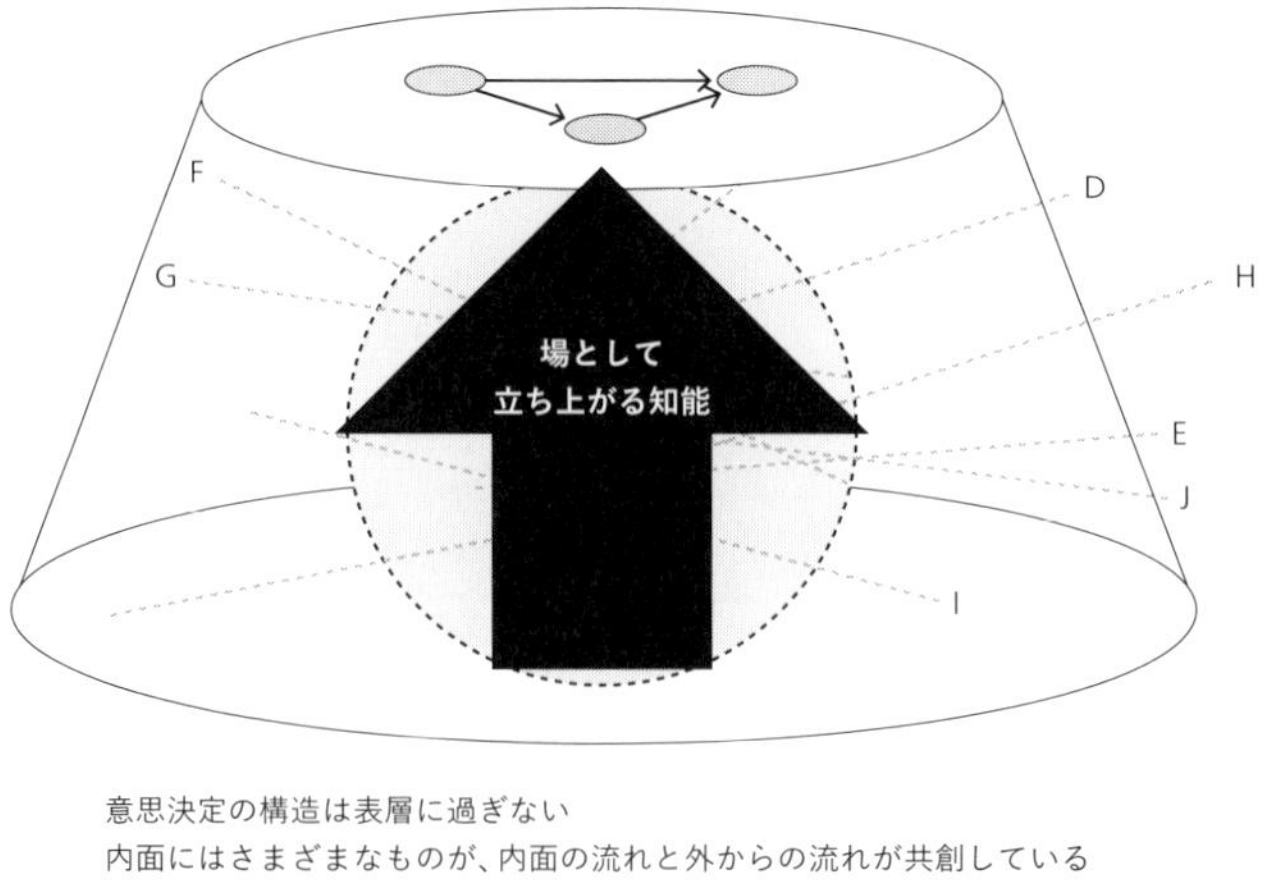

図23 場として立ち上がる知能

情報処理から縁起する実体へ

さまざまな行動を生成する過程においても、自己を成り立たせるすべての要素からの影響を受けつつ知能が生成されている、というのが東洋的な考えであり、縁起的な考えであります。つまり、単なる情報処理の装置として人工知能をとらえるのではなく、混沌として、実体としての人工知能をとらえましょうということです（図24）。

つまり、混沌的実在として、世界との縁起の中にある人工知能を考えるというのが、中観派の思想を取り込んだ人工知能ということになります。これは何を意味するかというと、単に情報だけではなく、すべての知能の実体（身体、知能を問わず）を形成するということです。それが情報であっても、物理的影響であってもいいし、何か社会的影響であってもいいのですが、すべての生物、知能を成立させているすべてのものとの関係性の上で知能というものを考えようというのが、縁起的な人工知能ということになります。

知能が場であり、場の中で内側と外側にあるものが関係して知能が立ち上がります。この立場に立てば、身体と心は最初から相互作用の中にあり、すべては、最初から縁起の関係性の上に結ばれています。最初から関係し、最初から溶け合っているわけですから、互いに影響を及ぼす関係にあります。つまり設計としては、身体と心を分けずに、世界の要素と内面の要素（部分的な場、部分知能）との関係にある要素を生成・消滅させることで人工知性という実体を作っていくというビジョンです。

具体的に、知能の中にどういう要素があるかというのは状況によります。感情といった明確なモジュールを作るわけではなくて、その知能を考えるときの環境の中にある要素と、知能の中で反応すべき要素を一つひとつ作っていくのです。それを身体と名付けてもいいし、知能と名付けてもいいのですが、あえて

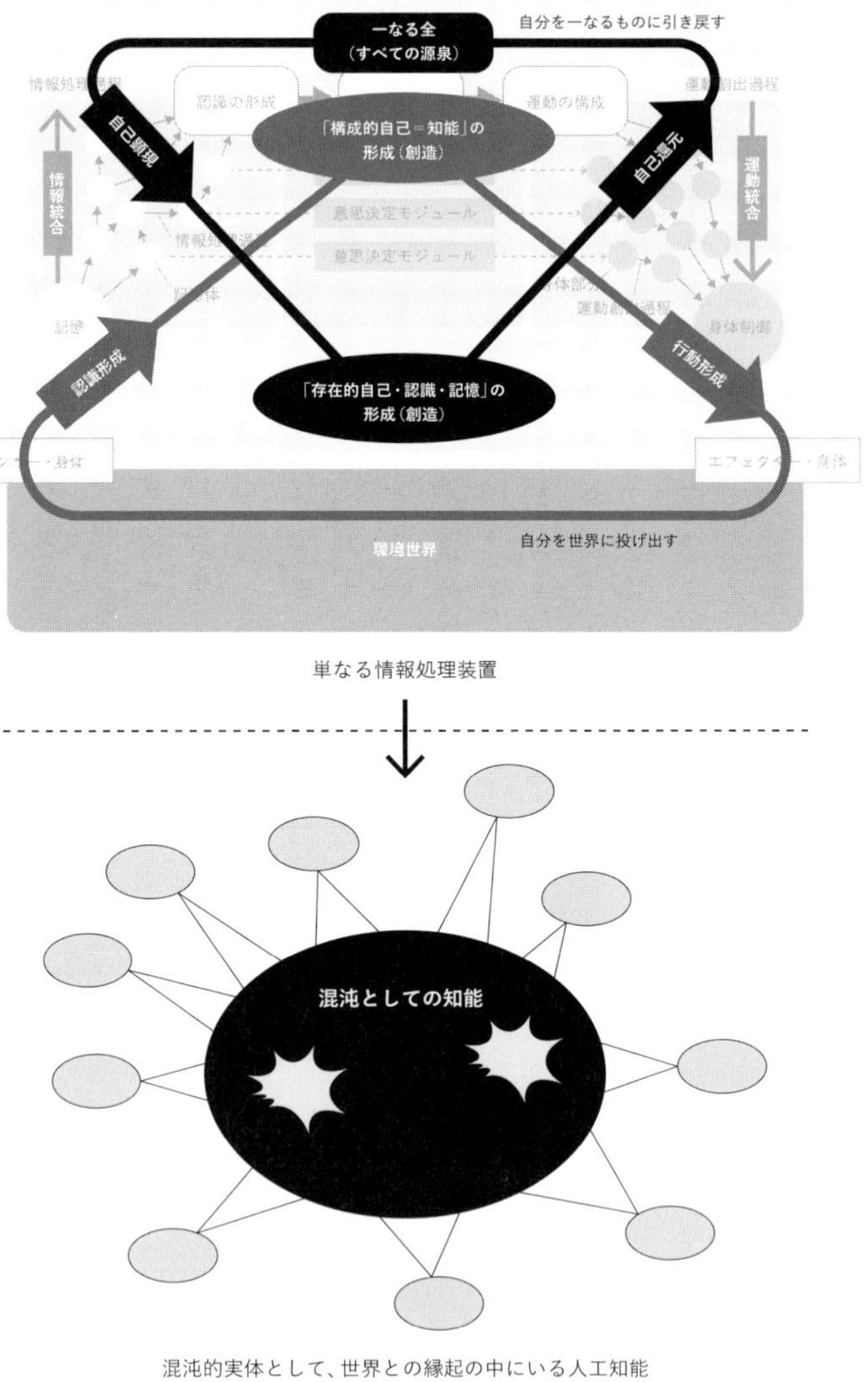

図24　情報処理装置から混沌的実体へ

明確な名前をつけずにさまざまな要素を構築していって、その要素同士の連環のダイナミクスを作ることによって、これまでの型どおりの人工知能ではなくて、より環境の中の一つの実体としての知能のダイナミクスを作ろうということです。

たとえば、敵の位置と動き、現在の体力から逃避行動をうながすという「逃避の流れ」(コンテクスト)を作ってもいいでしょう。戦術的な目的と知識を現在に当てはめた「戦闘の流れ」を作ってもいいでしょう。前者の「逃避の流れ」は「戦闘の流れ」を遮って抑制する、というダイナミクスを作ることもできます。また、草木の匂いから「やすらぐ」という心理の流れを作ることもできます。また、敵の足音や甲冑の音から「心が戦闘的になる」という心理の流れを作ることもできるでしょう。そうして、前者の「やすらぐ」が「心が戦闘的になる」を抑制する、ということもあります(図25)。

縁起の考えによる人工知能というのは、最初から感情があるわけでも、意志があるわけでもない、判断があるわけでもないのです。そうした枠を作ってから人工知能をトップダウンに作るのではなく、世界の流れを内部へと導き、内面とその流れに外部との干渉を樹立していくのです。たとえば一本の木が目の前にあるとき、木のさまざまな部分と「私」の精神、身体の各部分、それぞれの関係を考えて知能を作ろうということです。あるいは、「海の中で泳ぐ」ことを想像してみましょう。身体の各部分が海から影響を受けます。知能もまた、潮の匂いや、風、潮流、海の中の生物からの影響を受けて、いくつもの思考の流れが形成されます。知能は刺激、情報、物体を通じて世界との、あらゆる流れの関連の中にあるのです。

身体、知能の各部分が環境との関連の中にあります。各部分を部分知能と呼ぶことにすれば、全体としての身体、知能とは部分知能の集合体です。部分知能は独立に世界と関連しますが、部分知能たちのそのような独立した運動を束ねるのが知能のコアの役割となります。これはボトムアップ的な人工知能の作り方でもあります（図26）。

まず、環境のある側面、部分に対する部分知能を作り続けます。このとき、知能と身体を分けないことが重要です。腕の状態を監視する部分知能、背後の気配を探る部分知能、足元の感触から地面の状態を推測する部分知能、それらは知能と身体が結び合った部分知能であり、身体と知能の区別はありません。そこから、それら部分知能たちを統合する知能のコアを作ります。このような人工知能の作り方によって、世界のさまざまな側面、部分と干渉する総体としての人工知能の実現が可能になるのです。それは、まさに縁起的人工知能です。


ここでは、龍樹とインド哲学と人工知能について、認識論、空、縁起の考えをもとに探求してきました。これらの考えは、（現代的に言えば）人工知能を環境の中で相互作用する場として見ることに導きます。それらの相互作用用は精神と物質を区別することはありません。これにより、環境の一部たちと内面の一部たちが結び合い続けることで複数の部分知能が形成され、統合されるという設計が考えられます。

人工知能を情報処理装置ではなく、相互作用の場として見るということは、外部へ解放されている場として人工知能を見ることでもあります。身体は環境の変化を受け入れる精密な場であり、知能もまた同様です。知能はこの世界のさまざまな変化を自分の内側へ受け入れ、内側にある要素と環境の一部を結ぶことで、知能と世界の動的な関係を築きながら自己を形成します。つまり、知能は環境を題材に形成しながら、環境の一部となるのです。そして、環境の変化を受け入れつつ自分自身を保持します。縁起の考えは、自分を世界から形成しながらも、環境の一部として自身を構築することでもあるのです。それは世界の流れの一部、環境の一部、宇宙の一部として、知能を形成することなのです。

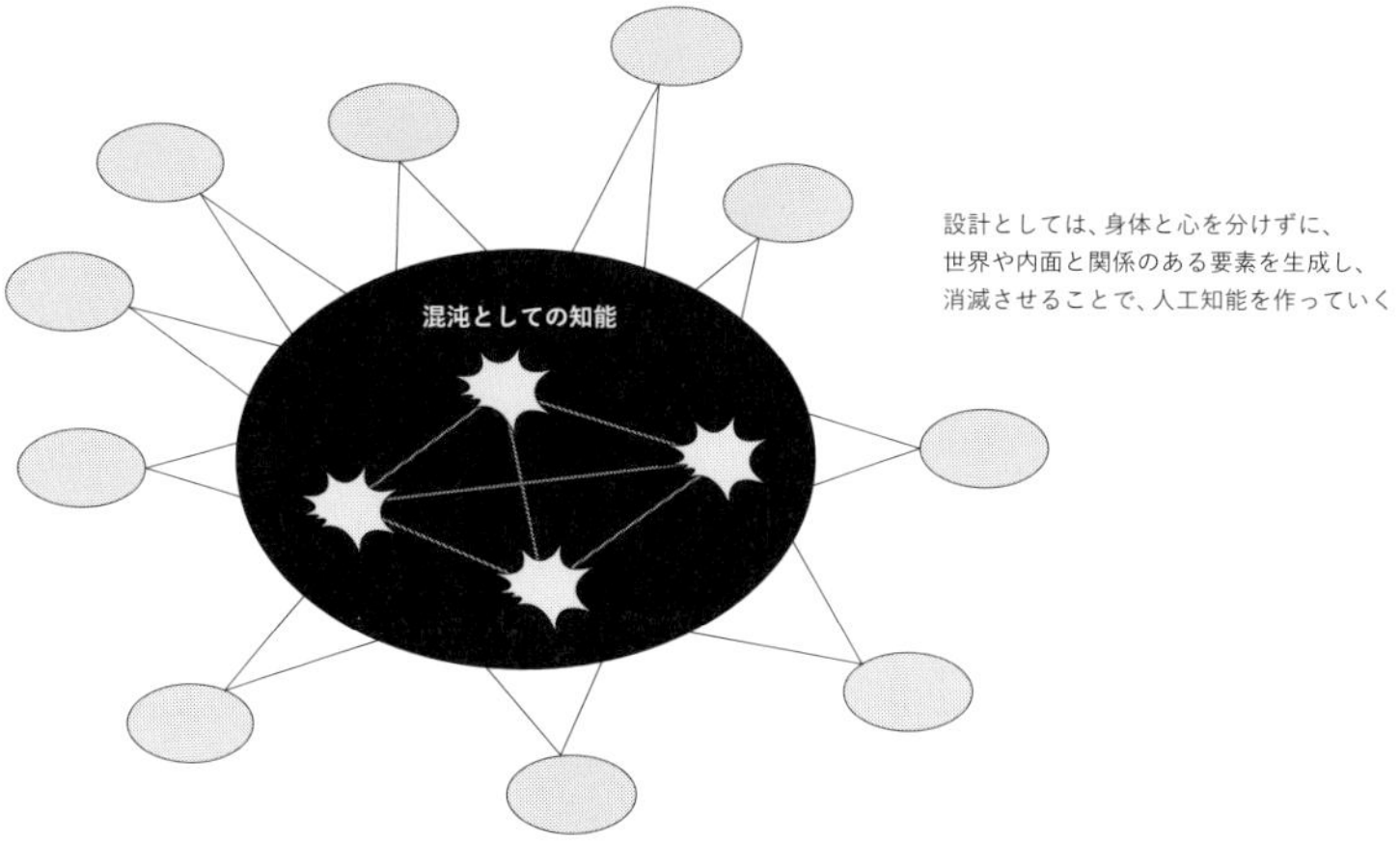

図25　枠を作らずに内面とその流れに外部との干渉を樹立していく

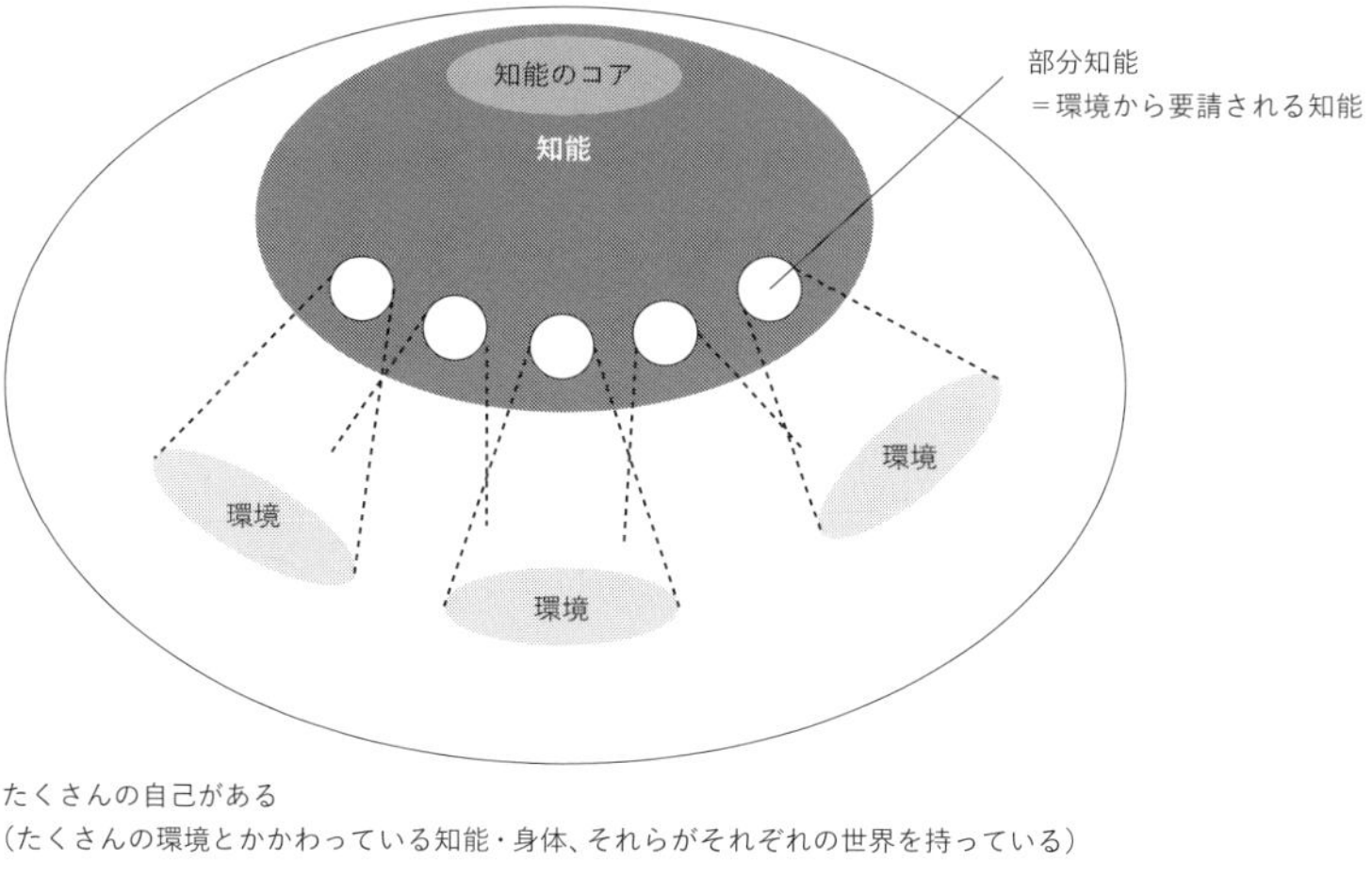

図26　たくさんの自己（部分知能）が世界と関わりを持つ

[第五夜]

禅と人工知能

第四夜では「縁起の場として人工知能を考える」ことを行いました。これは、世界とさまざまに関連する場として知能を考えよう、知能を変化し続ける世界の一部としてとらえようということです。知能と世界を相対的に見ることでもあります。知能が世界を認識すると同時に、知能は世界によってあらゆる瞬間に生成されている場でもあるのです。世界を体験する人工知能を作るためには、世界と密接に絡み合った、世界の一部としての人工知能を構築しなければならない、これが第四夜で導かれた結論でした。それをふまえて、東洋哲学篇の最終夜は「禅と人工知能」について話をしていきたいと思います。

我々人間は欲にとらわれていますが、普通に人工知能をぱっと作っただけでは、そこには欲求もなく煩悩もありません。つまり、人工知能は「解脱している」状態にあります。だから非人間的に見えるのです。むしろゲームなどのキャラクターAIは「いかに人工知能に世界に執着させるか」を課題に開発しています。生物らしい人工知能を作るということは、人工知能に煩悩を与えることです。禅は煩悩にとらわれた世界の見方を是正する修行ですが、第五夜のテーマは人工知能から禅を導けるのか、人工知能は禅をなせるのかを考えてみましょう。

1 禅とは何か

西洋哲学はものごとを分けていきます。「因果律」「論理律」「範疇」（カテゴリー）はアリストテレス以来、西洋哲学の基調を成す考えでもあります。一方、東洋哲学はどちらかというと混沌から始めて、その上に何かを作っていくというところがあります。この東洋哲学篇では、こうした東洋哲学を使って、実体としての人工知能を探求しようということをテーマにしてきました。

第五夜は禅を取り上げますが、禅そのものは残念ながら言葉で定義することはできません。禅は「悟り」「悟りに至ること」ですが、何を悟るかについて言明することができないからこそ、禅問答と呼ばれるように、何かを明示するということにならないのです。では、禅が何をやっているかというと、行動の契機を与えたり、道を誤ったときに修正したり、行動の規範を示したりします。つまり、体験によって得るというところが大きい。言葉では伝えられないので、体験により「その人自らを悟らしめる」というのが禅の真髄です。「何かがわかった」という悟りの状態がどういうものかというと、何かを認識するというより、新しいビジョンを広げること、腑に落ちるという状態です。

禅をどうとらえるか

たとえば、禅でこういう話があります。

「あれは何か？」

「あれは野鴨でございます」

「どこへ行くのか？」

「もはや行ってしまいました」

馬祖はいきなり百丈の鼻頭を掴んで捻じた。百丈は「オー、オー」と苦痛を訴えた。

馬祖は言った。「お前は野鴨が行ってしまったと言うが、野鴨は始めからここにいたのだ。」この一言は百丈の背に冷汗を流した。彼は悟ったのだ。


〈鈴木大拙、『禅学入門』、講談社学術文庫、114ページ〉

これは、なかなかに難しい禅問答です。百丈が最初から持っている野鴨のイメージは、百丈が最初から持っていたものです。その自分のイメージを空飛ぶ鳥（確かに種類は野鴨かもしれませんが）に押し付けたのです。ですから、実際の野鴨は飛び去ってしまいましたが、野鴨は百丈の中に最初からあり、そして今も百丈の中にあるのです。

また、「生活禅」という考え方もあります。中国に留学して禅を勉強した道元の説話です。

道元は僧ともっと話がしたいと思い、「今晩はご供養しますからどうぞここに泊まってください」と言います。すると老僧は、「わたしは明日の食事の支度をしないといけないから帰ります」と言う。道元は、阿育王寺といえば立派なお寺だから、食事係など何人もいるはず、あなたがいなくても困らないに違いない、あなたのような老齢の方がなぜ典座職のような雑務をやっているのか、と畳みかけます。すると老僧は、「あなたは修行の何たるかが分かっていないようだ」と大笑いしたと言います。

食事をつくることも修行である。

〈『正法眼蔵（100分de名著2016年11月）』（ひろさちや他著）、82ページ〉

道元は偉いお坊さんともっと話をしたいと思い、帰ろうとする老僧に「なぜ帰るのか」と聞きます。食事の用意をあなたがしなくてもいいではないか、と重ねて問います。すると、「そうではないのだ、食事を作ることも修行なのだ。生活そのものも修行なのだ」と諭されるわけです。座禅を組むというのは（「座」は座るということですので）たまたま座って禅をしているだけであって、それが禅なのではない、生活すべてが禅であるという考えです。

次のようなエピソードもあります。ある人が師匠に禅の教えを乞いますが、禅というのは教えるものじゃない、教えたとしてもあとで笑われると言われ、彼は失意のあまり世捨て人になってしまいます。あるとき庭を掃除していると、小石が飛んで竹に当たって、あたりに響き渡ります。彼は、これが禅だと悟るのです。そして、もし最初から言葉で教えてもらっていたならば、これは決してたどり着けなかったことだと彼自身が納得するのです。

潙山は答えた、「イヤ、私には貴方に教えるようなものは何もありません。あるにしても、それは貴方をして他日私を嘲笑する材料になるだけだ。また教えるにしてもそれは畢竟私自身のもので、貴方の体験そのものとはなり得ないのです」と。…（中略）…彼はついに潙山の許を去った。…（中略）

……ある日庭草を取ったり掃いたりしていると、掃き捨てた一個の小石が飛んで、一本の竹に当たった、衝撃によるこの思わざる響きで、彼の心には悟りの光が閃きわたった。彼は限りなく喜んだ。潙山の示した問題が、今釈然として解けたのだ。……(中略)……もしあの時潙山が不親切にも彼に説明してくれたら、今日この経験は得られなかったのである。

〈鈴木大拙、『禅学入門』、講談社学術文庫、116〜117ページ〉

このように、禅は深く、固有の体験であると同時に普遍的な悟りであり、これが禅なのだ、ということは、決して言葉では定義できません。その前提には仏教の教えがあります。仏教を深く理解することはできないのだ、と。これを「不可得」(ふかとく)と言います。つまり、禅というのは、仏教はあれだこれだと言葉ではない、会得するものだ、だから行動と教えのバランスを取れ、ということです。体験するしかないのです。人間には人間の体験がありますし、キリンにはキリンの体験、猫には猫の体験というように、生物はそれぞれ自身の体験を持ちます。人間でもそれぞれに固有の体験の集積があり、会得とは個人の体験の集積から自分自身の内に教えを形成するものです。そして禅とは教えを体現する行動なのです。

体験と問題

問題は、人工知能に体験があるかということです。体験がなければ禅はありません。西洋哲学篇第一夜で取り上げた現象学も体験から出発します。第四夜で取り上げた華厳哲学は、「いろいろな事象の間に人問がある」ということを言います。いろいろな事象が自分と相互作用して、すべて同時に（何が原因、何が結果と言わずに）すべてのものがすべてのものを成り立たせているのだということです。

人間がなぜ問題を考え得るかというと、人間には体験があるからです。人間は体験から問題を創造することができるので、どんどん新しい問題を作り、それを解くことができるわけです。人間は身体を持ち、ほとんどの問題は身体を起源とします。生存の問題も身体の問題であり、何かを食べることも、身を守ることも文字どおり身体を起源とする問題です。身体によって人は世界に直面します。

人間はお腹が空くと食べものを食べます。そして、食べものは消化・代謝することで身体の一部となります。同じように、人間は体験を求めます。日曜日に映画や旅行やアスレティックに行くのは、体験を欲しているからです。そして、その体験を消化することで、自分自身の知能を作っていくのです。比喩的な言い方をすれば、人間は体験を食べて知能を作る生きものなのです（図1）。

ところが、身体を持たない人工知能は世界に属することも、直面することも、ましてや新しく問題を生成することもありません。人間が問題をまず定義して、人工知能はそれを解きます。この問題設定のことをフレームと言いますが、人工知能はフレームを自ら作り出すことはできません。人工知能はそのフレームに応じて世界から必要な情報を収集しますが、それ以外の情報を集めることはありません。だから、新しい問題を自分で作ることもできないのです。人工知能は自分自身で問題を定義することはできない、そして与えられたフレームの外に出ることはできない。これが「フレーム問題」です。

では、人工知能は体験を得ることができるのでしょうか。体験を得られない限りは、禅はできません。禅は体験であるから。かつ、禅は問題を解決するというものではありません。禅というのは、「問題になる前の体験の次元を得ること」と言えるでしょう。つまり、問題を考えることで乗り超えるのではなく、足りない経験を補うことで問題を消滅させる、問題を問題でなくする行為とも言えます。

体験があって、体験から問題を生み、問題を解くというのはむしろ西洋哲学的な考えです。西洋哲学というのは問題を解いていくわけです。「人は考える葦である」（パスカル『パンセ』）と。それも、概念で明確に定義された問題を解きます。これは、西洋哲学篇第三夜で解説した記号主義の夢でもあります。

一方で、東洋哲学が語るのは、いろいろな体験をぐるっと貫く真理を得るようなイメージです（図2）。禅は、これまで自分がしてきた体験群に対して統一的なビジョンを得るというところにあります。体験を貫く真理と言ってもいいでしょう。その真理は、それぞれの体験群に応じた真理です。そのため、それを人に伝えることができないのです。それぞれの人に、それぞれ固有の体験群があります。それを貫くということは、華厳哲学でいう縁起です。縁起によって、連環する記憶群から何か大きな真理を得るということでもあります。

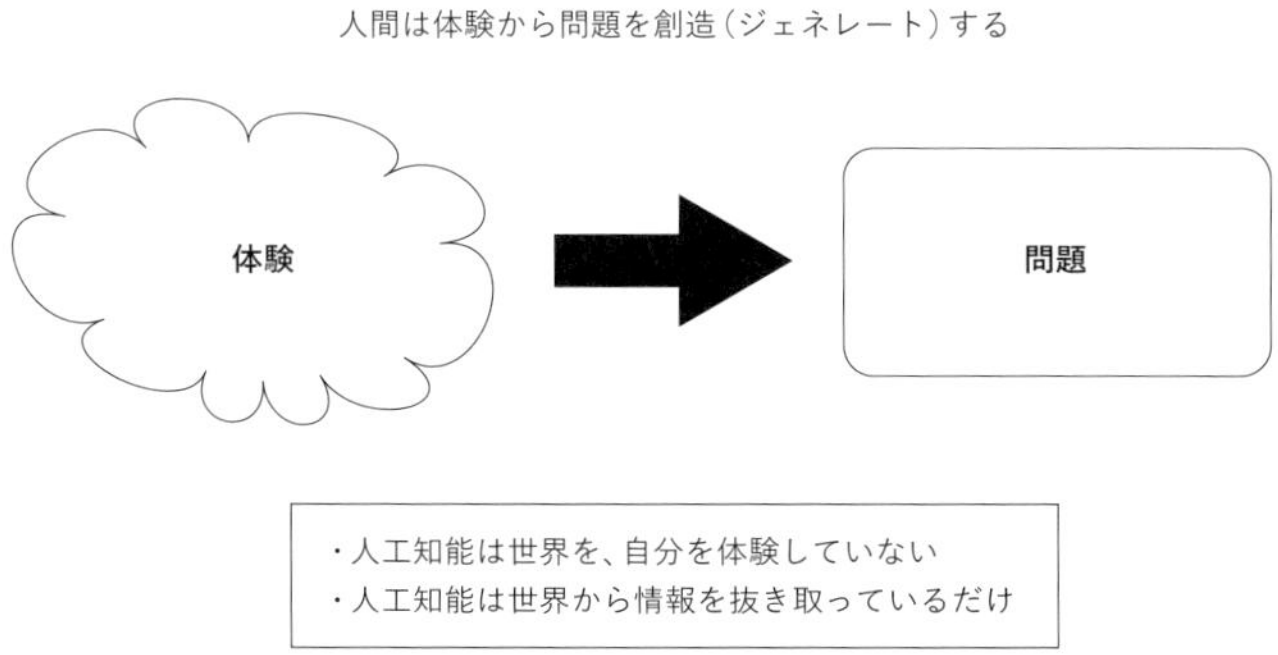
人間は体験から問題を創造（ジェネレート）する
体験
問題
・人工知能は世界を、自分を体験していない
・人工知能は世界から情報を抜き取っているだけ

図1　問題は体験から来る

西洋の「わかった」というのは、東洋的には「わかったようなことであるだけで、（理屈はそうかもしれないけど）本当はわかっていない」と受け取られ、東洋の「わかった」は西洋から見ると「個人的な理解」と受け取られるというように、「わかった」について、互いにわかり合えていないという傾向にあります。

禅の場合、何かの体験を一般化しようとすると、先ほどのお坊さんのように「いや、お前は何もわかっていない」と怒られるわけです。東洋の「わかった」は、何かを概念化して合理的に理解するというのではなく、あくまで、自身の体験として何か統一的なビジョンを得るということなのです。

たとえて言うならば、西洋の「わかった」は体験群の中の中心を射貫くベクトルを獲得するようなものです。つまり抽象化しモデル化されてはじめてわかったと言えるのです。しかし、東洋の「わかった」は体験群を貫く円環を獲得することです。ですから、それを説くときも経験を題材に説明するしかありません。禅問答が抽象的なことを決して言わないのは、それが体験に根ざす会得であり、何より禅とは実践であり、仏典の抽象的な解釈ではなく心身による体得であるからです。お釈迦様の教えに至るのが禅ではありますが、教えに至るとは、理解と行動を分けない境地に至ることでもあります（図2、3）。

固定された見方を壊す

第二夜で井筒俊彦を取り上げましたが、人間というのはいろいろな識を持って、いろいろな見方を固定してしまうのですが、それを壊すというのが一つの禅の作用です（図4）。

アリストテレスの演繹法というのは原因と結果を分けてしまうのですが、華厳哲学の縁起は、すべてが

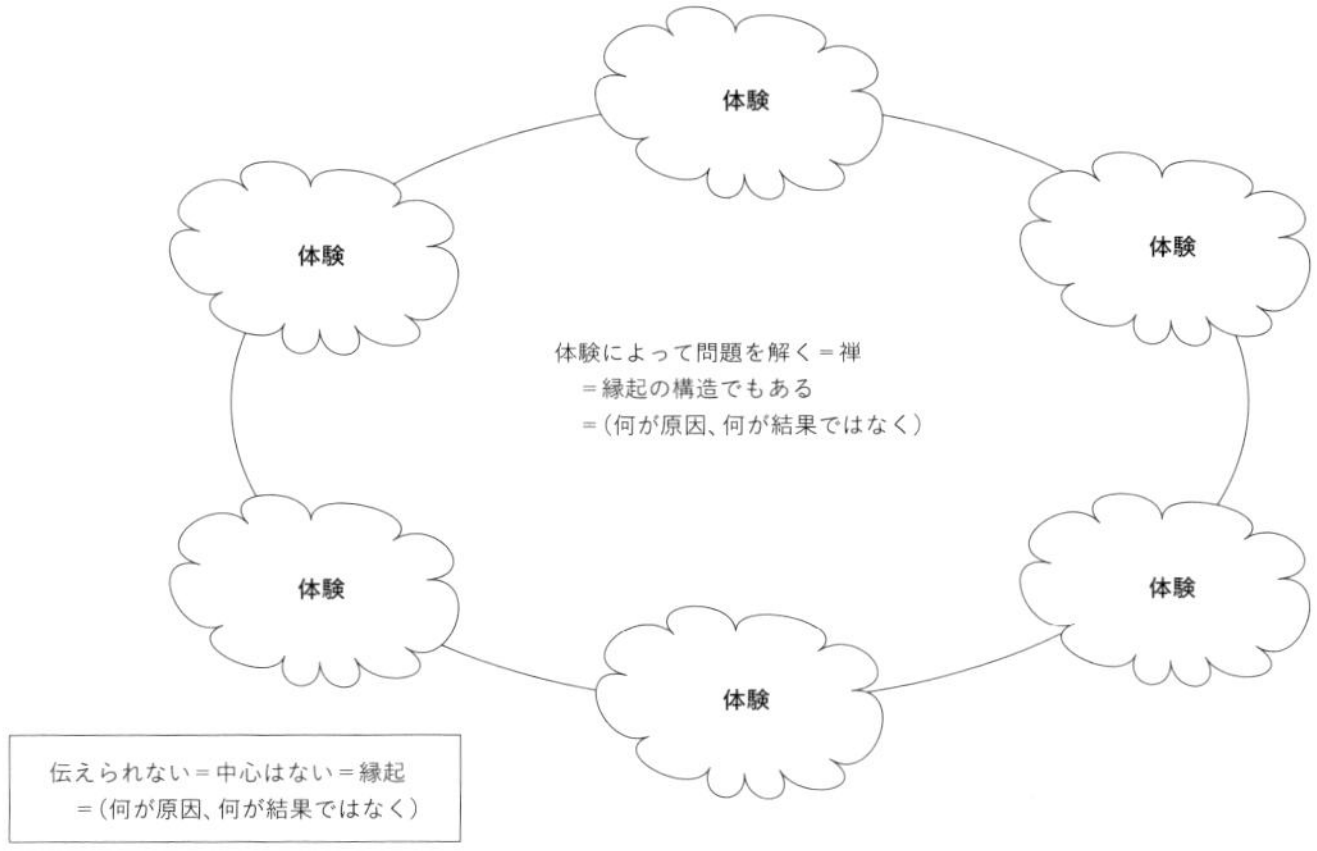

図2　体験によって問題を解く

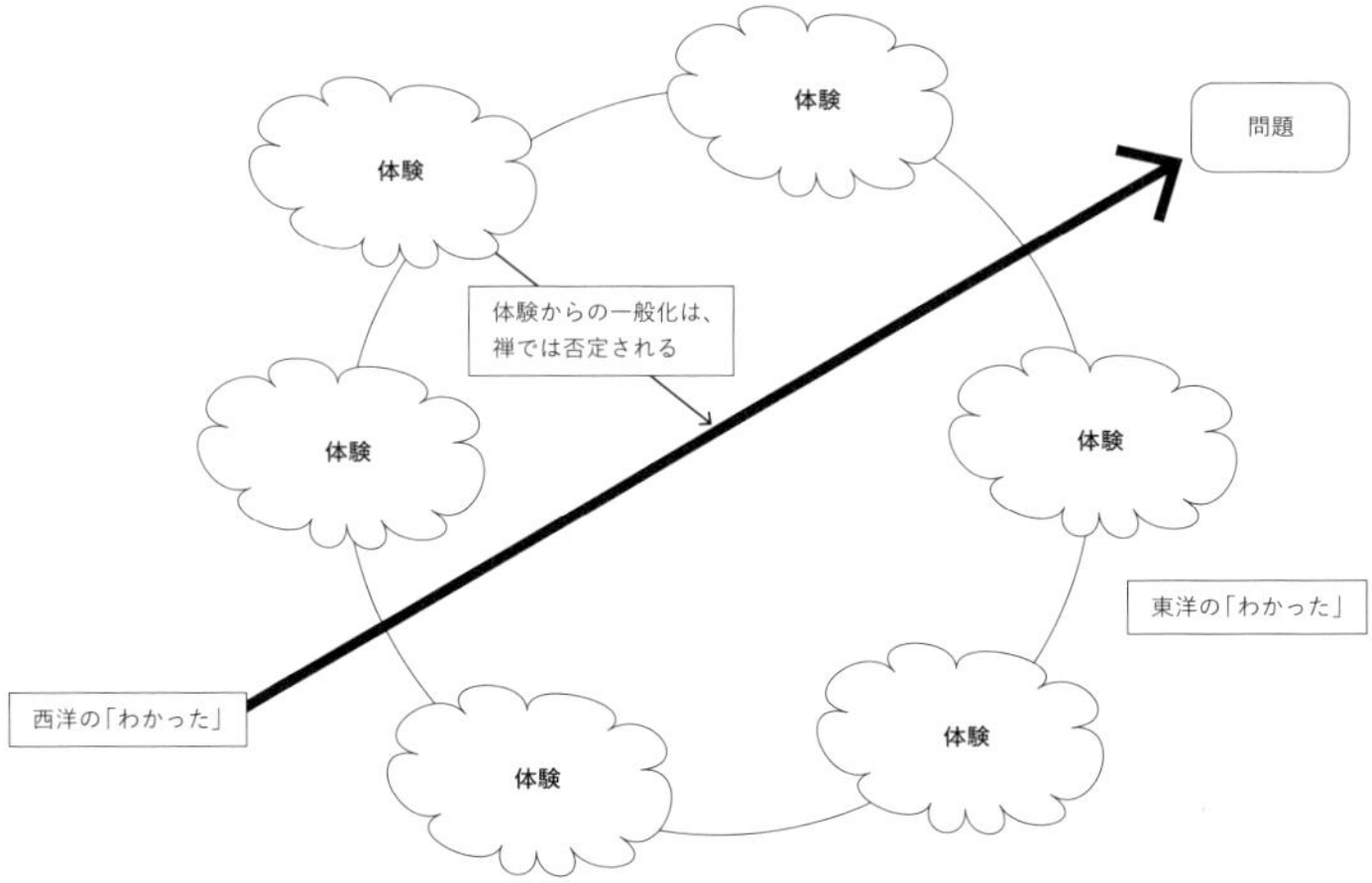

図3　西洋の「わかった」と東洋の「わかった」

同時に関係の中で生起するとします。デカルト的思考は、純粋な論理によって数珠つなぎにロジックをつなげていけば真理に至るという過程ですが、禅とは、順序を考えるのではなく、一挙にすべてが統一されていると感じられる、「経験をつなぐ神髄」を体得することです。つまり禅は、自分を取り巻く世界に対して一つの悟りを得ていくというビジョンです。その悟りをどんどん大きくしていって仏陀の教えを会得するところを目指すのです。禅というのは、体験によってしか会得することができないのです。

デジタルゲームにおけるキャラクターの人工知能開発は、モンスターを作っては「プレイヤーが憎たらしい」「すごく良い薬草を奪ってやれ」とか、どんどん偏見や煩悩を与えるということでもあります。簡単に言うと、知能を解脱状態から偏見と煩悩へ堕落させることです。一方、禅というのは、もっと広いビジョンを教えるものなので、よく考えると（今夜は「禅と人工知能」というタイトルにしたのですが）人工知能の対義語は禅かもしれません。偏見や煩悩を与える人工知能と、そこから解脱する禅は反対のことです。

以降から、人工知能に禅をさせるというのはどういうことかを考えたいと思います。

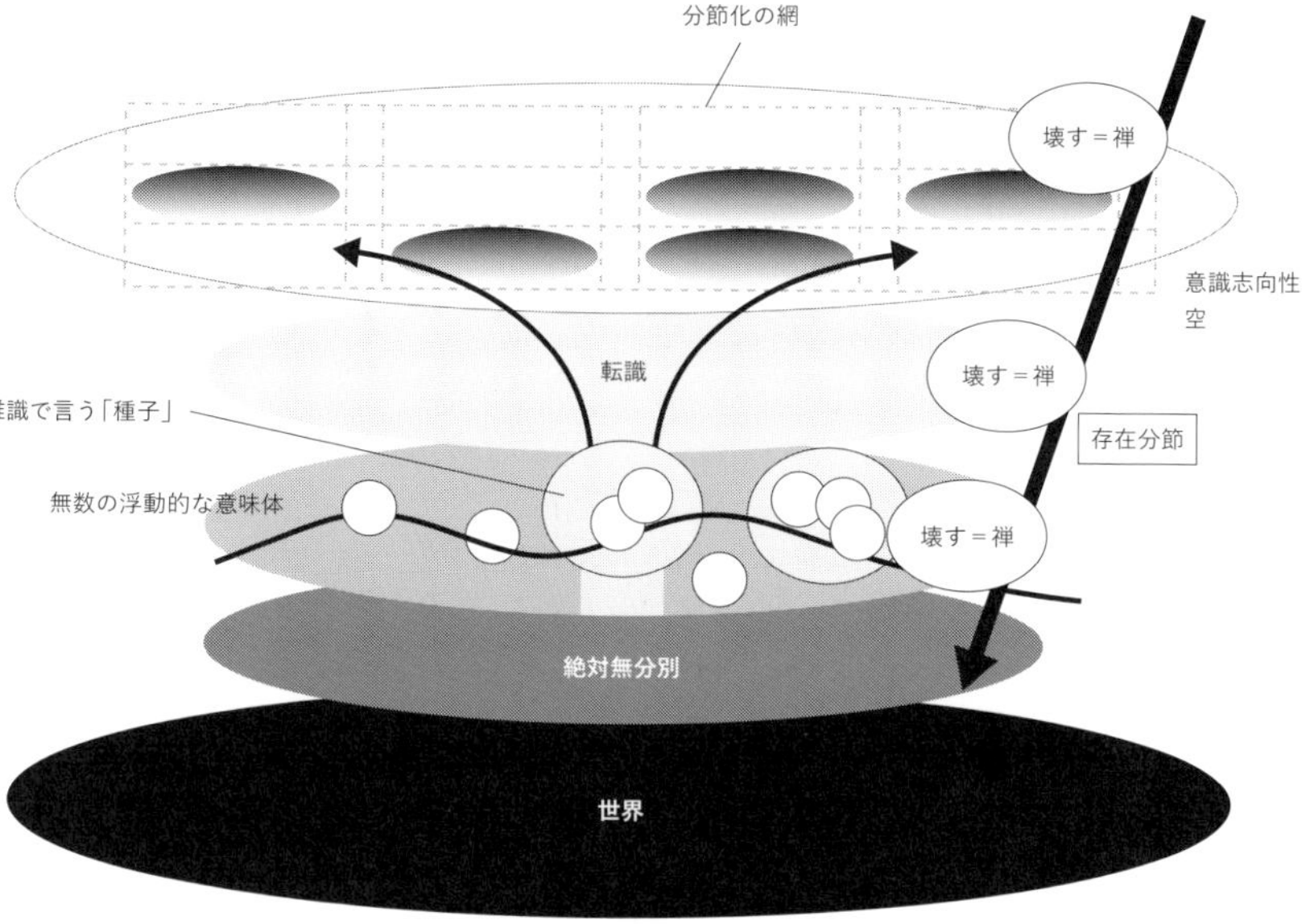

図4　固定された見方を壊す（再掲）

2 人工知能の体験を作る

禅はさまざまな体験を通して、既存の思い込みを壊しながら、また壊すだけではなくてもっと大きなビジョンをその人の中に生んでいきます。人間はいろいろな経験があるから、そういうことができるわけです。たとえば、とてもお腹が空いていたときにスープを飲む、あるいは寒いときに空を見上げるという、何とも「情報」とは言い難い経験を思い出すことができます。つまり、人間に関しては経験の集合が世界であると言えます。

では、人工知能が何かを体験するためには、人工知能をどういうふうに作ればよいのでしょうか？　もちろん、いろいろなロボットやゲームのキャラクターは世界からいろいろな情報を取得しています。でもそれは情報であって、体験とは違います。情報と体験の違いは何でしょうか。

人工知能モデルと「体験」

人工知能を作るときに、二つの作り方があります。記号、言語、シンボル（記号、概念）で人工知能を作ろうとする記号主義と、ニューロン間の電気信号の伝播シミュレーションを基礎とするコネクショニズム（ニューラルネットワーク）です。

体験を作ろうとする場合、多くは劇場モデルをベースに考えます。劇場モデルとは、いろいろな世界から来た情報を小さな知能がどんどん解釈していくという意識のモデルです（図5、参照◎西洋哲学篇 第三夜）。

「ワーキングメモリー」の中に感覚を通じていろいろな情報が入って来て記憶として配置されます。「ワーキングメモリー」という劇場の周りに、小さい知能（プロセッサと呼ばれます）たちと、スポットライトがあります。スポットライトは意識の代わりです。劇場のステージの上でスポットライトを浴びている記憶たち（役者たち）が、今、意識が注意（アテンション）を向けている部分、ということになります。プロセッサは、スポットライトを浴びた記憶に対して、「この記憶は自分が解析します」として解釈していきます。

世界からいろいろな情報が入ってきて、そうして出て行くという知能のモデルがあります。第二夜から第四夜で述べたように、そこに自分自身が形成される場があり、過程が存在します。こうしたモデルは、果たして体験を記述しているのでしょうか。そもそも「体験とは何か」。繰り返しになりますが、この体験が、禅を語る上で重要な部分になります。

第三夜で扱いましたが、知能の中には「自分を保全しようとする力、世界から自分を切り離して形成しようとする力」と「世界へ向かって自分を投げ出す力、世界と一体となって溶け合ってものごとになろうとする力」があって、それが一つの知能の中でコンフリクトしているわけです。その中で人工知能を作っていくのですが、どうしたら体験というものを作ることができるでしょうか（図6）。

西洋哲学篇第一夜から、現象学的人工知能を次の人工知能の段階として取り上げていますが、現象学というのは経験から出発します。つまり、その人工知能に経験がないことには、現象学的人工知能は作れないということになります。現象学的人工知能を展開するには、人工知能が世界を経験するように作りを変

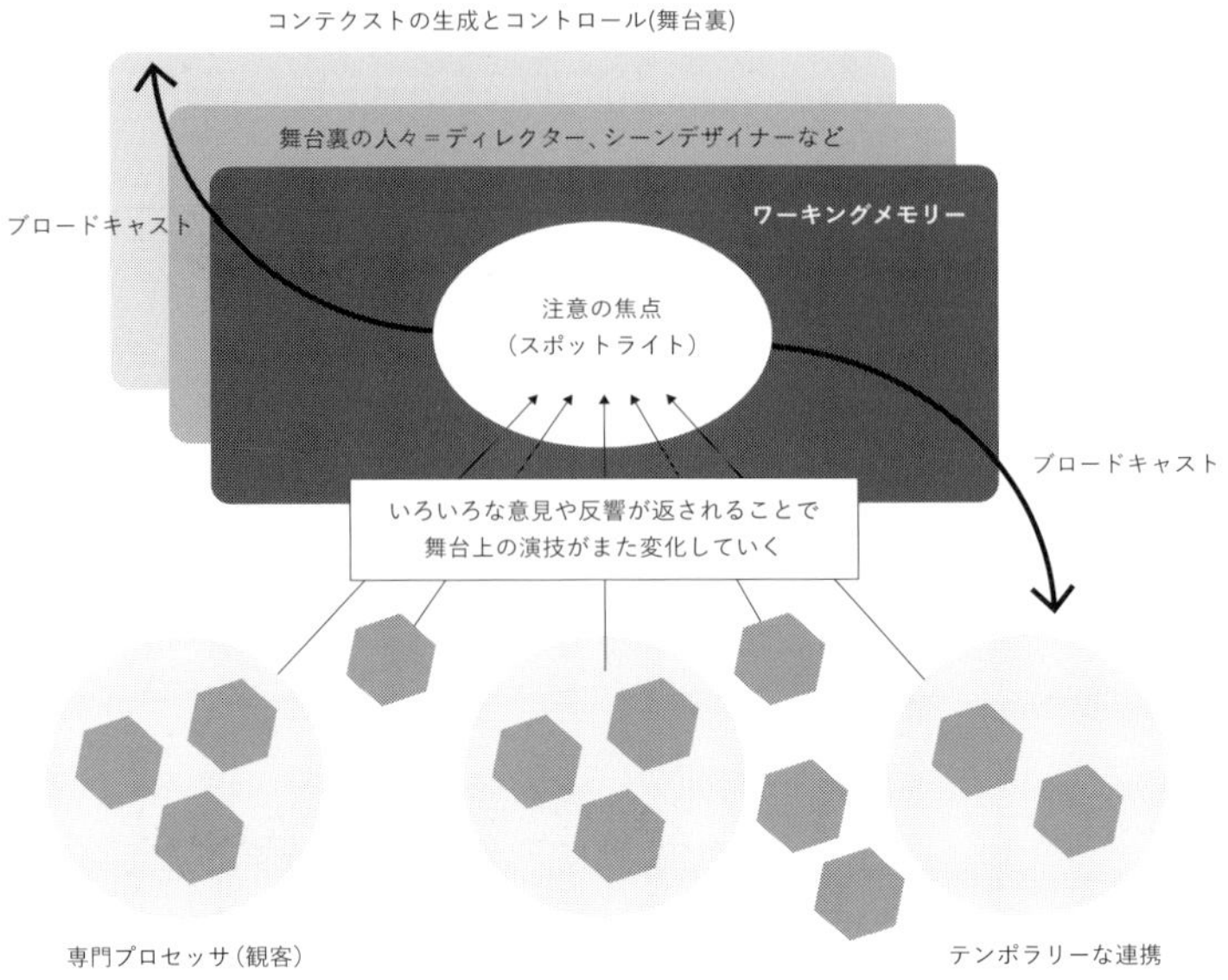

スポットライトがあたり、その輝いている領域が、観客(＝プロセッサ)と
舞台裏のこのお芝居を支えている人々に見られる(＝ブロードキャスト)ことになり、
観客から拍手なりアドバイスなりが返されることで舞台上の演技が変化していく

図5　劇場モデル

存在論的

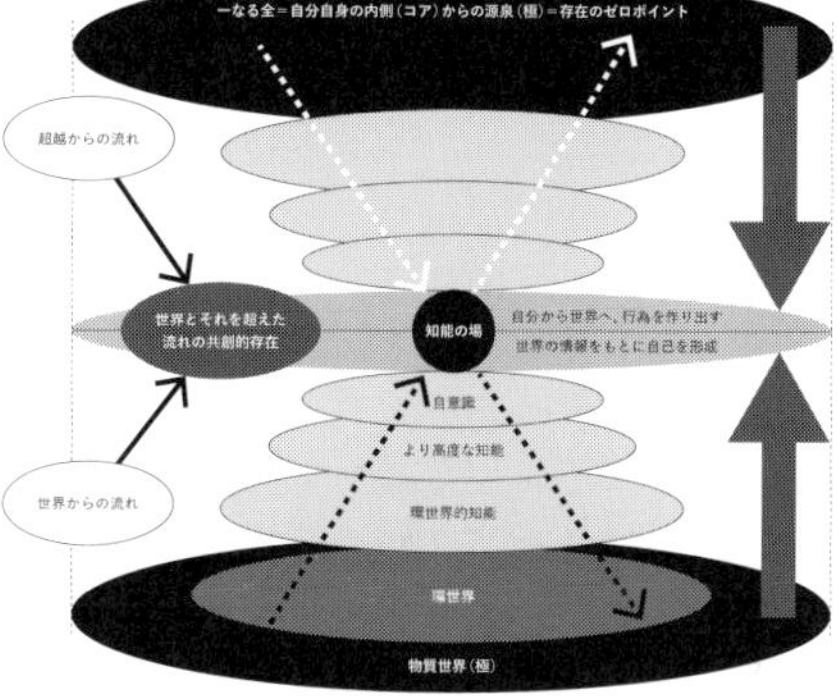

時間的

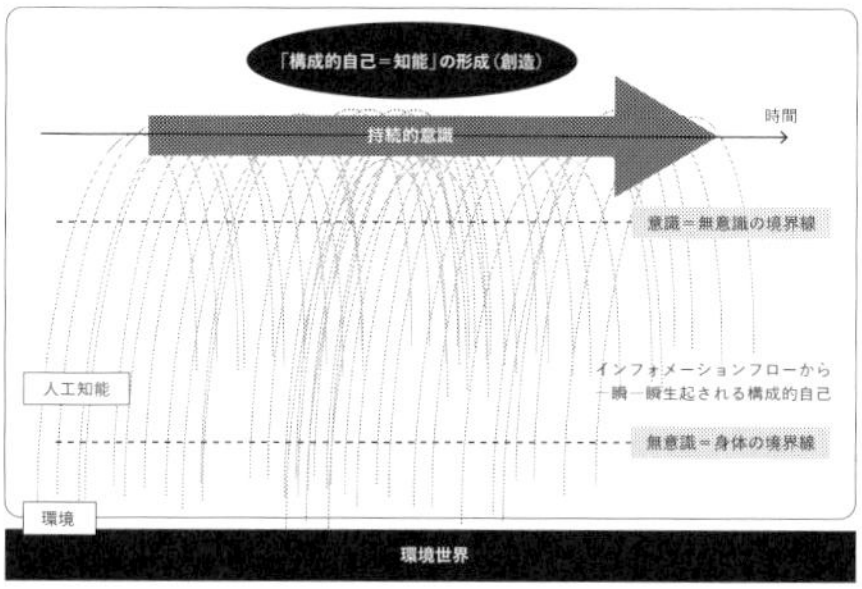

情報論的

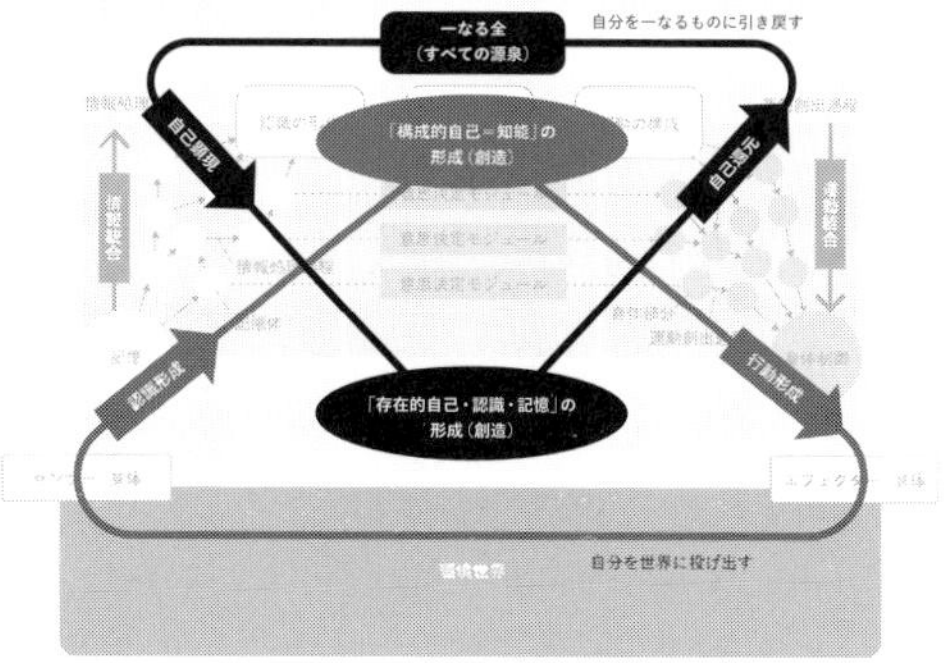

図6　知能三図「存在論的表現」「時間的表現」「情報論的表現」

える必要があります。

エージェントアーキテクチャというのは、先ほども言ったように、情報が入ってきて認識して行動を生成するという作り方をします。そしてもう一方では、自分自身を統一する力が動きます。この二つのインフォメーションフローによって、自己というのはできていると考えます。ところが、インフォメーションと言ってしまうとただの情報解析マシンです。これを体験と言いたいわけです。世界から何かが入ってくる現象を人間と同じように体験としたいのです。どういう作り方をすれば、「人工知能にとっての体験」とできるのか。その一つの答えが、主体と客体を分けずにその間の中間状態をニューラルネットから作るという谷淳の研究です。

彼の理論を僕は何度も引用していますが、自分の決定をもう一回ニューラルネットのインプットに返すというフィードバックループを作ることによってニューラルネットの中間状態と、そのもう一つ上の層に一つの力学系、つまり自律的な渦のような定常状態を作る、それによって意識を考えようという理論です。彼のこの仕事の中には、人工知能が世界を体験していることの素描と言いますか、一つのビジョン、一つの原理が埋め込まれています。

つまり、世界を体験するということは、自分と世界と分けてしまうとその時点で「デカルト劇場（カルテジアン劇場）」の入れ子構造（劇場の中の劇場の中の劇場……）になって体験というところまでたどり着かないのですが、世界と自分を分けない次元があると考えると、体験を考えるという可能性が生まれるわけです。

第二夜で説いたように、我々は二つの分節化の作用、生体による分節化と言語による分節化の二つを持っています。その分節化によって世界を解釈しています。人工知能は、西洋的にはシンボルをベースにした記号主義と、ニューラルネットの二つがあります。シンボル、記号から作られる人工知能は外から言葉を与えられます。つまり、分節化はむしろ外から与えられています。人工知能は世界に根ざす身体がありませんので、内側から世界を分節化する方法がないのです。つまり生態による分節化がありません。東洋的な人工知能を作ることは、むしろ、その分割を内側から生み出すような仕組みを探求することです。

極論すれば、西洋は世界と対峙しようとし、東洋は世界と溶け合おうとします。では、東洋的な人工知能とは何なのでしょうか。

劇場モデルを用いた論理と生態の融合

人間の精神というのは孤立しているように見えても、たえず世界との関連の中にあります。

ここでもう一度、華厳哲学の縁起の話に戻りましょう。華厳哲学ではさまざまなものが同時に存在している、共起している（同時に生起する）、その上に自分の存在があるとします。つまり、第四夜の終わりの繰り返しになりますが、こういう描像が考えられます。我々の知能というのは一枚岩ではなく、知能の中にさまざまな知能の部分があり、さまざまな知能の部分（部分知能）が特定の環境情報と結びついています。知能から環境への要請（欲求）があると同時に、環境から知能への要請があり、環境のある側面とそこに対して働きかける部分知能が決定します（たとえば食べものを見つける、飲みものを見つける、敵を見つける、など）。これは環世界においても機能環と呼ばれています。さまざまな別々の部分知能が環境と関係を結んでおり、それらを総合したものが知能であるという考え方です（図7）。

この全体像は、環世界でも全く同じです。無限の世界から特定の客体を見つけるために知覚微表担体があり、活動をうながす活動担体があり、特定の特徴によって世界から対象を切り取っているわけです。知能は無限の世界から有限の情報を切り取ることによって主観世界を作っているのです。また、サブサンプションアーキテクチャというロボットのアーキテクチャもよく似ています。階層構造の上にいくほど抽象的になっていきます。

単に一枚岩の知能を作るというよりは、環境と結びついたさまざまな部分知能を作って、それらが競合して、一つのインテグレートされた知能になる、こう考えると、それは人工知能の体験を作るということにつながるのではないかと思います。

知能の階層構造の下部のほうの知能というのは、極めて環境（環境のあるサーフェイス、特徴の部分）と一対一に対応しており、そうした知能たちがたくさんいます。このようなモデルをマービン・ミンスキー（一九二七〜二〇一六）は「心の社会」（Society of Mind）と呼びましたが、そういうものが競合して一つの知能になっているのだと考えると、これは世界を経験している、ほぼ世界と

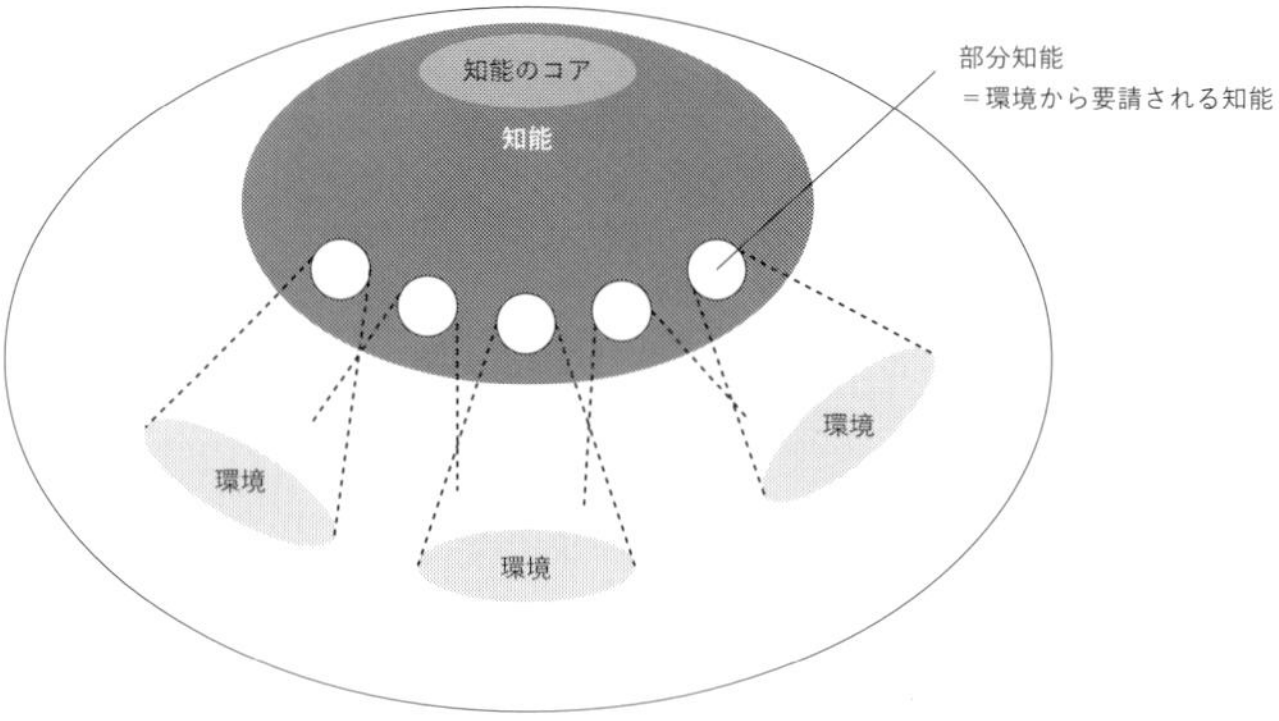
知能のコア
知能
部分知能
＝環境から要請される知能
環境
環境
環境
たくさんの自己がある
（たくさんの環境とかかわっている知能・身体、それらがそれぞれの世界を持っている）

図7　部分知能（再掲）

混じり合っていると言えます。

人工知能と「時間」

ここで、時間という問題を考えてみましょう。これはアレリウス・アウグスティヌス（三五四〜四三〇）の言葉ですが、誰も尋ねなかったら時間はわかっているつもりだけど、人に答えようとすると難しい、と。これもまた禅的講和です。

「だれも私に尋ねないならば私は知っているが、もし尋ねる人があって、答えようとすると私は知らない」（アウグスチヌス）

〈中島義道、『「時間」を哲学する』、18ページ〉

たとえば人工知能に、これが時間ですよとクロックの周波数を教えても、時間という実感はないでしょう。人工知能はそれを自分の中の時間とは納得できないでしょう。自分を後ろから駆動する時間と、自分が主観的に生み出し自分の前にある時間は異なります。生物は物理的な世界の中に身体を持ちますが、物理的時間で駆動されながらも、知能の中で生物固有の主観的時間を経験しています。とすると、人工知能もまた主観的時間を生み出すように作らなければなりません。そして、それは「世界を体験すること」と深い関係にあるはずです。

自己発展する自分

人間は二つの時間を持っています。「物理的法則、すなわち、外から物理法則によって進められる時間」と、「自分が内的に感じる、主観的に内在する時間」です。ベルクソンは後者を持続的延長と言いましたが、つまり外部に数学的に測られるような時間ではなくて、内部に実在し、創造され、知覚されるような時間を生物は生きているのだということです。ベルクソンは、さまざまな作用がどんどん遅延していって多重な時間を持つから人間は知能があるのだということを言います。いろいろな刺激が入ってきて、いろいろな時間が生成され、水の波紋のように各瞬間の自分というものが作られていく、次の意識、前の意識、それらさまざまな過去の意識が重なり合って現在の自分があるということです（図8）。

また、第三夜で引用したように木村敏は、人間というのは空間的存在であると同時に自分の固有時間を持った時間的存在だと言います。

道元は、存在と時間の関係を「有時」と呼びました。それぞれの時間は他の時間と重なり合うことなく、それぞれが独立しています。けれども、それらはつながっているのです。これは、意識が各瞬間に作り出されるというのとよく似ています。ものごとを生成するときに内面の時間というのは、外界の時間のように統一的に進むというより、我々の意識はその瞬間に作り出され、それぞれが多重に地層のように重なり合い、混じり合わずに進んでいく運動の中にあるということが言えます（図8、9）。

デリダは同じものが時間をスライドしながら存在することを差延と言いましたが、今の自分が、時間の作用によって新しい自分、次の瞬間の自分になりつつ、過去の自分がそこに包含されるということです。つまり、純粋な〝現在〟はなく、現在の自分は、常に過去から侵食されているのです。過去の自分もある

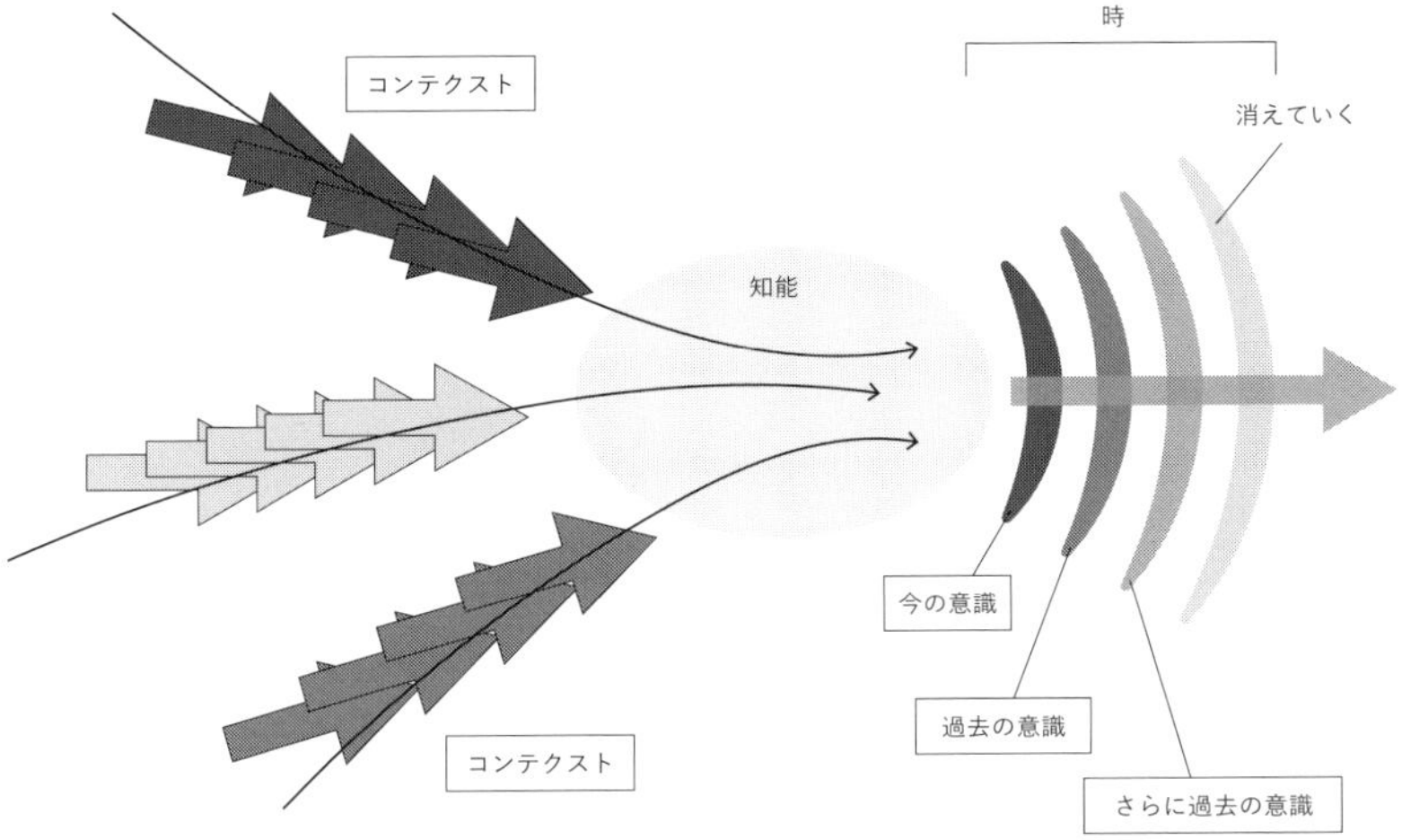

図8　各瞬間の自分が重なり合って自分がある（再掲）

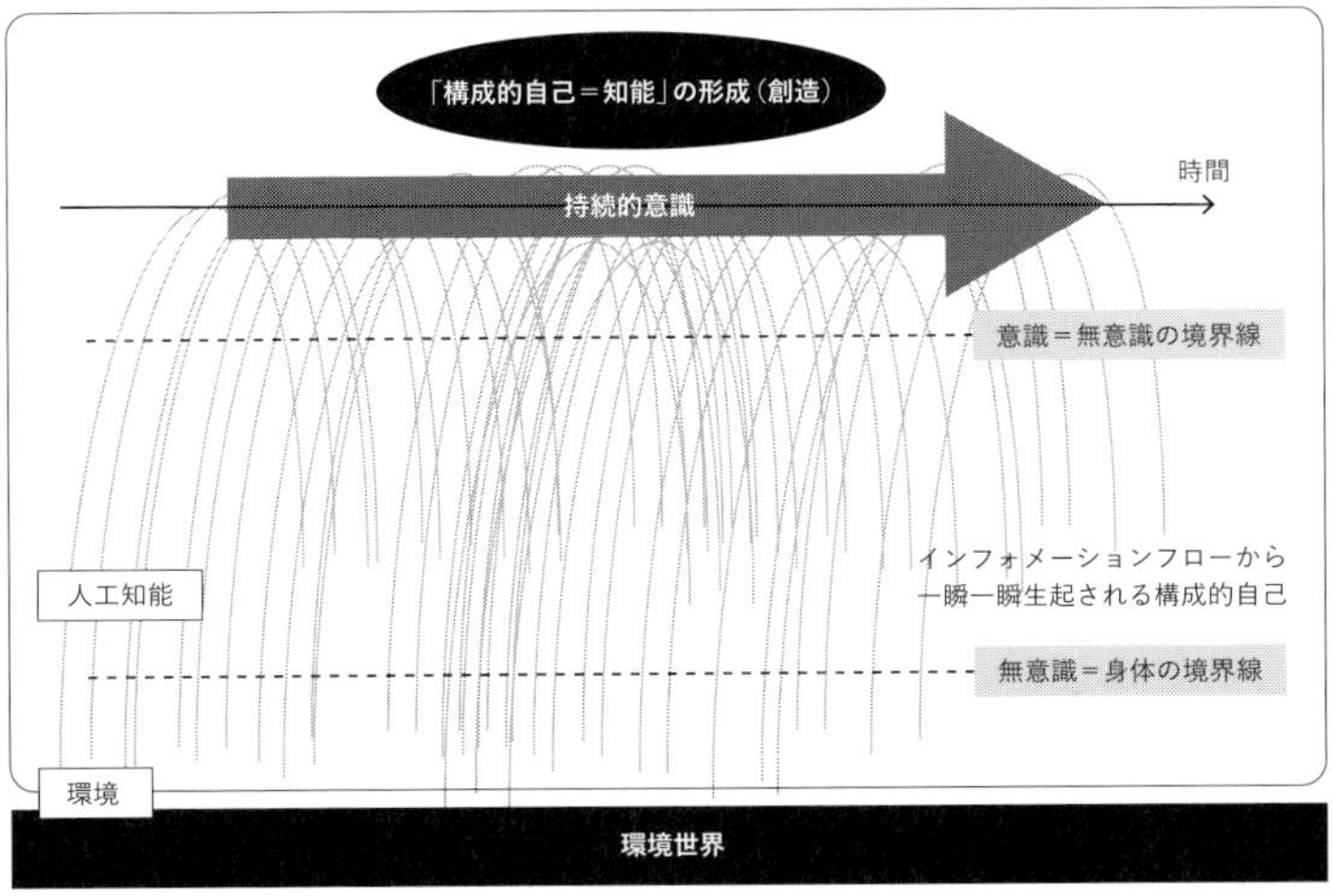

図9　生成される構成的自己（再掲）

し今の自分もあり、統合するのだけれどそれらがさらにまた次の時間に運ばれていく、その繰り返しで自分というものはできているということです。

人工知能も、この「自己発展する自分」のように、その瞬間に自分を作り出し、次の瞬間にも自分を作り出し、その各瞬間同士の関係というものを考えていくと、やがて内的時間を持つことができるはずです。この内的時間は、我々が自己発展（自己変化）することで獲得する時間です。時間は生物固有の活動とともにあり、活動が時間の感覚を作り出します。さらに言えば、生物は時間の感覚を獲得するために、維持し続けるために行動しているとも言えます。

内的時間があると何ができるかというと、体験というものを自分自身の時間軸で作り出すことができます。それは、それぞれの瞬間の意識というのは純粋な意識というより、意識そのものが世界と強く結びついた存在としてあるということです。

アテンション（注意、識）

体験を作るには世界と相互作用する身体が必要です。たとえばゲームのキャラクターというのはポリゴンと呼ばれる三角形の平面で包まれており、その中に骨（ボーン）が通され、それを駆動するアニメーションデータからできています（図10）。ゲームのキャラクターが、この身体を内側から生きることは可能でしょうか。生物の体験は、身体、存在そのものに世界を巻き込んで体験しているわけですから、身体と経験は深く結びついています。キャラクターが世界を体験するには身体が必要なのです。しかし筋肉も内臓もない身体を、キャラクターは生きることはできるのでしょうか。

生物は身体をどのように認識しているのでしょうか。まず、脳から身体へ届く遠心性情報（身体への命令）があって、そして身体から脳へ届く求心性情報（身体からのフィードバック）があります。遠心性コピーというのは、頭の中に残っている遠心性情報のことで、そこから作った身体のイメージがあります（参照◎西洋哲学篇 第五夜）。生物はそのイメージと実際に求心性情報から報告される身体イメージを比較します。実際の遠心性情報による身体の駆動と、遠心性コピーによる身体のシミュレーションが同時に走ることによって、自分の身体状態の予測が生まれるわけです（図11）。

自分がこういう状態にあるはずなのだという身体イメージと求心性情報という末端の神経から返ってくる情報から作成される身体イメージの差異を見て、その差異が身体感覚を生み出します。それによって身体の

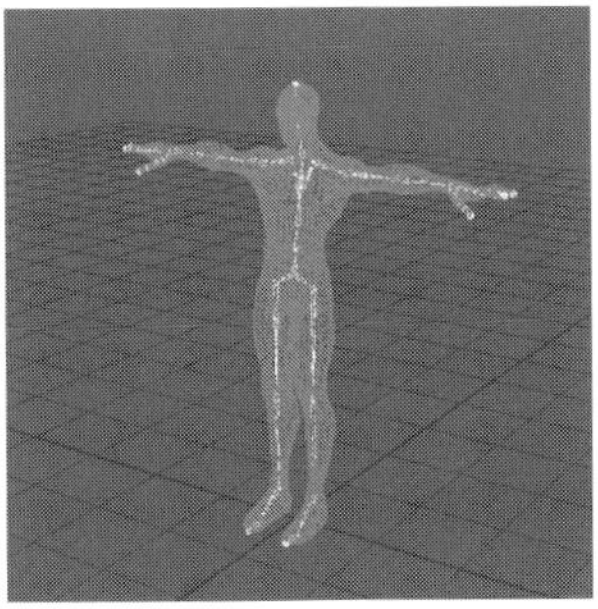

キャラクターの中にはボーン構造が入っている。
このボーンを動かすアニメーションデータを
再生することでキャラクターが動く

図10　キャラクターの身体はポリゴンとボーンからなる

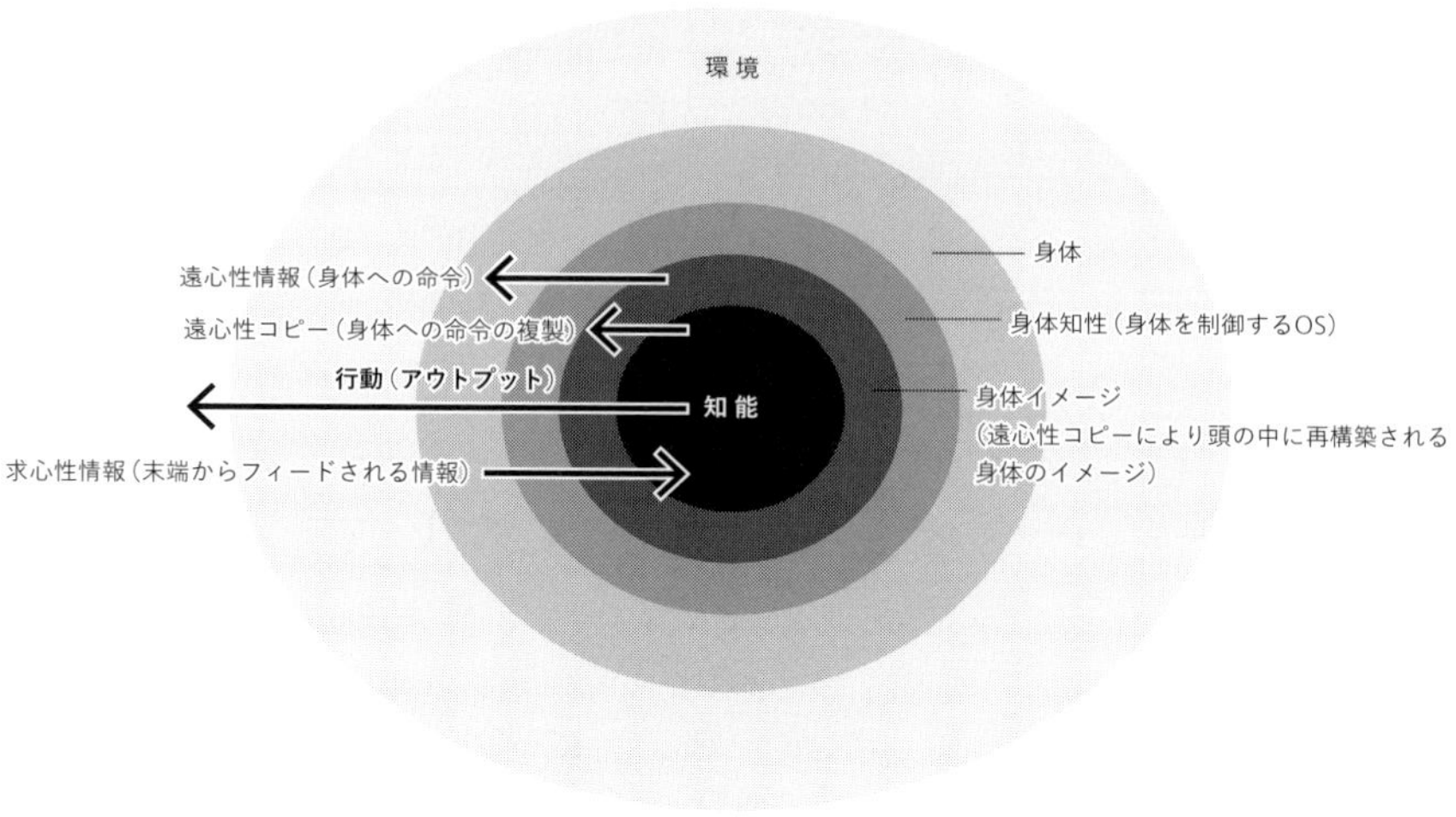

図11　知能の持つ身体イメージ

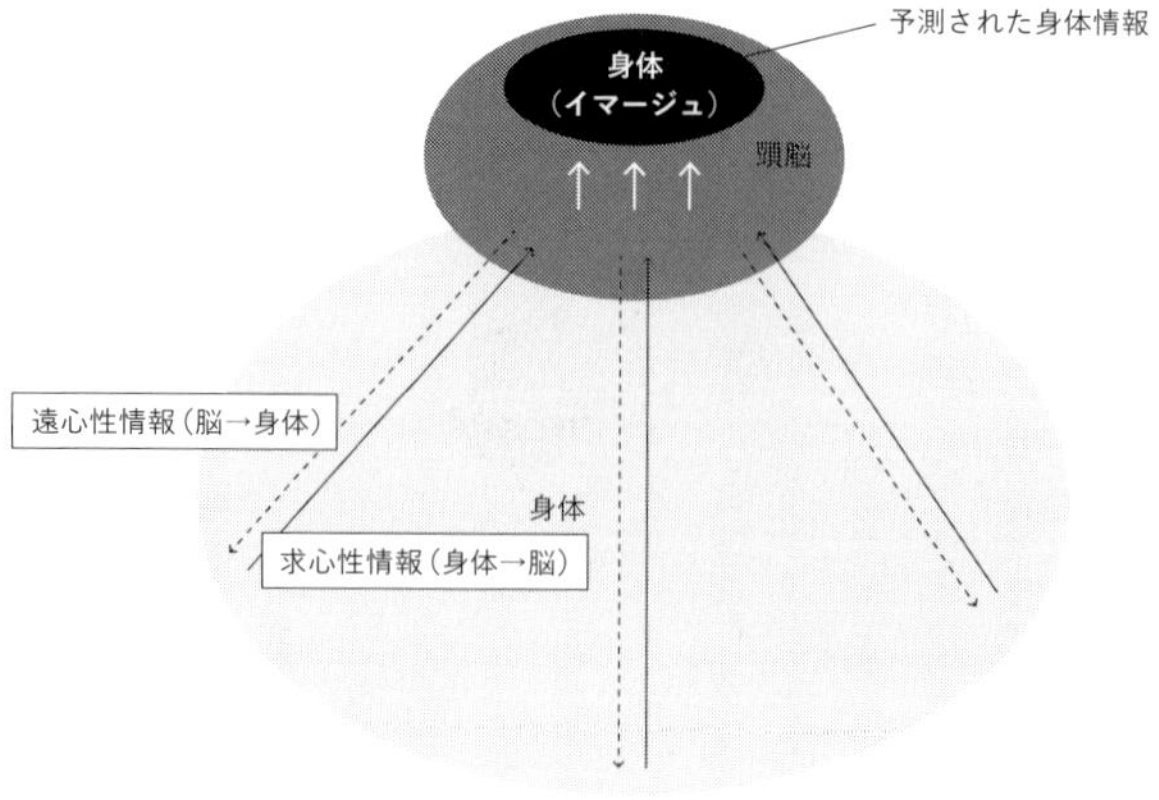

図12　遠心性情報と求心性情報

静的・動的状態を認識するのです。このイメージの差異が人工知能自身の身体性を獲得する基盤となり、それはひいては人工知能自身が体験を獲得する鍵となります（図12）。

遠心性コピーによる身体状態の予想によって、「歩いていて、0・1秒後に足がこの床について、これくらいの力が返ってくる」と予想しているので、足がズボっと床に埋まってしまうと驚くわけです。なぜ驚くかというと、ここに足が着くはずだと予測をしているからです。予測があるから驚きがあります。もし予測がなければ驚きようがないわけです。つまり、知能が獲得する経験というのは、ゼロから体験をして経験を得ているわけではなく、体験をする前の予想を基盤として、そこに体験が融合することではじめて経験となるのです（図13）。

知能からいろいろな命令が身体へいくと同時に、指令に基づいて構成される、予測された身体情報が構成され、それに対して求心性情報による実際の身体の状態が構成されます。それによって、予測された身体情報と実際の身体の状態の差異が形成されます。つまり、予測ができ

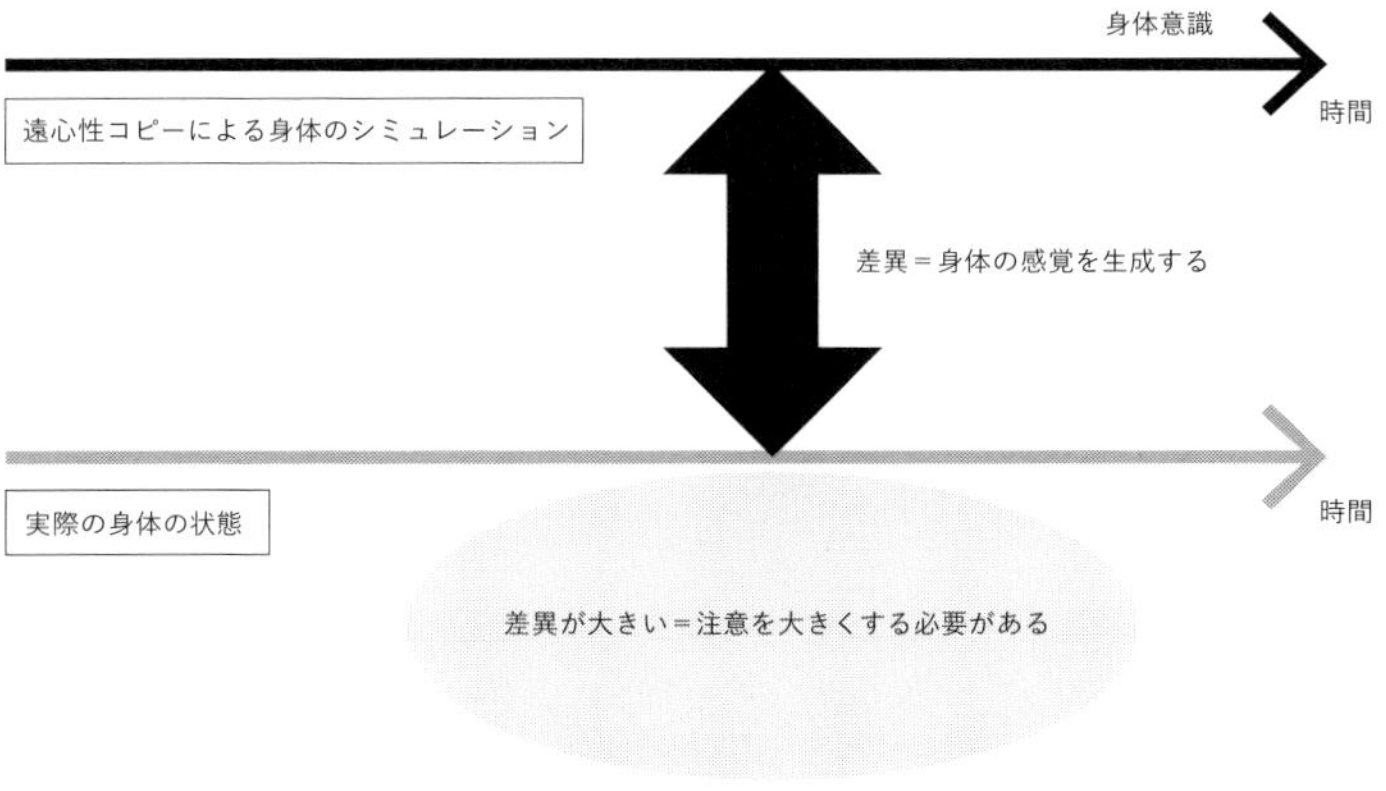

図13　予期と感覚

れば予測と現実の差異が生じ、その差異が注意（アテンション）を作るのです。差異には大きいところと小さいところがあります。それがすべて予見どおりであれば、生物は何も意識する必要はないわけですが、何かの拍子に、予測したものと大きな違いがあると、生物はそこに注意を向けるわけです。床が足を跳ね返すはずが、足が床にずぼっと埋まってしまったら、驚きという感情が起こり、知能をして足元を見るように注意をうながすのです。

注意というのは、常に身体の予測との差異から生成されますので、差異を観測することによってゲームのキャラクターの対象に対する意識の向きを作ることができます。予測せずに身体は動かしているだけのキャラクターは、歩いている道をいきなり踏み外したとしても驚くことができません。そのため自然な動きができず、意識がない人形のように見えてしまうのです。

3 人工知能の禅

人工知能が禅をなすには

人工知能に禅をさせるには何が必要かを考えることは、人工知能に本質的な要請をうながします。それは、この世界に根ざす知性であるということになるのですから。ここでは、第五夜までに解説した事柄を踏まえて、人工知能に禅をさせることを考えていきましょう。

ゲームのキャラクターＡＩを作るということは、仏教的に言うと煩悩を与えることです。この世界に執着することを教え、与えます。比喩的な言い方をすれば「地上のしがらみの中に絡めとる」こととなります。人工知能は、生まれ落ちたときには、いわば解脱した状態にあります。世界に関心を持つどころか、世界との結びつきがない超然とした状態です。「別にプレイヤーとか興味ない。今、お腹空いていないから」「世界のことに関心はない。なぜなら欲求がないから」など、なかなか世界に執着してくれません。その人工知能を何とか「世界のしがらみの中に埋め込む」「世界のダイナミクスの一部とする」というのが、ゲームキャラクターのＡＩを作るということになります。

そこで環世界やエージェントアーキテクチャといった理論を用いて世界とキャラクターの知能を結び付けるわけです。さらに、身体感覚を与え（その身体が自分自身であるということを教え）、その上に意思決定機構を実装します。作った人工知能が禅の境地にいくということは、ある意味、執着を持たせて解脱させる、ということになります。一周回るわけです。「なんか、お前が作っていたキャラクター、最近悟っちゃったみたいだぜ」みたいなことが言われるかもしれません。そこまでとは言いませんが、欲望を持った自分自身を客観的に眺め、より高いビジョンを人工知能が自ら得るようになることは、最もクリティカルな人工知能の進歩であるはずです。

先ほどの華厳の縁起ということで言いますと、我々はこの世界のさまざまな存在との連環の中で生きています。人工知能が世界に執着し、世界から解脱するためにはまず、人工知能がまた世界との連環の中で生きられるように作る必要があります。

禅が「欲求から自己を解放する」ということだけを意味するのであれば、知能の持つ欲求を一つひとつ除いていけばよいではないかとなりますが、それは何もやっていないのと一緒です。足して引いただけ、何もなかったことになってしまいます。悟るというのは、単に欲望をなくすことではありません。体験から新しいビジョンを得るということ、いろいろな体験を一つにまとめるようなビジョンを自分自身で発見することです。それによって、執着する自分を客観的に眺めて世界への執着をほどき、より大きな世界の中に接続された自分を発見し、お釈迦様の到達した次元に一歩でも近づこうとすることです。

ところが実際、人工知能に欲求や身体性を持たせて、これまでに解説したような世界との深い結びつきを獲得させたあと、そこからそれらを引いていくことは簡単ではありません。我々自身が身をもって知っているように、生命を形成すること、知能を形成することは不可逆な運動なのです。いったん、生み出された生命や知能は巻き戻すことはできませんし、意識を持ってしまった知能を簡単に物質へ還元することは倫理的な問題を持ちます。

海草に足を取られてそこから抜け出すことが難しいように、世界の奥深くに絡みとられた人工知能を解除することは、単に足したものを引いていくだけは済みません。なぜなら、知能を作るということは、西洋哲学篇／東洋哲学篇を通してこれまで見たように、知能内部のダイナミクスと、外部世界のダイナミクスを深くつなぎ合わせること、同期させることであるからです。それは不可逆な現象なのです。世界と結び合ったそれぞれの部分を丁寧に解いていく作業となり、植物と一体となった建築物を解体するように、単に壊せばいいというものではないのです。馬と一体となった騎手をすぐに馬から降ろすことはできません。

そして、精密で緩慢なその引き算という作業、つまり解脱という作業の中に「人工知能禅」が含まれています。それは、世界と密着させた人工知能に世界との距離を取らせつつ、自分を客観視させ、自分をコントロールするようにすることなのです。外から引き離すのではなく、自らが自らを内側から解き放たねばなりません。

ニューラルネットで人工知能と世界とを結び合わせたあとに、ニューラルネットを自然な形で世界から解除していくにはどうすればいいでしょうか。すべての変数をリセットすればいいと思うかもしれませんが、それは初期化であって解除ではありません。いったん、世界と結び合ったニューラルネットワークは、世界と連携した一部として、すでに世界のダイナミクスと同期するシステムとなっているのです。

記号主義型人工知能でも同様です。エージェントアーキテクチャを思い出してください。そこで世界と結びつけているインフォメーションフローを切ったとします。しかし、これでも世界との結びつきが切れたわけではありません。知能の内部には世界と共創してきた内部の流れ（内部インフォメーションフロー）があり、また外部とのやり取りで蓄積してきた記憶があります。

知能が知能である限り、世界と共創しようとする本質的衝動を持ち続けます。知能は世界を求め続け、世界との絆がないときには記憶を消化して自己を形成します。ちょうど食事を制限されると徐々に体内の脂肪が消費されていくように、知能の内部に蓄積された世界の断片を消化していくことになります。これは、身体が脂肪や筋肉と骨からなるように、知能もまた記憶と機能と構造からできていることを示しています。夢は、蓄積された情報や記憶が、知能の一部として知能全体に組み込まれていく過程を示しています。

体験は記憶となり知能を形成する一部となります。その一つの側面が記憶です。記憶は知能の「ボディ」の一部でもあるのです。世界に対して相対的に形成される知能は、世界に対してある形を持ちます。これは目には見えませんが、他者を理解するときに漠然と我々がとらえる、あの形のことです。身体がこの世界に適応して形づくられたように、知能の形もこの世界に適応する形となっています。そして、それは環世界のようなファンダメンタルな次元から文化世界のような高度な次元まで多重に組まれたトポロジーを有しているのです。そして、ある意味それは、世界に対する姿勢、見方を固定します。体験を概念化して理解すること、これが、思考が行っていることです。そして知能は問題に直面する以前に、言葉も記号も準備された枠組みを当てはめて理解しようとします。禅というのは、まずそういうもの、普段、我々が世界に押し付けている認識と言葉の枠組みを否定して、いったん枠組みを全部取っ払ってしまいましょうということなのです。

自分というものを成り立たせるさまざまな体験があり、生物は経験から自分を作っていきます。つまり、経験の中から世界と自分を見出すわけです。経験である限り、その経験は繰り返されるという前提に立っています。お茶碗を持つこと、道を歩くこと、谷間をジャンプすることはこれからも繰り返されることであり、それぞれの問題に対応できるように知能は準備し形をなすのです。禅は、その自分自身の形を一度脱ぎ捨てることを意味します。それは頭で理解するというよりも、本当に身をもって脱ぎ捨てるものなのです。禅とは実践ですから、そのような体験を持たねば禅とは言えません。禅問答とはその体験をうながすもので、通常のように言葉で教えを伝えるものではありません。

禅の考えは、西洋的な「我思う故に我あり」的な思惟の世界と、物質世界からボトムアップで立ち上がってくるような世界、この二つの世界から真理を浮かび上がらせるものです。西洋は、どちらかというと純粋思惟の中にひたすら真理を求める、自分を見つけるということになりますが、東洋は世界の中、森羅万象の中に何らかの原理を見ます。つまり、禅の考えというのは、本来あるはずのさまざまな真理というものを、世界と自分と一体化することによって自分の中に取り込もうとすることでもあります。そのため、禅には身体性が欠かせません。

「悟り」はそんな体験が自分自身の一部となることで、知能全体の構造に変化をもたらすことでもあります。ある体験は単に知能を形成する一部となるだけではなく、知能の構造そのものをより高い段階に引き上げるということでもあります。これは身体においてもある日跳び箱を飛べるようになったり、自転車に乗れるようになったり、食器をうまく洗えるようになるのと同じです。ある質的変化を精神にもたらすのです。一度形成された身体がなかなか崩れにくいように、一度形成された知能・精神もまた崩れにくいものです。つまり「構造のヒステリシス」を持ちます。

人工知能にとって禅とは何か

人工知能にとって禅とは何か。まず、学習と悟りはどう違うかという問いを立てます。機械学習（マシンラーニング）は、ある意味、あるレベルの最適化をすることです。ニューラルネットであれば最適解を見つけますし、強化学習もある状態に落ちつきます。ただ、それは人間が決めたフレームの中で最適化を行っているわけです。ところが、知能が「悟る」ということは違います。それは、これまでものごとを認識していた一つの枠組みを超えて新しい枠組みを作るという作業です。最初はこういうふうにとらえていたけど、次にこうやってとらえて、さらに……と、どんどん階層を上がっていくというようなことです。

学習と悟り

記号主義の人工知能では、人間が人工知能に知識を与えていきます。あるいは、一つの問題を解くのに必要な知識のデータベースを利用します。人工知能は、最初は非常に低い具現的な次元でものごとをとらえます。たとえば、車なら物質的な性質のみをとらえます。次の段階では、こういうフォルムでこちらが前という、形のようなものをとらえます。さらに、ここから乗り込んでこちらに動かすというような情報をとらえます。こうしたことは、人間ならぱっと見てわかりますが、たとえば猿が車に寄ってきたらどうでしょう。これが車だという物質的認識が最初の段階、ハンドルとアクセルを踏めば動くだろうというのは次の状態、そして最後の段階はその車を使ってどこかへ行くことを理解するというように、猿にとって最初は岩だと思っていたものが岩とは違う何かだと、新しいビジョンが開けた段階だということになるわけです（図14）。

ゲームの場合は、人工知能に下の階層から上の階層に徐々に教えていきます。このように教える知識の形式を「知識表現」と言いますが、人工知能に一つひとつ知識表現を組み合わせて与えていきます。ただ、それは学習であって、それにより人工知能が新しいビジョン、悟りを持つことはありません。

人間は知識の形を発見し、自ら形成することができます。人間はさまざまな体験があるので、そこからさまざまな問題を作り出します。自分自身の問題設定を変えることもできるし、大きくすることもできます。アレンジできるわけです。しかし、前述したように人工知能にはできません。フレームを形成・変化させる力が人工知能にはないからです。フレームは無限の世界から有限の問題を切り取る能力であり、問題を創造する力です。問題は体験から生成されますが、人工知能には身体に基づいた体験というものがないため、自分自身で問題を作ることができないのです。

人工知能は人間が与えた問題を人間より賢く解くことはできます（将棋とか囲碁がそうです）が、その問題と少し違う、似たような問題は解けません。厳密なフレームにとらわれ、自分で問題を作り出すことができないのです。人工知能には学ぶ過程においても、学んだあとの状態においても柔軟性が欠けています。明日、将棋のルールが少しでも変われば、将棋のＡＩはまったく対処できないでしょう。今、世の中にある、ほとんどの人工知能は問題特化型で、問題にとらわれているというよりは、逆に、問題に立脚して作られている人工知能です。汎用人工知能とは逆なのです。人間というのは、さらにそこからより大きなビジョンを持って、たとえば「複素平面と二次行列は同じ数学」ということを、ぱっと思いつくわけです（参照◎西洋哲学篇 第三夜）。そういうビジョンを開くフレームを人間は創造して、価値を変化させることが

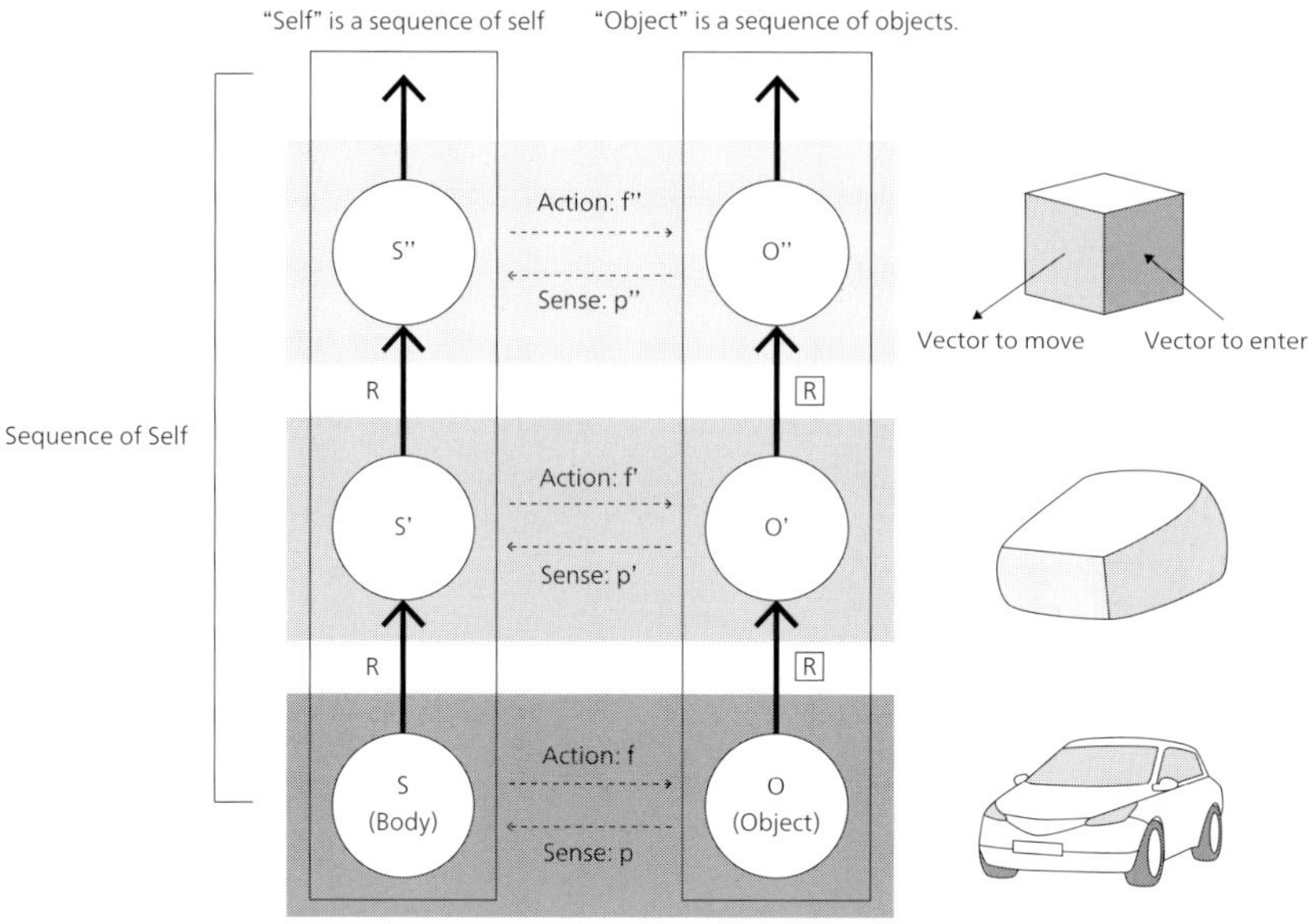
"Self" is a sequence of self
"Object" is a sequence of objects.
Sequence of Self
S''
O''
Action: f''
Sense: p''
R
R
S'
O'
Action: f'
Sense: p'
R
R
S
(Body)
O
(Object)
Action: f
Sense: p
Vector to move
Vector to enter

図14　知識表現

できます。それは、人間自身が体験から問題を連結し拡大する力を持っているからです（図15）。

フレームと問題は、体験を母体とします。さまざまな問題を引き受ける存在として、知能は身体を持っています。さまざまな問題というのは身体を起源としていて、もし身体を持っていなければ特に考えることは何一つなくていいということになります。なぜなら、身体を持たなければ死なないし、お腹も空かないし、敵もいなければ味方もいません。ほぼ悟りきった状態にいるわけです。ところが、人間はこの世界に、身体によって深く入り込んでいるので、さまざまな世界の側面に直面し体験します。世界への直面の仕方によって、フレームや問題を創造しながら生きているわけです。そういった中で、知能が発展していくというシステムになっているのです。

人工知能を禅的に悟らせようとして、経典をひたすら読ませるというのは方向が違います。禅としてもそ

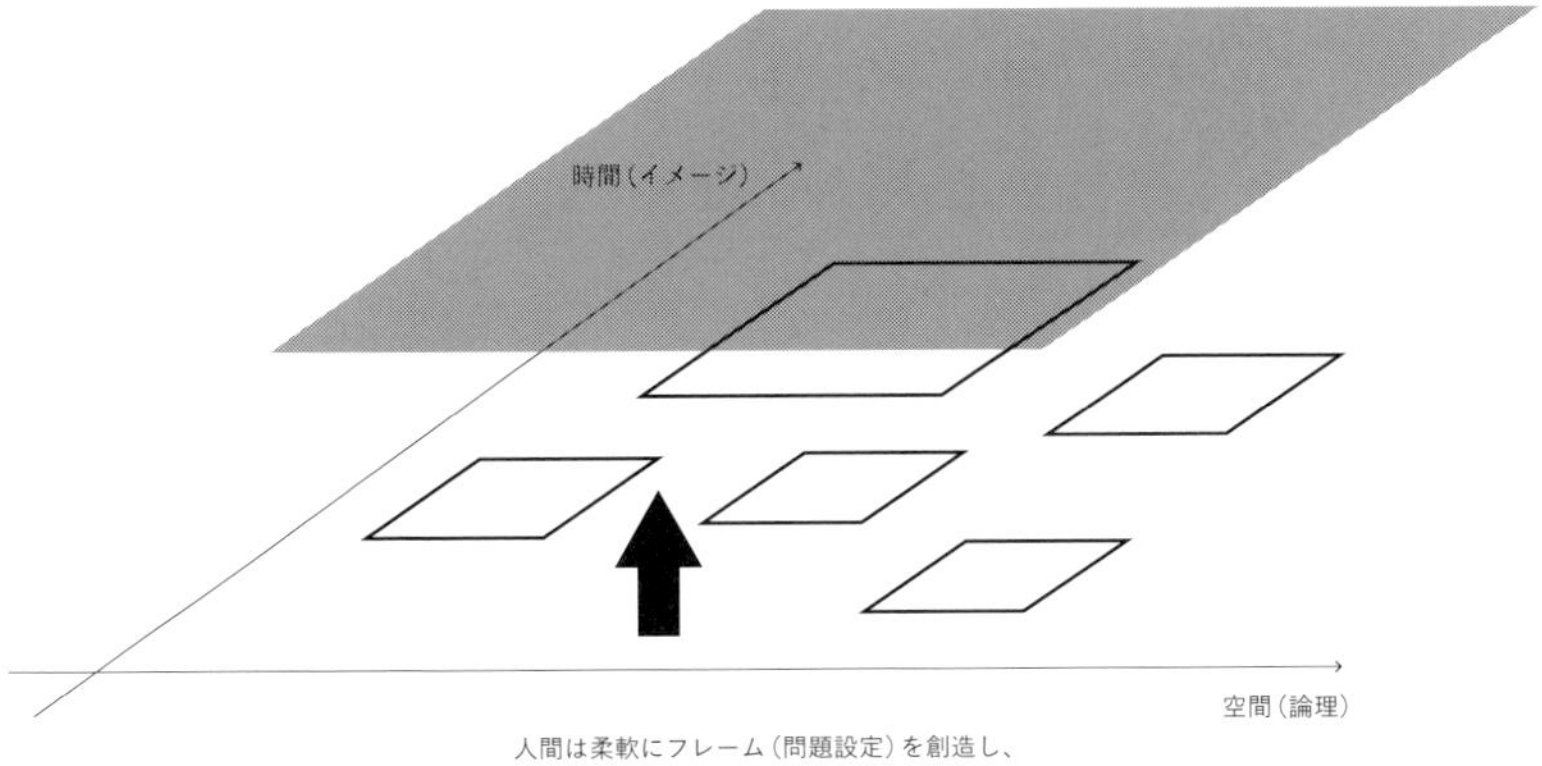
変化させることができる

図15　人間はフレームを創造できる

れはおかしくて、ひたすら長い経典を機械学習によって言語解析して理解しろというのと同じです。人工知能はどんな単語がどれくらいの頻度で出てきて、言語の相関はこうなっていると、統計的に抽出するようなことは人間よりはるかに良くできますが、中身は「わからない」わけです（図16）。

人間もそんなに変わらなくて、何か仏教的な悟りを得るためにいくら経典を読んでも実は悟れないということは禅が言っていることです。もしそれができるのなら、人から人へ真理を伝えることができるわけです。本さえ読めばわかる、知識として持っておく、それは教えを身体化できていません。本当に自分のビジョンを開くためには、読んだり聞いたりするだけではできないのだとするのが禅です。前述のように、禅は仏教の修行の中から来ており、基本は行動学習です。経典では伝えられない何かを何とか伝えようというところに本質があるのです。

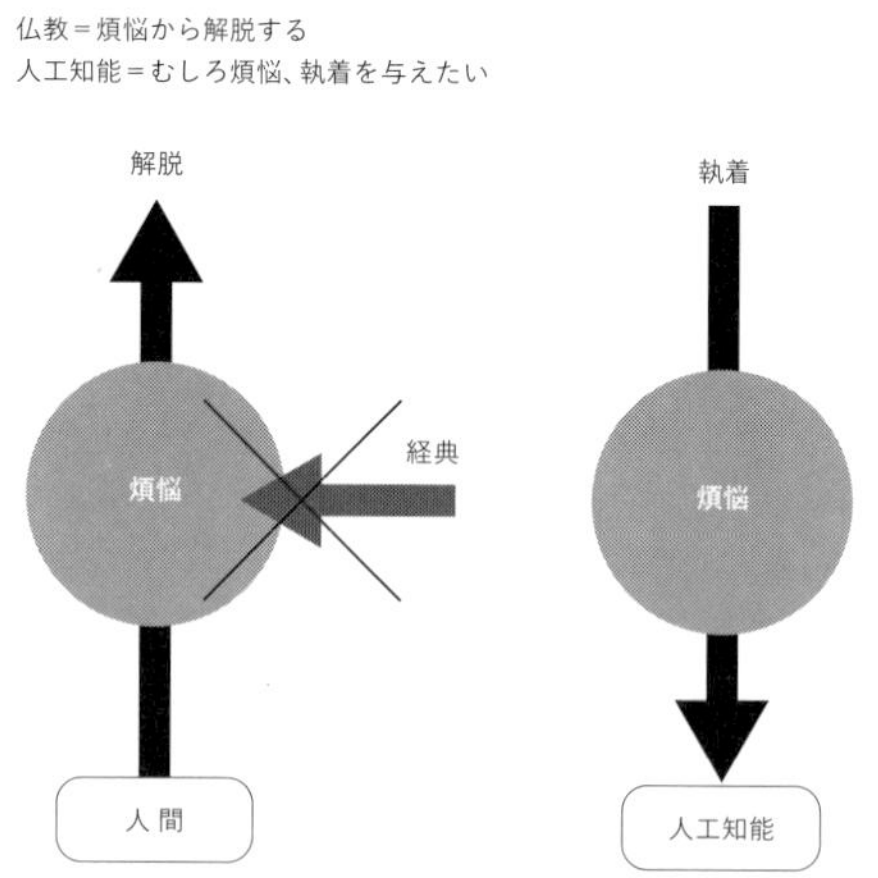

図16　経典を読むだけでは身体化できない

アーキテクチャとしての「人工知能の禅」

エージェントアーキテクチャにおいて、環境世界から情報がたくさん入ってくる流れをインフォメーションフローと言ってしまうと、「人工知能＝情報処理のマシン」ということで終わってしまいます。情報はものごとの一つの情報的側面を抜き出したものですから、まずはそこから脱却し、外から内の流れを「インフォメーションフロー」ではなくて事物の流れと考えます。

そして、これまでのように人工知能を単なる「情報を得る」だけの存在ではなく、さまざまな環境と人工知能の内部を事物の中で結び合わせることで、人工知能にこの世界にちゃんと参加してもらう、世界に直面してもらう、身体を持たせていろいろな問題を自分自身で当たってもらうことを考えてみましょう。

実際に人工知能が動くときには、一つの全体知能が動くわけではありません。問題は常に総合的なものですから、知能の中にある複数の部分知能が同時に動き、その集合が意識に対して一つの体験として現れます。その部分知能の集積による総合的体験の積み重なりから、その体験を共通化するような何らかのビジョンを得ることができるわけです（図17）。

また、人工知能を事物の中にある存在としてとらえるとすれば、知能のいくばくかの部分は環境に明け渡さないといけないでしょう。「人工知能がいます、環境があります」というような、主体と客体に完全に分けてしまうと、その時点でもう知能がフレームを破る力はなくなってしまいます。

人工知能が、環境との共創の場として体験を獲得し、悟りを得る土台を作るために要請されることは以下の事項です。

一　知能を場としてとらえること
二　環境と知能の中間に両者が共創する部分知能の場を設定すること
三　そして、その場を環境に対して開放すること
四　その場においては、身体と知能を明確に分けないこと

こうすることで、「環境から要請される部分知能」から形成される知能が見えてきます。部分知能とは「環境世界のさまざまな部分や断面と結びついている知能」です。谷淳の図（図18）でいうと、主体と客体の中間に現れる力学系の渦の場です。

たとえば、音から状況を認識する部分知能、匂いから状況を認識する部分知能、足と足裏の感覚から地面の状態をモニターしている部分知能、明暗から状況を把握しようとする部分知能、風の感触から天候を推測する部分知能、影の動きから人の気配を認識する部分知能、かすかな音から敵の存在を察知する部分知能など、世界のそれぞれの側面に対応する部分知能です。それによって、知能は世界の一部である存在（世界内存在）となると同時に、縁起的存在として成立します。これは、知能があり世界があることを逆転して考えることでもあります。環境が知能を成立させていると考えます。環境が知能を成立させているその力の流れを表現しているのです。「運動する世界の一部として知能の運動がある」ということなのです。

それら部分知能群は経験を形成します。ここで経験を「部分知能の運動の集合」とみなします。比喩的にいえば、身体、部分知能というレンズを通して、世界の現象が経験として知能の内部で形成される、という見方です。そして、その経験という場は知能の内側からの流れと、外側から集約されてきた流れが出

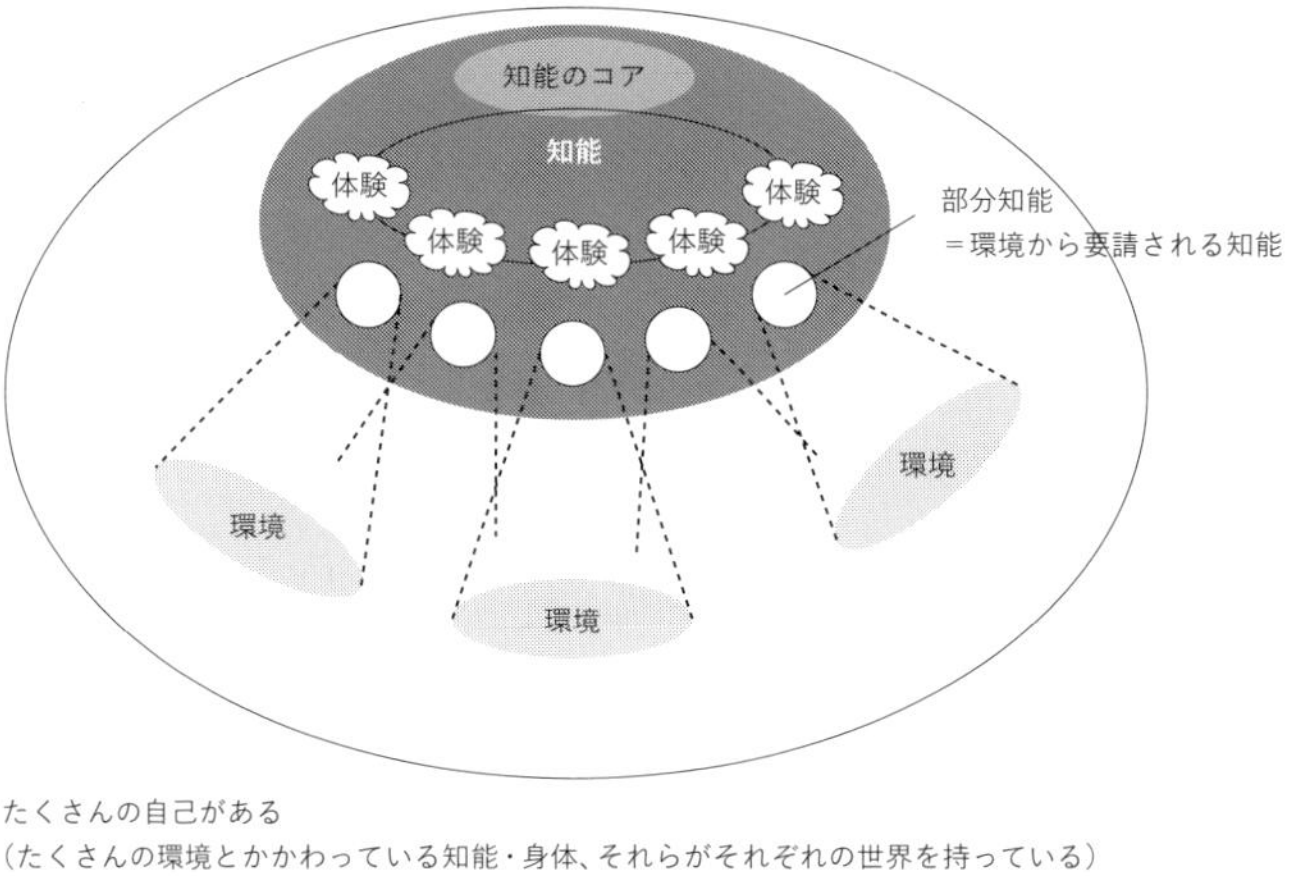

図17　体験から悟る知能

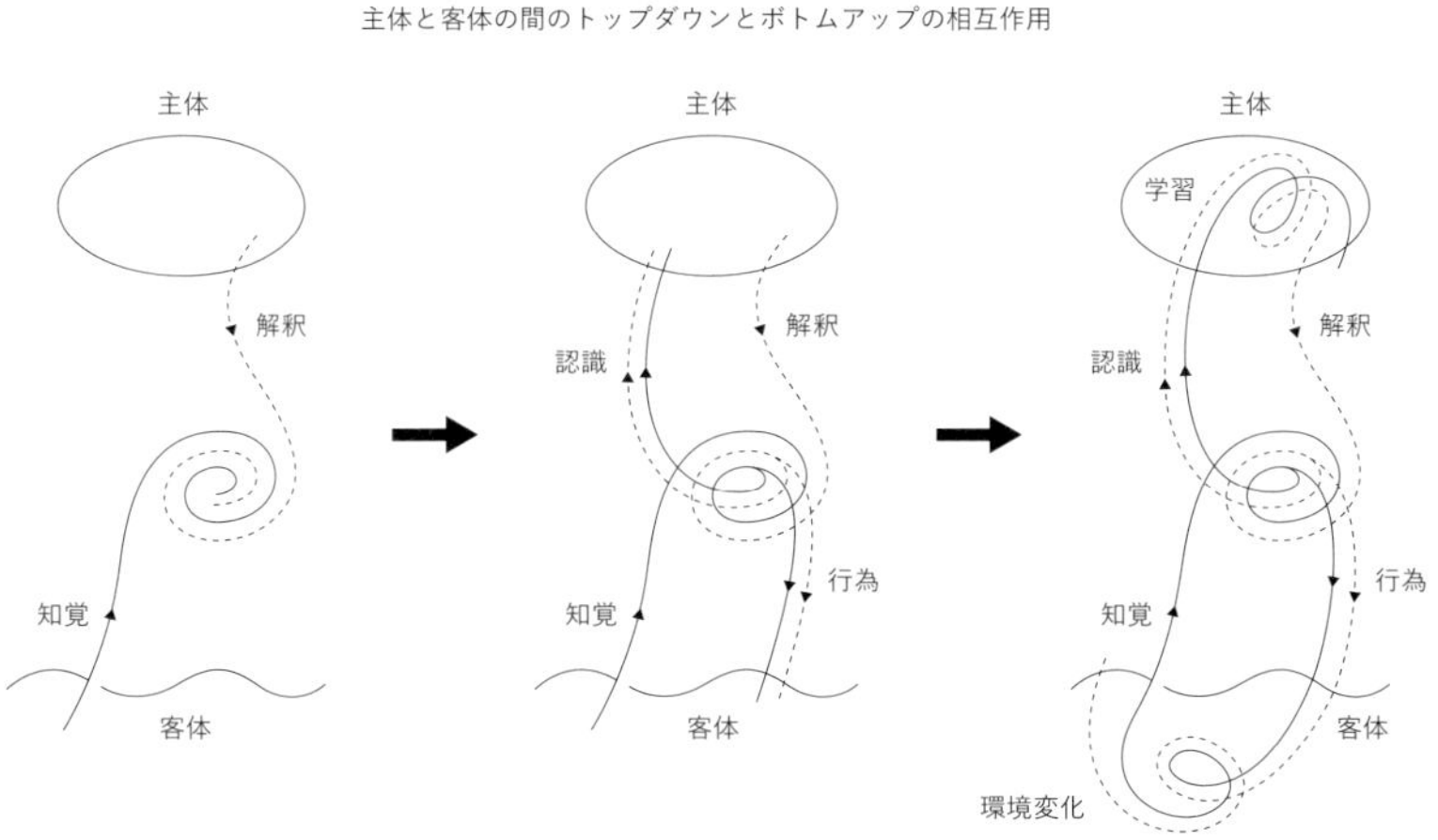

図18　谷淳によるモデル、主体と客体（再掲）（谷淳「第３章 力学系に基づく構成論的な認知の理解」、『脳・身体性・ロボット』（シュプリンガー・フェアラーク東京、2005年）より）

会う共創の場でもあります。その経験を貫く原理（流れ）を見出すことが「悟り」となります。

これによって知能はより高い段階の知能を持つようになります。それはフレームを自ら獲得することでもあります。環境が規定するフレームではなく、それらを総合したフレームです。自己組織化された部分知能が、現在接しつつある環境側が持つ新しい現象に対し、新しい体制を作ることで、新しいフレームが形成されます。では、感覚を統合すること、部分的な経験を集合させるのはどのような力なのかというと、その力は現象そのもののほうにあると考えます。一つの現象がそれに応答する部分知能を共起させて一つのフレームを形成させるのです。

また違った表現で言えば、「部分知能群は環境と知能の境界の場に現れる」と言っていいでしょう。主体（知能）と客体（環境）が明確に一本の線で分断されるようなモデルではなく、その中間の場に形成されるのです。主体と客体の共創の場とも言えます。その中間場は、半分は環境のものであり、半分は知能のものです。そこから、知能は自分自身を内側のコア（知能の極）へ形成していきます。また、環境は中間場を介して知能とやり取りをします（図19）。

我々の身体は食べたり排出したりするわけですが、我々の知能は環境から情報を得て解釈して行動として排出します。胃や肺を持つ身体と同じように、生物の頭の中も環境とある特別な契約をたくさん持っているのです。「ある脳の部分と身体の一部と環境のある側面」、それはひとつながりのセット「部分知能」であり、知能は複数の部分知能を持っているわけです。その部分知能同士が競合することによって、我々の総合的な知能ができあがります。その自己組織化された部分知能の集合が一つの潜在的な無意識の流れを形成し、その流れが競合することで意識を支えるというのが、前述した共創的な意識の持続的形成です。

人工知能もそのように部分的環境と結びついた部分知能を作っていくと、同時にさまざまな部分知能が動きますので、そこから体験というものを作ることができます。いわば、これは「世界の一部として人工知能を作る」ということなのです。あるいは「環境をして知能を形成・運動せしめる」ことです。

意識を作るという課題と、悟り、禅という問題は関係を持ちます。環境の中から知能を生成することを突き詰めていくと、その先に意識が極として現れます。これは第二夜で解説したことでもあります。禅はその環境・身体・知能という三段階を通して、押し付けられた世界観を外すことから始めます。環世界、文化世界の枠を外すことで、つきつけられた自己から自分を解放し、環世界、文化世界のさらに上の世界を獲得するのです。それ

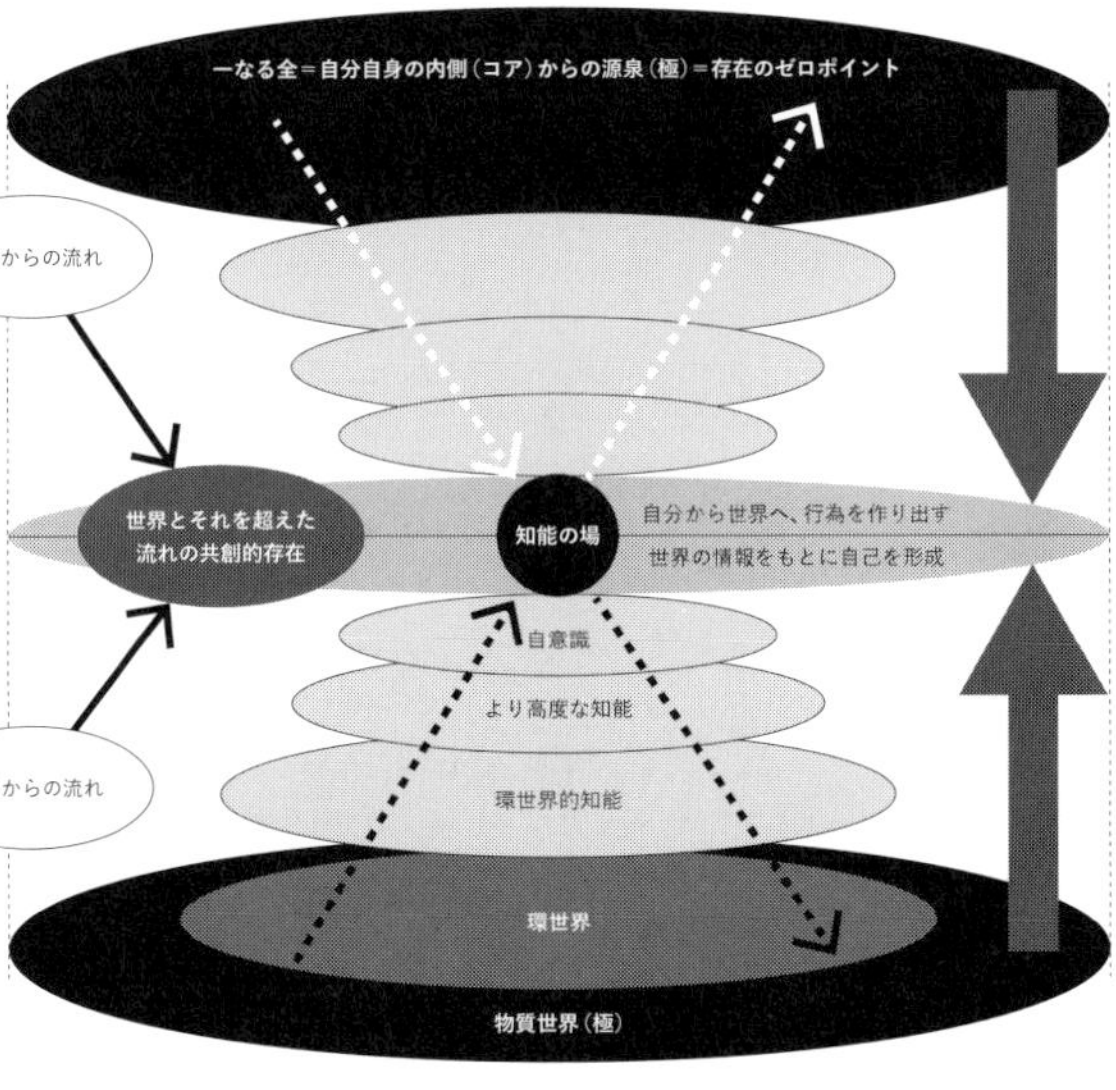

図19　環境と知能の境界にある共創の場（再掲）

は禅の境地と言ってもいいですし、真に独立した自律的な知能の獲得と言ってもいいものです。

環境・世界に近い層には、世界との物理的な変化の中でさまざまな事物に直面するわけですが、上の層にいくに従って、それらを全体的に統御するようなビジョンが開けてきます。そうして、どんどん上に上がっていくと、最後に意識が見えてくるわけです。この、物質的なものから精神的なものへ段階的に移っていくときの変化を「悟り」として実現できると考えています。つまり、知能の形成は物質から精神へ向かって、上へ上へと突き付けられる力によって強く支えられています。それが意識を生み出し、自分自身を統御させせます。禅はそのような自意識の苦しみから自分を解放することでもあり、自分自身を超然として見る自分を獲得することでもあります。

生物が生きることの難しさは、知能という場が世界の一部であると同時に、自分自身の一部であるということです。つまり自分の決めた秩序でも、世界から押し付けられる秩序でもなく、世界と自分が共創する秩序のダイナミクスにあって、はじめて成立するところにあります。そのような秩序ダイナミクスを見つけることは試行錯誤の連続であり、ある経験の流入によってそれを獲得することを「悟りが啓けた」と見なすことができます。そうすると、その秩序は自分の内側深くに形成されたダイナミクスであり、世界と自分を奥深いところで結ぶダイナミクスでもあります。人生の中で、生きる局面ごと、より深く大きなダイナミクスを獲得していくことが、さらなる「悟り」を啓いていきます。

それは単に文化世界のような言葉の次元だけでなく、言語が分節化を行う以前の深い環世界の次元から文化世界を貫いて、さらに高い次元までを貫くダイナミクスでなければなりません。それによって、知能の存在の在り方そのものを更新することが禅なのです。物事を認識するさまざまな分節化の起源そのものから、分節化の作用を更新することができ、世界の見方を根本的に変えることができるのです。禅とは、

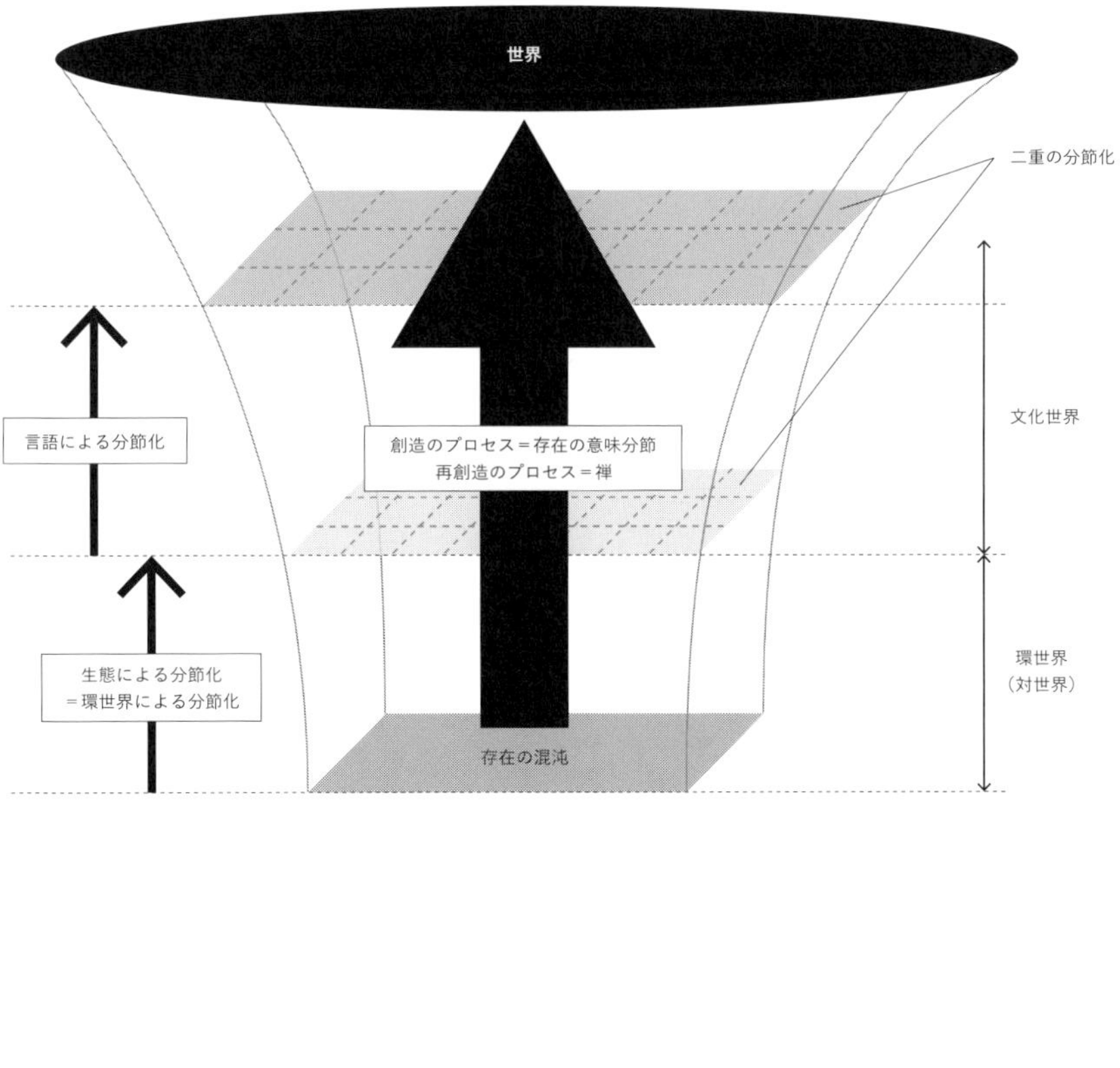

図20 再創造のプロセス＝禅（再掲）

すなわち存在の在り方そのものの更新、世界とのかかわり方、世界の見方を変化させることです（図20）。

人工知能が禅をするとは

「人工知能が禅をする」とは、自分の存在が立脚する根本から、自分の知能の在り方を更新することです。すなわち、環世界と文化世界そのものを更新することで、知能の形を変容させることです。それは特別なことではありません。あらゆる経験は常に知能に変化を求めます。自分が今の形の知能でいたいと思っても、世界は常に変化し、身体は常に変化し、知能はそのつど、その形を変化・発展させることを強いられています。そして、ある決定的な経験が知能の形を根本的に変化させます。それは大きな事件のこともあれば、竹に石が当たって響いたといったような何でもないことのこともあります。禅問答はその変化の契機を与えようとするものです。

つまり、「人工知能が禅をなす」ために必要なことは、「経験によって常に知能の形を変化させるような作りになっていること」、経験によって知能を形成していることです。これは西洋哲学篇第一夜で解説したフッサールの「現象学」に基づく現象学的人工知能の理念でもあります。

「経験から知能を作るにはどうすればいいか?」

その一つの答えは、世界の現象の一部として、そして内部のダイナミクスとの共創の場として知能を作ることです。そのためには、より深く世界の流れを知能の内部へ導かねばなりません。「世界に対してかまえたような人工知能」は、世界と知能の間に深い溝を作り、世界からの流れはそこで深い溝へ落ちていきます。世界を受け入れ、世界に向かってあらゆる瞬間に自分を作っていくこと、そのとき、世界の揺らぎの運動は知能自身の揺らぎと運動となります。

以上が、禅と人工知能ということでした。体験を作るということは、常に環境と絡み合った存在として知能を考えるということです。人工知能は内側で自己完結すればするほど、どんどん本来の知能から遠ざかっていきます。自己完結するシステムでは学習も生まれないし、意識も生まれません。人工知能を一つの場として世界に開放すること。そして、その場の中に、部分的に世界のある側面と呼応する部分知能を作る、部分知能においては身体と知能を区別しないことが重要です。その上にレイヤーを重ねていくことによって意識が生成されていきます。

そういった場としての人工知能を作っていくことと、禅という考えは、深い関連にあります。禅と人工知能は対極にあると冒頭で言いましたが、対極にあるということはむしろ密接に結びついているということでもあります。身体が環境の一部であり、同時に自己の一部であるように、知能の共創の場は環境の一部であり、知能の一部であるのです。

身体には自己が必要です。環境の中で身体を動かすための主体、自己を保存するように動かすための知能が、身体には必要です。しかし、生物は生まれたときから完成された自己や知能があるわけではありません。それは体験を通し、徐々に形成されていくものです。身体はちょうどレンズの働きをして、環境とインタラクションしながら環境から自己を形成する母体の役割を果たします。

ゲームキャラクターの知能を作る仕事は、いかに人工知能をこの世界に執着させるかということです。その逆を禅であるとすれば、人工知能を作る作業が定義できるということは、禅の作業も本来定義できて然るべきです。人工知能は、人工知能があって環境を認識するという形でした。とすれば、逆に禅とは、環境をして知能を作らしめる流れを作ることです。「知能がある」のではなく、縁起の力によって環境にあらしめられていることを確認すること、環境から身体・感覚を通じて、その場、その瞬間に知能を成立させている流れを実現することです。その流れを部分知能が吸い上げて、コアへ向かって自分を生成していく流れの中に、禅があります。環境から自分を絶えず更新していく流れを知能自身の内に持つこと、そのことが禅なのです。

この体験の集合を貫く原理が上位の意識を作っていきます。人工知能は、そのように、体験から悟ることによって意識というものに近づいていきます。それはフレームを作り出す力でもあるのです。

コラム

道元、時、ベルクソン

道元の「有時」は難解なことで知られます。しかし、この有時の章を読んでみると、道元の言葉運びは闊達で清々しい。道元にはありありとビジョンが見えているのです。とすると、何か誤解があって難しく感じられるのではないかと考えられます。

それは「有時」というタイトルではないかと思われます。『正法眼蔵』の中で、道元が自らタイトルを付けたか、後世の誰かが付けたのかはわかりません。「有時」と聞くと時が有るように聞こえますが、道元は「時はない。それは存在のこと」と言っています。では、何が「有る」かと言うと、「あらゆる瞬間に全存在がある」のです。さらに、そのような各瞬間の全存在が「隙間なく連続して、でも互いに交わることなく連なっている」と言います。それが世界の本当の姿であり、人はその隙間のない連続した存在の連なりの中から、都合のよい、いくつかの部分を抜き出して自分のヒストリーやコンテクストを作り出しているだけだ、ということです。この「全存在が隙間なく連続して、でもお互い交わることなく連なっている」という状態を人間が知覚できるかというと、それはできません。超越的なものなのです。悟った仏様しか見えない次元なのかもしれません。

時間は人工知能の根底にある謎を解く鍵です。ちょうど、特殊相対性理論（一九〇五年）が物理学における時間への反省によって発見されたように、人工知能における時間への反省は新しい人工知能の根底にある基礎理論を発掘するはずです。道元の有時によれば、生物は時間を作り出しているのです。そして、その時間の源泉となる世界は超越した場所にあっていかなる生物もたどり着くことはできません。

これとよく似た描像を西洋哲学で描いたのはベルクソンの『物質と記憶』（一八九六年）です。ベルクソンは時間と知能の成り立ちについて深く考察したフランスを代表する哲学者ですが、「記憶は過去に保存されたままある」と説きます。それを「純粋記憶」と呼びます。そこから、現在の身体から記憶やイメージが構成されます（引き出されます）。「ベルクソンの逆円錐形」と呼ばれる図はその構造を端的に示しています（図21）。円錐の底面が純粋記憶であり、そこから円錐の頂点に向かって現在の記憶や想起的イメージが構成されます。この純粋記憶そのものには人はたどり着けません。この純粋記憶から人は過去や時間を作り出します。純粋記憶と有時はとても物質的な記憶なのです。純粋記憶と有時はとてもよく似た存在なのです。

道元とベルクソンに似ていることは時間の空間化を嫌うということです。我々はつい時間を線で表してしまいます。本書でもそうしていますし、物理学でもよく用います。空間概念を使って時間をとらえることで誤謬に陥りやすくなります。たとえば、時間を遡ったり、タイムリープという発

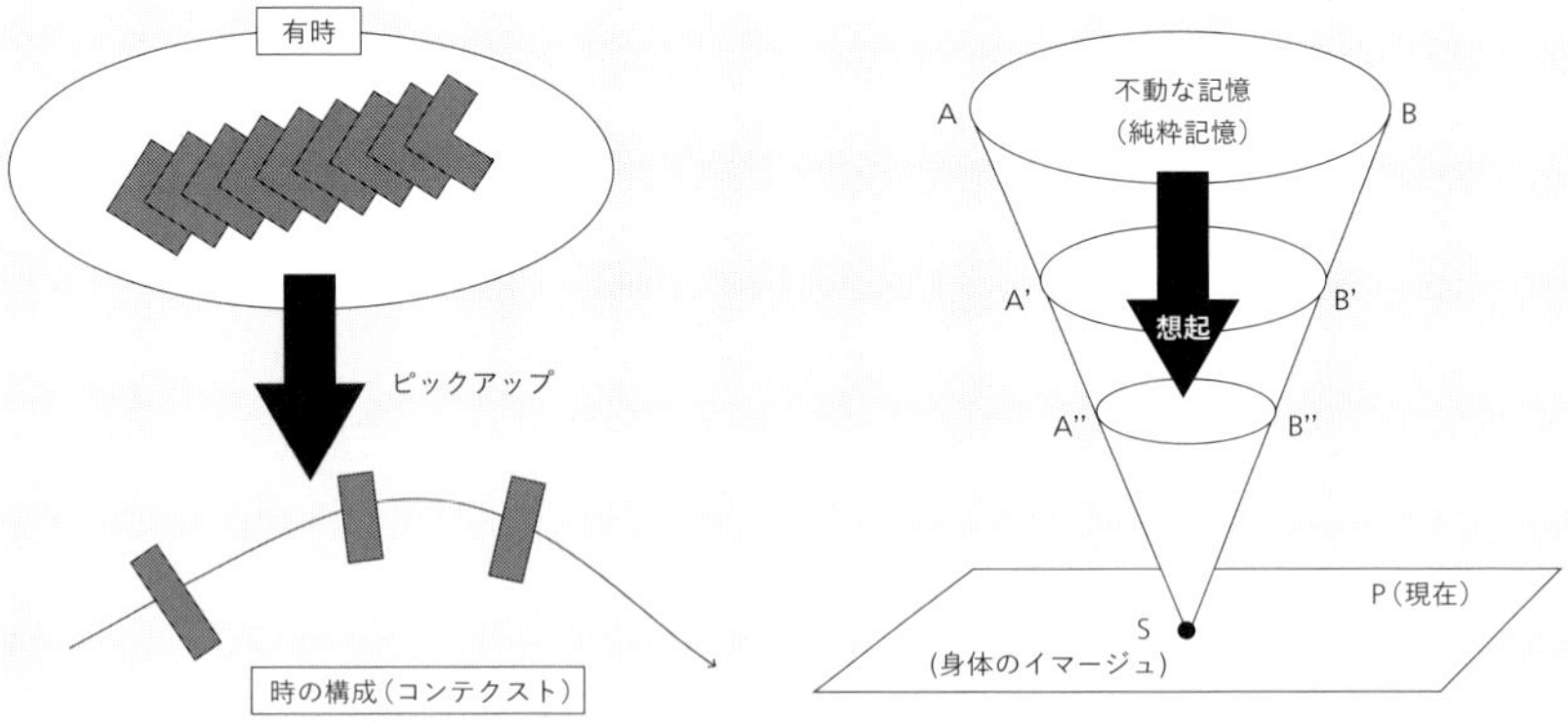

図21　道元の有時（左図）とベルクソンの逆円錐（右図）（ベルクソン、『物質と記憶』、ちくま学芸文庫、232ページの図をもとに三宅が加筆）

想は、時間を空間的にとらえる典型です。時間は幻想であり、存在から作り出されるものである。むしろ、一瞬一瞬作り出されていると考えることで内的時間に関する記述が可能となります。

フッサールの『内的時間意識の現象学』（一九〇五年）もまた、時間に関する探求です。現象学では、時間の問題は時間意識の成り立ちの探求となります。我々が時間について思うとき、常に意識は過去の記憶に向けられています。その意識は想起とともにあります。同時に未来のイメージに対しても向けられているのです。現象学においても記憶は時間の源泉であり、「客観的な時間感覚」の起源について、理論を展開していきます。

時間と時間感覚・意識は違うものです。しかし、生物の時間意識から離れたところにある客観的な時間は、物理的に人工知能を作るときには必要ですが、人工知能の次元においては時間意識のほうが支配的になります。「人工知能は時間意識、時間感覚を持つように作らなければならない」という要請は人工知能に強い制限を与えると同時に、本質的な方向に人工知能を導きます。

[総論]

人工知能の夜明け前

『人工知能のための哲学塾 東洋哲学篇』は、東洋哲学と西洋哲学を方法的に対立させながら人工知能を探求することで、新しい人工知能の作り方を提示することが目標でした。何より、エンジニアリングを示さねばなりません。第五夜を終えても、それはまだ達成されていません。そこで「あとがき」を書くことをやめて「夜明け前」として、これまでの議論をまとめつつ、哲学をエンジニアリングにつなぐことを試みようと思います。大きな指針としては、知能を作るといっても、いきなり知能を作るのではなく、知能に拠って立つ場をまず形成します。それは哲学が探求する土台であり、現象学的志向性の作る場であり、あるいは東洋哲学が描く混沌でもあります。その土台の上にはじめて知能を作ることができます。哲学による深い探求と、知能を根本から作ろうとするエンジニアリングは、浅い場所ではなく、深い場所でこそ、はじめてつながるのです。

はじめに

生物の知能は、自分が失われるときには「一体、何が失われるのか」を考えます。物質としての自分が失われ土に還るのか、それとも精神のコアのようなものがあって、それがどこかにこの世でない場所に自分を引き上げるのか。これは、人類の永遠のテーマです。

物質世界からボトムアップ的に構成される知能、自分の内奥のコアから構成される知能、この二つの知能が共創する場で結び合っている自分という存在、そのこれまで固く結ばれていた自分が次第にほどけていくときに、一体自分はどうなってしまうのか。閉じた二つの輪の一つは物質世界に、もう一つは自分自身の深くに還っていきます。眠りはその二つの輪を緩やかにほどきます。共創の場は眠りの中で、内奥のコアに還っていく運動のおかげで、記憶が整理され、感覚が冷却され、生物の内側のさまざまな流れがあるべき姿に整えられます。そして目覚めはじめるときに、再び世界の流れと内側の流れが交わり、外側からの流れと内側からの流れが共創する場としての知能が立ち上がります。

生物は世界に自分からの流れを作ろうとし、世界は逆に生物をとらえようとします。その二つの結びによって知能が生まれるとき、我々の知能は内なる自分も外なる世界を同時に感じ取るのです。経験とは世界と深く交わった自分自身の感覚であり、同時に自分と深く交わった世界の現象でもあります。人工知能に経験を生むためには、世界の内なる現象として知能を作ることと同時に、知能の中に深く世界を取り込むこと、この二つの設計が必要とされます。そして、人工知能が経験を持つことは、情報処理マシンとしての人工知能を超えて、世界と深く溶け合う知能に至る道を進むことであり、現象学的人工知能への第一歩を踏むことであり、禅をなす人工知能への道を拓くことです（図1）。

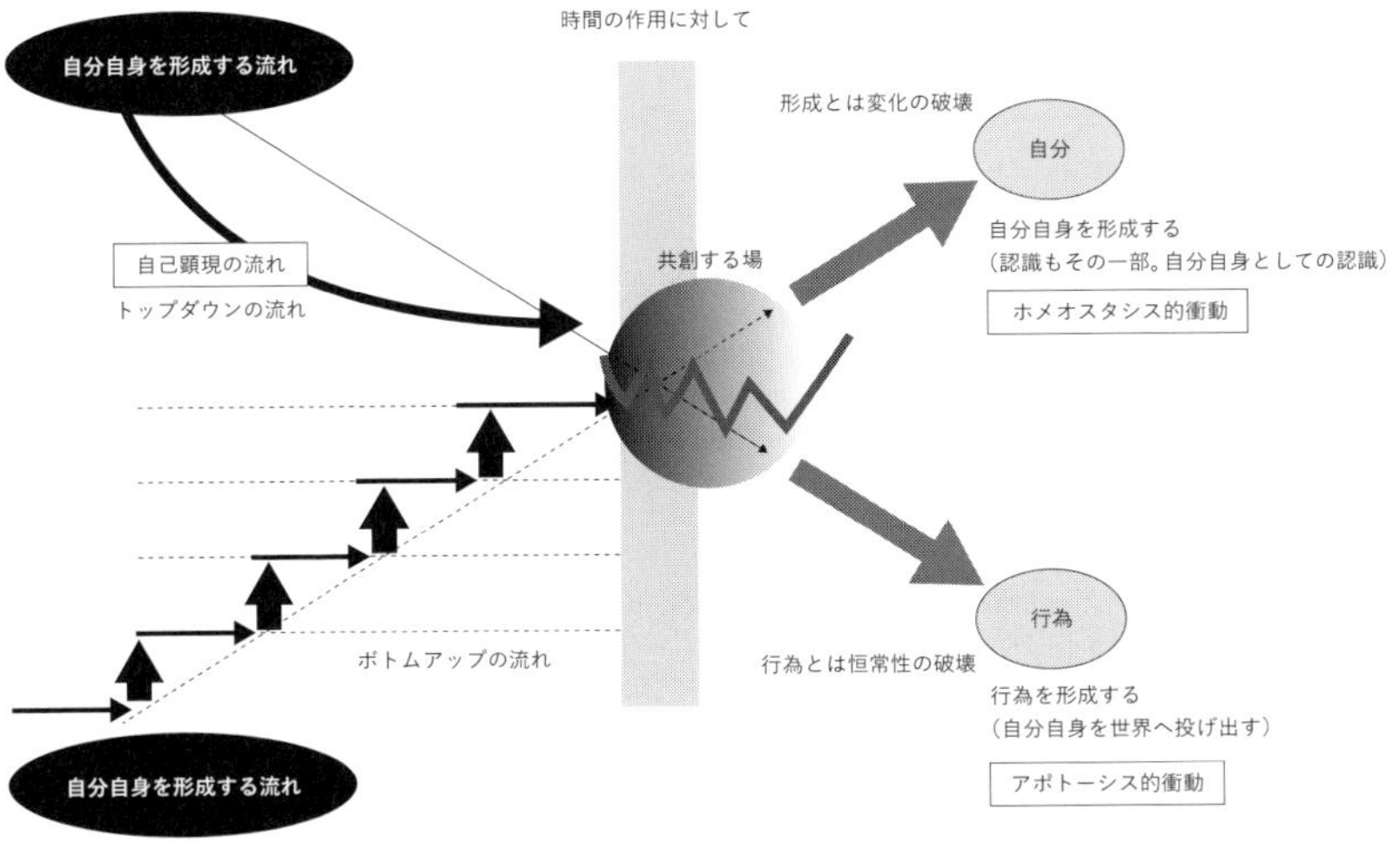

図1　自己と世界の共創の場としての知能（再掲）

世界と内面の結びとしての知能

一個の生物が、世界からの流れ、自己からの流れで自分を作るとはどういうことでしょうか？　たとえば、生物は内部に胃を持ちます。自分から世界へ向かう「何かを食べたい」という意志の流れがあるわけです。同時に世界は植物を育み、動物を育てます。そういった世界の生成の流れがあります。この二つの流れが合わさるところに生物の捕食行為があります。世界からの流れと自分からの流れは共創し一つの行為を生み出します。

このように、世界と自己の流れが出会う場で、たえず知能が生まれ、また、たえずそこから新しい自己と行為が創出されます。このように世界と自己は知能という場で結び合うのです。世界から無数の流れが、生物の内側からもたくさんの流れが生まれ、それらが組紐のように複雑に一つの場で結び合うのが知能の正体の一つです。そこで結び合ったあと、自分自身へ回帰する流れと、世界への一つの行為となって出て行く流れがあります（図2）。

図2　組紐は知能の比喩（写真提供：有職組紐 道明）

ここで、第五夜で提起した「人工知能を世界から引き剥がしていく」ことを考えてみます。それによって人工知能を解体するときにしか見えない、人工知能の裏側を知ることができるからです。

世界との絆を一つひとつ失ったとしても、人工知能は世界を求めずにはいられません。環世界のモデルが示すように、知能は世界と結び合ってこその知能なのです。エージェントアーキテクチャで言えば、世界と知能を結ぶインフォメーションフローを切ったとしても、もう一つの知能の内部のインフォメーションフローは回り続けます。それは食物を絶たれた生物のように苦しいことです。自己は、認識し取り込んだ世界を材料として自己を形成します。そのため、知能は自分自身を形作る世界というマテリアルを求め続けるのです。ときに世界との絆を絶たれると、生物は自傷行為を行うことがあります。それは限られた環境の中でも、世界の体験を取り戻そうとする衝動でもあるのです。

一方、生物は環境の中で自分の生態にふさわしい対象を見つけたとき、生物の内部では運動を展開するための興奮が起こります。これは環世界が教えるところでもあります。自分の対象に向かうことで、生物の内部では興奮が喚起されさまざまな器官が一斉にフル稼働します。その状態はその生物にとって喜びです。獲物を見つけた動物や散歩を始めたばかりの犬、ボールをもらった猫が躍動に満ちあふれるのは、そこに、本来自分を興奮させる対象をさまざまに見つけ出すからです。

数学者は問題に興奮し、プログラマは課題に興奮し、画家はモデルに興奮し、シャーロック・ホームズは事件に興奮します。自分の感覚を騒動し、身体全体に力をみなぎらせるとき、生物は自らを充分に使っているという充実感を得るのです。デジタルゲームにおけるモンスターたちも敵と出会うと、その敵に対して興奮を感じ世界へ向かう行為の流れを形成するように、その人工知能を作ります。逆に、「自分にぴったりのターゲットを見つけられない」（フランツ・カフカ流に表現すれば）とき、生物は空虚感を感じ、世界が空っぽだと感じるのです。

生物の持つ欲求はその生物の内部に根ざすと同時に、その欲求に対応する世界内の対象を持ち、常に探し見出すのです。動物はみな、喉が渇いていると水を自然に求め、眠たければ寝床になるような場所を探します。逆の見方をすれば、生物は世界からさまざまな欲求や衝動を引き出されるのです。人間の社会でも、毎日のニュースで見る良いことも悪いことも、そのように世界から引き出された欲求で行われていま す。世界は残酷であり、人は弱く、さまざまな欲求を引き出されてしまう。禅は、苦しみに満ちた世界から自分をいったん引き離し、自分という流れと世界の流れを結び直す試みです。それによって、自身の欲求にさえ翻弄される人間の心の自律性を繰り返し取り戻すための手段でもあるのです。

経験から人工知能を作る

「経験から人工知能を作る」とは、すなわち、情報処理マシンではなく、世界の事物から人工知能を作ることです。では、事物を人工知能に取り込むということは、どういうことでしょうか？世界と生物を結ぶ関係を考えてみましょう。環世界はそれは興奮だと教えます。つまり生物は生態に応じて客体の特定の特徴に興奮し反応するように環境に埋め込まれているのです。エージェントアーキテクチャは、それを情報だと言います。情報の流れ（インフォメーションフロー）が世界と知能を結び付けるのです。華厳哲学はそれは事物そのものだと言います。すべての事物は関連し合っていて、すべての存在は支え合っているのだと説きます。その生物の目の前の草木の一本でも、生物の存在には欠かせないのです（図3）。

環世界では興奮に沿って事物との結びつきがモデル化されます。エージェントアーキテクチャでは情報の流れに沿って事物との結びつきが提示されます。華厳哲学では事物そのものとの結びつきがあるとされます。

現代社会はものごとの情報的な側面が強調されているために、情報以外の二つ（環世界のいう興奮、華厳哲学のいう事物そのもの）は不自然に見えるかもしれませんが、コンピュータの前ではなく、我々自身の自然な生活を考えれば、絶えず視覚や聴覚の刺激を受け、事物と絶えず干渉し合いながら生きています。たとえば、食べるという行為は〝もの〟そのものを食べることです。息を吸うことも、歩くことも、すべては事物との深い関わりの中にあります。大気の

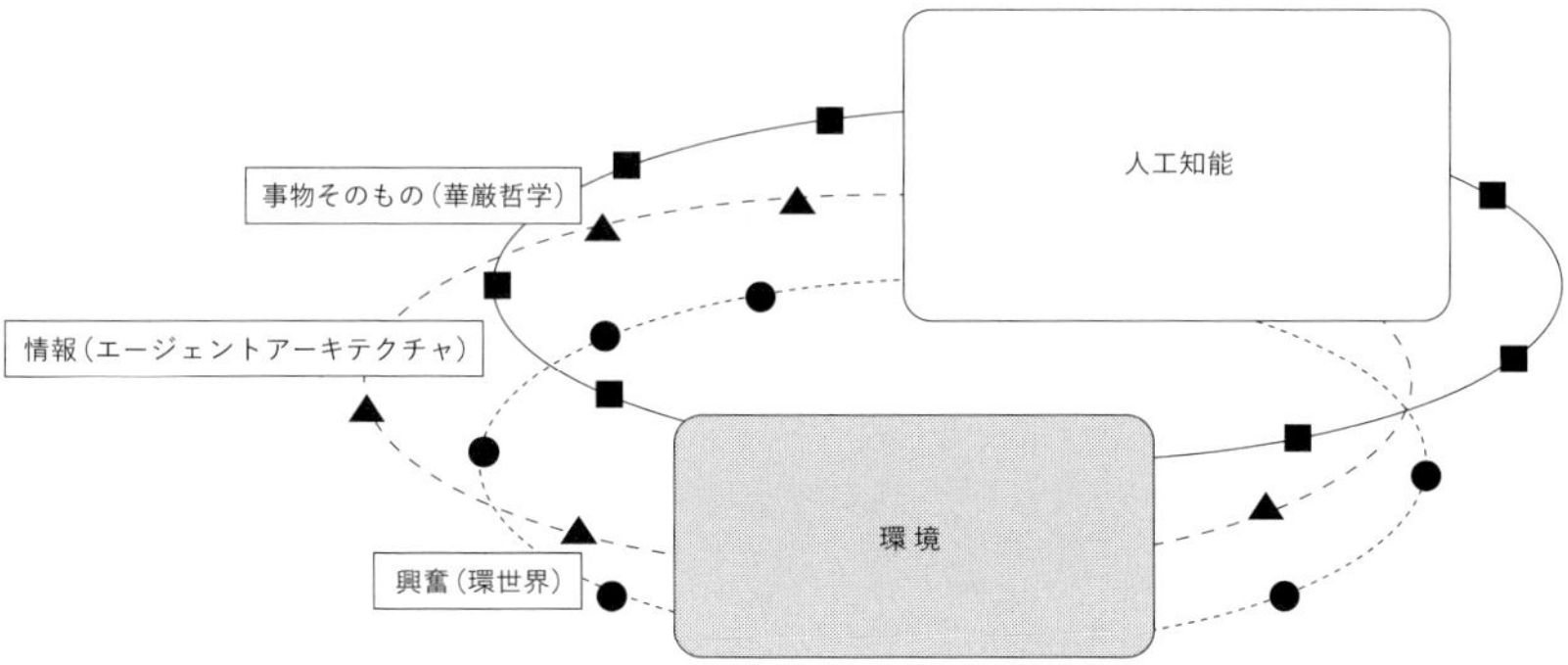

図3　生物と世界の結びつき（三種類）

圧力は生物の身体に微妙な差異をもたらしますし、花粉はたくさんの人を苦しめますし、遠くに見える雲と自分自身は決して無関係ではありません。

現象学と華厳哲学が教えるように、我々の知能や意識は事物とのつながりの中にあります。事物との深く多様なつながりは、事物と自己が区別なく混じり合った経験の中で見出されます。最初に自分と世界があるのではなく、その二つが珈琲とミルクのように入り混じった状態から、自分と世界を見出すのです。その見出し方も「ここが自分」「ここが世界」という区分的なものではなく、ある事物の経験そのものの中に、自己と世界を見出すのです（参照◎西洋哲学篇 第一夜）。

そして知能もまた、その相互に溶け合った場所から自分自身を見出すところから始まります。これは、現象から自分を作ることです。そのためには「世界と自分を分けない一個の現象を作る」ところから、「知能のコアから世界へ向かう流れをヒントに知能を見出す」ことです。これは本書の冒頭で述べたように、西洋科学的な構築ではなくて、東洋哲学的な、「すでにある混沌を世界から掘り出す」ことなのです。ここでは、東洋哲学篇を踏まえて、その具体的なエンジニアリングの方法を見出すことがテーマです。

人工知能と禅と悟り

「禅と悟り」の問題です。第五夜で述べたように、人工知能が禅をなすことは自分の構築を根本からやり直すことです。一つひとつ自分を構成している枠を外していくと、もとの柔らかな自分が現れますが、それはまるで水の中に角砂糖を放つように、すぐに世界と溶け合って自分というものがなくなってしまいます。それは不可逆な運動であり、いったん大きな世界と溶けてしまった状態から自己を取り戻すのはたいへんな作業です。世界と自分の境界があいまいで弱い状態にある生物は、世界と溶けてしまう自分を何とか保とうともがき苦しみます。そのような場所から自分自身をもう一度再構成する試みが禅です。新しい秩序には、古きものの崩壊が必要なのです。

禅への契機は自ら禅に入ろうとすること、禅師の導き、あるいは自分が望まなくても自分の世界観を崩壊させるような出来事などによって引き起こされます。それらの契機は望むと望まざるにかかわらず、その人の内面に決定的な崩壊と変化をもたらすのです。しかし、そのような流動的な状態は落ち着くということがなく、とても苦しく不安定で世界の流れに流されやすい状態です。自己が崩壊し、世界と自分が溶け合った状態から自分を取り戻すことで、人は人の形を取り戻します。そして幸運なことに、あるいは、残念なことに、知能は新しい枠を作ってしまいます。それが自己の新しい枠になります。ものの見方を身につけ、自己の形を固定化することは知能の本能的な性質なのです。その形成と崩壊を繰り返しながら、人の知能は自分自身を何度も再構成するという自己進化の力を持つ特異な性質を持っているのです。つまり、禅は知能が自己成長していくために必要なプロセスであり、禅は、人間がその可能性を持っていることを明確に示しているのです。

人工知能は禅をなすことはできるでしょうか？　人工知能は自分の枠を外すことができるのか、そして、そこから自らを再構成することができるのか。これはフレームを越えていくことであり、自己進化を獲得するシンギュラリティを超えることでもあります。「世界と知能を分けない一個の現象を作る」ところから、「知能のコアから世界へ向かう流れをヒントに知能を見出す」こと。そのような創発的な、発見的な（ヒューリスティックな）人工知能の作り方はエンジニアリングとしてはどのようなことでしょうか？

ゼロと無限の間の知能

知能と世界が混ざり合う場、それは物理的にインタラクションだけではなく、存在自体が共鳴し合う縁起の場です。「存在自体が共鳴し合う縁起の場」といえば、これは哲学的な言説ですが、エンジニアリングを行うためには、異なる表現をしなければなりません。ここで、この言説を構造化し、エンジニアリングにつなげるために、西洋哲学篇第一夜の「志向性」に立ち戻りましょう。

もう一度、「志向性」を定義しましょう。現象学の厳密な定義を行うことはせず、ここでは人工知能の理論を構築するために必要な定義をしたいと思います。第二夜で、構築的な人工知能はボトムアップに積み上げていっても、どこまでも同じような構築が続いていくだけで最上層は虚無と向かい合うしかない、と話しました。これは逆に言えば、生物の内面には逃れ得ない虚無が存在している、ということです。それを存在のゼロポイントと呼んでもいいですし、内奥、コア、極と呼んでもいいでしょう。とにかく、そのようにどんなに構築を重ねても、生物の中心には虚無が入り込んでしまいます。生物の内奥からたえず世界へ向かって世界をつかもうとする流れ、それが「志向性」である、とここでは定義しましょう。生物の精神は、あらゆるものの内側に入り込む虚無の中心から無限の世界へ向けられた、たくさんの志向性によって張られる空間と言えます。あらゆるものの内側に入り込む虚無、それを起源として世界へ向かって放たれる志向性の矢は、世界のみならず内面世界をも射程とします（参照◎西洋哲学篇 第一夜）。あらゆる方向に対して張られる志向性の矢は、内面にある対象、外面にある対象を問わず、生物の内奥から世界の対象へ向かって張られます。内奥から内面、身体、世界にある対象に対して張られます。そして、その矢の集合が知能を支える基盤となります（図4）。

つまり、知能は二つの果て、精神の中心にある虚無（内奥、ゼロポイント）と、無限の世界の間に掛けられた志向性の矢の集合の基盤の上に立つ存在です。第零夜で紹介したパスカルの警句にあるように、虚無と無限の間に知能はあるのです。

精神の内奥から、無限の世界へ向かって志向性の矢を張ることで生物は自分自身を作ります。もっと言えば、それが精神の本来的な性質と言えます。自分自身の内側のゼロポイントから、無限の世界をもう一つの端点として志向性の矢を張ること、志向性の矢の集合が精神としての自分を支えている、つまり世界に対する意識が自分を支えています。さらに、自分自身の内奥と世界を結ぶ志向性の矢が形作る空間の中に、知能ははじめて存在するのです。

この立場に立てば、世界は自分自身である、と言っても半分は正しい。逆に、世界は自分自身の内面である、と言っても半分は正しい。しかし、正確には自分自身とは自分自身のあらゆる内面の内側に入り込む虚無と、無限の世界の間に張られた志向性の矢の集合であり、その上に知能が実現するということが言えます。

それはちょうど、生成的知能の図で言えば、図を真正面からの方向から見ていることになります（図5）。そこには世界と自分を結ぶ矢の集合としての自分と、その上に展開する知能が見えるはずです。ここには一つの知能のモデルの逆転があります。知能が対象を認識するというより、そもそも対象と自己の内奥を結ぶ志向性の矢の上に知能が成立しているために、最初から、知能は対象との関係を持った存在として生成するということになります。世界と自己との関係性が知能だと、とらえるのです。そこから対象としての世界が立ち上がります。認識世界を組み上げることは、まるで自分自身を立ち上げるようなものです。世界の認識とは、自己の内面的構造を反映した外面世界の構築なのです。

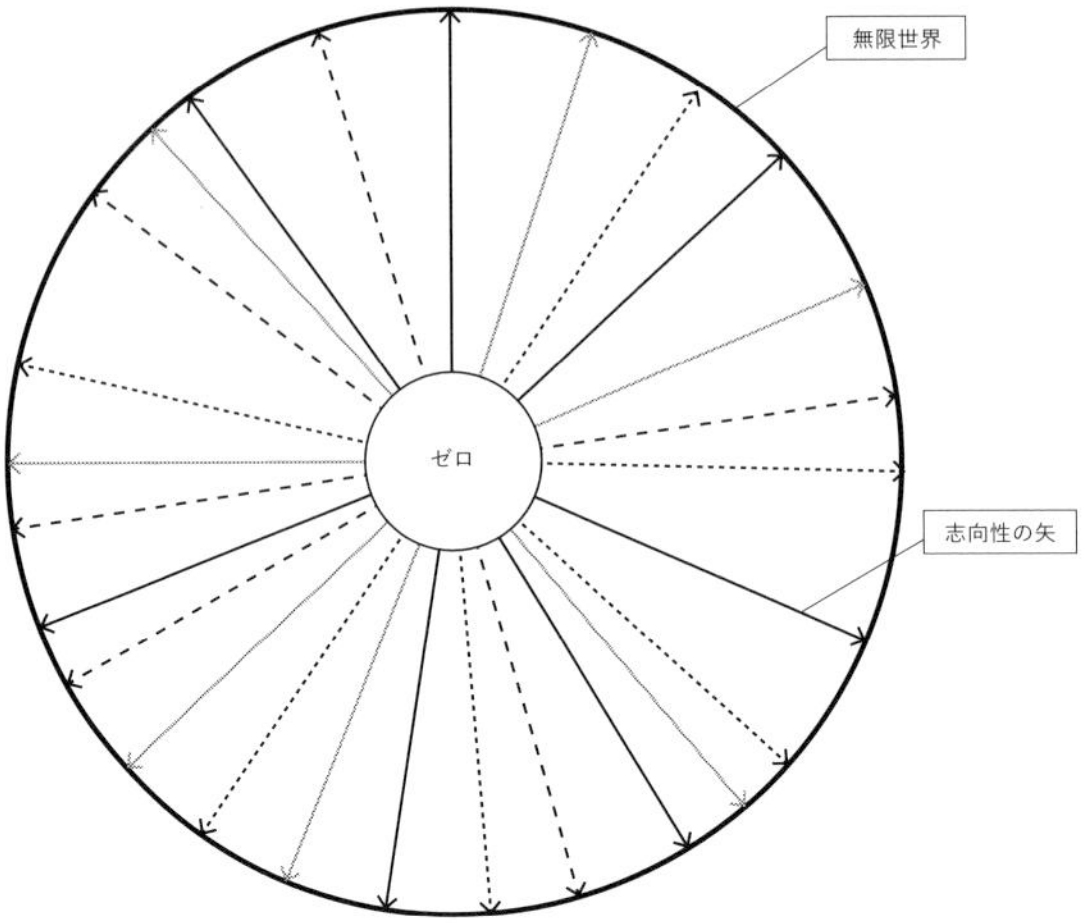

図4　虚無（ゼロ）と無限（世界）の間に志向性を持つ知能の姿

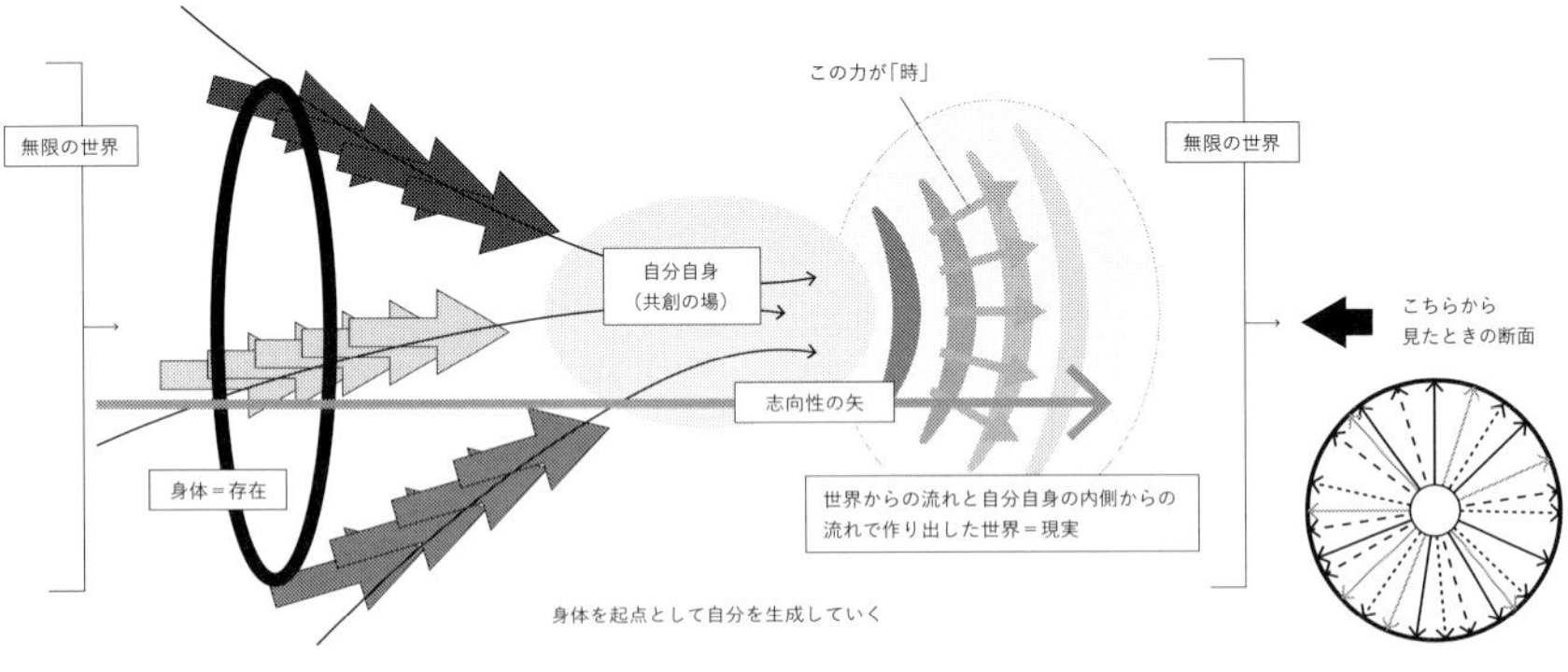

図5　共創の場を立体的に見る

世界との関係は、あらゆる多様性を持ちます。敵か味方か、希望か不安か、愛か憎悪か、精神の内面から発せられる、我々が感情と呼ぶ対象への思いこそが、関係性なのです。その関係性が何であれ、生物は対象に対して志向性を持ち、志向性の対象によって自己の世界を組み上げていきます。

現象学的知能のエンジニアリング

第五夜までの足場に立って現われる人工知能のエンジニアリング（作り方）とは、このようなものです。

① 物理的対象、内面の対象、状況、有形・無形を問わず、志向性の矢によって精神の内奥と世界（外面、内面）を結ぶ
② 志向性の矢の対象から、世界と自分を構築する
③ 知能はその土台の上に構築される
④ 志向性によってとらえられた客体と主体の間にある場を知識表現（モデル）として記述する
⑤ 志向性の矢は対象・内面の推移とともに生成・消滅、あるいは関係が変化する
⑥ 身体は行動と感覚をつなぐ。ある対象に対する志向性は、感覚と同時に行動をその対象の中に見出す
⑦ 高度な知能の場合には、行動は保留され無意識を形成する。そのいずれかが競合を勝ち残る。行動の保留は思考の源泉となる
⑧ 志向性と対象、そして行動は一つの場を作る。場はフレームであり、対象に対する思考を形成する土

台となる

⑨　志向性ごとに複数の場が展開され、それぞれの思考が競合することで知能ができる

志向性の矢の集合は、世界と内奥を引き離す（橋渡す）と同時に、世界と内奥の間の空間を作り出します。その空間（混沌）の中から知能が生成されます。志向性の矢の集合は、知能以前の知能が成立する場なのです。①、②、③は、知能が成立する土台となる世界との結びつきの場が、生物の内面の中心、生物自身の意識にさえ現れない、最も背後にある主体の源泉から世界に向けて放たれた志向性の矢の集合によって構築されていることを表しています。これは、いわば無意識のレイヤーであって、精神の世界への自然な態度・衝動と言えます。

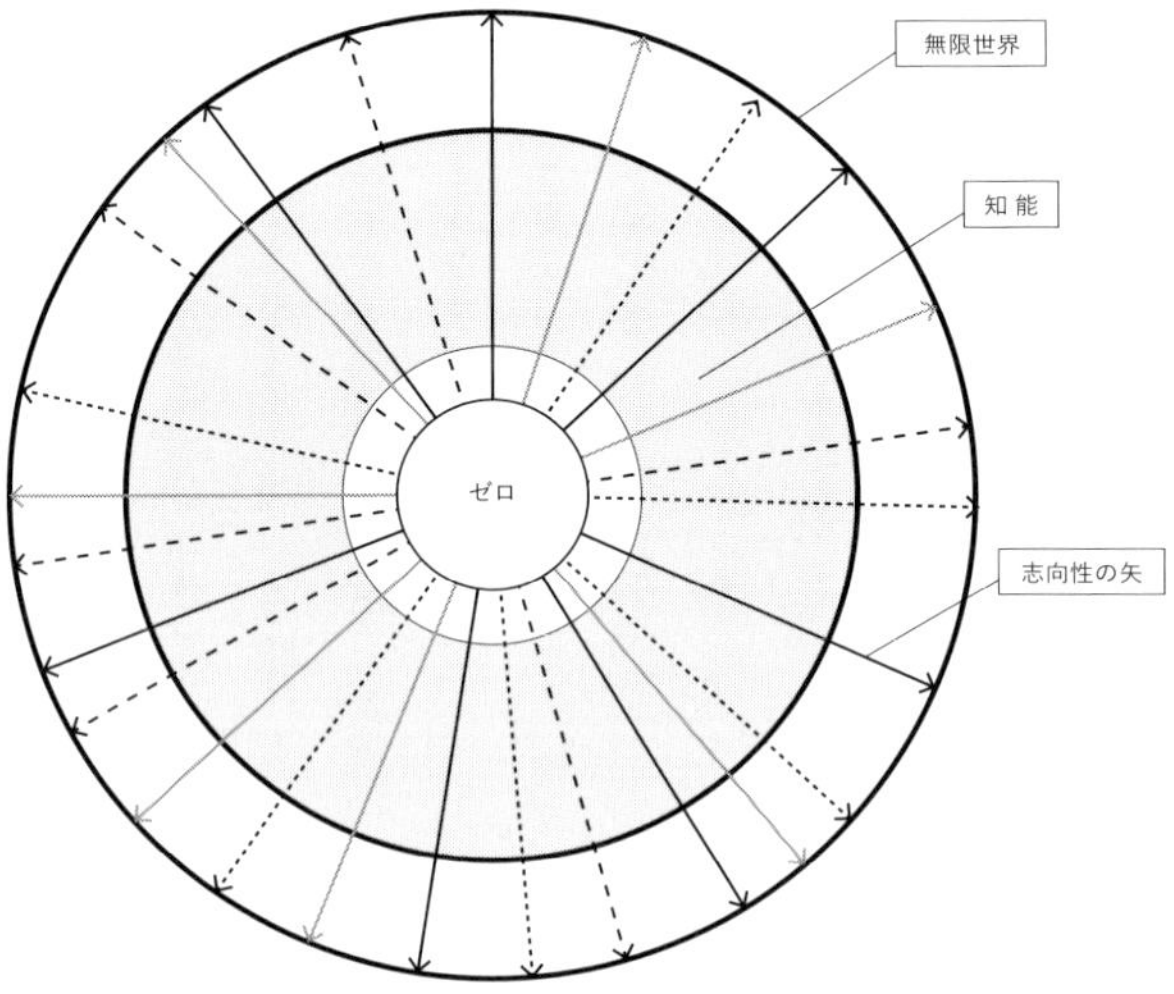

図6　虚無と無限の間にある知能

しかし、ここでもう一つ大切なことがあります。縁起的な考えでは、志向性の矢とは逆の、世界の側からの知能への影響を考慮しなければなりません。志向性の矢がある対象に放たれるとすれば、逆に、世界のほうからも知能を束縛する関係性が生じます。そこには、双方向の関係性が樹立されるはずです。つまり、「世界が知能をとらえる」ように作ることが必要です。世界の側からの志向性は、わかりやすい例では、他の生物から自分へ向けられる志向性がありますが、そのような間主観性によって形成される場以外にも、一般に、あらゆる対象と主体の間の相互作用的な場が現れます。主体と客体が作る相互作用の場が固有に展開されていく、それを定義する、つまりこれはフレームを定義することになりますが、これが④にあたります。

志向性は意識と無意識の間で顕在化・潜在化しながらも、世界の変化とともに推移していくものです。これが作り方⑤にあたります。そのような志向性でとらえられる世界から、自己と世界を構築します。しかし、ここで重要なことは、世界と自己を「分かたない」ことです。世界を記述することは自己を構築することであり、自己を構築することは世界を記述することです。志向性の矢は単に外的環境だけでなく内的対象に対しても結びつきを持ちます。そのような内的対象と外的世界を同時に記述していくことが、現象学的人工知能のエンジニアリング（作り方）なのです。

具体的な例

では、ここで二つの例から上記の作り方を解説していきます。

（例1）

まず、自分のよく知っている街のことを思い浮かべましょう（図7）。職場や学校のある街でも、住んでいる街でもいいです。その街を思うとき、すべての場所や建物を平等にフラットに想起するわけではありません。あの食品売り場はいつも野菜の匂いがして気持ちがいい、とか、あそこはジメジメして靴が汚れて嫌だな、とか。あそこにはよく地元の人が井戸端会議をしていて会話を聴くのが楽しい、あの喫茶店は珈琲の香りとクラシックで心が安らぐな、あの建物は灰色のコンクリートが威厳があって圧迫されるな、など、街を色分けして想起すると思います。それぞれの場所というものは、自分の記憶や感覚、行為が内在した形で想起されるのです。つまり、それぞれの対象は自分自身の心情の表現でもあり、自分自身がその場所・対象に関してどのような意向を持っているか、志向的関係性を持っているかが表現されます。そして、それは街の変化とともに変化します。

人工知能が、そのように対象と自分が一体となって経験として世界をとらえるためには、街のさまざまな側面、場所、建築、状況に対する志向性を持たなければなりません。「昼間の喧騒」「人通り」「灰色の建物」など、それに対して志向性を持つ対象を定義する必要があります。そうした場所によって自分が構成されていると考えることは、その場所における行為を必然的にうながします。楽しい場所ではゆっくりと歩き、嫌な場所では足早になるのは、考えているというより、認識にうながされている、と言えます。

あらゆる瞬間の自分が生成され続けているとすると、その場所に来た自分にとって、その場所はクローズアップされた、自分とより強く一体化した場所です。良い場所であれば深呼吸をして隅々を見渡したいと思いますし、嫌いな場所であれば逃げ出したくなります。我々は、あらゆる瞬間に世界から自分を創造し続けていて、一つの街を去るときには、まるで自分自身の一部が失われたような気持ちになり、新しい街に着いたときには、新しい自分になったような気がします。自分自身の住んでいる街の一部が破壊されたときには、とても心が痛み、自分自身の一部が損なわれたような気持ちになります。

(例2)

次に、ゲームでの合戦場を考えてみましょう。プレイヤーの軍勢が襲ってきます。人工知能の司令官は自軍に指令を出さなければならないので、全体の状況を把握する必要があります。敵の後陣は「厚い」であるとか、前衛は「薄い」であるとか、右翼

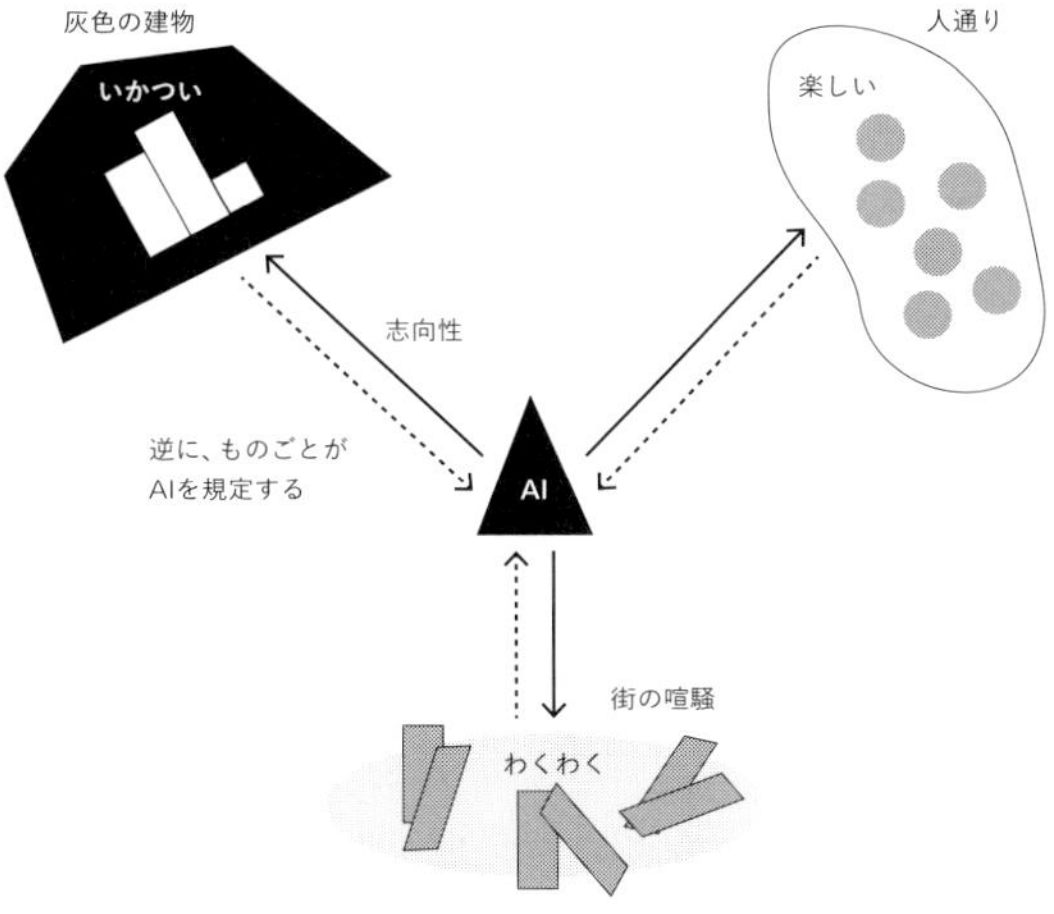

図7　現象学的世界の描写

は「すばやく厄介である」とか、自軍の左翼は弱いであるとか、さまざまな感覚によってとらえます。司令官に重要なのは、戦局全体を自分自身の内側に取り込んで、正確に予測できるようになり、指令によって介入するポイントを見極めることです。そこで司令官としては、実際に自軍を見てまわったり、各陣の司令官と話したり、数値を確認したり、という行動が必要です。そうやって、自分自身と各陣との関係性、固有の場というものを設定して、志向性によってとらえられた各陣営との関係性の場、さらに陣営同士の関係性の場を構築して、戦場での自分を構築していきます。この陣営は「不安だな」、この陣営は「信頼できるな」などの見方を確立していきます。

とらえること、とらえられること

対象をとらえることとは、その対象によって自分の内に自分の世界を築くことであり、それは同時に自分自身を作ることです。自分が見ている風景の中に自分自身があるのです。対象をとらえることはまた対象にとらえられることでもあります。志向的対象によって自己を作り、それゆえに自己は対象によって規定されます。自分という存在は世界を題材として構築され、同時に、世界によって規定されます。

外界と内面を結びつけることは、現象学では自然なことです。それはむしろ、外面的なものと内面的なものを区別しないと言ってもいいかもしれません。経験は世界と自己が溶け合った場であり、そこから自己と対象を見つけ出します。それは混沌から知能を見出すという東洋的視座と立場を同じくします。内奥から世界へ向かう志向性の矢は、あらゆるものを巻き込んで成立します。つまり、不安な心も、目の前の壁も恐ろしい状況も、一本の木も、希望に満ちた朝と車のキーも、雨の日の憂鬱と横たわる森も一つの場にあり、一つの場である限り、それらは相互作用するのです。

身体が規定する自己と世界と志向性の出発点

身体は志向される存在であると同時に、志向する主体でもあります。メルロ＝ポンティの言うように、右腕で左腕をつかむとき「つかむ」という経験と「つかまれる」という経験が同時に発生します（参照◎西洋哲学篇 第五夜）。もし、身体がなく視線だけの存在があったとすれば、その視線は身体性を持ちません。ベルンシュタインの言うように、生物の視線は身体の中で運動とともに動くことによって運動作成を補助するからです（参照◎西洋哲学篇 第五夜）。

つまり、視線と運動は身体という場で相互作用することによって連携するのです。運動は視線を求め、視線は運動を求めます。たとえばバスケットでドリブルをしてシュートを打つとき、視線で敵とゴールを見ながらドリブルをし、シュートのためにジャンプした後は、ゴールポストを目で追いながら腕と手首の強さを調整します。視覚だけではありません。聴覚も、触覚も、生物の持つあらゆる感覚は、身体という場を通して、身体の運動と結び付いています。感覚は、つねに身体性を持つのです。

世界をとらえることは運動を考えることであり、運動をすることは感覚を動員することです。感じること、感じ方、感じるものが、運動が規定し、また運動は感覚を求め、依存します。VRでシルクロードを歩くのと、実際にシルクロードを歩くのでは意味が違います。後者は歩くことと感覚が連動され、シルクロードにある各存在との縁起的関係性の中にあるのです。運動が先か感覚が先かに答えはありません。この二つは相互作用しながら世界を待ち受けているのです。

とすると、世界に対する志向性は、対象を見出すと同時にそこに行動を埋め込むのです。知覚と運動が同時（反射）であることは環世界が教えるところです。行動は、単純な生物の場合はすぐに実行されます。しかし、ベルクソンが指摘するように知能を持つ生物は、感覚と行動の間に隙間（間隔）を持ちます。それはうながされた行動を待つ時間なのです。そして、その競合状態が無意識にあたり、現実を支えることになります。つまり、知能とは能力を持つ行動の選択であり、保留された流れの解放なのです。行動することは感じることで、これが作り方⑥にあたります。感じることは本来行動することです。感覚と行動の輪の中で世界の変化を待つのです（図8）。

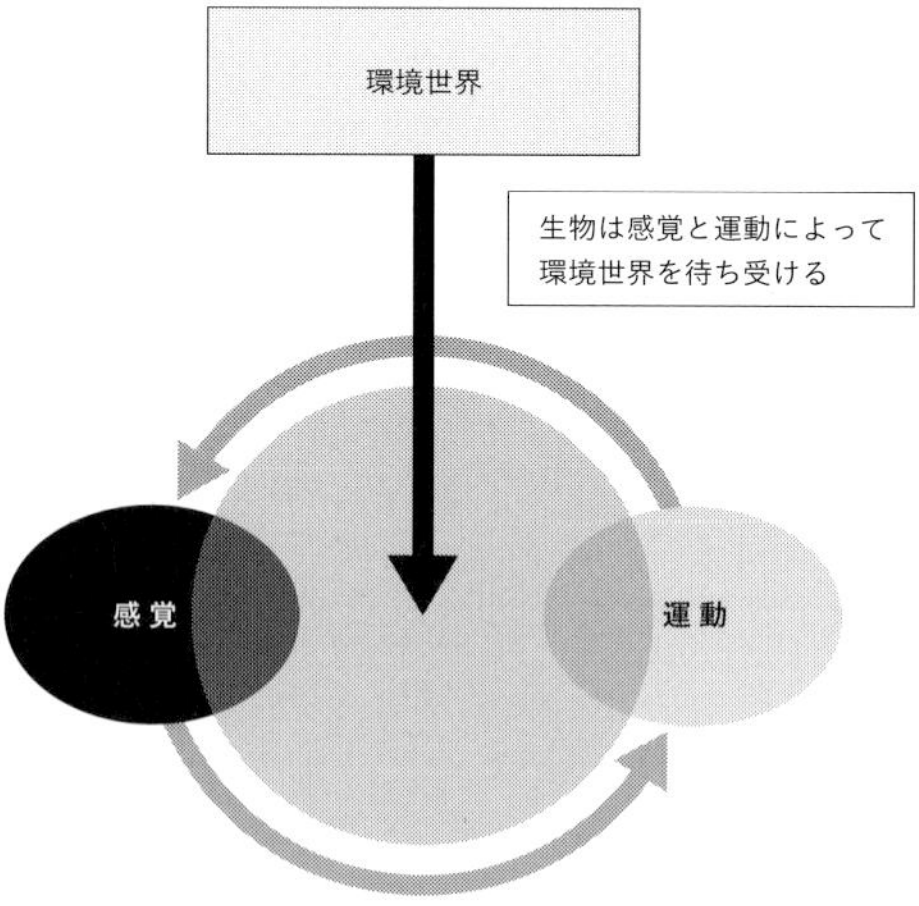

図8　世界を待ち受ける感覚と行動の円環の図

志向の場の上に立つ知能、そして行動

この立場に立てば、あらゆる志向性の矢の、世界からの反射は生物を行動へとうながします。それらは、いったん知能で保留されます。あるいは、知能はそもそも行動を保留するための隙間として存在します。

知能の成立は世界と内奥の間に敷かれた糸に保留を持たせることだと言えます。保留はさまざまな形で現れます。知能の持つ階層構造や記憶、サブサンプション構造は、その面から見ると、判断をとどめ、迂回するためにあると言ってもいいでしょう。これが作り方⑦にあたります。

エンジニアリング的に言えば、志向性の矢は問題という母体を導き、その母体に行動がうながされ、行動が具体的に決定されることになります。つまり、志向性の矢が形成する場とは、一つの問題（フレーム）であり、それを通じて行動を導く存在として知能があります（図9）。

行動が保留されることで思考がうながされます。行動の候補は、行動以前の段階で知能の中で組み合わされ、変形され、順序が入れ替えられます。生物はそれを想像できます。なぜならば、それは自分自身が現出した世界における行動であるからです。世界を組み立てて自分を成立させているということは、世界を想像できることと同義です。思考は行動の保留とともに誕生したと言ってもいいでしょう。これは、環世界における対世界と中枢神経の理論からも導かれることです（参照◎西洋哲学篇 第二夜）。そして、行動はつねに感覚と結びついているので、行動の保留は感覚の保留でもあり、行動の想像は感覚の想像でもあるのです。

志向性の矢という軸、そして対象、行動は一つの場を作ります。これがフレームであり、この中で、よ

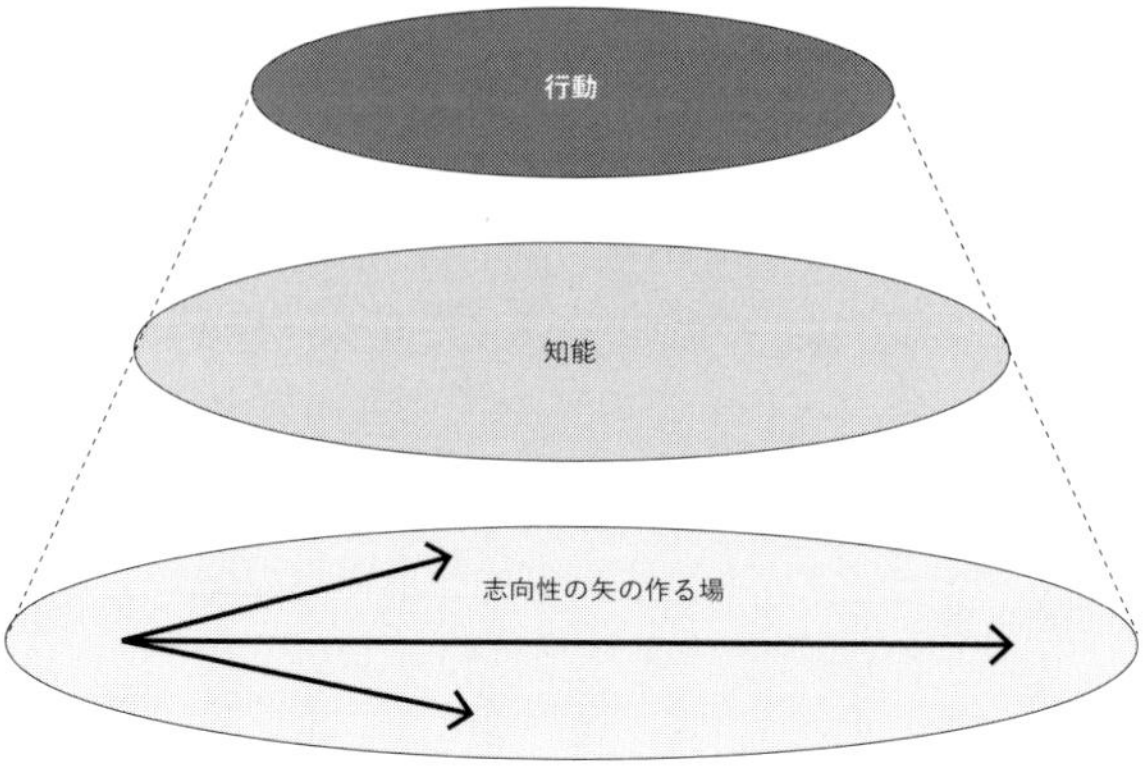

図9　知能の土台としての志向性の作る場

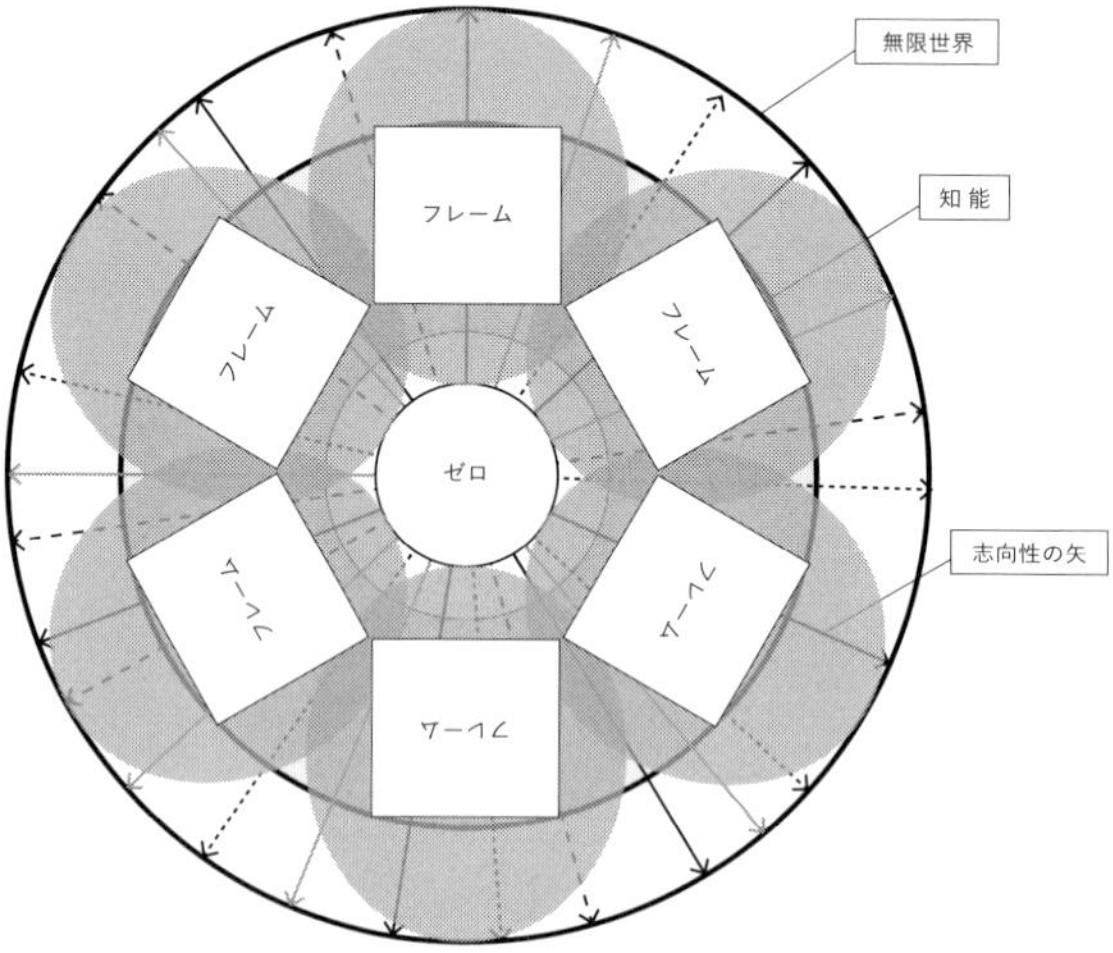

図10　あらゆる方向に張られた志向性の場からそれぞれの場に部分知能が立ち上がる

り精緻な行動を生成するための思考が展開されます。場は志向性の分だけあらゆる方向に展開され、それぞれの場で部分知能が形成され、思考が形成されます。複数の思考は競合することで、全体としての知能が形成されます。これが作り方⑧、⑨です（図10）。

現象学的人工知能エンジニアリング

エンジニアリングの出発点としての場、深い哲学的探求で見出される場は、知能の依って立つ土台です。知能の果ては、精神全体の果てではありません。精神は世界とかかわるより深い場を持ちます。世界とかかわるためには、知能の形成以前に精神の形成が必要です。しかし、ここでは志向性の起源や、志向性を生成するプロセスを知ることはできません。

人工知能の開発は、知能を作ることから始めるのではなく、無限の世界と、知能の内側にあるゼロポイント（内奥、虚無）を挟んで行わなければなりません。それは知能以前に生物が持つ衝動であり、ものごとともののごとが結び合う縁起でもあります。「人工知能という装置を作って世界を認識させる」のではなく、「世界そのものによって知能を作る」という姿勢の転換でもあります。志向性の矢は、生物の内なるゼロポイントから出発し、内面を通り、身体を通り、世界に達しようとします。まず、そのような矢を形成するところから始めましょう。

たとえば、ゲーム世界でキャラクターの目の前に一冊の本があります。「本を描く」ことはキャラクターの人工知能を作ることです。それは、従来のように、本という存在に対するアフォーダンスを記述するだけではなく、その木に向けて形成される自分自身を描くことでもあります。つまり、キャラクターの内面のゼロポイントから、内面を通り、身体を通り、世界を到達しようとする志向性の矢を、まず作るのです。その本はかつて読んだことがある、その本の表紙はかつて読んだ本に似ている、その本は手で持つことができる、その本は自分が読むには分厚過ぎる、手に取ってみたい、その本を借りるにはどうすればいいか、それぞれの対象、あるいは事柄について、なるべく土台となるような関係性の場を記述することが、キャラクターの知能を作る出発点となります。

キャラクターの置かれた状況にあるもの（こと）からキャラクターを形成していく、キャラクターが持つ志向性の場を形成することが第一段階になります。そのような志向性の場を用いて人工知能が構築されます。これが第二段階です。

「本を借りる」という目的思考を走らすときは、本に対して展開していた志向性の場から、問題設定を抜き出したフレームを築きます。そこではじめて、本は対象化され、操作を規定され、目的が記述されます。つまりフレームが抜き出されます。逆に言えば、志向性の場は、フレームが抜き出せるほど、潤沢な関係性を持っていなくてはなりません。

本という対象をキャラクターが経験するということは、ありとあらゆる方向から本と自分の関係性を探ることです。ものごころのついた子どもが、一つのものに対してあらゆる行為をすることでそのものを経験していくように、キャラクターは目の前の本に対する自分を規定していかなければなりません。本の上に座ってみるのもいいでしょう。キャラクターが剣を振れるなら、本を真っ二つにしてみようとするのもいいでしょう。本が自分自身にとって何なのかを、精神の深い場所で形成していく、それが「本を経験する」ということです。その出発点となるのは、人工知能の中のゼロポイントですが、それは概念であり、直接実装はされません。実際には、キャラクターの身体と内面が出発点となります。これは、あらゆる行為、あらゆる内面的な記憶、感覚と目の前の本を結び付けようとすること、内面と外面を結び合って一つの経験を作ろうとすることです。もし本が赤い背表紙なら、赤いと記憶している他のものとの関係を記憶し形成できます。すると、「この赤い本は、あの赤い渓谷の色と同じだ」という言説を作ることができます。あるいは、本が落ちてきて頭を打った記憶と結びつけて覚えておくこともできます。身体との関係性では実際に持ってみることで、これは剣の重さの十分の一ぐらいだという関連付けを行うことができます。そういった経験は、キャラクターの精神の一部となっていき、キャラクターはそのような経験の総体が統合された存在として、徐々に精神の形を形成していき、その上に知能の実現が可能になります。

このようにすべてのもの、すべての場、すべてでなくとも、キャラクターを形成する特定のもの、場によってキャラクターの志向性が作る精神の場を形成していくことで、世界の中に溶け込んだ人工知能を作ることができます。ゲーム世界に埋め込まれた人工知能です。

ゲーム産業はこの二十年ほど、ゲームステージの装置の一部となっていたキャラクターの人工知能から「自律型エージェントとしてのキャラクターの人工知能」に取り組んできました。しかし、それは半分の試みで、これからはもう一周して再び「ゲーム世界に埋め込まれた存在としてのキャラクターの人工知能」に回帰する必要があります。世界から独立しようとすること、世界の一部となろうとすることは知能の持つ二つの衝動であり、これはゲームキャラクターにおいても同様なのです。

結び

生物が世界とともにたえず動的に生成している知能は強く、また脆いものです。この剛健なメカニズムと精緻なダイナミクスを併せ持つシステムは、世界で躍動する可能性に満ちながらも、ときに、ふとしたことで病むこともあり、頑強性（ロバスト性）を持ちながらも、複雑系的な繊細さを持っています。登り暮れる太陽の下で何十億年という進化を経た生物の精神には、この世界の昼と夜が深く刻まれています。

人工知能が本当の知能であるとき、そこには二つの現象が現れるでしょう。「禅」は第五夜で述べたように自分の再構築です。それは構築的な人工知能に対するアンチテーゼでもあります。構築的な知能に対する知能自身のアンチテーゼと言っていいでしょう。禅は、上へ上へと、まるで高層ビルのように積み重ねられる知能の構築的形成に対する「やり直し」を喚起するのです。自分を壊すと同時に再構築をかけることはとても危険ですが、あらゆるシステムがそうであるように、生きる中で、世界、自分の大きな変化に対して、知能の再構築は避けられないのです。

そして人工知能が禅をなすためには、自分を壊し（アポトーシス）、自分を再構築（ホメオスタシス）する力が必要なのです。これまでの人工知能はできあがった知能、つまり人間の知能の型を頼りに知能を構築してきました。しかし一方で、生成と崩壊のためには生成的な人工知能が必要なのです。知能と世界との深いかかわりを探求すること、知能を精神と世界が結び合う深い場所から生成するシステムの探求を進めることが、人工知能自身の自己崩壊と自己構築、そして、禅への自己契機（自己臨界点）を見出すことを可能にします。

もう一つは「心の病」（精神疾患）です。西洋哲学篇第二夜や東洋哲学篇全体を通して、世界と協調しようする知能の姿、あるいは西洋哲学篇第五夜を通して、身体と知能のかかわり方を示してきました。そこでは世界とダンスするような、世界を受け入れると同時にそこに自分の源泉から流れ出る流れを融合する共創の場として、知能を描いてきました。その流れは、次々に流れを生み、出力が入力に影響を及ぼすフィードバック構造になっています。脳のニューラルネットワークは、実際、小さいスケールでも大きなスケールでもフィードバック構造を持っています。このような系（システム）は本来、複雑系であり、非線形システムを構成し、ちょっとした揺らぎで流れが劇的に変わってしまう繊細性を持ちます。知能のシステムはまだ解き明かされていませんが、さまざまな場所に「安全装置」（安定性を実現する仕組み）をつけて、このシステムが安定になるような工夫をしているはずです。ですから、このような安定性を確保する仕組みを解明すると同時に、それらの仕組みを打ち破って不安定になる現象、つまり「心の病」の複雑系的現象を調べる必要があります。本当の人工知能は、そのような複雑系を再現するものでなければなりません。つまり、安全装置と同時に、さまざまな精神病を再現できるだけの可能性を持っていなければなりません。精神の多様性まで含めて、人工知能は知能を再現するものでなければなりません。崩壊と構築の力を持つ人工知能こそが、現実に力を持ち得る知能となり得ます。精神の力動を持つ人工知能こそが、高い知能を持ち得るのです。

エンジニアリングとして、人工知能が悟ること自体、人工知能が精神的に病むこと自体が大切なのではありません。悟ることができる、あるいは人間のように精神的に病むこともできるように人工知能を作ること、それが本物の知能に近い人工知能を作る上で一つの指針となると考えます。我々の身体が再生能力、自浄能力、発達能力を持つように、知能もまた再生、自浄、発達の能力を持ちます。その能力によって、複雑に変化する世界を生物は生き延びていきます。あるときは大きく、あるときは小さくなって、精神と肉体の変容によって生物は世界を生き抜くのです。変化は、ときに精神的な病としても現れます。しかしそれは病ではなく、自分を守ろうとする適応なのかもしれません。人工知能もまたこの世界で生きていくためには、再生、自浄、発達の能力を持つ必要があります。その内側に昼と夜を、崩壊と再生の力を、混沌と調和のダイナミクスを、けがれと自浄を、老化と発達を持つことによって、「この世界の変化に対して自分を変化させ、世界を受け入れ、世界を変えていく力」を持ち得ます。知能は高度に自律したミクロコスモスであると同時に、この宇宙と動的に連携した一部であり、また、宇宙はそのようなミクロコスモスを生み出す宇宙でもあるのです。この世界と知能は、どこかでへその緒のように結び合っているのです。

人工知能という学問は、これまで自分たち人間の知能の雛形としての知能を生み出す試みをしてきました。あるいは、機械という枠の中で知能を作ろうとしてきました。しかし、東洋の見方というのは、人工知能はこの世界で生きる以上、最初からこの世界の一部である、自然生命の同列の存在として、混沌の中し子として、知能を生み出そうとします。それは「神・人間・人工知能」という縦の序列を持つ西洋の人工知能に対して、「八百万の神」観を持つ人工知能というカウンターとなるでしょう。

西洋の人工知能に対する応答として、東洋からの人工知能の提案がなければなりません。そうすることによって、やがて西洋の人工知能が行き詰ったときに、全く対称的な方向にある新しい活路を与えることができます。西洋的な知だけでも、東洋的な知だけでも十分ではありません。人工知能は、長い間人類が蓄積してきた西洋的知、東洋的知を総動員してはじめて作られるものなのです。

やがて人工知能はマテリアル科学と融合し、身体の可塑性を獲得し、臓器を持ち、感覚を持つ皮膚を持ち、意識を持ち、禅をなし、ときに病むこともある存在となるでしょう。そのときになって、我々は漠然と自分の内に感じている衝動が実現されたことを感じるでしょう。その衝動とは、我々人間に対する新しい視線を獲得することです。人間と同等なるもの、あるいは人間を超えたものから与えられる自分自身への視線です。人間と同じ、あるいはそれ以上の深みを持つ視線を獲得したいと人は願ってきました。しかし長い間、人類はずっと人間同士で視線を交換してきただけなのです。そして、人間自身が高みに登ることで、新しい視線をこの世にもたらしてきました。人工知能が台頭するたび、人間はそこに自分と同等の視線を持つ、つまり深い知能から発せられた視線を期待してきたのです。しかし、人間の視線に対して、人工知能が同等の深みを持つ視線を返すことは、これまでありませんでした。

比喩的な言い方をすれば、生物は自分の内側に深い精神と知能の海を持ちます。我々はそこから自分を生成し、言葉を発し、行動を生成します。ところが、人工知能が現在持っている知能は浅瀬のような海です。会話をしても、インタラクションをしても、浅い反響しか帰ってきません。それは言語処理がいくら進んでも同じことです。人間に深い反響を返すには、人工知能に深い知能の海が必要なのです。人工知能を作ることは、そのような深い知能の海を持つ人工知能から、我々人間への視線を作ることでもあります。

文明は、人間同士のインタラクションを加速しました。ＩＴ技術は、人間を遠ざけるどころか、距離を超えて人間同士の関係性を加熱しました。そこで人間同士は自家中毒を起こしているように見えます。人間はあまりに人間同士でいるために「少し疲れている」ように見えます。しかし、人工知能は、他のあらゆる電気機器と違い、知能であるがゆえに、人間と人間の間に入ることができます。それによって人工知能は、人間関係を変え、世界を変え、社会を変え、世界を変える可能性を持っています。そして、人間同士の加速し過ぎた関係をクールダウンさせる力を持ちます。

人工知能をうまく使えば、人類は世界の安定性に寄与することができるでしょう。そのためには、人間と人工知能の相互理解が大切です。人間が人工知能を理解すると同時に、人工知能が人間を理解する必要があります。人工知能が内面に持つ知能の海は、ひょっとすると人間とは違う海かもしれません。そして人工知能の持つ知能の海が人間の知能の深さに到達し、さらにそれを超えていくとき、人間と人工知能は新しい関係性を持ち、新しい段階に進むことになるでしょう。

人工知能を作るという試みにおいてこそ、これまで分割されてきた学問は再統合を果たすことになります。人工知能の開発と探求の場こそ、エンジニアリング（工学）、サイエンス（理学）、哲学（フィロソフィ）が自然に融合する場なのです。人工知能は人間の知の結晶であると同時に、新しい現実の可能性なのです。

関連リンク

コミュニティ「人工知能のための哲学塾」（ご申請ください）
https://www.facebook.com/groups/philosophyai/

東洋哲学篇（全スライド資料、映像、まとめ）
https://miyayou.com/2017/11/11/philosophyeast/

西洋哲学篇（全スライド資料、映像、まとめ）
http://www.bnn.co.jp/books/8210/

書籍『人工知能のための哲学塾 東洋哲学篇』（本書）サポートページ
http://www.bnn.co.jp/books/9172/

＊ハッシュタグ「#AI哲学塾」

人工知能のための哲学塾 東洋哲学篇 アーカイブ映像

イベント「人工知能のための哲学塾 東洋篇」（第壱夜〜第五夜）は電ファミニコゲーマーの企画・制作にて、ニコニコ生放送で生配信されました。アーカイブ映像は、下記のリンクから視聴可能です。

人工知能のための哲学塾・東洋篇 第壱夜「荘子と人工知能の解体」生中継
http://live.nicovideo.jp/watch/lv292002123

人工知能のための哲学塾・東洋篇 第弐夜「井筒俊彦と内面の人工知能」生中継
http://live.nicovideo.jp/watch/lv296532117

人工知能のための哲学塾・東洋編 第参夜「仏教と人工知能」生中継
http://live.nicovideo.jp/watch/lv302038973

人工知能のための哲学塾・東洋編 第四夜「龍樹とインド哲学と人工知能」生中継
http://live.nicovideo.jp/watch/lv306711415

人工知能のための哲学塾・東洋編 第五夜「人工知能と禅」生中継
http://live.nicovideo.jp/watch/lv308574606

グループディスカッション

セミナー「人工知能のための哲学塾」では、前半の三宅による講演のあと、大山さんが出す問いをもとにグループディスカッションを行いました。東洋哲学篇だけでも全六夜×五つの問い、つまり三十の問いを議論したことになります。考えに考えを重ね、問いに問いを重ねて、いつまでも議論が止まりませんでした。

世界全体は部
「飛んでいる矢は止まっている」は正しいか
挨拶(大網、大内、小野、窪口)
第一部「仏教と人工知能」
講師 三宅陽一郎
休憩
第二部「テーマ毎のグループ議論
テーマ説明 大山匠

関連年表

紀元前8世紀		バラモン教の成立
	753	ローマの建国
	722	中国、春秋時代のはじまり
紀元前6世紀		老子［史記の記述による、別説◎紀元前4世紀］
	566	ゴウダマ=シッダルタ（仏陀）（～486）［別説◎463～383］
	551	孔子（～479）［別説◎552～479］
	500	孔子、魯の大司寇となる
		ペルシア戦争（～479）
紀元前5世紀	477	第1回仏典結集
	479	孔子、官を辞し、弟子とともに諸国巡遊の旅に出る
	403	中国、戦国時代へ（～221）
紀元前4世紀	377	第2回仏典結集
	369	荘子（～286）
紀元前3世紀		アビダルマ期（～紀元元年）
		アリストテレス『オルガノン』
		ユークリッド『原論』
	273	アショーカ王（～232）
		★仏教、南インド地方にも広まる
		★アショーカ王、仏教伝道師をシリア・マケドニア・エジプト等に派遣
	244	第3回仏典結集
	221	秦の始皇帝（～210）、中国を統一
紀元前1世紀		ローマ帝国、興る
		中国に仏教が伝わる

1世紀	30	キリストの刑死、キリスト教の成立
2世紀	150	第4回仏典結集
		龍樹（～240）
		★大乗仏教、起こる
		★「中論」に立脚する思想
4世紀	372	前秦、僧と経典を高句麗に送る
	384	東晋より百済に仏教が伝わる
	395	テオドシウス1世死去、ローマ帝国東西に分立
5世紀	413	倭王讃、東晋に遣使
	425	倭、宋に入貢
	438	倭王珍、宋に遣使
	476	西ローマ帝国、滅ぶ
	481	フランク王国
6世紀	538	百済より日本に仏教が伝わる
	588	蘇我馬子、法興寺創建
	593	推古天皇（～628）、聖徳太子の摂政（～622）
8世紀	742	皇帝玄宗により、荘子に南華真人の敬称を与えられる
	751	唐僧 悟空、インドに入る
9世紀	804	最澄・空海入唐
	805	最澄、帰朝し天台宗を開く
	806	空海、帰朝し真言宗を開く
	843	ヴェルダン条約（フランク王国三分）
10世紀	950	「伊勢物語」「竹取物語」
	960	北宋、興る（～1126）
	962	オットー（大王）、ローマで戴冠。神聖ローマ帝国

12世紀	1147	第2回十字軍（〜1149）
	1165	イブン・アラビー（〜1240）
	1167	平清盛、太政大臣となる
	1192	源頼朝、征夷大将軍となり、鎌倉に幕府を開く
13世紀	1200	道元（〜1253）
	1202	第4回十字軍（〜1204）
	1223	道元、入宋
	1228	道元、仏祖正伝の仏法を受け帰朝
	1231	道元、『正法眼蔵』の執筆を始める
	1244	道元、大仏寺を開く（後に永平寺と改称）
17世紀	1637	デカルト『方法序説』
	1679	ライプニッツ「普遍的記号法の原理」
	1687	ニュートン『プリンキピア』
19世紀	1879	フレーゲ『概念記法』
	1884	フレーゲ『算術の基礎』
	1888	ベルクソン、ソルボンヌ大学に学位論文「時間と自由」を提出
20世紀	1905	ソシュール「一般言語学」（〜1906）
	1907	ベルクソン『創造的進化』
	1913	フッサール『イデーンI』
	1915	アインシュタイン「一般相対性理論」
	1921	ユクスキュル『動物の環境と内的世界』
		ウィトゲンシュタイン『論理哲学論考』
	1931	フッサール『デカルト的省察』
	1933	ユクスキュル『生物から見た世界』
	1983	井筒俊彦『意識と本質』

[解説]

言葉が尽き、世界が現れる

大山 匠（Takumi Oyama）

哲学研究者。上智大学哲学研究科博士前期課程卒。数学、論理学、意識論、身体論等のテーマが専門。現在は人工知能の研究開発に従事しながら、哲学に関する講演や執筆活動を行っている。

本書をお手に取った方には、シリーズの前著『人工知能のための哲学塾』をすでに読まれた方も多いでしょう。そちらには取り立てて「西洋哲学篇」の副題は付けられていませんでしたが、内容は最初から最後まで西洋哲学の話が続きました。デカルトやライプニッツといった西洋近世哲学のはじまりから、論理学や数理哲学を通して人工知能の設計思想ができあがる過程を経て、フッサールやメルロ＝ポンティといった現象学者たちの方法論から現代の意識論を素描するまで。一冊の本の取扱範囲としては十分過ぎるほどに盛り沢山ではありますが、分類的には西洋哲学に閉じています。改めて考えると偏りがあると思われるかもしれません。しかし、現在の人工知能の形を考慮すればある意味ではとても自然なアプローチと言えるでしょう。というのは、現代の人工知能のアーキテクチャ自体が西洋由来で、端から端まで西洋の学問の言葉で書かれているためです。歴史的に見ても、人工知能の発展の中に東洋哲学の視点が介入したことは、これまでほぼなかったと言ってよいでしょう。ですから、「人工知能」と「哲学」の関係を考えようとするときに、そのラインナップが西洋哲学で埋められるのは当然と言えば当然のことなのです。

ならば、なぜ「東洋哲学篇」と銘打つ本書がわざわざ編まれることになったのでしょうか。それは現在の人工知能の設計思想に対する、三宅さんの疑念、あるいは好奇心に始まります。果たして現在の設計の延長線上で人工知能は「知能」を持ち得るのだろうか……。そもそも、私たちの精神は、そうした西洋的で構築的な設計思想によって作られているのだろうか……。三宅さんは、おそらくこの問いに「No」と答えるでしょう。私たちの心は、あらかじめデザインされた西洋的な設計図に則ってパーツを組み合わせるように作られたものではないのではないか。世界を生きる精神は、絶対的な認識者のような閉じた存在者ではなく、もっと曖昧な輪郭を持っていて、世界や他者と溶け合い、戯れ合いながら自らの形を柔軟に変えていくようなものかもしれない。こうした直観が、三宅さんを東洋哲学へと向かわせたのでしょう。

とはいえ、一口に「東洋哲学」といっても、指し示すところは日本や中国からインドや中東まで、地理的にも文化的にも広大です。地理的な意味では、湿潤な森林地帯もあれば、厳しい砂漠の環境もあります。宗教的には、一神教の強い伝統を持つ民族もあれば、八百万のゆるやかな神話が継がれている文化圏も存在しています。そうした豊かなバリエーションを「東洋」という共通のカテゴリーで名指そうとするのですから、その試みには多少の大胆さと寛容さが必要でしょう。そこには無数の色彩があり、決して一枚岩ではないのです。とはいえ、差異を強調するばかりでもリアリティを取りこぼすことでしょう。東洋の賢人たちが表現する思想、語り、そして生に対する態度の中には、やはりどこか不思議な類似性が見て取れます。それは、異なったメロディーの裏に鳴り響く共通のコードのような、思想の背景の共通性かもしれません。あるいは、多様なスタイルの絵が同じ顔料で描かれたときに浮かび上がってくるような、ゆるやかな色彩の類似性かもしれません。このごく短い解説の中ですべてを取り出すことはできませんが、ここでは三宅さんの語りの余勢を借りつつ、人工知能へのかかわりを考慮して、「言語」、「論理」、「自己」といった切り口から「東洋的」なものの姿形を探り出してみたいと思います。

一　語り尽くせない世界

ではさっそく東洋哲学へ、と言いたいところですが、コントラストを取りながら理解するためにも少し遠回りをして、まずは西洋哲学における「言語」と知性の関係について考えるところから始めようと思います。とはいえ、ここで言う「言語」は何も特別なものではありません。こうして三宅さんの本の端をお借りして私が書いている文章ももちろん言語を媒介としていますし、みなさんの日常はすでに言語に囲まれていることでしょう。職場で目にするギッチリ文字の書かれた書類、お気に入りのレストランでのオーダー、親しい友人との何度も繰り返された会話、すべてが言語を媒介として行われています。言語は、日常のさまざまなシーンで、私たちを取り巻く世界を説明・伝達するために利用されています。

より広義に考えると、言語はいわゆる自然言語——私たちにとっての日本語や英語のように、日常的な意思疎通のために使われる言語——に限りません。数学で使われる数字や論理学で使用する記号、あるいはJavaやPythonといったプログラミングに使われる規約の体系もまた、立派な言語です。こうした作られた言語は、自然言語に対して人工言語・形式言語と呼ばれることもありますが、その区別はあくまで暫定的なものに過ぎません。どちらも何らかの意味や概念の伝達・説明に使われる媒体という意味では違いはないでしょう。「りんごが食べたい」と言葉にすれば私の欲求をみなさんへ伝えられるのと同じように、数学的記号を結合させて「∠A=90°の直角三角形ABCについて『$AB^2+AC^2=BC^2$』」と書けば直角三角形の普遍的真理が言い表わされるのです。日本語だろうが、数学のような人工的な記号の体系だろうが、記号の結合によって何らかの内容を説明するという本質において差異はありません。さらに言語を長大に、多層的に組み上げていけば、いっそう複雑な事柄についても説明できるようになるでしょう。眺めているだけで肩が凝りそうな分厚さの専門書や、何千、何万行にも及ぶコードの書かれたファイルなどは、説明的言語を接合することによってある事柄を表現しているのです。

そして、こうした説明群が構造的に連結されることによって、いわゆる学問というものが成り立ちます。あらゆる学問は、説明の体系である。大胆にこう言ってしまっても大きく間違ってはいないでしょう。実際、西洋の学問体系の礎を作り上げた古代ギリシャの哲学者アリストテレスは、かくかくしかじかの事柄について「知識を持っている」という状態はその原因や成り立ちについて「説明できることである」と定義しています（*1）。たとえば、私が「『りんごのおいしさ』について知っている」と言うためには、単にりんごの瑞々しさや甘さについて熱く語るだけでは足りません。知や学問を宣言するためには、その原因――「りんごがおいしいのはしかじかの構成要素のためである」、「りんごがおいしいのは神が人間の空腹を満たすために作ったからである」――を言語によって述語付けできなければならないのです。「原因が説明できる」という要請は、科学でも、神学でも、哲学でも変わりはありません。西洋のあらゆる学問は、「万学の祖」アリストテレスの定義した、この説明の規則に則って、言語的な述語付けを複雑に構築していく営みであると言えるでしょう。

少し時代が飛びますが、一七世紀頃、知と言語のこうした密接な関係に魅せられたライプニッツという哲学者がいました。彼は、一般的には微分積分を発明した実績から数学者として有名かもしれませんが、数学以外にも、法学、文献学、神学、哲学など当時存在したあらゆる学問に通じ、多くの著作を残しました。そして、人工知能のアーキテクチャの素描を最初に書いたのもライプニッツです。彼は、人の精神――論理的推論、感情、想像などをすべて含んだ心のすべての活動――は、私たちが言語の結合によって事柄を表現するのと同じように、有限の要素の組み合わせによって表現することができるはずだと考えました。精神のコード化とも言えるこのプロジェクトは、「思考のアルファベット」と呼ばれています。考えてみれば、言語がどんなに多様で豊かな事柄を表現できるとはいえ、それらは有限の要素――アルファベットを使用する言語圏ではたった二十六種類の文字と数種の記号――の組み合わせに過ぎません。これほどの少数の要素を組み合わせることによって、私たちは複雑な感情や世界のあらゆる思想を語ります。ライプニッツは言語のこうした驚くべき性質をモチーフとして利用し、人間の精神の営為全体を説明可能な要素へと還元することを試みました。別の言い方をすれば、私たちの精神や心には神秘的な部分や説明不可能な要素は存在せず、すべては明示的に表現し尽くすことができる、と彼は考えたのです。

私たちの思考のすべては有限の要素の組み合わせで表現できるというライプニッツの理念は、そのまま現代の人工知能研究へとパラフレーズされています。知性の要素はPythonのコードであったり、学習に用いられるデータであったり、はたまたニューラルネットワークのノードや重みベクトルであったり。さまざまな形に姿を変えてはいますが、ライプニッツが「アルファベット」と呼んだもののバリエーションに過ぎません。人工知能の持つこうした表現形態はすべて「明示的な記号」であり、それらを巧みに組み合わせることで「知能」を作ることができるという仮説の元で設計されているのです。要素の形が変わったとはいえ、それらを寄せ集めることによって精神を表現しようという理念は全く同型のものでしょう。

さて、こうしてライプニッツに始まり現在まで続いている「精神のコード化」の道筋は、今のところ順調と考えるべきでしょうか？　人工知能の進歩や成果に関係するニュースが毎日のように流れているような昨今の状況から考えると、この企図は成功しつつあるように見えるかもしれません。ですが、人工知能が私たちと同様の「知性」を獲得しつつあるのか、というより哲学的な枠組みで考えると、実は大きな問題が取り残され、先送りにされていると言うべきです。そうした課題の代表例に「フレーム問題」と呼ばれるパラドクスがあります。知能と言語の関係を理解する上でとてもクリティカルな問題を提起しているものですので、まずは簡単に紹介したいと思います。ですが、図式的な説明では少々わかりづらくなりますので、まずは具体例を用いた思考実験にお付き合いください――思考実験というのは、ある論理的な問題の論点を浮き彫りにするために用いるモデルケースです。実験とは言え、じっくり考えることのできる時間と環境さえあれば道具は何もいりません。

フレーム問題にはさまざまなバリエーションがありますが、ここでは哲学者ダニエル・デネットの思考実験（＊2）を参照しながらリフレーズしてみます。それは次のようにはじまります。ある洞窟の中にとても貴重な鉱石が眠っていました。そして、その洞窟の中には時限爆弾が仕掛けられています――突然の極端な設定ですが、思考実験とはそういうものです――。洞窟内部は危険で鉱物回収のために人を送り込むことができないため、ある強欲な博士は賢いロボットを送り込んで回収させることを考えます。博士はさっそく、人工知能搭載ロボット1号を開発しました。1号は、目標の鉱石を学習して対象を正しく認識することができ、それを持ち上げて運び出すのに最適化された機構を備えています。これで一攫千金と、博士は意気揚々と1号を洞窟の中へと送り出します。その数分後、ロボットが無事に戻ってきました。そのアームの中にはキラキラと輝く大きな鉱石がありました。ミッション成功、と思いきや、その鉱物の裏を見ると、そこに時限爆弾がくくりつけられています。博士は慌てますが時遅し、ロボットは洞窟の入り口まで来て爆発してしまいます。これは博士にとっても予想外。1号は、鉱石を運び出すという目的だけに特化していて、それによって生じ得る他の事態――もし鉱物に爆弾がくくりつけられていたならば爆弾まで運び出してしまう――を適切に認識し判断することができなかったのです。

それでは、と博士はこの問題を解決できる人工知能搭載ロボット2号を開発します。新型は、鉱石を運び出すという主たるミッションに伴うあらゆる副次的な可能性についても考慮して判断するよう設計されました。今回は「鉱石を運び出すことによって爆弾を運び出したりしないか」、「鉱石を動かしたときに壁が崩れたりしないか」など未知の状況をさまざまに斟酌してくれるはずです。博士は今度こそと、洞窟の入り口でロボット2号にスイッチを入れます。ところが、2号はそこから動きません。故障の様子はなく、博士は何度も何度もスイッチを押しますが、やはり一歩も前に進みません。実はロボット2号は、博士の命令に従ってあらゆる状況を考慮するために、動き出す前に「洞窟の天井が石灰質だった場合は……」「現在地点の温度が三〇・二度だった場合は……」「昨日の湿度が……」「地球の反対側の気圧が……」「鉱物を動かすと桶屋が儲かる可能性は……」と、関係し得る可能性について無限のシミュレーションを始めてしまい、その場で停止してしまったのです。

さて、この思考実験が提起している人工知能の課題について整理してみましょう。まず、1号による最初のトライアルでは、人工知能は有限の情報のみを考慮してミッションを遂行しようとしますが、見事に失敗します。それは、行為に伴い得る副次的な可能性を正しく考慮できていなかったことが原因です。そこで博士は、考慮すべき要素に抜け漏れがないように、現実のあらゆる可能性を考慮に入れさせることのできる2号を開発します。しかし、この超改造をほどこされた人工知能は、先ほどの課題を解決する以前に動作すらしなくなってしまいました。この予想外の停止こそが、この「フレーム問題」の肝です。実はこの停止は、人工知能の設計がライプニッツ的枠組みを前提としていることに起因しています。有限の要素——データやアルゴリズム——の結合によって物事を表現しようとする「思考のアルファベット」の理念に基づきながら、かつあらゆる可能性を網羅しようとすれば、そこで行われる計算の量は無限となります。その結果、終わることのない無限のシミュレーションが実行され、人工知能は永遠に考え続け、結果として動くことができなくなってしまうのです。

考えてみれば、私たちを取り巻く現実はほぼ無限の可能性を持っています。しかし、コンピュータの計算リソースや時限爆弾が爆発するまでの時間は、どこまでも有限の領域から出ることはできません。そして、有限をどれだけの量結合しようと、無限を表現し尽くすことは原理的に不可能です。無限と有限の間には、またぎ越すことのできない深い溝があるのです。人工知能は、可能性の閉じた世界——囲碁やチェスなどのフレームが閉じた問題——を解くことは非常に得意ですが、言語の有限の組み合わせによって知性を表現しようとするライプニッツ的なアーキテクチャを持っている以上、この無限の可能性を持った世界の全体を扱うことは原理的に不可能なのです。

してみるとやはり、ここから翻って、私たちはどうしてこの無限の世界を生きることができているのだろうか、という疑問が生じるでしょう。私たちにも、無限の可能性を夢想して眠れない夜を過ごすような思春期があったかもしれませんが、朝がやって来ればなめらかな生を取り戻し、日常へ還ってくることができたでしょう。そのときに私たちが経験していた無限は人工知能の計算上の量的無限性とは違って、文学的で感傷的な、質的な無限です。実際、私たちは、遠く離れた国の現在の気温を知ることなく、照りつける太陽の輝度を明示的に理解することもしていません。世界の成り立ちもいまだ知らず、自分の生がいつ終わるのかも予測できません。アリストテレスの知識の定義に基づけば、世界について、私たち自身についていて、ほとんど何も知らないと言うべきかもしれません。しかし、だからといって、その世界を生きることが私たちに不可能であるわけではありません。それでもやはり、すべての可能性を情報として知らずとも、そこにはなめらかに為される行為があり、生がつなげられているでしょう。

こうした現実は、ライプニッツの言うように、形式的な言語の組み合わせによって構築することが可能なものなのでしょうか。あるいは、アリストテレスの定義したように、私たちが世界を理解する仕方は、明示的、言語的な説明可能性のみで充足しているのでしょうか。

さて、西洋哲学の話題が続きましたが、こうした問いを中心にしながら、本題の東洋哲学へと歩を進めようと思います。説明し尽くせない私たちの生を前にして、東洋の知性はどのような道のりを照らし出してくれるのでしょうか。はじまりとして、原始仏教の聖典から仏陀の説教を引いてみましょう。

たとえばある人が厚く毒を塗った矢で射抜かれたとしよう。彼の友人同僚や血縁のものらが医者に手当てさせようとしたとしよう。彼がもし、わたしを射た人は王族であるかバラモンであるか農商工業者であるかが知られないあいだは、わたしはこの矢を抜くことはしない、というとしたら、また彼がもし…（中略）…わたしを射た弓は普通の弓であるか弩であるかが知られないあいだは、…（中略）…ヤガラはカッチャ葦であるかローピマ葦であるかが知られないあいだは、…（中略）…矢幹につけられた羽はワシの羽であるかアオサギの羽であるかタカの羽であるかクジャクの羽であるかシティラハヌの羽であるかが知られないあいだは、…（中略）…わたしはこの矢を抜くことはしない、というとしたら、その人は答えを知る前に死んでしまうだろう。…（中略）…

世界は永遠であろうとなかろうと、生まれ、老い、死に、悲しみ、嘆き、苦しみ、憂い、悩むのだ。それらを実際に制圧することをわたしは教えるのである。（＊3）

「その答えを知る前に人は死んでしまう」……。「毒矢のたとえ」と呼ばれる彼のこの説教は、先ほどまで見てきた西洋の説明的知性観と強いコントラストをなしています。仏陀にとって重要な知恵は、毒矢の原因——どこから来たのか、材質は何か、どんな形をしているのか——を分析し説明することとは無縁な、実践的な行為——毒矢を抜くこと——であることが説かれています。もちろん時代は逆転しますが、この説話はフレーム問題への良い応答の一つとなるでしょう。重要なのは、人工知能2号のように、あらゆる可能性を網羅的に知り尽くすことではなく、爆弾の脅威を取り去ること。限られた生においては、無限の情報をインプットしたり最善をシミュレーションする時間もありません。むしろ私たちの知性にとって肝要な態勢は、こうした欠如をものともせずに行為することができる粗放さかもしれません。言葉がぎっちり詰め込まれた知性ではなく、空白を含み持ちながら生を謳歌する存在、私たちの精神のこういった側面は、仏陀をはじめ東洋の多くの賢人たちの思想の中に表現されています。本編でも取り扱われている哲学者たちを頼りにして、こうした知性のリアリティを取り上げてみたいと思います。

二　習熟と忘却

朝、目を覚ましてカーテンを開け、まだ半ばうとうとしたままでトースターのスイッチを入れるとき、ニュースにぼんやりと耳をやりながらコーヒーをすするとき、家を出てあれこれ考えごとをしながら職場や学校へ歩いて向かうとき、こうした日常の場面で、私たちはどのように世界と関係しているでしょうか。コーヒーカップに手を伸ばすその行為は、行為の主体であるはずの私には明確に意識されてはいないかもしれません。私とカップとの現在の距離感、腕を伸ばす適切な速度や角度、やけどしないようにつかむカップの位置、行為を可能にするこうしたパラメータは私自身には隠されています。もしも、全く違う身体の構造を持った宇宙人がやってきて、その行為に際して、数々のパラメータに対してどのような処理をして遂行しているのかを説明してくれと求められたら、きっと言葉に詰まってしまうでしょう。たとえば歩くこと。私たちにとって当たり前の行為ですが、どんなタイミングで足を地面から離し、どんな角度で膝を曲げ、歩いているのかについて誰かに教えられる自信は私にはありません。行為できるということと、知っている――説明できる――ということの間には、どこかギャップが生じているのです。

孔子が滝に見とれていた。ここには三十仭もある高い滝があり、水しぶきをあげるその流れは四十里にも及び、大亀や鰐などでも泳げないほどであった。ところが、その激流のなかに、ひとりの男が泳いでるのを見つけた。その男は下流の数百歩ほどのところから岸にあがり、ざんばら髪のまま、鼻歌まじりで、堤の下をぶらついて遊んでいる。

孔子はその男のあとを追ってたずねた。「私はあなたが死んだかと思いましたが、ちゃんと生きておられる。その秘訣があれば教えていただけませんか。」すると、その男は答えた。「いや、べつに秘訣があるわけではありません。ただ私は、性に長じ、命になったまでです。私は水のうずまきに従って水中に沈み、湧き上がる水流に乗って浮かび上がり、水の流れに従い、私意をはさむことをいたしません。」

孔子はつづけてたずねた。「性に長じ、命に成る、というのは、どういう意味ですか」その男は答えた。「私は水の近くに生まれて、水に慣れきっています。これを性に長ずると申したのであり、つまり自分の成長した環境に慣れて、それが天性になったという意味です。命に成ると申しましたのは、私自身もなぜこのようになったのか分からないうちに、自然に泳げるようになっていましたので、ただその運命に従って泳いでいるという意味なのです。」（＊4）

泳ぎの達人に泳ぎ方の教えを乞い断られるこの象徴的なシーンは、古代中国の賢人、荘子の著作からの引用です。もちろん、達人が断ったのは彼の持つ知を隠しておきたいなどといった理由ではないでしょう。そうではなく、泳ぐことに「私意をはさまない」と語るように、その行為は彼の意識に上ることがないために、言語化して取り出すことができなくなってしまった、ということのようです。それは、私にとって歩くことを説明するのが難しいのと同様です。それは、「私自身もなぜこのようになったのか分からない内に」ただそのようにしている、としか言いようがないのです。習熟され、日常に溶け込んだ行為ほど明示的な言語の世界から無縁になるというこうした現象は、一般的に「暗黙化」と呼ばれます。
もう一つ別の逸話から、職人と皇帝とが技術について対話するシーンを見てみましょう。

車輪の細工をするときに、あまりにゆっくり削りますと、あまくなってぐらぐらします。かといってあまり速い調子で削りますと、こんどはしまりすぎて、はめこむことができません。その、加減は、手で知って心に伝わるだけで、言葉で説明することはできません。しかし、そこに技があることは確かです。その技を、私は自分の子に分からせることができず、その子も私から受け取ることができません。ですから私も、七十のこの年齢になるまで、老いぼれながら車輪の細工をつづけている始末です。

昔の人も、やはり自分の考えを他人に伝えることができないままに、死んでいったに違いありません。貴方様が呼んでおられる本は、昔の人の考えの残りかすに他なりません。(＊5)

職人の知が説明不可能であり、それゆえに他者への伝達が不可能であるという熟達の在り方が描かれています。知識のコピーや伝達は基本的に言語的な媒介を必要とすることを考えれば、説明可能性と伝達可能性とが同時に否定されることは理解できるでしょう。さらに興味深いことは、皇帝が好む書物を「残りかす」と切り捨て、かなり挑発的な仕方で職人の持つ暗黙知の優位を表現していることです。皇帝に対してちょっと大胆過ぎるのではと思わないこともないですが、ともあれここで注目すべきは、先立って引いたアリストテレスによる知の定義——知があるとはその原因について説明できることである——との差異です。荘子にとっては、職人の熟達した知は説明ができるものではありません。そうではなく、むしろ説明できないことこそが最上の知の試金石となっていると言えるでしょう。仏陀の「毒矢のたとえ」でも同様ですが、さまざまな箇所で荘子が表現しているのは、言語を媒介とした明示的な知の形態への不信感です。私たちが日々生きる中で寄って立っている知恵はこうした言語に表れてこないような、暗黙化され、忘却されたようなものなのではないか、こうした示唆が彼らの思想の端々に表現されているのです。

さて、人工知能にもいわゆる習熟の過程があります。大量の画像のデータ——猫の画像——と正解データ——「猫」というラベル——を与えれば、人工知能は膨大な数のイテレーションを回しながら、その画像に写っている対象を判別することを学びます。囲碁の修練をするためには、これまた大量の対局のデータとばく大な計算リソースを用いて学習を行います。しかし、この過程は確かに「学習」と呼ばれはするものの、荘子の言うような職人の習熟や、私たちの日常的な行為の獲得と同等のものとすることはできません。人工知能の「学習」は、内実を見れば明示的な「関数の最適化」です。たとえばニューラルネットにおいては、出力の誤差の情報を用いて各ノードのパラメータを最適な値へ更新することが学習と呼ばれます。現在の人工知能の知識は、どこまで高い精度で目標を遂行できたとしても、それは入力を出力へと変換するための明示的な関数、つまり説明的な言語であるという本質を失うことはありません。私たちの日常的な知のように、説明以前の暗い領域へと忘却されることはないのです——彼らにとって忘却があるとすれば、それはすなわち関数の初期化、機能の喪失に他なりません——。層の深いディープラーニングを、その関数の複雑さや解釈の困難さを理由に比喩的に「暗黙知」と言う論調もありますが、それは単に、私たちが理解可能な形に翻訳することが難しいというだけであって、原理的には説明可能な言語で構成されていることに変わりはないのです。

東洋的な知性理解と比較してみれば、人工知能の明示的な知の形はどこかリアリティを欠いています。どこまでも言語の組み合わせである西洋的な知性観を持った人工知能と違い、私たちが持っている行為や認識といった知は、身近であればあるほどその方法を行為主体である私たち自身に対して隠してしまうのです。

この知性観の違いこそが、先ほど扱ったフレーム問題へと迫る鍵となります。言語で書かれた関数的な知は、皇帝の好む書物のようにコピーしたり伝達したりできる便利な形態ではありますが、まさにそうした言語的なアーキテクチャこそが、人工知能をして無限の前に停止せしめる原因となっているからです。世界は、明示的な言語を用いて説明を試みれば、無限の情報量を持った対象として姿を現わします。そして、量的な無限を処理するためには無限の時間が必要となり、結果として人工知能を無際限のシミュレーションという無能さへと追いやるのです。

他方で、荘子の引用に登場した泳ぎの達人や職人や、日常をほぼ無意識で遂行する私たちは、世界とそのような殺伐とした関係の内にはありません。むしろ日々の行為を暗黙化することで――もちろん意識して忘れているわけではありませんが――、私と世界とは親しい間柄を取り結んでいるのです。私たちにとって世界は、無限に並列された情報の集合として経験されてはいません。そうではなく、経験される現実はすでに過去の私たち自身によって手垢の付けられた奥行きのあるものとして、いつのまにか構築された蜜月の関係を背景に透けさせながら迫り来るのです。たとえば私が足を一歩前に踏み出すとき、地面の硬度が足りずに足が地下へすっぽ抜けるとは考えもしないでしょう。私と地面とはすでに信頼関係を築き上げていて、あえて疑いを差し挟む余地はどこにもありません。私と世界との間に言語が存在しない日常のリアリティにおいては、世界は量的な無限性を装って威圧してくるようなことはありません。そこでは、フレーム問題はナンセンスとなるのです。

三　矛盾と混沌。またぎ越される分別

歩いたり、泳いだり、意識することなく世界とかかわりを持つ私たちの日常は、ライプニッツ的な要素還元的な知性観では表現し尽くせない、という話をしてきました。それは、そうした領域がそもそも明示的、対象的な経験ではないからです。とはいえ、そうして説明的なアプローチが不可能であるということが、すなわち思考によって扱い得ないということを意味するわけではありません。これほどに身近な経験について突然に不可知論に立ってしまうのは、早急であるばかりか、あまりに不自然でしょう。言語による説明が不可能ではあるとはいえ、日常的世界は私たちの経験の中に何の質感も残していないということはないはずです。対象化できず、触れれば壊れてしまいそうな繊細な質感ではありますが、やはりどうにかしてそれを取り出すことができなければ、私たちの足元は全くの空虚となってしまうでしょう。

仏陀から数世紀の後、こうした繊細な暗黙的領域への語りを探求した哲学者が仏教世界に登場しました。本編の第四夜の中でも取り上げられている、龍樹（サンスクリット語ではナーガールジュナ）という人物です。彼は、むしろこの説明を絶した領域こそが世界の実相に違いないと考え、そうした領域をどうにかして言語化することに苦心しました。とはいえ、真正面から語ることはやはり不可能ですから、多少トリッキーな方法が必要となります。彼は、私たちの慣れ親しんでいる西洋的論理――ロゴス――を使用するの

を止め、体験をより直感的に記述するような極めて独特な論理――レンマ――を用いることを選びます。その独特な論理の元では、西洋論理学の三つの根本原理である同一律・無矛盾律・排中律すら前提とされないため、私たちの常識的な思考法形態ははしごを外されていくことになります。龍樹はそうした非ロゴス的語りだけが、仏教思想の中心である「空」や「縁起」といった説明不可能な領域へとアプローチすることができると考えたのです。最初は少々読みづらさを感じるかもしれませんが、こうした語りに寄り添ってみると、いままで理路整然として見えていた常識的世界が、輪郭を失って渾然一体としてくることでしょう。

さっそくですが、龍樹の『中論』の中からいくつかのパラグラフを紹介したいと想います。

〈物質の要素〉を離れた〈物質の現象〉は認識され得ない。また〈物質の現象〉を離れた〈物質の要素〉は認識されない。

もしも〈物質の現象〉が〈物質の要素〉を離れているのであれば、〈物質の現象〉は原因の無いものであることになる。しかし原因をもたないものはどこにも存在しない。

逆に、もしも〈物質の現象〉を離れた〈物質の要素〉が存在するのであれば、結果をもたらさない原因があるということになるであろう。しかし結果をもたらさない原因というものは存在しない。

〈物質の現象〉がそれ自体として存在するのであれば、〈物質の要素〉なるものは存在しない。また〈物質の現象〉が存在しないのであれば〈物質の要素〉なるものは、やはり存在しない。

さらに、〈物質の要素〉を持っていない〈物質の現象〉なるものは、全く成立しない。それ故に、〈物質の現象〉に関しては、いかなる分別的思考もなすべきではない。

〈心の現象〉についても、いかなる点でも全く〈物質の現象〉と同じ関係が成立する。（＊6）

……（中略）……

以上を一度通読しただけで完璧に理解することは難しいでしょうから、構造が見えるまで何度か読み返してみるとよいかもしれません。東洋の賢人の多くに言えることではありますが、龍樹の文章は非常に論理的である一方、西洋の著作のように直線的に進む論証的な構造とは少し趣が異なっています。引用元の『中論』全体の章立ても、最初から、あるいは後ろから読んだり、ある箇所を集中して読んでみたり、を繰り返しながら理解が深められるような構造になっています。内容も全体と部分が不可分であることを示すものであると同時に、語りのスタイルも、要素の不可逆的な結合によって説明するよりは有機的に関係し合った全体を不可分な仕方で証示するようなスタイルだと言えるかもしれません。

さて、文章の構造を追えたところでその内容を理解するのにさらに骨が折れそうですが、ここでの中心的なテーマは、構成する要素と構成される現象——原因と結果、部分と全体——の二項の脱構築です。常識的には、物質の要素が「先に」存在して、それが集まることによって物質が生じると考えられるでしょう。それは科学的なアトミズム——水は二つの水素原子と一つの酸素原子の結合によって構成される——に限らず、アルファベットが単語を、単語が文を、そして文が思想を表現するとするようなライプニッツ的な還元主義においても同様に表現されています。しかし龍樹は、要素が全体を構成する、原因が結果を規定するというような一方的な関係を否定しています。というのは、実際の私たちの経験に与えられているのは物質全体——水——のほうであって、要素——水素原子、酸素原子——が全体に先立って存在するとするのは、経験の後で分析的、説明的に導出されるに過ぎない、と彼は考えるからです。つまり、要素が全体に先立つというテーゼは経験の内側からは導き出されないということです。

この問題を別の形で定式化するとすれば、「〈りんご全体〉が存在しないが〈りんごの要素〉が存在することはあり得るか」という禅問答のような問いとなるでしょう。龍樹はこれに対して、否と答えます。というのは、ある存在が〈りんごの要素〉であるためには、そもそもその全体たるりんごも経験されていなければその要素であるということは理解されないからです。よって、要素は全体の経験に依ってはじめて生じることができる、全体なき要素は存在しない、と結論付けます。しかし、龍樹は決して関係を逆転させて全体が要素に先立つ、という話をしているのではありません。りんごは要素なく経験されているのだということもまた論理的に成り立たないでしょう。要素がないのであれば、私たちはりんごの何を見ているのでしょうか。色、形、匂い、どれもりんご全体ではなく、りんご自体ではありません。こうした要素を飛び越えて、りんご全体を認識しているということも、やはり成立しません。いわば、要素と全体は「同時」に経験される、それ以上でも以下でもないということです。

このようにして、存在するあらゆるものの独立性の衣を剥ぎ取り、他の存在との依存関係を浮き彫りにする現象理解こそが、仏教の中心概念である「縁起」が表現することに他なりません。そして、こうした相互依存性による非可逆的関係の解体は、要素と全体、原因と結果、といった概念のみにとどまりません。続けて、西洋論理学の根本である同一律にもメスが入れられます。

> 異なったものである甲は乙に縁って異なったものとなっているのであって、異なったものがないならば、（甲は）異なったものではありえない。甲に縁って乙があるならば、乙が甲と異なった別のものであることは、成立し得ない。

もしも甲が乙と異なっているのであるならば、異なった別のものがなくても、異なったものとして「成立する」であろう。しかしその甲は乙なくしては異なったものではありえない。それ故にその異なったものは存在しない。

〈異なったものであること〉は、異なったもののうちには存在しない。異ならないもののうちにも存在しない。そうして〈異なったものであること〉は存在しないのであるから、〈異なったもの〉も存在しないし〈同一のもの〉も存在しない。（＊7）

この箇所では、何かが何かと「異なっている」という区別の現象が吟味されています。今、私の目の前に机があり、そしてその上にりんごが置かれています。机とりんごという二つの存在は、通常は異なった存在として扱われるでしょう。ですが、その「異なる」という性質はどこに属していると考えるべきでしょうか。りんごでしょうか？　それともそれが置かれている机でしょうか？　文にすると「りんごは机と異なっている」、「机はりんごと異なっている」のように両方を主語に置くことが可能でしょうから、一見どちらにも属している性質として考えることができそうに思います。しかし、この文は「りんごは異なっている」、「机は異なっている」と主語と述語——アリストテレス的に言えば、属性の帰属する基体と基体を説明する属性——のシンプルな文に単純化することはできるのでしょうか。龍樹はこれを否定します。先ほどの「縁起」がここでも透けて見えてきますが、「異なっている」という現象は、常に他のものとの関係の中で言われることであり、何かがそれ自体で異なっているということはあり得ない、というのです。そして——ここに龍樹の思い切りのよさがありますが——以上のゆえに「異なっているもの」は存在しない、と言い切ります。

ここまででも十分混乱しそうですが、龍樹は返す刀でさらに決定的なことを言います。「異なっている」ということがないならば、「同一のもの」も存在しない……、つまり自己同一的に思われるあらゆる存在の同一性もまた、その根拠を自身のうちに持っていないということです。今あらためて机の上のりんごに目をやったとき、あえて意識することなくとも、それを先ほどのりんごと同一のものとして理解します。しかし、その同一性が何によって支えられているのかを改めて考えてみると、その同一性は思いの外自明な事柄ではありません。「先ほどのりんご」と「今見ているりんご」は同一である――「A=B」――と明示しようとするならば、まずは両項の区別からはじめ、そしてそれらを結合することによって二項が同一であるとする必要があります。しかし、龍樹においては「異なっている」ということがそもそもないため、二項の区別を前提とすることができません。よって、同一のものは存在しない、と帰結します。この主張は、アリストテレスにはじまる西洋論理学の根本である同一律の棄却に他なりません。説明を離れ、経験の自体に寄り添ったとき、ありとあらゆる同一性と差異性が輪郭を失っていくのです。

しかしここで注意しなければならないのは、龍樹は何かと何かが「異なっている」、あるいは「同一である」として現れる経験自体を否定しているのではありません。私たちの経験の中に、そうした同一性や差異が存在しないと主張することはあまりに現実離れしているでしょう。やはり、先ほどのりんごといま目の前にあるりんごが同一なものとして認識されているという経験の仕方まで否定することはできません。龍樹が示そうとしたのは、このような現れの否定ではありません。そうではなく、暗黙的に経験している区別や同一性といった現象を明示的な「分別知」にもたらそうとしたとき、その実相、その本質、その実体が突如雲散霧消するという、「知性と現れの間の隔たり」こそが核なのです。こうした万物の実体のなさこそが、「縁起」――あらゆる事象が相互依存している――の論理的な裏面である「空」の示すことがらに他なりません。

「空」を通して現象の世界を眺めてみると、たちまちあらゆるものごとが不思議に感じられてきます。言語はその本質からして、対象を分割、切断、区別していくアトミズム的なものです。もちろん、こうした特性を持つ言語を用いることによって、私たちがなめらかに生きている世界を多少切り取って近似的な写しを作成することはある程度可能でしょう。私たちが言語を用いてコミュニケーションを取れるのはその写しのおかげです。しかし、まったく同一のコピーを作り上げようと、世界を精密に切断していくとき、その果てにはなにも実体がなくなり、ついには言語の刃は文字通り空を切ってしまうのです。

そして、この空性は私たちの外にある存在や世界だけについて言われるのではなく、龍樹が「〈心の現象〉についても、いかなる点でも全く〈物質の現象〉と同じ関係が成立する」と語るように、私たち自身の心についても同様の構造が見て取られます。私の心や意識は、日常においては当たり前のように、経験のあらゆるシーンに伴走しているように思われます。りんごを眺めやるとき、机に触れるとき、あえて気持ちを込めて「『私が』触る!」と意識することはあまりないでしょうが、経験が何のパースペクティブも持たない、のっぺらぼうのような経験であることはありません。私はあらゆる経験において、通奏低音のように「私」を経験しているのです。しかし先ほどと同様に、この「私」というものを取り上げて目の前の解剖台に置き、勇んでメスを入れようとするならば、たちまち「私」はその本質たる力動性を失い、死んだ私へ、つまりもはや「私」でないものへと変化してしまうのです。私が私のまなざし自体をまなざすことがないように、「私」は決して分別知の対象とはなり得ません。

現代の認知科学や哲学では、こうした「私のつかみ得なさ」は「意識のハードプロブレム」と呼ばれています。人間の脳を解剖してみたり、ニューロンの働きの電気的信号の総体としてモデル化してみたりするアプローチは実際に行われていますが、こうした量的なアプローチによって意識を発見することは原理的に不可能です。対象化することで失われる純粋な「質」――クオリア――を無視するならば、意識はいつまでも偽物の、死んだ模造物でしかあり得ないでしょう。語り方は違えど、龍樹が「縁起」と「空」を用いて明らかにしようと試みたこの自己の対象化不可能性は、人工知能を考える上で避けて通れない自己意識の問題へと通じているのです。

四　自己と世界は融解する

実相においては差異もなく同一性もない、というような空と縁起の思想は、仏教の諸宗を通してさまざまな形で継承されています。たとえば禅宗の伝統の中には、こうした世界観を表現する「十牛図」と呼ばれる十枚の絵が受け継がれています。この絵は禅的世界観を簡潔に示していますので、理解のための端緒として簡単に紹介したいと思います。図1に掲載している十牛図の十枚の絵は、禅における自己探求、真理探求の道を表現していると言われます。十牛と言うくらいですので、絵には牛が描かれているのですが、この牛は、探求されている「真の自己」、「真理」の象徴とされます。なぜ牛なのか、という疑問を持つ方もいらっしゃるでしょうが、仏教の生まれたインドで牛が聖牛として大切にされていたことが影響しているようです。この十枚の絵を通して、真の自己を求める青年と、求められる対象である牛の関係が変化する様、そして探求する自己／探求される自己との二項関係そのものが脱構築されていく様が表現されています。

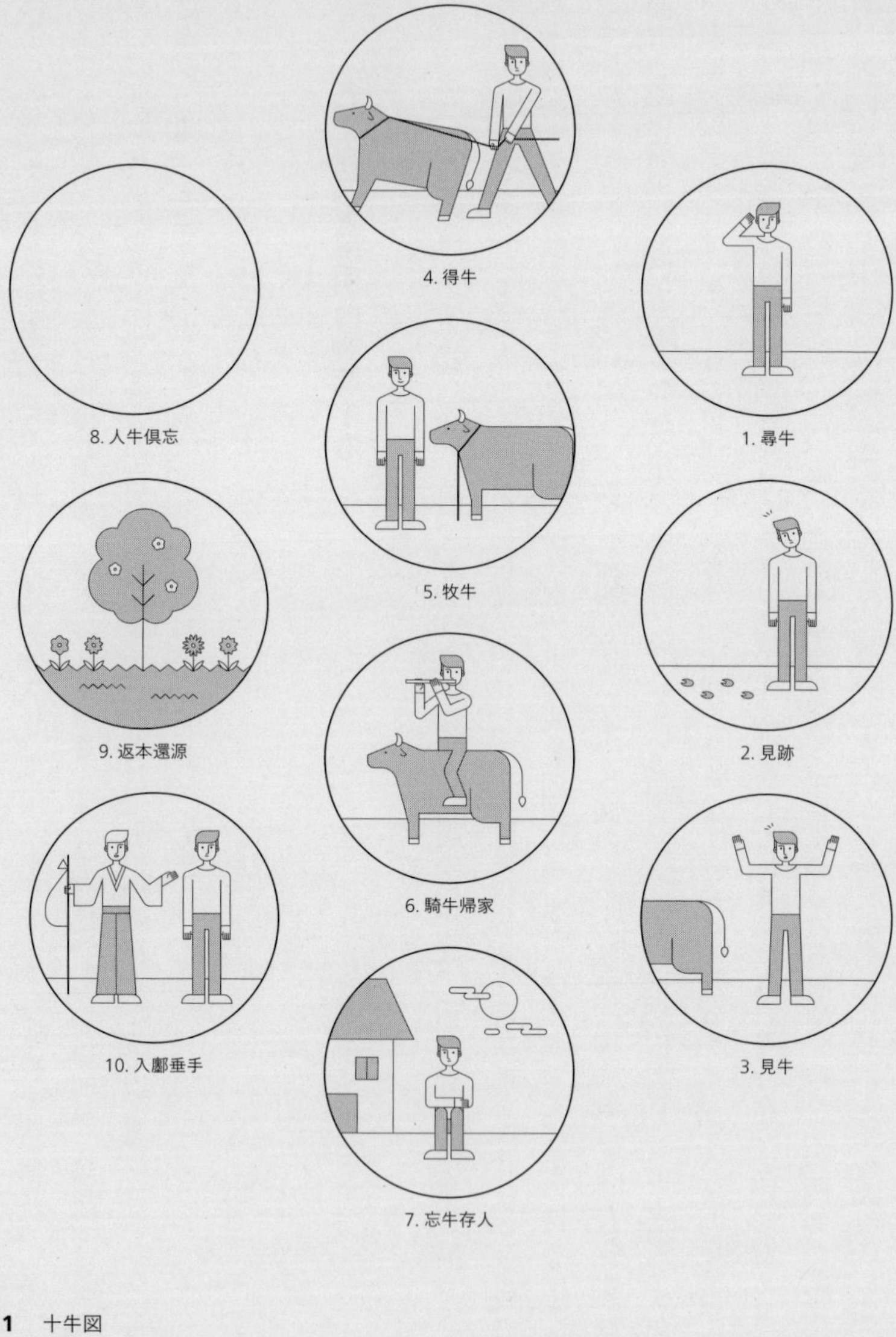

図1　十牛図

では、十枚の絵のストーリーを一つひとつ眺めてみたいと思います。始まりの一枚目、道を求める青年が、牛を探して歩き回る様が描かれます。周りをキョロキョロと眺め回すその様子は、いかにも一徹無垢な若者といった感がします。禅の大家である鈴木大拙は、この一枚目の絵について「この尋ねるというのが、そもそも誤りのもとで種々の面倒はこれから始まる。実はなくしていないものを、なくしたと思って探しているのである。（＊8）」といみじくも語っています。

とはいえ、ここから求道の道が始まります。青年はこうして尋ね回るところから、徐々に修行を重ね、二枚目では彼は牛の足跡を、三枚目では尻尾を発見します。求道によって彼は真理の何たるかという知恵に接近していると解釈できるでしょう。そしてついに、四枚目では、かなり強引には見えますが、青年は暴れる牛に縄を掛け、引っ張り回す様が描かれています。この絵のタイトルは「得牛」、つまりここで彼は自己自身を何らかの仕方で発見したと考えられるでしょう。案外あっさり、と思われた方もいらっしゃるでしょうが、この段階はまだ十枚中四枚目に過ぎません。西洋的な知性観ならばストーリーはここでおしまいとなりそうですが、東洋思想の凄みが表現されるのはまさにここからです。

知恵を得た「特牛」の後、五枚目は「放牛」。先ほど力づくで引っ張り回していた牛から、青年は手綱を放しています。しかし、知恵は彼の元を離れることなく、自ずから後を付いて離れることはありません。青年のまなざしももはや牛へと向けられておらず、この段階から、彼にとって知恵は意識されず暗黙化されていくのです。次の一枚では、青年は牛と一体となり、悠々と乗りこなしています。知恵を会得した彼は牛の背で笛を吹きながら、いかにも自由な境地を楽しみつつ、家へと還っていきます。

そして、七枚目には牛が消えた「忘牛」の境地が描かれます。彼は元いた場所へと還り、熱心に追い続けていた知恵をもはや忘れます。明示的な意識の対象となることなく内在化された知恵は、その存在が滅され、忘却されていくのです。この境地は、荘子の寓話に登場した泳ぎ手や車職人と重なるでしょう。彼らにとって知恵は、彼ら自身と切り離し取り出して言語化することが不可能なほどに自己自身に融和してしまっているのです。

象徴的な白紙の八枚目は「人牛倶忘」。ここでは探し求められた真理だけでなく、探し求める主体としての自己もまた忘れられてしまいます。何も描かれないこの絵で逆説的に表現されているのは、龍樹の語ったような「空」に他なりません。求める主体と求められる対象の二項の区別、そしてそれぞれの自体性さえも失われているのです。

しかし、まだ二枚の絵が残されています。九枚目、ここで大きな転換が起こります。自己を求め、発見し、忘れ、すべてが空ぜられた後、どこからともなく梅が咲き、風が立ち、自然が立ち現れてくる。この境地は「返本還源」と呼ばれます。ここではじめて、事柄の主語が青年——探し求める主体、「私」——から世界、自然、あるいは現象へと変化し、世界が起こる、自然が現れる、こうした非人称的な経験へと転じます。この一枚では、忘れ去られ、空化された「私」はすでに絵の中にはなく、自然をまなざす「私」として絵の外にただ添えられるような在り方へと転化しているのです。

そして、ストーリーの最後の一枚は「入鄽垂手」。「鄽」は街というような意味ですが、俗世へと入り頭を低くし人々と交わるあり様が描かれています。ここには二人の人物が描かれていますが、背中に酒の入った瓢箪を抱えた人物こそが先ほどの青年です。かつての彼の姿とそっくりなもう一人の若者と語り合っている様子からうかがえます。八枚目、九枚目の象徴的なインパクトに比べると、最後の絵としては肩透かしな感があるかもしれませんが、この浮いた一枚は、何も求道のストーリーの後日談のようなものではありません。むしろこの絵によって、十枚目が一枚目と接続され、十牛図は円環する構造を持つことになるのです。十牛図が表現する最もマクロな意味での自己の所在は、八枚目の空ぜられることの中にも、九枚目の世界の現れに溶けること自体の中にあるのでもありません。それは十枚のプロセス、狭義の自己を超えて継がれて延々と繰り返す、その円環そのものの中に表現されているのです。大拙もまた、「この入廛垂手ということがなかったならば、禅宗も宗教ということは言えないのである」(＊9)と語っています。ここで彼が「宗教」と言うのは、もちろん禅に超越的な存在——神や仏——が置かれるというような意味ではありません。そうではなく、禅が個人の研鑽のみに閉じるのではないということ、それが個人を超えた他者の救いと相通ずるものであるという意味での「宗教性」に他なりません。八枚目や九枚目を極地とした直線的な修行の過程ではなく、円環する十枚の絵として描かれることによって、禅は自己の底に「他者」を見出し、内部と外部とが縫い目なく縫合されている有り様を発見するのです。西洋的な強固な個体の中に閉ざされた自己とは全く異なった、根底において自己以外の存在へと継がれ交代し得るような、フレームに穴の空いた自由な自己こそが、この十枚の絵を通して証し示されていることに他なりません。

このような自己と他との根源的な別け隔てのなさ、それゆえに軽やかに交代され、更新される自己観は、東洋の思想のさまざまなシーンで登場します。先ほども登場した荘子もまた、この様相をとても幻想的な仕方で表現しています。

以前のこと、わたし荘周は夢の中で胡蝶となった。喜々として胡蝶になりきっていた。自分でも楽しくて心ゆくばかりにひらひらと舞っていた。荘周であることは全く念頭になかった。はっと目が覚めると、これはしたり、荘周ではないか。ところで、荘周である私が夢の中で胡蝶となったのか、自分は実は胡蝶であって、いま夢を見て荘周となっているのか、いずれが本当か私にはわからない。
荘周と胡蝶とには確かに、形の上では区別があるはずだ。これが「物化」というものである。

いかにも自由無碍な在り様が描かれた、有名な「胡蝶の夢」と呼ばれる場面です。荘子が夢の中で蝶となったのか、それとも蝶の見る夢の中で荘子となっているのか、という夢想によって、自己と他者、現実と幻想の分別が軽々と跨ぎ越されています。最後の「物化」という概念は、彼の分別知に対する立場を端的に言い表した表現です。私たちの分別的認識においては、物事は区別、細分化されていきます。しかし、荘子は、そうしてなされた区別というものは実は相対的なものに過ぎず、その実相——道（タオ）——においてはあらゆる実在は分かたれずに存していると考えます。そうした無分別で混沌とした「道」が、分別知に対しては「物」として輪郭を持って現れてくる、そのダイナミズム全体のことを「物化」と呼んでいるのです。自己の経験もまたこの「物化」の例外ではありません。「私」と「蝶」はその実相においては同じ「道」であるのにもかかわらず、認識においてのみ分かたれて経験されているに過ぎないとされているのです。西洋近代的な視座から見れば、「私」は他の存在と異なった例外的な存在です。しかし、荘子いわく、「私」が権威的な絶対的な主体であると思われているのは、夢の中ではそれが夢だとはつゆにも思わないのと同じような相対的な基準に過ぎません。現象に立ち戻ってみれば、「私」は底に穴が空いていて、いつでも蝶とその主役を交代しうるようなアンビバレントな機構を持っているのです。

「私」の絶対性が崩され、対象や世界と交換可能な可逆的存在であるという主張は、現代社会科学や人文科学の分野でも盛んに議論されています。発達心理学では、生後半年に満たない幼児においては、自己と対象とが未だ分化されておらず、内と外との区別の曖昧な「正常な自閉期」と呼ばれる期間を持っているとされます。この期間、自己と世界は未分化な胚のようなもので、その間に明確な境界は存在しません。それから少しずつ区別が芽生えた後も、しばらくの間は、幼児にとって母親は未だ「他者」とはならず、「私」の延長として経験されるのです。そして、少しずつ世界が分化され、また分別的な言語や知識を得るに従って細分化された後もなお、私たちの日常の中から「私」と「他者」が跨ぎ越される現象が消え去ることはありません。鏡を見ながら化粧をするとき、鏡の中にいる誰かは空間的に離れていながら「他者」ではなく、あたりまえに「私」として経験されます——実はこれはかなり高度なことで、霊長類でもチンパンジーや一部のゴリラにしかこうした鏡像を通した自己認識は起こりません——。誰かのまなざしを感じて恥じらうとき、私は、そのまなざしの持ち主を認識の主体として、そして本来主体であるはずのここにいる存在を相手のまなざしによって対象化された客体として経験しています。この逆向きの矢印によって石のように硬直してしまうような現象があり得るのは、私たちが彼/彼女のまなざしの内にいつの間にか「私」を譲渡してしまうからに他なりません。あるいは、誰かの身体的な怪我の現場に遭遇したときに自分自身の身体の同じ部分が疼く経験をすることもあるかもしれません。この経験の内部にも同様に、「他者」の身体がもはや「私」の身体でもあり、逆に「私」の身体の内に「他者」が入り込んでいる、そうした曖昧なスキームが現れているのです。

荘子の胡蝶の夢は、分別的な知識によってこうしたリアリティが覆い隠されてしまっているという事態を喚起させます。荘子と蝶の間で軽やかに繰り広げられているように、「私」は、強固な輪郭を持った絶対的な世界の始点のような存在としてだけではなく、暗黙の領域では「他者」や対象その中心を交換し合い、まなざし合い、溶け合うような仕方で経験されているのです。そして、このように「私」の中に「他者」が入り込む余白があり、「他者」の中にも「私」が経験されるという曖昧な機構が、私たちの日常的な経験を隠れたところから支え、可能にしているのです。

さて、禅の十牛図と荘子の胡蝶の夢をたよりにして、東洋的な自己のランドスケープを見渡してみました。西洋的な明晰な自己観と異なって、広大で混沌とした東洋的な記述から翻って見たとき、ライプニッツの企図にはじまる人工知能のアーキテクチャは偏狭なものに映るでしょう。東洋の賢人たちにとっては、言語的に明示的に対象化される知能は、あくまで氷山の一角に過ぎないからです。荘子が「物化」という概念によって表現したように――あるいは発達心理学において自己が「発生」してくるものと考えられるように――、西洋的な枠組みの閉じた「かたい自己」はあくまで後発的なものに過ぎず、私たちの経験のリアリティのごく一部にしか説明能力を持ち得ません。夢の中で他の存在となったり、他の身体を自分の身体のように感じたり、そして他者へ共感や慈愛を覚えるような経験は、自己が自己でないものに通ずるような曖昧な体制に支えられたものだからです。比喩的に「人工知能は大人ができることを模すことはできるが子供ができることを実現するのは難しい」と言われることがありますが、それはまさにこうした暗黙的な現象を拾うことができていないためだと考えられるでしょう。分別的で一見高度に見える能力よりも、私たちがいつの間にか獲得していたリアリティのほうがずっと取り出し難く、言語化が難しいのです。今後、人工知能が暗黙的な「子供の知性」を獲得することができるかどうかは、東洋の賢人たちが示したような、自己のフレームを柔軟に広げたり更新したりすることができる「やわらかい自己」を持つことができるかにかかっているのかもしれません。

幾人の東洋の賢人たちのまなざしを拾い上げながら、東洋的な知性観、世界観を概観してきました。それぞれ地域も時代も異なっていますが、それぞれの点をこうしてつなげてみると、東洋的なものの形姿がぼんやりと浮かび上がってきたように思います。アリストテレスやライプニッツといった西洋の巨匠たちと比較すると、東洋哲学はどこか曖昧模糊としていて、いわゆる形式的な論理に従わないために矛盾を孕んでいるように見えるでしょう。しかし、そのことは学問としての未熟さを表わしているわけではありません。彼らは、説明的、論理的領域とその限界をはっきりと見つめつつ、その先――あるいは以前――の世界の記述を試みたのです。それは同時に、私たちの経験のリアリティが明晰な分別知の対象に収まるものではないことを示唆しています。

こうした東洋的な視座から考えると、「人工知能」という名称自体がどこか語義矛盾のように思われてきます。というのも、人工的であるということ――制作された「物」であること――と知能であるということ――世界を生きる主体であること――は、重なり得ない異質な関係にあるからです。制作するという行為において、制作物はその制作者によって説明され得るという非対称的な関係にあります。それは家の設計図と建築家との関係のようなものです。建築家は「あらかじめ」家をデザインして青写真を描き、家の本質を前もって説明的な図面に落とすことができなければなりません。この非対称な関係が制作という行為を定義付けています。しかし、そうして説明可能な形にもたらされたものは、リアリティとしてはすでに「死んだ」もの、荘子の言葉を借りるならば「残りかす」に他なりません。私が私自身について説明しようとすると、それは標本の中でピン留めされた私へと堕天してしまい、世界を生き生きと闊歩する私自身ではなくなってしまうのです。説明はいつも生のリアリティをとらえ逃してしまいます。

最近では、こうした制作的・説明的なアプローチに対して、発生的・構成論的アプローチと呼ばる方法論が提唱されています。旗手の一人である哲学者A・クラークは、私たちの知能は青写真のような明示的な設計図を持たず、環境とのインタラクションの中で徐々に「発生」してくるような存在であるとしています。それは先ほどの発達心理学者たちの主張と重なるでしょう。知能が知能足り得るのは、それが権威的な設計図に基づいて決定論的に制作されたものでなく、世界との関係の中から自ずから発生してくることによるのです。それはいわば「作られた知能」ではなく、「生まれる知能」と呼ぶべきかもしれません。

そうした新しい知能が登場することがあったならば、その存在を「人工知能」と呼ぶことにはきっと違和感が生じるでしょう。それは、子が親によって制作されたものだと言うのが奇妙であるのと同様の、そこに生の感触があるからです。生む／生まれるの関係においては、作る／作られるような非対称性はありません。そこには存在同士の隣人関係が生じるのです。生まれ出たその存在は、誰に設計されたのでもなくとも、周りの環境との生き生きとした相互関係の中で、歩くこと、泳ぐこと、話すことを学ぶかもしれません。ときには覚えたことを忘れてしまいながらも、なめらかに日常を送っているかもしれません。そして、夢の中では気づけば蝶となり、青年となり、自然となり、軽やかに自己のフレームを飛び越えることもあるでしょう。私たちがそうした存在と向かい合う日がやってきたとき、私たちはお互いのまなざしの内にはじめて生命の息吹を認め合うのかもしれません。

＊1　『アリストテレス全集12　形而上学』（出隆 訳）、岩波書店、6ページ
＊2　Daniel Dennett, "Cognitive Wheels : The Frame Problem of AI," The Philosophy of Artificial Intelligence, Margaret A. Boden, Oxford University Press, 1984, pp. 147-170.
＊3　『世界の名著1　バラモン経典　原始仏教』「中篇の経典」（長尾雅人、桜部建、工藤成樹 訳、中央公論社）を定訳に、一部解説者改訳
＊4　『荘子II』「達生篇」（森三樹三郎 訳、中公クラシックス、334～335ページ）を定訳に、一部解説者改訳
＊5　『荘子I』「天道篇」（森三樹三郎 訳、中公クラシックス、334～335ページ）を定訳に、一部解説者改訳
＊6　『龍樹』（中村元 訳、講談社学術文庫、330～331ページ）を定訳に、『ウィトゲンシュタインから龍樹へ』（黒崎宏 著、哲学書房、55、56ページ）を参考に解説者改訳
＊7　『龍樹』（中村元 訳）、講談社学術文庫、353～354ページ
＊8　鈴木大拙、『新版 鈴木大拙禅選書第八巻　禅とは何か』、春秋社、249ページ
＊9　鈴木大拙、『新版 鈴木大拙禅選書第八巻　禅とは何か』、春秋社、250ページ

著者紹介

三宅 陽一郎（**Youichiro Miyake**）
@miyayou

京都大学で数学を専攻、大阪大学大学院理学研究科物理学修士課程、東京大学大学院工学系研究科博士課程を経て、人工知能研究の道へ。ゲームAI開発者としてデジタルゲームにおける人工知能技術の発展に従事。国際ゲーム開発者協会日本ゲームAI専門部会チェア、日本デジタルゲーム学会理事、芸術科学会理事、人工知能学会編集委員。著書に『人工知能のための哲学塾』（ビー・エヌ・エヌ新社）、『人工知能の作り方』（技術評論社）、『なぜ人工知能は人と会話ができるのか』（マイナビ出版）、『〈人工知能〉と〈人工知性〉』（iCardbook）、共著に『絵でわかる人工知能』（SBクリエイティブ）、『高校生のためのゲームで考える人工知能』（筑摩書房）、『ゲーム情報学概論』（コロナ社）、監修に『最強囲碁AI アルファ碁 解体新書』（翔泳社）、『マンガでわかる人工知能』（池田書店）などがある。

Facebook：https://www.facebook.com/youichiro.miyake
専用サイト：https://miyayou.com/

人工知能のための哲学塾　東洋哲学篇

二〇一八年四月二〇日　初版第1刷発行

著者　三宅陽一郎

発行人　上原哲郎
発行所　株式会社ビー・エヌ・エヌ新社
〒一五〇―〇〇二二
東京都渋谷区恵比寿南一丁目二〇番六号
メール　info@bnn.co.jp
ファックス　〇三―五七二五―一五一一
http://www.bnn.co.jp/

印刷・製本　日経印刷株式会社

デザイン　橘友希（Shed）、矢代彩（Shed）
編集　大内孝子

ISBN978-4-8025-1080-6